Understanding Analysis

해석학 첫걸음

2판

지은이 스티븐 애벗

콜게이트 대학교 수학과를 졸업한 뒤 버지니아 대학교 수학과에서 석사 학위와 박사 학위를 받았다. 주요 연구 분야는 함수해석학과 작용소 이론이다. 케임브리지 대학교 클레어 홀에서 연구원을, 버지니아 대학교와 세인트 올라프 대학에서 조교수를 지낸 뒤 현재 미들버리 대학에서 수학과 교수로 재직 중이다. 2010년에 미들버리 대학에서 자연과학 분야 우수 강의자로 선정, 퍼킨스 상(The Perkins Award)을 수상하였다. 2009~2013년에는 미국수학협회(Mathematical Association of America, MAA)에서 발행하는 수학 잡지『Math Horizons』의 편집자를 역임하였다.

옮긴이 한빛수학교재연구소

한빛수학교재연구소에서는 이공계열 공통 수학 및 수학 관련 학과 전공 교재에 적합한 번역서와 집필서를 기획하여 출간하고 있다.

감수 김세익

한국과학기술원 수학과를 졸업한 뒤 미네소타 대학교에서 수학과 박사 학위를 받았다. 현재 연세대학교 수학과 교수, 계산과학공학과 겸직교수로 재직 중이다. 주요 연구 분야는 편미분방정식과 조화해석학이며 관련 논문을 꾸준하게 게재하고 있다.

해석학 첫걸음

초판발행 2021년 6월 28일
4쇄발행 2025년 3월 26일

지은이 스티븐 애벗 / **옮긴이** 한빛수학교재연구소 / **감수** 김세익 / **펴낸이** 전태호
펴낸곳 한빛아카데미(주) / **주소** 서울시 서대문구 연희로2길 62 한빛아카데미(주) 2층
전화 02-336-7112 / **팩스** 02-336-7199
등록 2013년 1월 14일 제2017-000063호 / **ISBN** 979-11-5664-554-2 93410

총괄·책임편집 김은정 / **기획·편집** 윤세은 / **진행** 윤세은
디자인 최연희 / **전산편집** 김강수 / **제작** 박성우, 김정우
영업 김호철, 김태진, 김성삼, 이정훈, 임현기, 이성훈, 김주성, 심지연

이 책에 대한 의견이나 오탈자 및 잘못된 내용은 출판사 홈페이지나 아래 이메일로 알려주십시오.
파본은 구매처에서 교환하실 수 있습니다. 책값은 뒤표지에 표시되어 있습니다.
홈페이지 www.hanbit.co.kr / 이메일 question@hanbit.co.kr

First published in English under the title
Understanding Analysis by Stephen Abbott, edition: 2

Understanding Analysis

해석학 첫걸음

2판

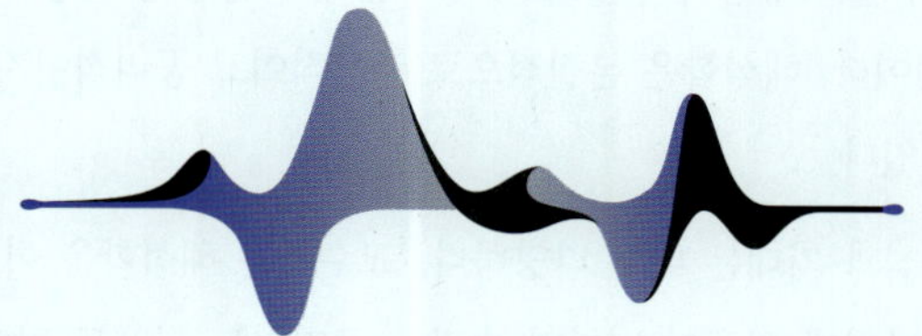

스티븐 애벗 지음

한빛수학교재연구소 옮김 김세익 감수

Springer 한빛아카데미 Hanbit Academy, Inc.

지은이 머리말

이 책은 한 학기 분량의 해석학 개론 교재다. 이 책을 쓴 가장 큰 목적은 실변수 함수를 수학적으로 엄밀하게 다루고, 해석학의 풍부한 결과를 소개하는 데 있다. 해석학 수업은 수학적 직관을 검증하는 데 그치지 말고 직관에 도전하고 엄밀하게 발전하는 방향으로 진행되어야 한다. 그러나 많은 해석학 개론 수업이 미분적분학 수업에서 다룬 익숙한 정리 위주로 진행되는 듯해 아쉽다. 연속의 정의를 제대로 이해했을 테니 다항함수가 연속함수임을 엄밀히 증명할 수 있겠지만, 증명 자체가 해석학을 만든 이유라거나 해석학을 배워야 하는 이유일 수는 없다.

이 책은 무한급수의 재배열, 모든 곳에서 미분가능하지 않은 연속함수, 칸토어 집합처럼 훈련되지 않은 직관으로 다루기 힘든 주제를 중심으로 구성하여, 해석학을 처음 배우는 학생이 해석학의 중요한 결과를 이해하고 계속해서 흥미를 느낄 수 있도록 했다.

해석학의 주요 목표

수학과 커리큘럼은 예측할 수 없는 방향으로 진화해 왔다. 해석학은 이 진화 속에서 등대처럼 굳건하게 자리를 지켰다. 수학과에 미분적분학, 컴퓨터 과학, 통계학, 데이터 분석 등 다양한 신설 과목이 등장했지만 거의 모든 수학과 학부 과정은 여전히 해석학 수업을 한 학기 이상 수강해야 따라갈 수 있다.

필자가 속한 학과에서는 전공 필수인 증명 연습(proof writing) 수업 두 개를 물리학이나 컴퓨터 과학과 같은 선택 과목으로 대체할 수 있는 수리과학 트랙을 만들며 전통 수학과 커리큘럼에 맞선 적이 있다. 그러나 불과 몇 년 만에 해석학 수업을 수강하지 않으면 여러 문제가 생김을 인정해야 했다. 해석학은 철학인 동시에 응용수학의 한 과정이다. 해석학은 본질적으로 추상적이고 공리적이지만, 경제학자와 공학자들이 사용하는 수학과 연관이 있다.

해석학을 수강하는 학생의 관심과 기대는 매우 다양하다. 교수자는 해석학을 어떻게 지도해야 좋을까? 과유불급이라고, 교수자가 지나치게 의욕이 넘치면 수강을 포기하는 학생도 많아질 것이다. 이 문제는 가르칠 내용을 줄이면 간단하게 해결할 수 있다. 이러한 답은 명쾌하지만 만족스럽지 못하다. 쉽게 가르친다는 이유로 해석학의 본질을 지워버리면 절대 안 된다. 학생들이 발전된 내용을 쉽게 이해할 수 있도록 교수법을 찾아야 한다.

필자는 해석학 수업 목표를 다음과 같이 3가지로 삼았다.

1. 미분적분학의 논증 방식이 그리 엄밀하지 않음을 학생이 납득할 수 있어야 한다. 왜 더 엄밀하게 따져야 하는지 동기를 부여해야 한다.
2. 직관에 의존해 당연하다는 식의 증명에서 벗어나 학생이 엄밀한 수학적 증명을 이해하고 작성할 수 있도록 지도한다.
3. 극한의 기반을 논리적으로 엄밀하게 확립하기란 결코 쉽지 않다. 학생들은 이렇게 논리적 기반을 쌓은 뒤 보상을 맛볼 수 있어야 한다. 이것이 바로 가장 중요한 목표다. 다시 말해, 해석학은 기초 미분적분학을 정교하게 고친 과목이 아니다. 실수가 얼마나 복잡한지, 다양한 수렴 조건이 어떠한 미묘한 차이를 담고 있는지, 무한의 역설 뒤에 숨은 지적 희열이 무엇인지 느낄 수 있어야 한다.

이 책은 해석학에 내재한 매력을 보여 주는 질문에 주목했다. 칸토어 집합은 무리수를 포함할까? 함수의 불연속점 집합은 어느 정도로 무질서할 수 있을까? 도함수는 연속일까? 도함수는 적분가능할까? 무한번 미분가능한 함수는 반드시 테일러 급수의 극한으로 표현될까? 이러한 질문을 중심으로 이야기를 풀어가면서 **엄밀한 논증이 필요하다**는 사실을 납득할 수 있다.

학생들을 위한 조언

이 책은 입문서다. 일변수 미분적분학을 잘 이해했다면 이 책을 어렵지 않게 공부할 수 있다. 선형대수학은 몰라도 좋지만 선형대수학을 공부하며 훈련한 논리력과 증명 작성 능력은 이 책을 따라가는 데 도움이 된다. 이 책에서는 복소수를 사용하지 않았다.

필자는 이 책을 집필하는 내내 여러분이 해석학 초심자라고 가정했다. 증명을 압축적으로 소개하지 않고 자세히 풀어 설명했다. 증명이 필요한 이유를 문맥에 맞게 충분히 설명한 뒤 증명을 시작했다. 어느 정도까지 증명해야 하는가? 어떤 정의를 사용해야 하는가? 어떤 전략으로 증명할 것인가? 기회가 될 때마다 생략하지 않고, 이전에 학습한 기교를 한 번 더 언급했다. 여러분이 스스로 할 수 있거나 뻔한 증명은 연습문제나 문제로 대체했다.

증명과 더불어 본문에서도 중요한 아이디어는 반복해서 설명했다. 해석학을 관통하는 주제인 근사나 유한에서 무한으로의 전환을 일관되게 강조하며 큰 맥을 짚어주려 노력했다. 이중급수는 순서를 바꾸어 계산할 수 있는가? 무한급수를 항별로 미분해도 되는가? 이렇게 반복되는 경향에 초점을 맞추어 새로운 주제가 이전 주제를 바탕으로 형성된 직관과 연결되도록 했다. 정리와 증명을 지루하게 나열하기보다 적절한 질문을 던지며 이야기들이 단단히 결합되도록 구성했다.

이 책은 일반화된 결과를 소개하기보다 핵심 아이디어에 주목했다. 완전하고 연역적인 결과만 소개하지 않고, 지적으로 상상력을 자극할 수 있도록 서술했다. 이 책을 통해 해석학의 본질과 목적을 파악했다면 더 일반적인 공간과 복소함수를 다루는 전공 수업 역시 잘 따라갈 수 있으리라 생각한다.

이 책의 구조

각 장은 해석학 수업에서 다루는 핵심 주제 위주로 구성했다. 완비성, 콤팩트, 수열과 함수의 극한, 연속, 고른 수렴, 미분과 적분에 대한 기본 성질을 모두 포함하고 일부 복잡한 결과도 다룬다.

내용 중에 각별히 강조한 부분이 있다. 예를 들어 7장에서는 연속성과 리만 적분 사이의 관계를 밝히는 데 중점을 두었다. 물론 미분적분학의 기본정리(정리 7.5.1) 증명을 따라가는 데 필요한 적분 성질도 다루지만, 연속 관점에서 적분가능한 함수를 특징짓는다. 적분가능한 함수의 판정은 측도가 0인 집합을 이용한 르베그 정리의 학습 유무와 관계없이 중요한 질문이고, 이러한 관점에서 적분을 이해하는 건 무척 중요하다.

수학은 정적인 학문이 아니다. 여러분은 이 책을 공부하며 지금 배우는 수학이 역사적으로 어떻게 창조되었는지 이해하고 수학에 끝이 없음을 깨닫기 바란다. 8장에서 일반화된 리만 적분과 관련 있는 현대 수학의 업적을 소개하며 적분에 끝이 없음을 명시적으로 밝혔다.

각 장에서 1절과 마지막 절, 끝에서 두 번째 절은 각각 다음과 같은 특징이 있다.

1. **각 장의 1절**은 동기를 부여하는 몇 가지 예시를 소개하고 열린 질문을 던지면서 시작한다. 학술적이지 않은 어조로 서술했으며, 미분적분학에서 다룬 익숙한 함수와 결과를 제약 없이 활용한다. 자유로운 탐구를 통해 앞으로 공부할 정의와 정리를 자연스럽게 보여주고자 했다. 1절 도입부를 마치면 글의 어조가 다소 바뀐다. 엄밀하면서도 지나치게 형식적으로 치우치지 않도록 서술했다. 여러분은 질문을 바탕으로 그 다음 내용을 공부해야 하는 이유를 납득할 수 있고, 결론도 어느 정도 예측할 수 있을 것이다.

2. **각 장의 마지막 절**은 본문을 짧게 마무리한다. **각 장의 끝에서 두 번째 절**은 본문 설명에 문제를 포함하여 구성했다. 이 절의 증명은 윤곽이 잡혔지만 완성되지 않았다. 따라서 증명을 보충하는 추가 문제를 제공하는데, 문제의 풀이는 이전 절에 있는 내용을 바탕으로 충분히 스스로 찾을 수 있다. 이 절은 자학자습이 가능하도록 설계했으나 교수자들이 수업 중에 다루어도 좋다. 필자는 이 부분을 주로 기말고사 대체 발표 수업용 과제로 활용했다. 학생들이 새롭게 습득한 기교를 활용하여 각 질문에 대한 답을 스스로 찾도록 지도했을 때 수업 반응도 나쁘지 않았다.

교수자를 위한 조언

이 책은 12~14주 기준 한 학기용으로 제작했으나 교수자 재량에 따라 다양하게 활용할 수 있다. 각 절은 순서대로 따라가야 하지만 무엇을 다루고 생략할지는 어느 정도 융통성을 발휘할 수 있다.

1. 각 장의 1절은 교수자가 원하는 방식으로 활용할 수 있다. 읽을거리로 지정하거나, 생략하거나, 교수자가 선호하는 다른 내용으로 대체할 수 있다. 1절은 증명이 없지만 언젠가 한 번은 다뤄야 하는 몇 가지 중요한 예(칸토어 집합, 디리클레의 모든 곳에서 불연속인 함수)를 설명했다.
2. 3장 실수의 위상적 성질에는 핵심을 포함하여 여러 내용을 담았다. 열린 집합과 닫힌 집합에 대한 기본 결과와 수열을 사용한 콤팩트(sequential compactness)만 알고 있다면 다음 장을 공부할 수 있다. 완전집합, 연결집합, 열린 덮개를 이용하여 콤팩트를 특징짓는 것은 콤팩트를 본질적으로 이해할 수 있도록 수록했다. 연속함수에 의해 연결집합이 보존되는 특별한 경우로 사잇값 정리를 설명한 부분을 제외하면, 해당 내용을 학습하지 않아도 후속 내용을 따라가는 데 어려움이 없다. 이 부분도 선택적으로 공부할 수 있도록, 완비성을 이용한 사잇값 정리의 두 가지 직접 증명을 1장에 설명했다.
3. 1.6절, 2.8절, 3.5절, 4.6절, 5.4절, 6.7절, 7.6절, 8.1~8.6절에 심화 주제를 수록했으며, 필요에 따라 선택적으로 다룰 수 있다. 8장은 문제를 중심으로 한 특강이다. 8.5절 푸리에 급수는 수업 시에도 적합하게 사용할 수 있다.

2판의 특징

고맙게도 많은 학생이 이 책의 초판을 좋게 평가해 주었다. 이를 존중하여 초판의 서술 방식은 가급적 그대로 유지했다. 일부 장황하게 서술한 절은 간결하게 편집하거나 절을 2개로 분리했다. 테일러 급수는 6장에서 다뤘다. 본문 내용과는 달리 연습문제와 심화 주제를 적잖이 수정했다. 초판에서 200여 개 연습문제를 추리고, 2판에 약 150개 연습문제를 추가했다. 연습문제 중 일부는 본문에서 다루지 않은 새로운 아이디어를 다루지만(오일러 상수, 무한곱, 역함수 등) 대부분은 필자가 의도한 방향에 맞게 해당 아이디어에 관해 토론할 수 있도록 구성했다. 연습문제 중에는 증명해야 할 명제도 있고 참-거짓을 판정하거나 주어진 정의를 이해해서 존재하지 않을 수도 있는 예를 찾아야 하는 무어 방법(Moore method) 연습문제도 많이 있다.

6.1절은 새로 집필했다. 오일러가 어떻게 능수능란하고 대담하게 멱급수를 다뤄 $\sum \frac{1}{n^2}$ 값을 도출했는지 다뤘다. 오일러 합을 적절한 방식으로 증명하는 것은 새롭게 추가한 심화 주제 중 하나다. 다른 심화 주제로 바이어슈트라스 근사 정리의 증명과 팩토리얼 함수의 정의역을 $\mathbf{R}$ 전체로 잘 확장하는 방법이 있다. 이 3가지 심화 주제는 모두 해석학에서 역사적인 의미가 큰 주요 업적이다. 여러분이 이 결과를 비롯해 증명 과정 속에서 아이디어를 잘 습득하길 바란다.

이 책에서는 테일러 급수와 고른 수렴성을 잘 이해했다고 가정하여 바이어슈트라스 근사 정리를 증명한다. 이 증명은 6장을 마무리하기에 이상적인 심화 주제다. $x!$을 적절히 정의하는 과정에서 이상적분을 간단히 설명하고, 라이프니츠 정리(적분 기호 속에서 미분)도 증명한다.

오일러 합을 다루는 심화 과정에서는 테일러 급수 나머지항의 적분 표현을 소개하고 π에 대한 유명한 월리스 곱을 증명한다. 이 주제들은 이해하기 쉽지 않지만 아이디어가 아름답다. 앞서 강조했듯이 이러한 결과를 이해하면 해석학이 덜 어렵고 더 의미 있는 학문으로 느껴진다. 이렇듯 귀중한 결과 덕에 ϵ이 중요함을 깨달을 수 있다.

감사의 말

필자는 로버트 G. 바틀(Robert G. Bartle) 교수를 실제 만난 적이 없지만 학창 시절과 젊은 교수 시절에 바틀 교수의 책을 자주 접했다. 2000년에 이 책의 초판을 작업할 때, 바틀 교수에게 편지를 보냈다. 바틀 교수의『리만 적분으로의 회귀(Return to the Riemann Integral)』라는 논문을 바탕으로 8장 심화 주제를 구성하고 싶었기 때문이다. 바틀 교수는 본인 책에서 같은 내용을 다뤘음에도 친절하게 많은 도움을 주었다. 일반화된 리만 적분은 필자가 가장 좋아하는 심화 내용 중 하나다. 이 내용은 바틀 교수가 쓴 명쾌한 수학적 이야기가 큰 토대가 되었기에 이렇게 여러분에게 소개할 수 있었다.

필자는 이 책에 수록한 7장까지 정리만 사용해서 오일러 합을 증명하려고 했으며, 이 시도는 피터 두렌(Peter Duren)의 저서 『Invitation to Classical Analysis』 덕에 가능했다. 학부 교육과정을 고려해 르베그 적분론을 사용하지 않으면서도 이렇게나 풍부하게 해석학의 보물을 소개할 수 있다는 점이 놀랍다.

T.W. 코너(T.W. Körner)의 저서 『A Companion to Analysis』를 바탕으로 새로운 연습문제를 만들 수 있었다. E. 하이러(E. Hairer)와 G. 바너(G. Wanner)의 저서 『Analysis by Its History』와 데이비드 브레수드(David Bressoud)의 저서 『A Radical Approach to Real Analysis』를 통해 이 책에 많은 역사적 일화를 담을 수 있었다. 브레수드 교수는 후속작인 『A Radical Approach to Lebesgue's Theory of Integration』을 출간했는데, 이 책도 진심으로 추천한다.

벤자민 로토(Benjamin Lotto), 로렌 피트(Loren Pitt), 파울 훔케(Paul Humke)는 초판 내용에 크게 기여했다. 다시금 감사를 표한다. 댄 벨레만(Dan Velleman)은 2판 초고로 공부하며 좋은 의견을 전달했다. 만약 이 책에 여전히 흠이 남아있다면, 댄의 충고를 따르지 않은 완고한 필자의 탓이다. 2001년에 스티브 케네디(Steve Kennedy)는 미국수학협회(MAA)에 초판 서평을 남겼다. 스티브의 서평 덕에 이 책의 독자가 크게 늘었다고 확신한다. 스티브는 호의적이면서도 이 책을 개정하는 데 도움이 되는 귀중한 제안도 많이 했다. 2판에서 스티브의 의견을 대부분 반영했다. 또한 8.4절에 수록한 팩토리얼 함수에 관해 데이비드 파울러(David Fowler)의 논문을 참고하였는데, 이 논문을 추천한 페르난두 고베아(Fernando Gouvea)에게도 감사의 말을 전한다.

Springer사의 직원들 특히 마크 스트라우스(Marc Strauss)와 하유진(Eugene Ha)에게 감사를 표한다. 두 사람은 이 책을 굳게 믿어주고 필자를 많이 도와주어 큰 힘이 되었다. 독자들이 보내 준 이메일과 사려 깊은 제안은 너무 많아 일일이 열거할 수 없을 정도다. 여러분의 이메일은 언제든 환영이다. 이 책에 대한 불만을 보내도 좋다. 초판을 출간한 뒤 큰 수학 커뮤니티와 연결되어 소통할 수 있음이 가장 행복했다.

이 책의 초고 여백에는 수정할 부분과 유지할 부분, 버릴 부분에 관해 내부적으로 토론한 흔적이 가득하다. 초고는 필자의 15년 강의 경험을 바탕으로 작성했는데, 기나긴 수정 후에도 큰 내용이 바뀌지 않아 참 다행이다. 마지막으로 아내 케이티(Katy)에게 감사를 표한다.

2015년 3월 미들버리 대학에서

스티븐 애벗

미리보기

정의

본문에서 기억해 두어야 할 주요 개념을 보여준다.

예제

본문에서 다룬 개념을 적용한 문제와 상세한 풀이를 제시한다.

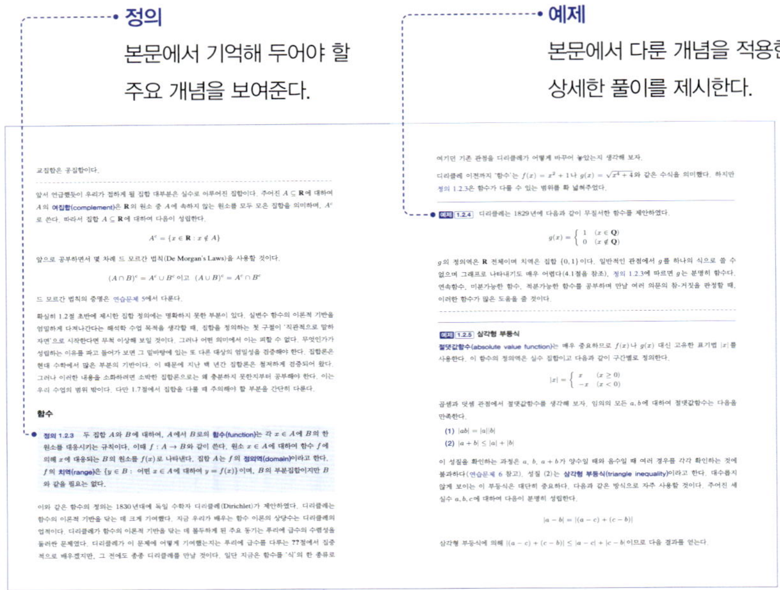

보조정리

본문의 주요 내용이나 정리를 뒷받침하는 참인 명제를 소개한다.

정리 및 증명

각 장에서 중요한 명제를 소개하고, 이 명제가 성립하는 논리적인 이유를 증명에서 제시한다.

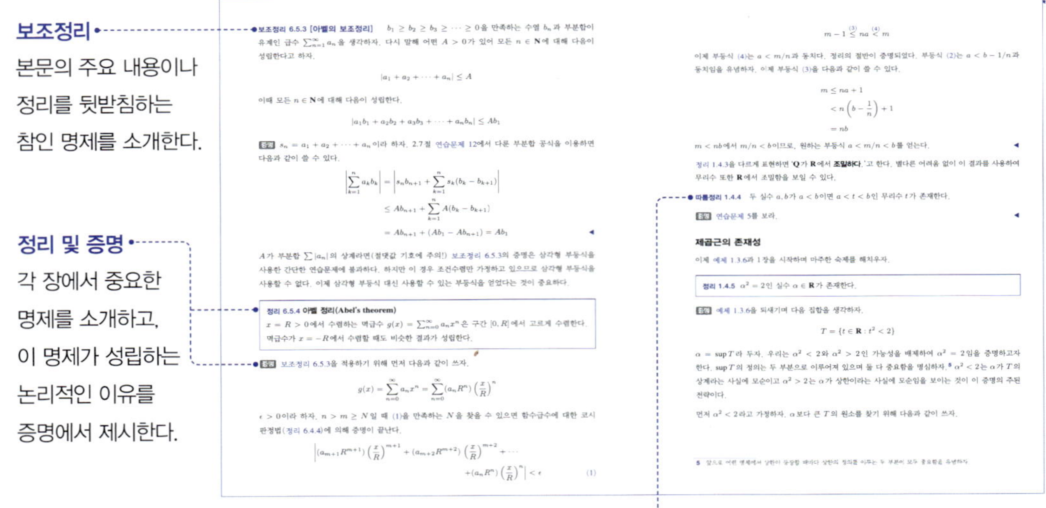

따름정리

정리를 바탕으로 도출할 수 있는 참인 명제를 소개한다.

문제

본문 내용을 엄밀하게 이해하기 위한 문제를 스스로 풀어본다.

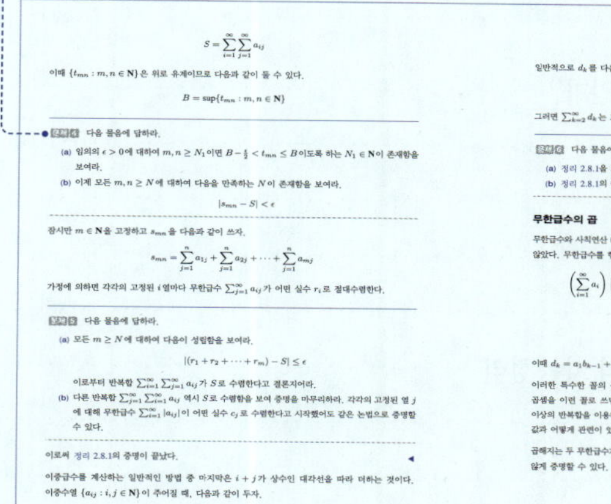

$$S = \sum_{i=1}^{\infty}\sum_{j=1}^{\infty} a_{ij}$$

이때 $\{t_{mn} : m, n \in \mathbf{N}\}$은 위로 유계이므로 다음과 같이 둘 수 있다.

$$B = \sup\{t_{mn} : m, n \in \mathbf{N}\}$$

문제 4 다음 물음에 답하라.

(a) 임의의 $\epsilon > 0$에 대하여 $m, n \geq N_1$이면 $B - \frac{\epsilon}{2} < t_{mn} \leq B$이도록 하는 $N_1 \in \mathbf{N}$이 존재함을 보여라.

(b) 이제 모든 $m, n \geq N$에 대하여 다음을 만족하는 N이 존재함을 보여라.

$$|s_{mn} - S| < \epsilon$$

잠시만 $m \in \mathbf{N}$을 고정하고 s_{mn}을 다음과 같이 쓰자.

$$s_{mn} = \sum_{j=1}^{n} a_{1j} + \sum_{j=1}^{n} a_{2j} + \cdots + \sum_{j=1}^{n} a_{mj}$$

가정에 의하면 각각의 고정된 i열마다 무한급수 $\sum_{j=1}^{\infty} a_{ij}$가 어떤 실수 r_i로 절대수렴한다.

문제 5 다음 물음에 답하라.

(a) 모든 $m \geq N$에 대하여 다음이 성립함을 보여라.

$$|(r_1 + r_2 + \cdots + r_m) - S| \leq \epsilon$$

이로부터 반복합 $\sum_{i=1}^{\infty}\sum_{j=1}^{\infty} a_{ij}$가 S로 수렴한다고 결론지어라.

(b) 다른 반복합 $\sum_{j=1}^{\infty}\sum_{i=1}^{\infty} a_{ij}$ 역시 S로 수렴함을 보여 증명을 마무리하라. 각각의 고정된 열 j에 대해 무한급수 $\sum_{i=1}^{\infty} |a_{ij}|$이 어떤 실수 c_j로 수렴한다고 시작했어도 같은 논법으로 증명할 수 있다.

이로써 정리 2.8.1의 증명이 끝났다. ◀

이중급수를 계산하는 일반적인 방법 중 마지막은 $i + j$가 상수인 대각선을 따라 더하는 것이다. 이중수열 $\{a_{ij} : i, j \in \mathbf{N}\}$이 주어질 때, 다음과 같이 두자.

$$d_2 = a_{11}, \quad d_3 = a_{12} + a_{21}, \quad d_4 = a_{13} + a_{22} + a_{31}$$

일반적으로 d_k를 다음과 같이 두자.

$$d_k = a_{1,k-1} + a_{2,k-2} + \cdots + a_{k-1,1}$$

그러면 $\sum_{k=2}^{\infty} d_k$는 모든 a_{ij}를 더하는 그럴듯한 또 다른 방법이다.

문제 6 다음 물음에 답하라.

(a) 정리 2.8.1을 가정하면 $\sum_{k=2}^{\infty} d_k$이 절대수렴함을 보여라.

(b) 정리 2.8.1의 증명 전략을 흉내내어 $\sum_{k=2}^{\infty} d_k$가 $S = \lim_{n\to\infty} s_{nn}$로 수렴함을 보여라.

무한급수의 곱

무한급수와 사칙연산 (정리 2.7.1)을 공부하며 수렴하는 두 무한급수의 곱은 의도적으로 전혀 언급하지 않았다. 무한급수를 형식적으로 곱하는 방법 중 하나는 다음과 같이 쓰는 것이다.

$$\left(\sum_{i=1}^{\infty} a_i\right)\left(\sum_{j=1}^{\infty} b_j\right) = (a_1 + a_2 + a_3 + \cdots)(b_1 + b_2 + b_3 + \cdots)$$
$$= a_1b_1 + (a_1b_2 + a_2b_1) + (a_3b_1 + a_2b_2 + a_1b_3) + \cdots$$
$$= \sum_{k=2}^{\infty} d_k$$

이때 $d_k = a_1b_{k-1} + a_2b_{k-2} + \cdots + a_{k-1}b_1$이다.

이러한 특수한 꼴의 곱셈(문제 6 참고)을 두 무한급수의 **코시 곱(Cauchy product)**이라고 한다. 곱셈을 이런 꼴로 쓰면 대수적으로 자연스럽지만 그 합을 실제로 계산하기 위해서는 하나 또는 그 이상의 반복합을 이용하는 것이 좋다. 그렇다면 코시 곱의 값이(존재하는 경우라면) 다른 이중급수의 값과 어떻게 관련이 있는지 생각해 봐야 한다.

곱해지는 두 무한급수가 절대수렴한다면 그중 가장 편리한 방식으로 그 합을 계산할 수 있음은 어렵지 않게 증명할 수 있다.

연습문제

본문에서 익힌 내용을 제대로 이해했는지 확인한다.

6.5 연습문제

1. 다음 멱급수로 정의된 함수 g를 생각하자.

$$g(x) = x - \frac{x^2}{2} + \frac{x^3}{3} - \frac{x^4}{4} + \frac{x^5}{5} - \cdots$$

다음 물음에 답하라.

(a) g는 구간 $(-1, 1)$에서 정의되는가? 이 구간에서 연속인가? g는 구간 $(-1, 1]$에서 정의되는가? 이 구간에서 연속인가? 구간 $[-1, 1]$에서는 어떤가? $g(x)$를 정의하는 멱급수는 $|x| > 1$인 점에서 수렴할 수 있는가? 이를 설명하라.

(b) $g'(x)$가 정의되는 x 값은? g'에 대한 식을 구하라.

2. 멱급수 $\sum a_n x^n$이 다음의 성질을 가질 수 있도록 하는 적절한 계수 (a_n)을 찾거나 이러한 계수가 존재하지 않는 이유를 설명하라.

(a) 모든 $x \in \mathbf{R}$에 대해 수렴

(b) 모든 $x \in \mathbf{R}$에 대해 발산

(c) 모든 $x \in [-1, 1]$에 대해 절대수렴하고 그 밖의 점에서는 발산

(d) $x = -1$에서 조건수렴하고 $x = 1$에서 절대수렴

(e) $x = -1$과 $x = 1$ 모두에서 조건수렴

3. 바이어슈트라스 M-판정법을 이용하여 정리 6.5.2를 증명하라.

4. **[항별로 적분하기]** $f(x) = \sum_{n=0}^{\infty} a_n x^n$이 $(-R, R)$에서 수렴한다고 가정하자. 다음 물음에 답하라.

(a) 다음 함수 $F(x)$가 $(-R, R)$에서 정의되고 $F'(x) = f(x)$를 만족함을 보여라.

$$F(x) = \sum_{n=0}^{\infty} \frac{a_n}{n+1} x^{n+1}$$

(b) 역도함수는 유일하지 않다. g가 $(-R, R)$에서 $g'(x) = f(x)$를 만족하는 임의의 함수일 때, g를 멱급수로 나타내라.

5. 다음 물음에 답하라.

(a) s가 $0 < s < 1$을 만족하면 ns^{n-1}은 모든 $n \geq 1$에 대해 유계임을 보여라.

(b) 주어진 임의의 $x \in (-R, R)$에 대해 $|x| < t < R$를 만족하도록 t를 고르자. 이로부터 정리 6.5.6에 대한 증명을 완성하라.

6. 등비급수에 대한 앞선 작업(예제 2.7.5 참고)에 의해 다음 등식이 성립한다.

$$\text{모든 } |x| < 1\text{에 대하여} \quad \frac{1}{1-x} = 1 + x + x^2 + x^3 + x^4 + \cdots$$

이 절에서 증명한 멱급수에 대한 결과를 이용하여 $\sum_{n=1}^{\infty} n/2^n$과 $\sum_{n=1}^{\infty} n^2/2^n$ 값을 각각 구하라. 필요하면 6.1절에서 다룬 내용을 참고하라.

7. $\sum a_n x^n$이 $a_n \neq 0$인 멱급수라 하고, 다음 극한값이 존재한다고 가정하자.

$$L = \lim_{n\to\infty} \left|\frac{a_{n+1}}{a_n}\right|$$

다음 물음에 답하라.

(a) $L \neq 0$이면 멱급수는 모든 $x \in (-1/L, 1/L)$에서 수렴함을 보여라.

힌트 2.7절 연습문제 9가 도움이 될 것이다.

(b) $L = 0$이면 멱급수는 모든 $x \in \mathbf{R}$에서 수렴함을 보여라.

(c) L을 다음 극한값으로 바꾸어도 (a)와 (b)는 여전히 유효함을 보여라.

$$L' = \lim_{n\to\infty} s_n \quad \left(s_n = \sup\left\{\left|\frac{a_{k+1}}{a_k}\right| : k \geq n\right\}\right)$$

힌트 **상극한**(limit superior)에 대한 일반적인 특징은 2.4절 연습문제 7을 참고하라.

8. 다음 물음에 답하라.

(a) 멱급수 표현이 유일함을 다음과 같이 보여라. 즉 구간 $(-R, R)$의 모든 x에서 다음이 성립한다고 하자.

$$\sum_{n=0}^{\infty} a_n x^n = \sum_{n=0}^{\infty} b_n x^n$$

모든 $n = 0, 1, 2, \ldots$에 대해 $a_n = b_n$임을 증명하라.

(b) $f(x) = \sum_{n=0}^{\infty} a_n x^n$이 $(-R, R)$에서 수렴한다고 하고 모든 $x \in (-R, R)$에서 $f'(x) = f(x)$이고 $f(0) = 1$이라 가정하자. 추론하여 a_n 값을 구하라.

힌트

문제 풀이에 도움이 되는 아이디어를 제공한다.

- **강의자용 : 강의보조자료 다운로드**

  한빛출판네트워크 접속(http://www.hanbit.co.kr) → [교수전용] 클릭 → [강의자료] 클릭

- **학습자용 : 문제, 연습문제 다운로드**

  학습자의 자학자습을 위해 저작권자의 요청에 따라 별도 자료를 제공하지 않는다.

목차

5장 도함수 ······ 187

6장 함수열과 함수급수 ······ 213

1

실수계

The Real Numbers

1.1 $\sqrt{2}$는 무리수인가?

영국을 대표하는 위대한 수학자, G. H. 하디(G. H. Hardy, 1877-1947)는 연구 말년에 접어든 1940년에 『어느 수학자의 변명』이란 에세이를 출간했다.[1] 하디는 이 책에서 수학이 미학적 학문이라 말하며 수학이 왜 우리에게 필요한지 설명했다. 하디는 공학이나 경제학에 사용되는 응용수학을 별로 매력적으로 여기지 않고 순수수학을 '진정한 수학'이라고 생각했다. 하디는 에세이에서 "수학은 예술같이 다루어야 한다."라고 주장했다.

이러한 주장을 뒷받침하는 예로 하디는 고대 그리스 수학의 2가지 정리를 소개했다. 첫 번째 정리는 유클리드가 증명한 "소수(prime number)가 무한히 많다."라는 정리다. 두 번째 정리는 피타고라스학파가 증명한 "$\sqrt{2}$가 무리수다."라는 정리다. 하디에 따르면 두 정리는 쉽게 이해할 수 있으며 무어라 말할 수 없을 정도로 묘하게 아름답다.

정수론에서는 첫 번째 정리에 주목하겠지만, 해석학에서는 두 번째 정리를 다루어보려 한다. 정리 "$\sqrt{2}$가 무리수다."는 기초적인 사칙연산만 사용하여 증명하지만, 증명에 담긴 의미나 중요성은 항상 강조할 만하다. 하디에 의하면 $\sqrt{2}$가 무리수라는 정리는 아이디어나 계산과정 모두 단순하지만 가장 우아한 정리이며, 우리 모두 이견이 없다. 이 정리는 세상에 나온 지 무려 2000년이나 지났지만, 여전히 생동감 넘친다.

정리 1.1.1 제곱해서 2가 되는 유리수는 없다.

증명 유리수는 p/q 꼴로 나타나는 수다(단, p, q는 정수). 따라서 이 정리는 p와 q를 어떻게 택하더라도 절대 $(p/q)^2 = 2$가 될 수 없음을 의미한다. 귀류법을 사용하여 간접 증명하겠다. 제곱해서 2가 되는 유리수가 **있다**고 가정하고, 논리를 전개하다 보면 모순에 도달한다. 그렇다면 외통수다. 처음 가정 '제곱해서 2가 되는 유리수가 있다.'를 부정하는 것 외엔 다른 선택지가 없다. 요약하면, 우리는 정리 1.1.1이 거짓일 수 없음을 보여 참임을 보일 것이다.

모순을 찾기 위해 다음을 만족하는 정수 p와 q가 존재한다고 가정하자.

$$\left(\frac{p}{q}\right)^2 = 2 \tag{1}$$

이때, 일반성을 잃지 않고 p와 q가 서로소라 가정할 수 있다. p와 q의 공약수가 존재한다면 약분하여 기약분수 꼴로 쓸 수 있기 때문이다.

1 (옮긴이) 『어느 수학자의 변명』, 정희성 옮김(세시, 2016)

이제 등식 (1)로부터 다음을 얻는다.

$$p^2 = 2q^2 \tag{2}$$

따라서 정수 p^2은 반드시 짝수다(2로 나누어떨어진다). 홀수의 제곱은 홀수이므로, p도 반드시 짝수다. 따라서 우리는 정수 r에 대하여 $p = 2r$과 같이 쓸 수 있다. 등식 (2)에 p 대신 $2r$을 대입하여 정리하면 다음 관계식을 얻는다.

$$2r^2 = q^2$$

이제 모순이 코앞이다. 마지막 등식은 q^2이 짝수임을 의미하고, q 또한 짝수다. 우리는 p와 q가 공약수를 가지지 않는다는 가정에서 시작하여 두 수 모두 짝수(2로 나누어떨어짐)임을 유도했다. 이는 모순이다. 이제 우리는 등식 (1)이 어느 정수 p와 q에 대해서도 **성립할 수 없다**는 결론을 내릴 수밖에 없고, 따라서 정리를 증명했다. ◀

하디는 아름답다고 칭할 수 있는 수학 정리가 갖춰야 할 몇 가지 기준을 제시했다. 그 중 하나는 정리의 결과가 다른 수학적 아이디어와 밀접하게 상호작용해야 한다는 것이다. 정리 1.1.1은 기하학적인 대상인 **길이**와 산술적 대상인 **수** 사이의 관계에 대한 그리스인들의 생각에 큰 충격을 주었다. 정리 1.1.1을 발견하기 전까지 그리스인들은 통약성[2]을 굳게 믿고, 자주 사용했다. 통약성을 현대 수학 용어로 표현하면 '$\overline{CD}$의 길이는 $\overline{AB}$의 길이의 유리수 배다.'와 동치다.

그림 1.1과 같이 한 변의 길이가 1인 정사각형과 그 대각선을 생각해 보자. 피타고라스 정리를 이용하면 통약성이 성립하지 않음을 금방 알아차릴 수 있다. 피타고라스학파는 모든 수가 유리수라 굳게 믿었으므로 어떤 길이에는 수가 대응하지 않는다고 결론내릴 수밖에 없었다.

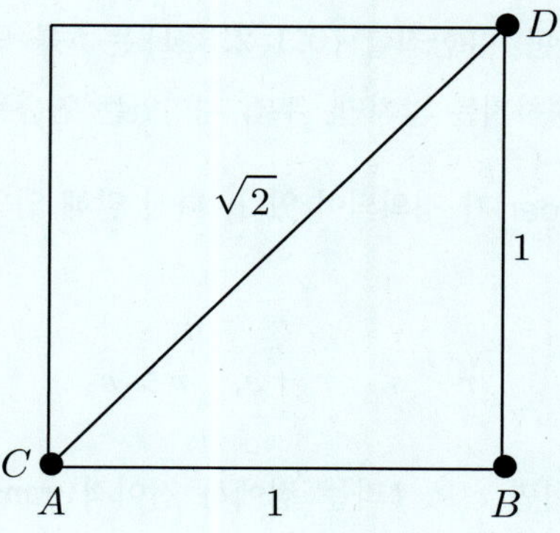

[그림 1.1] 기하적인 길이로서의 $\sqrt{2}$

2 두 선분 $\overline{AB}$와 $\overline{CD}$가 주어질 때, 두 길이를 모두 정확하게 나누는 길이를 가지는 선분이 반드시 존재한다.

그리스인들은 기하학을 위해 산술학을 포기했지만, 우리는 그렇지 않다. 유리수 체계를 확장하여 더 큰 수 체계를 얻는 방식으로 이러한 한계를 뛰어넘을 것이다. 사실 현대 수학에서 이러한 접근은 무척 흔하고, 어떤 면에서는 자연스러운 현상이다. **자연수(natural number)**부터 시작하자.

$$\mathbf{N} = \{1, 2, 3, 4, 5, \ldots\}$$

권위 있는 독일 수학자 레오폴드 크로네커(Leopold Kronecker, 1823-1891)는 "자연수는 신의 작품이다. 나머지 수는 모두 인간의 작품이다."라고 말했다. 이 생각이 타당한지 따지는 일은 무척 재미있지만, 일단은 차치하겠다. 적어도 이 말은 지금 우리가 어디서부터 시작해야 할지 분명히 알려준다. 자연수 $\mathbf{N}$만 주어져 있더라도 덧셈은 아무 문제 없이 가능하다. 뺄셈이 가능하려면, 다시 말해 덧셈에 대한 항등원(0)과 덧셈에 대한 역원을 찾으려면 수 체계를 **정수(integer)**로 확장해야 한다.

$$\mathbf{Z} = \{\ldots, -3, -2, -1, 0, 1, 2, 3, \ldots\}$$

이제 곱셈과 나눗셈을 생각해 보자. 수 1은 곱셈에 대한 항등원이다. 나눗셈이 가능하려면 곱셈에 대한 역원이 필요하다. 따라서 우리는 수 체계를 다음과 같이 **유리수(rational number)**로 다시 확장한다.

$$\mathbf{Q} = \left\{\frac{p}{q} \text{ 꼴로 표현되는 모든 분수. 단, } p\text{는 정수이고 } q\text{는 } 0\text{이 아닌 정수다.}\right\}$$

앞 단락에서 논의한 $\mathbf{Q}$의 성질은 **체(field)**라 불리는 수학적 대상의 정의다. 조금 더 정확하게 서술해 보자. 체는 집합인데, 이 체의 원소들 사이에 덧셈과 곱셈이 잘 정의되어 있고, 두 연산 각각에 대해 교환법칙과 결합법칙이 성립하며 분배법칙 $a(b+c) = ab + ac$도 성립해야 한다. 체는 덧셈에 대한 항등원이 존재하고, 체의 임의의 원소는 덧셈에 대한 역원이 존재한다. 또한 체는 곱셈에 대한 항등원이 존재하고, 0이 아닌 임의의 원소는 곱셈에 대한 역원이 존재한다.

$\mathbf{Z}$와 $\mathbf{N}$은 모두 체가 아니다. 한편, 유한집합 $\{0, 1, 2, 3, 4\}$는 5를 법(modulo 5)으로 하는 덧셈과 곱셈이 주어지면 체다. 이는 자명하지는 않지만, 무척 재미있는 연습문제다.

집합 $\mathbf{Q}$에는 자연스러운 **순서(order)**가 정의되어 있다. 다시 말해 임의의 두 유리수 r과 s에 대하여 다음 중 정확히 하나만 참이다.

$$r < s, \quad r = s, \quad r > s$$

이 순서는 $r < s$이고 $s < t$이면 $r < t$라는 점에서 전이적(transitive)이다. 이제 직선을 따라 왼쪽에서 오른쪽으로 놓인 유리수들을 마음 편히 떠올릴 수 있다. $\mathbf{Z}$와는 달리 유리수가 모여 있는 직선에는 빈 구간이 없다. 임의의 두 유리수 $r < s$에 대해 유리수 $(r+s)/2$가 정중앙에 위치함을 생각해 보라. 이는 유리수가 수직선에서 조밀하게 자리잡고 있음을 의미한다.

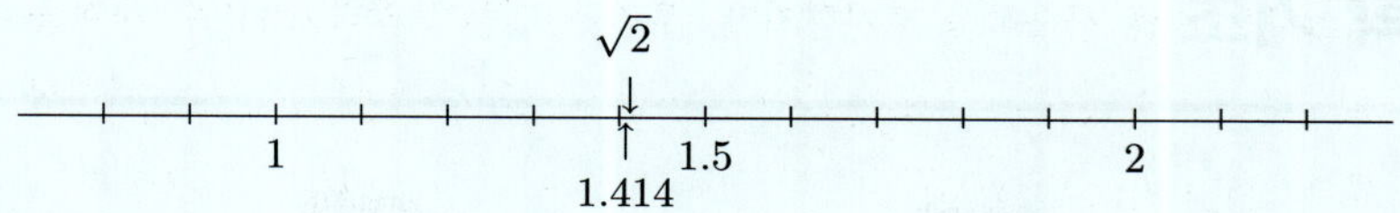

[그림 1.2] $\sqrt{2}$를 유리수로 근사시키기

$\mathbf{Q}$는 체이므로 덧셈, 뺄셈, 곱셈, 나눗셈으로 이루어진 대수 연산을 안전하게 수행할 수 있다. 지금 상황에서 $\mathbf{Q}$에 부족한 것은 무엇일까? 정리 1.1.1에 따르면 우리가 임의의 수에 대한 제곱근을 생각할 수 없음은 명백하다.

사실 이와 관련된 문제는 생각보다 근본적이다. 그림 1.2와 같이 유리수만을 이용하여 제법 정교하게 $\sqrt{2}$의 **근삿값**을 구할 수 있다. 예를 들어 $1.414^2 = 1.999396$이다. 여기에 소수점 아래 자리를 더 추가하여 근삿값을 구해나가는 방식으로 $\sqrt{2}$에 얼마든지 더 가까워질 수 있다. 그럼에도 유리수 직선 위 $\sqrt{2}$가 있어야 할 자리는 뻥 뚫려있다. 물론, 유리수 직선에는 이 외에도 다른 구멍($\sqrt{3}$, $\sqrt{5}$ 등)이 많이 있다.

고대 그리스 수학자들의 딜레마로 돌아가자. 직선의 각 점에 대응하는 모든 길이에 실제 수를 대응하기 원한다면 필연적으로 수 체계를 확장하는 수순을 밟는다. 따라서 $\mathbf{N} \subseteq \mathbf{Z} \subseteq \mathbf{Q}$의 사슬에 **실수(real number)** $\mathbf{R}$을 추가한다.

$\mathbf{Q}$로부터 $\mathbf{R}$를 구성하는 과정은 다소 복잡하다. 이는 1.3절에서 다룬 후에, 8.6절에서 다시 한 번 자세히 설명하겠다. 일단은 $\mathbf{Q}$의 틈을 메꿔 $\mathbf{R}$를 얻는다고 이해해도 그리 틀린 말은 아니다. 수직선 위 구멍이 있는 곳마다 새로운 **무리수(irrational number)**를 정의한다. 이 무리수는 $\mathbf{Q}$에 이미 존재하는 순서를 따른다. 이미 익숙한 유리수(집합)와 새로 얻은 무리수 집합의 합집합을 실수라 하자.

무리수 집합은 어떤 성질을 가질까? 유리수 집합과 무리수 집합은 어떻게 잘 들어맞을까? 유리수와 무리수 사이에는 어떤 대칭성이 존재할까? 그렇지 않다면 어떤 의미에서 둘 중 하나가 다른 하나보다 더 흔하다고 주장할 수 있을까? 지금까지는 주로 제곱근을 통해 무리수를 찾았다. 놀랄 것도 없이 $\sqrt[3]{2}$나 $\sqrt[5]{3}$와 같은 거듭제곱근들도 대부분 무리수다. 모든 무리수는 n제곱근과 유리수의 대수적 조합으로 표현할 수 있을까? 혹은 이와는 다른 꼴의 무리수도 존재할까?

1.2 수학 기초

이 책에서 다룰 개념들은 집합론(집합과 함수)을 기반으로 하여 펼쳐진다. 여러분은 대부분 집합론 용어에 익숙하겠지만, 이 책의 표기법과 정의를 점검하는 차원에서 이쯤에 집합론의 중요 내용을 간단히 정리하고 넘어가도 나쁘지 않을 것 같다.

집합

직관적으로 말하면 **집합(set)**은 **원소**(element)라 불리는 대상의 모임이다. 논의과정에서 우리는 때때로 '함수를 원소로 가지는 집합'이나 '또 다른 집합을 원소로 가지는 집합'을 다루겠지만, 주로 실수를 원소로 가지는 집합을 다룰 것이다.

주어진 집합 A에 대하여 (그것이 무엇이든지 간에) x가 A의 원소일 때 기호로 $x \in A$라 쓴다. 만약 x가 A의 원소가 아니라면 $x \notin A$로 쓴다. 두 집합 A와 B에 대하여 **합집합**은 $A \cup B$와 같이 쓰고 다음과 같이 정의한다.

$$x \in A \text{ 또는 } x \in B \text{이면 } x \in A \cup B$$

교집합 $A \cap B$는 다음과 같이 정의한다.

$$x \in A \text{ 이고 } x \in B \text{이면 } x \in A \cap B$$

예제 1.2.1

(a) 집합을 표현하는 여러 방법이 있다. 1.1절에서 원소나열법을 사용하여 자연수 집합을 $\mathbf{N} = \{1, 2, 3, \ldots\}$이라 정의했다.

(b) 수식이 아닌 일상 언어를 사용하여 집합을 정의할 수도 있다. 예를 들어 집합 E를 짝수인 자연수 모임으로 정의할 수 있다.

(c) 때때로 집합의 원소인지 아닌지 결정하는 조건을 제시하는 것이 더 효과가 있다. 예를 들어 S를 다음과 같이 정의하자.

$$S = \{r \in \mathbf{Q} : r^2 < 2\}$$

위 식은 "S는 '제곱했을 때 2 미만인 유리수'를 모두 모은 집합이다."라고 읽는다. 이 정의에 따르면 $1 \in S$, $4/3 \in S$이지만 $9/4 \geq 2$이므로 $3/2 \notin S$이다.

예제 1.2.1에 정의한 집합 $\mathbf{N}$, E, S의 합집합과 교집합을 관찰하면 다음을 확인할 수 있다.

$$\mathbf{N} \cup E = \mathbf{N}, \quad \mathbf{N} \cap E = E, \quad \mathbf{N} \cap S = \{1\}, \quad E \cap S = \varnothing$$

이때, $\varnothing$는 원소가 없는 집합으로 **공집합(empty set)**을 의미한다. $E \cap S = \varnothing$일 때 E와 S는 **서로소(disjoint)**라 한다.

이제 두 집합의 같음을 정의할 차례다(우리는 이미 이 기호를 사용했다). 집합 A의 모든 원소가 집합 B의 원소일 때, 이 **포함(inclusion)** 관계를 기호로 $A \subseteq B$ 또는 $B \supseteq A$로 쓴다. 이를 'A는 B의 **부분집합(subset)**이다.' 또는 'B는 A를 **포함**한다.'라고 한다. $A \subseteq B$이고 $B \subseteq A$이면 $A = B$라고 한다. 달리 말해 A를 구성하는 원소와 B를 구성하는 원소는 정확히 같다. 이후 내용에서 집합의 무한합집합과 무한 교집합도 자주 등장할 것이다.

예제 1.2.2 세 집합 A_1, A_2, A_3가 다음과 같다고 하자.

$$A_1 = \mathbf{N} = \{1, 2, 3, \ldots\}, \quad A_2 = \{2, 3, 4, \ldots\}, \quad A_3 = \{3, 4, 5, \ldots\}$$

일반적으로 각각의 $n \in \mathbf{N}$에 대하여 A_n을 다음과 같이 정의한다.

$$A_n = \{n, n+1, n+2, \ldots\}$$

그럼 다음과 같은 축소 집합열을 얻을 수 있다.

$$A_1 \supseteq A_2 \supseteq A_3 \supseteq A_4 \supseteq \cdots$$

이때 각각의 집합은 모두 이전 집합의 부분집합이다. 다음 세 집합은 여러 A_n 중 적어도 하나에 속하는 원소들을 모두 모아놓은 집합을 나타내는 동치 표현이다.

$$\bigcup_{n=1}^{\infty} A_n, \quad \bigcup_{n \in \mathbf{N}} A_n, \quad A_1 \cup A_2 \cup A_3 \cup \cdots$$

A_n 모임의 축소 성질 때문에 $\bigcup_{n=1}^{\infty} A_n = A_1$이 성립함을 어렵지 않게 확인할 수 있다. 집합의 무한 교집합 또한 같은 방식으로 생각할 수 있다. 예를 들어 $\bigcap_{n=1}^{\infty} A_n = \varnothing$이 성립한다.

왜 그럴까? $m \in \bigcap_{n=1}^{\infty} A_n$을 만족하는 자연수 m이 있다고 가정하자. 이는 **모든** A_n에 대하여 $m \in A_n$임을 뜻한다. 그러나 m은 A_{m+1}의 원소가 아니므로 이러한 m은 존재하지 않는다. 따라서 교집합은 공집합이다.

앞서 언급했듯이 우리가 접하게 될 집합 대부분은 실수로 이루어진 집합이다. 주어진 $A \subseteq \mathbf{R}$에 대하여 A의 **여집합(complement)**은 $\mathbf{R}$의 원소 중 A에 속하지 않는 원소를 모두 모은 집합을 의미하며, A^c로 쓴다. 따라서 집합 $A \subseteq \mathbf{R}$에 대하여 다음이 성립한다.

$$A^c = \{x \in \mathbf{R} : x \notin A\}$$

앞으로 공부하면서 몇 차례 드 모르간 법칙(De Morgan's laws)을 사용할 것이다.

$$(A \cap B)^c = A^c \cup B^c \text{ 이고 } (A \cup B)^c = A^c \cap B^c$$

드 모르간 법칙의 증명은 연습문제 5에서 다룬다.

확실히 1.2절 초반에 제시한 집합 정의에는 명확하지 못한 부분이 있다. 실변수 함수의 이론적 기반을 엄밀하게 다져나간다는 해석학 수업 목적을 생각할 때, 집합을 정의하는 첫 구절이 '직관적으로 말하자면'으로 시작한다면 무척 이상해 보일 것이다. 그러나 어떤 의미에서 이는 피할 수 없다. 무엇인가가 성립하는 이유를 파고 들어가 보면 그 밑바탕에 있는 또 다른 대상의 엄밀성을 검증해야 한다. 집합론은 현대 수학에서 많은 부분의 기반이다. 이 때문에 지난 백 년간 집합론은 철저하게 검증되어 왔다. 그러나 이러한 내용을 소화하려면 소박한 집합론으로는 왜 충분하지 못한지부터 공부해야 한다. 이는 우리 수업의 범위 밖이다. 다만 1.7절에서 집합을 다룰 때 주의해야 할 부분을 간단히 다룬다.

함수

정의 1.2.3 두 집합 A와 B에 대하여, A에서 B로의 **함수(function)**는 각 $x \in A$에 B의 한 원소를 대응시키는 규칙이다. 이때 $f : A \to B$와 같이 쓴다. 원소 $x \in A$에 대하여 함수 f에 의해 x에 대응되는 B의 원소를 $f(x)$로 나타낸다. 집합 A는 f의 **정의역(domain)**이라고 한다. f의 **치역(range)**은 $\{y \in B :$ 어떤 $x \in A$에 대하여 $y = f(x)\}$이며, B의 부분집합이지만 B와 같을 필요는 없다.

이와 같은 함수의 정의는 1830년대에 독일 수학자 디리클레(Dirichlet)가 제안했다. 디리클레는 함수의 이론적 기반을 닦는 데 크게 기여했다. 지금 우리가 배우는 함수 이론의 상당수는 디리클레의 업적이다. 디리클레가 함수의 이론적 기반을 닦는 데 몰두하게 된 주요 동기는 푸리에 급수의 수렴성을 둘러싼 문제였다. 디리클레가 이 문제에 어떻게 기여했는지는 푸리에 급수를 다루는 8.5절에서 집중적으로 배우겠지만, 그 전에도 종종 디리클레를 만날 것이다. 일단 지금은 함수를 '식'의 한 종류로 여기던 기존 관점을 디리클레가 어떻게 바꾸어 놓았는지 생각해 보자.

디리클레 이전까지 '함수'는 $f(x) = x^2 + 1$ 나 $g(x) = \sqrt{x^4 + 4}$ 와 같은 수식을 의미했다. 하지만 정의 1.2.3은 함수가 다룰 수 있는 범위를 확 넓혀주었다.

예제 1.2.4 디리클레는 1829년에 다음과 같이 무질서한 함수를 제안했다.

$$g(x) = \begin{cases} 1 & (x \in \mathbf{Q}) \\ 0 & (x \notin \mathbf{Q}) \end{cases}$$

g 의 정의역은 $\mathbf{R}$ 전체이며 치역은 집합 $\{0, 1\}$ 이다. 일반적인 관점에서 g 를 하나의 식으로 쓸 수 없으며 그래프로 나타내기도 매우 어렵다(4.1절을 참조), 정의 1.2.3에 따르면 g 는 분명히 함수다. 연속함수, 미분가능한 함수, 적분가능한 함수를 공부하며 만날 여러 의문의 참-거짓을 판정할 때, 이러한 함수가 많은 도움을 줄 것이다.

예제 1.2.5 삼각형 부등식

절댓값함수(absolute value function)는 매우 중요하므로 $f(x)$ 나 $g(x)$ 대신 고유한 표기법 $|x|$ 를 사용한다. 이 함수의 정의역은 실수 집합이고 다음과 같이 구간별로 정의한다.

$$|x| = \begin{cases} x & (x \geq 0) \\ -x & (x < 0) \end{cases}$$

곱셈과 덧셈 관점에서 절댓값함수를 생각해 보자. 임의의 모든 a, b 에 대하여 절댓값함수는 다음을 만족한다.

(1) $|ab| = |a||b|$

(2) $|a + b| \leq |a| + |b|$

이 성질을 확인하는 과정은 a, b, $a + b$ 가 양수일 때와 음수일 때 여러 경우를 각각 확인하는 것에 불과하다(연습문제 6 참고). 성질 (2)는 **삼각형 부등식(triangle inequality)**이라고 한다. 대수롭지 않게 보이는 이 부등식은 대단히 중요하다. 다음과 같은 방식으로 자주 사용할 것이다. 주어진 세 실수 a, b, c 에 대하여 다음이 분명히 성립한다.

$$|a - b| = |(a - c) + (c - b)|$$

삼각형 부등식에 의해 $|(a - c) + (c - b)| \leq |a - c| + |c - b|$ 이므로 다음 결과를 얻는다.

$$|a-b| \leq |a-c| + |c-b| \tag{1}$$

이때, $|a-b|$는 $|b-a|$와 같으며 수직선에서 a와 b 사이의 **거리**(distance)로 생각하면 정확히 부합한다. 이러한 관점에서 보면 등식 (1)은 a에서 b까지의 거리가 a에서 c까지의 거리와 c에서 b까지의 거리의 합보다 작거나 같다는 그럴듯한 말에 불과하다. 이 점들이 수직선이 아니라 평면에 놓여있다고 잠시 상상해 보면 왜 '삼각형 부등식'이라고 불리는지 납득할 수 있을 것이다.

논리와 증명

수학적 엄밀함이나 증명 능력을 키우는 가장 좋은 방법은 직접 써보는 것이다. 앞으로 여러분은 이 책을 공부하며 이런 훈련을 수없이 할 것이다. 하디가 말했듯이 이런 유형의 수학은 예술과 비슷한 면이 있다. 수학은 이해하기 쉬울 수도 쉽지 않을 수도 있지만, 도무지 뭔지 이해할 수 없는 것은 아니다.

증명은 일종의 에세이다. 증명이란 자명한 사실을 정교하게 이어 붙인 예술 작품으로, 여러분이 그 흐름을 따라갔을 때 처음 제시된 명제가 참임을 확신하게 해준다. 이를 위해 증명의 각 단계는 이전 단계로부터 논리적으로 도출되거나 명백히 참인 다른 명제에 의해 뒷받침되어야 한다. 또한 각 단계가 유기적으로 결합되어 있어야 설득력 있게 결론에 도달할 수 있다. 수학에는 수학만의 표현과 어휘가 있긴 하지만 증명을 쓸 때는 일상 언어의 규칙과 문법을 충실히 따라야 한다.

앞서 다룬 (정리 1.1.1에 대한) 증명에서는 **귀류법(proof by contradiction)**이란 간접 증명법을 사용했다. 이 유용한 기술은 앞으로도 요긴하게 여러 번 사용할 것이다. 하지만 대부분 직접 증명법을 사용한다. (직접 증명을 할 수 있는데 간접 증명을 시도하는 것은 그리 바람직하지 않다.) 직접 증명은 명백히 참인 명제(대개 주어진 정리의 가정)에서 시작하여, 엄밀한 논리적 추론을 거쳐 결론에 도달한다.

반면 정리 1.1.1에서 보았듯이 간접 증명은 항상 우리가 증명하고자 하는 명제의 부정에서 시작한다. 당연해 보일 수도 있지만 이 과정이 항상 쉬운 건 아니다. 그 다음 논리적 모순에 도달하여 처음 가정을 부정해야 할 때까지 증명이 진행된다. 이러한 모순이 정리의 가정에 포함된 경우를 **대우증명법(contrapositive proof)**이라 한다.

다음 정리는 귀류법을 사용한 한 가지 예다. 이러한 사례를 몇 가지 더 다룰 것이다.

정리 1.2.6 두 실수 a와 b가 같기 위한 필요충분조건은 임의의 양수 $\epsilon > 0$에 대하여 $|a-b| < \epsilon$인 것이다.

증명 이 정리에는 특별히 집중해야 하는 2가지 구절이 있다. 첫 번째는 '모든'이다. 이에 대해서는 잠시 뒤에 다루도록 하자. 또 다른 하나는 '필요충분조건(if and only if)'이다. 수학에서 필요충분조건은 주어진 명제가 두 방향(순방향, 역방향)으로 참임을 간결하게 말하는 방법이다. 우선 순방향을 증명해야 한다.

($\Rightarrow$) **만약** $a = b$**이면 모든 실수** $\epsilon > 0$**에 대하여** $|a-b| < \epsilon$**이다.**

또한 역방향도 증명해야 한다.

($\Leftarrow$) **만약 모든 실수** $\epsilon > 0$**에 대하여** $|a-b| < \epsilon$**이면** $a = b$**이다.**

순방향 증명에서는 딱히 할 말이 없다. $a = b$라면 $|a-b| = 0$이고, 임의의 $\epsilon > 0$에 대하여 분명히 $|a-b| < \epsilon$이다.

역방향은 귀류법을 사용해 증명한다. 역방향 명제의 결론이 $a = b$이므로 $a \neq b$라 가정하자. 어떻게 모순을 이끌어 내야 할까? '모든 $\epsilon > 0$에 대하여'라는 구절에 주목하자. 주어진 명제의 가정에 따르면 $\epsilon > 0$을 어떻게 선택하더라도 항상 $|a-b| < \epsilon$이다. 한편 지금 우리가 하는 바와 같이 $a \neq b$라고 가정하면 다음과 같이 ϵ_0를 선택했을 때, 모순이 발생한다.

$$\epsilon_0 = |a-b| > 0$$

$|a-b| < \epsilon$가 **모든** $\epsilon > 0$에 대하여 참이라고 가정했으므로 이는 방금 정의한 특정 ϵ_0에 대해서도 분명히 참이어야 한다. 그러나 다음 두 문장은 동시에 참일 수 없다.

$$|a-b| < \epsilon_0 \text{ 이고 } |a-b| = \epsilon_0$$

모순이 발생했으므로 처음 가정한 $a \neq b$는 성립할 수 없다. 따라서 $a = b$이고 간접 증명이 완성되었다. ◀

해석학적 증명을 읽고 쓰는 데 꼭 필요한 소양은 정량화 문구인 **모든**(전칭 기호)과 **존재한다**(존재 기호)를 혼동없이 다루는 능력이다. 앞으로의 논의 과정에서도 전칭 기호와 존재 기호를 만날 때 각별히 주의해야 한다.

수학적 귀납법

우리가 자주 사용할 마지막 기술은 **수학적 귀납법(induction)**이다. 수학적 귀납법은 자연수 집합 $\mathbf{N}$(또는 때때로 집합 $\mathbf{N} \cup \{0\}$)에서 사용한다. 수학적 귀납법의 기본 원리는 만약 S가 $\mathbf{N}$의 부분집합이면서 다음 두 가지 조건을 모두 만족하면 반드시 $S = \mathbf{N}$이라는 사실이다.

(1) S는 1을 포함하고

(2) S가 자연수 n을 포함할 때마다 S는 $n+1$도 포함한다.

예제 1.2.7에서 확인할 수 있듯이 수학적 귀납법은 수열을 정의하거나 수열의 성질을 증명할 때 사용할 수 있다.

예제 1.2.7 수열 x_n이 $x_1 = 1$이고 각각의 $n \in \mathbf{N}$에 대하여 다음 규칙이 성립한다고 정의하자.

$$x_{n+1} = (1/2)x_n + 1$$

이 규칙을 이용하면 $x_2 = (1/2)(1) + 1 = 3/2$, $x_3 = 7/4$임을 계산할 수 있다. 또한 모든 $n \in \mathbf{N}$에 대하여 x_n이 잘 정의됨도 자명하다.

방금 정의한 수열은 처음 몇 항이 증가하는 것처럼 보인다. 다시 말해 계산을 통해 $x_1 \le x_2 \le x_3$임을 확인했다. 이제 수학적 귀납법을 이용하여 모든 n에 대하여 이 부등식이 성립함을 보이자. 다시 말해 모든 $n \in \mathbf{N}$에 대하여 다음 관계가 성립함을 보이겠다.

$$x_n \le x_{n+1} \tag{2}$$

$n = 1$일 때, $x_1 = 1$이고 $x_2 = 3/2$이므로 $x_1 \le x_2$임은 명백하다. 이제 다음이 성립함을 보이자.

만약 $x_n \le x_{n+1}$이면 $x_{n+1} \le x_{n+2}$가 성립한다.

S를 부등식 (2)가 참이도록 하는 자연수 집합으로 생각하자. 우선 $1 \in S$임을 확인했다. 만약 $n \in S$이라면 $n+1 \in S$임을 보이고자 한다. 수학적 귀납법의 가정 $x_n \le x_{n+1}$에서 출발하여 부등식 양변에 $1/2$을 곱하고 1을 더해주면 다음을 얻는다.

$$\frac{1}{2}x_n + 1 \le \frac{1}{2}x_{n+1} + 1$$

이는 바로 우리가 바라던 결론 $x_{n+1} \le x_{n+2}$이다. 수학적 귀납법에 의해 모든 $n \in \mathbf{N}$에 대하여 주장을 증명했다.

수학적 귀납법은 왜 성립할까?

이 질문에 답하기 위해서는 우리가 자연수를 이해하는 방식을 검토해야 한다. 다시 이 주제를 만나게 되었다. 1.1절에서 "자연수는 어떻게든 신이 선사한 것이다."이라는 크로네커의 유명한 말을 인용하며 이 문제를 회피했다. 이제와서 보다 자세한 설명을 하려는 의도는 아니지만, 공리적 집합론을 사용하면 **N**을 무신론적 입장에서도 수학적으로 만족스럽게 접근할 수 있다는 사실은 언급해야 할 것 같다. 교육학적으로 말하자면 수학기초론은 역순으로 배울 때 가장 잘 이해할 수 있고 그 진가를 느낄 수 있다. 여러분이 자연수와 집합론을 엄밀하게 공부하길 권장하지만, 그 시점은 실수계의 미묘함을 이해한 후로 미루는 것이 좋겠다. 실수계의 미묘함을 다루는 과목이 바로 해석학이다.

1.2 연습문제

1. 다음 물음에 답하라.

(a) $\sqrt{3}$이 무리수임을 증명하라. 비슷한 논법으로 $\sqrt{6}$이 무리수임을 보일 수 있는가?

(b) 정리 1.1.1의 증명을 이용하여 $\sqrt{4}$가 무리수라고 증명하고자 한다. 어느 부분에서 문제가 생기는가?

2. $2^r = 3$을 만족시키는 유리수 r은 존재하지 않음을 보여라.

3. 집합의 성질에 대한 다음 명제의 참-거짓을 판정하라. 거짓인 경우에는 반례를 보여라.

(a) $A_1 \supseteq A_2 \supseteq A_3 \supseteq A_4 \cdots$ 가 모두 무한집합이면, 교집합 $\bigcap_{n=1}^{\infty} A_n$ 도 역시 무한집합이다.

(b) $A_1 \supseteq A_2 \supseteq A_3 \supseteq A_4 \cdots$ 가 모두 실수로 이루어진 공집합이 아닌 유한집합이면, 교집합 $\bigcap_{n=1}^{\infty} A_n$ 은 공집합이 아닌 유한집합이다.

(c) $A \cap (B \cup C) = (A \cap B) \cup C$

(d) $A \cap (B \cap C) = (A \cap B) \cap C$

(e) $A \cap (B \cup C) = (A \cap B) \cup (A \cap C)$

4. 모든 A_i는 무한집합이고 모든 $i \neq j$에 대하여 $A_i \cap A_j = \varnothing$이면서 $\bigcup_{i=1}^{\infty} A_i = \mathbf{N}$인 집합들의 모임 $A_1, A_2, A_3, \ldots$를 구성하라.

5. [드 모르간 법칙] A와 B가 $\mathbf{R}$의 부분집합이라고 하자. 다음 물음에 답하라.

(a) $x \in (A \cap B)^c$이면 $x \in A^c \cup B^c$인 이유를 설명하라. 이는 $(A \cap B)^c \subseteq A^c \cup B^c$임을 보인다.

(b) 역방향 포함관계 $(A \cap B)^c \supseteq A^c \cup B^c$를 증명하여 $(A \cap B)^c = A^c \cup B^c$임을 결론지어라.

(c) 양방향 포함관계를 보여서 $(A \cup B)^c = A^c \cap B^c$임을 보여라.

6. 다음 물음에 답하라.

(a) a와 b가 같은 부호인 경우에 대해 삼각형 부등식이 성립함을 보여라.

(b) 먼저 $(a+b)^2 \leq (|a|+|b|)^2$을 보여서 모든 경우를 한 번에 효율적으로 증명할 수 있음을 확인하라.

(c) 모든 a, b, c, d에 대하여 $|a-b| \leq |a-c| + |c-d| + |d-b|$임을 증명하라.

(d) $||a| - |b|| \leq |a-b|$를 증명하라.

힌트 $a = a - b + b$

7. 주어진 함수 f와 f의 정의역의 부분집합 A에 대하여 집합 A에서의 f의 치역을 $f(A)$로 나타낸다. 다시 말해 $f(A) = \{f(x) : x \in A\}$이다. 다음 물음에 답하라.

(a) $f(x) = x^2$라고 하자. $A = [0, 2]$[3]이고 $B = [1, 4]$일 때, $f(A)$와 $f(B)$를 구하라. 이 경우 $f(A \cap B) = f(A) \cap f(B)$가 성립하는가? $f(A \cup B) = f(A) \cup f(B)$는 성립하는가?

(b) $f(A \cap B) \neq f(A) \cap f(B)$가 되는 두 집합 A와 B를 구하라.

(c) $g : \mathbf{R} \to \mathbf{R}$가 임의의 함수일 때, 모든 $A, B \subseteq \mathbf{R}$에 대하여 $g(A \cap B) \subseteq g(A) \cap g(B)$이 항상 성립함을 보여라.

(d) 임의의 함수 g에 대하여 $g(A \cup B)$와 $g(A) \cup g(B)$의 관계를 추측하고 이를 증명하라.

8. 다음은 함수 $f : A \to B$와 관련된 2가지 중요한 정의다.

> **(1)** A의 원소 a_1, a_2에 대하여 $a_1 \neq a_2$이면 $f(a_1) \neq f(a_2)$인 함수 f를 **단사함수(one-to-one)**라고 한다.
>
> **(2)** 모든 $b \in B$에 대하여 $f(a) = b$를 만족하는 $a \in A$를 찾을 수 있을 때, 함수 f를 **전사함수(onto)**라고 한다.

3 닫힌 구간 $\{x \in \mathbf{R} : 0 \leq x \leq 2\}$

다음 각 항목에 대하여 조건을 만족하는 예를 들거나 예가 존재하지 않음을 증명하라.

(a) 단사함수지만 전사함수는 아닌 함수 $f : \mathbf{N} \to \mathbf{N}$

(b) 전사함수지만 단사함수는 아닌 함수 $f : \mathbf{N} \to \mathbf{N}$

(c) 단사함수이면서 전사함수인 함수 $f : \mathbf{N} \to \mathbf{Z}$

9. 주어진 함수 $f : D \to \mathbf{R}$와 집합 $B \subseteq \mathbf{R}$에 대하여 함숫값이 B에 속하는 정의역 D의 모든 점의 집합을 $f^{-1}(B)$라고 한다. 다시 말해 $f^{-1}(B) = \{x \in D : f(x) \in B\}$이다. 이 집합을 B의 **원상(preimage)**이라고 부른다. 다음 물음에 답하라.

(a) $f(x) = x^2$이라고 하자. A가 닫힌 구간 $[0, 4]$이고 B가 닫힌 구간 $[-1, 1]$일 때, $f^{-1}(A)$와 $f^{-1}(B)$를 구하라. 이 경우 $f^{-1}(A \cap B) = f^{-1}(A) \cap f^{-1}(B)$가 성립하는가? $f^{-1}(A \cup B) = f^{-1}(A) \cup f^{-1}(B)$는 성립하는가?

(b) (a)에서 설명된 원상의 좋은 성질은 일반적으로 성립한다. $g : \mathbf{R} \to \mathbf{R}$가 임의의 함수일 때 모든 $A, B \subseteq \mathbf{R}$에 대하여 $g^{-1}(A \cap B) = g^{-1}(A) \cap g^{-1}(B)$와 $g^{-1}(A \cup B) = g^{-1}(A) \cup g^{-1}(B)$가 항상 참임을 보여라.

10. 다음 중 어느 것이 참인 명제인지 결정하라. 명제가 참이면 타당한 이유를 간략하게 보이고, 명제가 거짓이면 반례를 들어라.

(a) 두 실수가 $a < b$를 만족하기 위한 필요충분조건은 모든 $\epsilon > 0$에 대하여 $a < b + \epsilon$라는 것이다.

(b) 모든 $\epsilon > 0$에 대하여 $a < b + \epsilon$이면 두 실수는 $a < b$를 만족한다.

(c) 두 실수가 $a \leq b$를 만족하기 위한 필요충분조건은 모든 $\epsilon > 0$에 대하여 $a < b + \epsilon$라는 것이다.

11. 각 주장의 논리적 부정을 제시하라. 부정을 하는 한 가지 당연한 방법은 단순히 각 주장의 끝에 '$\cdots$ 가 아니다.'라고 덧붙이는 것이다. '아니다'와 같은 단어를 사용하지 않는 긍정적인 문장을 사용한 다른 방법으로 부정을 제시하라. 또한 각각의 경우에 대해 원래 주장 또는 그 부정이 참인지 직관적으로 추측하라.

(a) $a < b$를 만족하는 모든 실수에 대하여 $a + 1/n < b$인 $n \in \mathbf{N}$이 존재한다.

(b) 모든 $n \in \mathbf{N}$에 대하여 $x < 1/n$를 만족하는 실수 $x > 0$가 존재한다.

(c) 모든 서로 다른 두 실수 사이에는 유리수가 존재한다.

12. $y_1 = 6$이라 두고 각각의 $n \in \mathbf{N}$에 대하여 $y_{n+1} = (2y_n - 6)/3$이라 정의한다. 수학적 귀납법을 이용하여 다음을 증명하라.

(a) 모든 $n \in \mathbf{N}$에 대하여 $y_n > -6$이다.

(b) 수열 $(y_1, y_2, y_3, \ldots)$이 감소한다.

13. 연습문제 5를 완전히 해결했다면 이 문제를 풀어 보자. 다음 물음에 답하라.

(a) 수학적 귀납법을 이용하여 모든 $n \in \mathbf{N}$에 대하여 다음이 성립함을 보여라.

$$(A_1 \cup A_2 \cup \cdots \cup A_n)^c = A_1^c \cap A_2^c \cap \cdots \cap A_n^c$$

(b) 수학적 귀납법을 이용하여 다음이 성립함을 쉽게 증명할 수 있다고 믿고 싶겠지만 지금은 수학적 귀납법을 사용할 수 없다.

$$\left(\bigcup_{i=1}^{\infty} A_i \right)^c = \bigcap_{i=1}^{\infty} A_i^c$$

수학적 귀납법은 특정 명제가 모든 $n \in \mathbf{N}$에 대하여 성립함을 증명하기 위해 사용되지만 n이 무한이면 수학적 귀납법을 사용할 수 없기 때문이다.

이를 설명하기 위해 모든 $n \in \mathbf{N}$에 대하여 $\bigcap_{i=1}^{n} B_i \neq \emptyset$는 참이지만 $\bigcap_{i=1}^{\infty} B_i \neq \emptyset$는 거짓이 되는 집합들의 모임 $B_1, B_2, B_3, \ldots$의 예를 구하라.

(c) 그럼에도 (b)와 같이 무한으로 표현한 드 모르간 법칙이 성립한다. 이를 수학적 귀납법을 사용하지 않고 증명하라.

1.3 완비성 공리

실수란 정확히 무엇인가? 1.1절에서 실수 집합 $\mathbf{R}$은 유리수 집합 $\mathbf{Q}$를 구멍이나 틈이 없게 확장한 것이란 부분까지 설명했다. 우리는 $\sqrt{2}$와 같은 모든 길이가 수직선(number line)을 따라 실수와 대응되고, 또 반대로 실수가 길이에 대응되기를 바란다.

이제 실수의 정의를 좀 더 정확한 형태로 바꾸려 한다. 이전 절에서 이야기했듯이 어떤 명제의 정당성을 파고들다 보면 정당화해야 하는 또 다른 명제가 밑바닥에서 튀어나온다. 이런 과정을 한없이 반복할 수는 없는 노릇이므로, 어느 시점에서는 증명되지 않은 가정이나 정의되지 않은 용어를 불가피하게 받아들여야 한다. 어딘가에선 선을 긋고, 그 지점을 합당한 출발점으로 받아들여야 한다. 당연히, 이 선을 어디에 그어야 할지 논쟁이 꾸준하게 있어 왔다. 어떤 관점에서 19세기와 20세기 수학은 이 선을 흔들리지 않는 토대를 향해 점점 더 밀어붙이려는 굳건한 시도로 볼 수도 있다.

이 책에서 다루는 내용은 대부분 1800년대 초중반에 활동한 수학자들이 발견하거나 발전시켰다. 오귀스탱 루이 코시(Augustin-Louis Cauchy, 1789-1857), 베르나르트 볼차노(Bernard Bolzano, 1781-1848), 닐스 헨리크 아벨(Niels Henrik Abel, 1802-1829), 페터 르죈 디리클레(Peter Lejeune Dirichlet, 1805-1859), 카를 바이어슈트라스(Karl Weierstrass, 1815-1897), 베른하르트 리만(Bernhard Riemann, 1826-1866)은 모두 앞으로 공부할 내용을 확립하는 데 적지 않게 기여했다. 그런데 한 가지 흥미로운 점이 있다. 이들의 업적 대부분은 거의 $\mathbf{R}$의 특징을 직관적으로 가정하여 이루어졌는데, 이는 지금 우리가 $\mathbf{R}$을 얼추 이해하는 바와 비슷하다. 결국 $\mathbf{R}$의 구체적인 구조를 충분히 이해하는 방향으로 진행되었고 1870년대에 들어서야 비로소 $\mathbf{Q}$로부터 $\mathbf{R}$을 **엄밀하게 구성**하는 몇 가지 방법이 제안되었다.

이 역사적 모형을 따라 $\mathbf{Q}$에서 $\mathbf{R}$을 엄밀하게 구성하는 일은 8.6절까지 미루겠다. 그때쯤 가야 비로소 이러한 방식이 왜 필요하며 그 진가가 무엇인지 납득할 수 있을 것이다. 8.6절까지 다뤄야 할 증명이 많다. 증명에서 우리가 실수의 어떤 성질을 사용할건지 가능한 정확한 형태로 명시할 필요가 있다.

실수 집합 $\mathbf{R}$의 순서체 정의

$\mathbf{R}$은 $\mathbf{Q}$를 포함하는 집합이다. $\mathbf{Q}$에서의 덧셈과 곱셈은 모두 $\mathbf{R}$로 확장되는데, 이때 $\mathbf{R}$의 모든 원소가 덧셈에 대한 역원을 가지며 0이 아닌 원소는 모두 곱셈에 대한 역원을 가진다. 1.1절 논의를 반영하여 우리는 $\mathbf{R}$이 **체(field)**라고 가정한다. 이는 실수의 덧셈과 곱셈에 대하여 교환법칙과 결합법칙, 분배법칙이 성립함을 의미한다. 이로써 우리에게 익숙한 모든 기본적인 대수적 조작을 할 수 있다.

또한 우리는 $\mathbf{Q}$가 가진 순서의 익숙한 특징이 모두 $\mathbf{R}$로 확장된다고 가정한다. 예를 들어 '$a < b$이고 $c > 0$이면 $ac < bc$이다.'와 같은 성질을 별도로 설명하지 않고 자유롭게 사용할 것이다. 지금까지의 내용을 정식 용어로 요약하면 $\mathbf{R}$은 $\mathbf{Q}$를 부분체로써 포함하는 **순서체(ordered field)**라 가정한다(8.6절에서 순서체에 대한 엄밀한 정의를 소개하겠다).

이제 마지막으로 실수계에 대한 가장 독특한 가정이 남아있다. $\mathbf{Q}$에 숭숭 뚫려있던 구멍들이 $\mathbf{R}$에는 없음을 보이기 위해선 어떤 명제가 필요할까? 유리수와 실수의 결정적 차이를 설명하는 공리를 소개한다. 이제부터 이 명제를 **완비성 공리(Axiom of Completeness)**라 부를 것이다.

> **완비성 공리** 공집합이 아니고 위로 유계인 (실수 집합의) 부분집합은 항상 상한(supremum)을 가진다.

자, 이 명제는 무슨 의미인가?

상한과 하한

먼저 관련 정의를 서술하고 몇 가지 예를 살펴보겠다.

정의 1.3.1 모든 $a \in A$에 대하여

(1) $a \leq b$를 만족하는 $b \in \mathbf{R}$가 존재할 때, 집합 $A \subseteq \mathbf{R}$는 **위로 유계(bounded above)**라고 정의한다. 이때 b는 A에 대한 **상계(upper bound)**라고 한다.

(2) $l \leq a$를 만족하는 **하계(lower bound)** $l \in \mathbf{R}$가 존재할 때, 집합 A는 **아래로 유계(bounded below)**라고 정의한다.

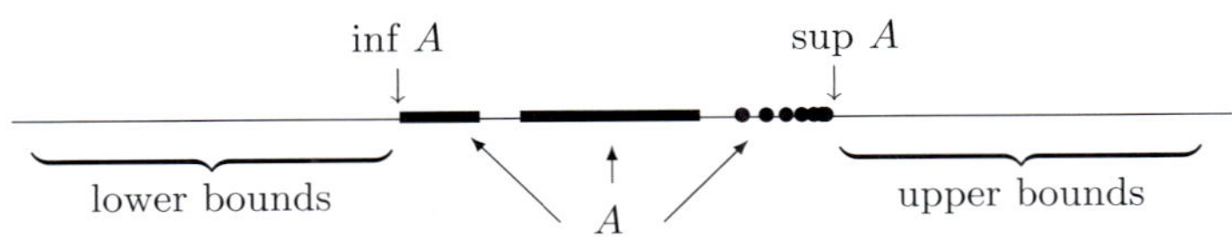

[그림 1.3] sup A와 inf A의 정의

정의 1.3.2 실수 s가 다음 두 조건을 만족할 때, s를 집합 $A \subseteq \mathbf{R}$의 **최소상계(least upper bound)**라고 한다.

(1) s는 A의 상계다.

(2) A의 임의의 상계 b에 대하여 $s \leq b$이다.

많은 경우에 최소상계는 A의 **상한(supremum)**이라고도 한다. $s = \text{lub}\, A$와 같은 표기법이 종종 쓰이지만 우리는 상한을 $s = \sup A$와 같이 쓰도록 한다.

A의 **최대하계(greatest lower bound)** 또는 **하한(infimum)**도 위와 비슷한 방법으로 정의하고 (연습문제 1) $\inf A$라 표기한다(그림 1.3 참고).[4]

어느 집합의 상계는 여럿일 수 있지만 **상한**은 오직 하나 존재한다. 왜 그럴까? s_1과 s_2가 모두 집합 A의 상한이라면 정의 1.3.2(2)로부터 $s_1 \leq s_2$이고 $s_2 \leq s_1$이다. 즉 $s_1 = s_2$이므로 상한은 유일하다.

4 (옮긴이) 이 책에서는 최소상계·최대하계라는 용어보다는 상한·하한이라는 용어를 자주 사용하겠다. 상한은 최댓값을 일반화한 개념인데 '최소'상계라 칭하면 아무래도 혼동을 주기 때문이다. 하한 또한 마찬가지다. 현장 수업에서는 상한을 슈프(sup), 하한을 인프(inf)라 부르는 경우도 많다.

예제 1.3.3 다음과 같은 집합 A를 생각하자.

$$A = \left\{ \frac{1}{n} : n \in \mathbf{N} \right\} = \left\{ 1, \frac{1}{2}, \frac{1}{3}, \dots \right\}$$

집합 A는 위로 유계이면서 동시에 아래로 유계다. 집합의 상계로는 $3, 2, 3/2$ 등이 있다. 상한은 무엇일까? $\sup A = 1$이라 말하고 싶다. 어떻게 증명해야 할까?

정의 1.3.2를 이용하여 엄밀하게 보이기 위해, (1)과 (2)가 성립함을 보여야 한다.

(1)은 모든 $n \in \mathbf{N}$에 대하여 $1 \geq 1/n$임을 바로 확인할 수 있다.

(2)를 확인하기 위해 다른 상계 b를 생각하자. $1 \in A$이고 b는 A의 상계이므로 반드시 $1 \leq b$여야 한다. 이로써 (2)가 성립함을 보였다.

아직 우리가 상한과 하한의 다양한 성질을 알지 못하지만(정리 1.4.2 참고), $\inf A = 0$임은 직관적으로 명백하다.

예제 1.3.3을 통해 $\sup A$와 $\inf A$가 집합 A의 원소일 수도 있고 아닐 수도 있음을 배울 수 있다. 이것이 바로 집합의 최댓값과 상한(또는 최솟값과 하한) 사이의 결정적인 차이다.

정의 1.3.4

(1) 실수 a_0가 A의 원소이고 모든 $a \in A$에 대하여 $a_0 \geq a$이면 a_0를 집합 A의 **최댓값 (maximum)**이라 정의한다.

(2) 실수 a_1이 A의 원소이고 모든 $a \in A$에 대하여 $a_1 \leq a$이면 a_1을 집합 A의 **최솟값 (minimum)**이라 정의한다.

예제 1.3.5 최댓값과 최솟값을 논하기 위해 다음 두 구간을 생각하자.

$$\text{열린 구간} \quad (0, 2) = \{x \in \mathbf{R} : 0 < x < 2\}$$
$$\text{닫힌 구간} \quad [0, 2] = \{x \in \mathbf{R} : 0 \leq x \leq 2\}$$

두 집합 모두 위로 유계(그리고 아래로 유계)이며, 모두 상한이 2로 같다. 그러나 두 집합이 모두 최댓값을 가지는 것은 **아니다**. 최댓값은 주어진 집합에 속하는 상계인데 2는 열린 구간 $(0, 2)$에 속하지 않는다. 따라서 최댓값이 아닌 상한은 존재할 수 있지만, 최댓값은 반드시 상한이다.

다시 완비성 공리로 관심을 돌려보자. 공집합이 아니면서 유계인 집합이 항상 최댓값을 가지는 것은 아니지만, 완비성 공리에 따르면 이러한 집합은 항상 상한을 가진다. 우리는 완비성 공리를 증명하지 않을 것이다.

수학에서 **공리**(axiom)는 증명 없이 사용하는 가장 기본적인 출발점이다. 공리는 주어진 계(system)가 지닌 근본적인 성질을 담고 있으며, 증명하지 않아도 되는 기본적인 명제다. 완비성 공리가 이 설명에 들어맞을 수도 있고, 그렇지 못할 수도 있다. 이를 판단하기 전에 **완비성 공리가 $\mathbf{Q}$에 대해서는 왜 유효하지 않은지** 생각해 보자.

예제 1.3.6 다음 집합을 다시 생각하자.

$$S = \{r \in \mathbf{Q} : r^2 < 2\}$$

잠시 우리의 세계가 실수 집합이 아닌 유리수 집합이라 생각하자. 집합 S는 분명히 위로 유계다. $b = 2$는 상계이며 $b = 3/2$도 마찬가지로 상계다. 이제 **상한**을 구할 때 어떤 일이 일어나는지 주목하자. 앞서 $\sqrt{2}$의 소수 전개가 $1.4142\ldots$로 시작함을 확인했다. 상계인 $b = 142/100$가 상한일까? 그보다 더 작은 상계 $b = 1415/1000$가 있다. 그렇다면 상계의 최솟값은 존재할까? 유리수 중에는 존재하지 않는다. 그러나 실수 중에는 존재한다.

실수 집합으로 다시 돌아가자. 완비성 공리로부터 그러한 수 $\alpha = \sup S$가 존재한다. 다음 절에서는 $\alpha^2 = 2$임을 증명할 것이다. 그러나 정리 1.1.1에 따르면 α는 유리수가 아니다. 만약 우리의 세계를 유리수 집합으로 제한한다면 α는 $\sup S$가 될 수 없으며 상한을 찾는 일은 무한정 계속된다. 어느 유리수 상계를 가져오든 간에 항상 그보다 더 작은 유리수 상계를 찾을 수 있다.

$\mathbf{Q}$와 $\mathbf{N}$이 어떤 방식으로 $\mathbf{R}$ 내부에 들어있는지에 따라 예제 1.3.6에서 설명한 계산을 하는 데 필요한 도구가 달라진다. 다음 절에서 설명하겠다. 한편 상한의 정의만을 사용하여 상한이 지닌 직관적인 대수적 성질을 증명할 수 있다.

예제 1.3.7 공집합이 아니고 위로 유계인 집합 $A \subseteq \mathbf{R}$와 $c \in \mathbf{R}$를 생각하고, 집합 $c + A$를 다음과 같이 정의하자.

$$c + A = \{c + a : a \in A\}$$

$\sup(c + A) = c + \sup A$이다.

이 성질을 증명하기 위해 정의 1.3.2의 각 부분을 순서대로 주목하자. $s = \sup A$라고 두면 모든 $a \in A$에 대하여 $a \leq s$이므로 $c + a \leq c + s$임을 알 수 있다. 따라서 $c + s$는 $c + A$의 상계이고 조건 (1)이 확인되었다.

(2)를 보이기 위해 b를 $c + A$의 임의의 상계라고 하자. 즉, 모든 $a \in A$에 대하여 $c + a \leq b$이다. 다시 말해 모든 $a \in A$에 대하여 $a \leq b - c$이고, 이로부터 $b - c$가 A의 상계임을 알 수 있다. s는 A의 **상한**이므로 $s \leq b - c$이다. 이 식을 다시 쓰면 $c + s \leq b$이고 이로부터 정의 1.3.2(2)가 확인되었다. 따라서 $\sup(c + A) = c + \sup A$이다.

상한의 정의와 동치이면서 상한을 쉽게 찾게 해주는 성질이 있다. 예제 1.3.7에서 볼 수 있듯이 상한에 대한 정의 1.3.2는 두 부분으로 되어 있다.

(1) $\sup A$는 반드시 상계이어야 하며 **(2)** 그 중 가장 작은 것이어야 한다.

다음 보조정리는 (2)를 다르게 확인하는 방법이다.

보조정리 1.3.8 $s \in \mathbf{R}$가 집합 $A \subseteq \mathbf{R}$의 상계라고 하자. $s = \sup A$일 필요충분조건은 임의의 $\epsilon > 0$에 대하여 $s - \epsilon < a$를 만족하는 원소 $a \in A$가 존재하는 것이다.

증명 보조정리를 짧게 다시 서술하자. 주어진 상계 s에 대하여 s가 상한일 필요충분조건은 s보다 작은 수는 모두 상계가 아닌 것이다. 이 말만으로도 거의 증명이 끝난 셈이지만 각 방향이 정확히 무엇을 말하는지 살펴보자.

($\Rightarrow$) 순방향을 보이기 위해 $s = \sup A$라 하고 임의로 정한 $\epsilon > 0$에 대하여 $s - \epsilon$을 생각하자. $s - \epsilon < s$이므로 정의 1.3.2(2)에 의해 $s - \epsilon$는 A의 상계가 **아니다**. 이 경우 $s - \epsilon < a$를 만족하는 어떤 원소 $a \in A$가 존재해야 한다. (그렇지 않다면 $s - \epsilon$는 상계다.)

($\Leftarrow$) 역방향을 보이기 위해 $\epsilon > 0$을 어떻게 고르든 간에 항상 $s - \epsilon$이 A의 상계가 되지 않는 상계 s를 생각하자. 다시 말해 s보다 작은 b는 항상 상계가 되지 않는다. $\epsilon = s - b$라고 두면 바로 확인할 수 있다.

$s = \sup A$임을 증명하기 위해서는 정의 1.3.2(2)를 만족하는지 확인해야 한다. 정의를 다시 읽어보라. 우리는 방금 s보다 작은 수는 상계가 될 수 없음을 보였다. 이로부터 만약 b가 A의 다른 상계라면 $s \leq b$이다. ◀

지금까지 다룬 상한의 성질은 당연히 하한에 대해서도 유사하게 성립한다. 완비성 공리에는 공집합이 아닌, 아래로 유계인 집합이 하한을 가짐이 명시적으로 적혀 있지 않다. 다른 명제에서 유도할 수 있는 명제는 공리로 삼을 수 없기 때문이다. 완비성 공리를 이용하면 공집합이 아닌 유계 집합이 하한을 가짐을 여러 방법으로 증명할 수 있다. 그 중 한 가지 증명은 연습문제 3에서 확인할 수 있다.

1.3 연습문제

1. 다음 물음에 답하라.

(a) 정의 1.3.2와 같이 집합의 **하한(infimum)** 또는 **최대하계(greatest lower bound)**를 정의하라.

(b) 보조정리 1.3.8을 하한에 대해 다시 서술하고 증명하라.

2. 다음 각각의 항목에 대하여 만족하는 예를 들거나 불가능한 이유를 설명하라.

(a) $\inf B \geq \sup B$인 집합 B

(b) 하한은 포함하고 상한은 포함하지 않는 유한집합

(c) 상한은 포함하고 하한은 포함하지 않는 $\mathbf{Q}$의 부분집합으로 유계인 집합

3. 다음 물음에 답하라.

(a) 공집합이 아니고 아래로 유계인 집합 A에 대하여 $B = \{b \in \mathbf{R} : b$는 A의 하계$\}$라고 정의하자. $\sup B = \inf A$임을 보여라.

(b) (a)를 이용하여 완비성 공리를 하한에 대해 따로 서술할 필요가 없는 이유를 설명하라.

4. $A_1, A_2, A_3, \ldots$가 공집합이 아닌 집합의 모임이라고 하자. 이때 각각의 집합은 위로 유계다. 다음 물음에 답하라.

(a) $\sup(A_1 \cup A_2)$를 간단히 식으로 나타내라. 이를 확장하여 $\sup\left(\bigcup_{k=1}^{n} A_k\right)$를 간단히 식으로 나타내어라.

(b) $\sup\left(\bigcup_{k=1}^{\infty} A_k\right)$에 대해서도 생각해 보자. (a)에서 나타낸 식을 무한 경우로 확장할 수 있는가?

5. 예제 1.3.7과 같이 $A \subseteq \mathbf{R}$는 공집합이 아니고 위로 유계인 집합이고 $c \in \mathbf{R}$라 하자. 이번에는 집합 $cA = \{ca : a \in A\}$를 정의한다. 다음 물음에 답하라.

(a) $c \geq 0$일 때, $\sup(cA) = c \sup A$임을 보여라.

(b) $c < 0$인 경우에 대하여 유사한 관계식을 찾아라.

6. 주어진 집합 A와 B에 대하여, $A + B = \{a + b : a \in A$이고 $b \in B\}$라 정의하자. 다음 단계에 따라 A와 B가 공집합이 아닌 위로 유계인 집합일 때, $\sup(A + B) = \sup A + \sup B$임을 증명하라.

(a) $s = \sup A$이고 $t = \sup B$라고 하자. $s + t$ 가 $A + B$에 대한 상계임을 보여라.

(b) 이번에는 $a \in A$를 고정하고, u가 $A + B$의 임의의 상계라고 하자. $t \leq u - a$임을 보여라.

(c) 마지막으로 $\sup(A + B) = s + t$임을 보여라.

(d) 방금 얻은 결과를 보조정리 1.3.8을 이용하여 증명하라.

7. a가 A의 상계이면서 동시에 A의 원소이면 반드시 $a = \sup A$임을 증명하라.

8. 다음 집합의 상한과 하한을 (만약 존재한다면) 구하라. 증명을 할 필요는 없다.

(a) $\{m/n : m, n \in \mathbf{N}$, 단, $m < n\}$

(b) $\{(-1)^m/n : m, n \in \mathbf{N}\}$

(c) $\{n/(3n + 1) : n \in \mathbf{N}\}$

(d) $\{m/(m + n) : m, n \in \mathbf{N}\}$

9. 다음 물음에 답하라.

(a) $\sup A < \sup B$이면 A의 상계가 되는 $b \in B$가 존재함을 보여라.

(b) $\sup A \leq \sup B$일 때는 이러한 b가 존재하지 않을 수도 있다. 그 예를 들어라.

10. [실수의 절단성] 다음을 **실수의 절단성(cut property)**이라고 한다.

> 공집합이 아니고 서로소인 두 집합 A, B가 $A \cup B = \mathbf{R}$이고 모든 $a \in A$와 $b \in B$에 대하여 $a < b$이면 모든 $x \in A$에 대하여 $x \leq c$이고 모든 $x \in B$에 대하여 $x \geq c$를 만족하는 $c \in \mathbf{R}$가 존재한다.

다음 물음에 답하라.

(a) 완비성 공리를 이용하여 실수의 절단성을 증명하라.

(b) 역방향 명제를 증명하라. 다시 말해 $\mathbf{R}$이 절단성을 가진다고 가정하고 E를 공집합이 아니면서 위로 유계인 집합이라고 하자. 이때 $\sup E$가 존재함을 증명하라.

(c) (a)와 (b)의 핵심은 실수의 절단성이 실수와 유리수를 구분하는 기본 공리로써 완비성 공리를 대신할 수 있다는 것이다. 이를 명확히 하기 위해, $\mathbf{R}$을 $\mathbf{Q}$로 바꾸었을 때 절단성이 성립하지 않음을 구체적인 예를 들어 보여라.

11. 상한과 하한에 대한 다음 명제의 참-거짓을 판정하라. 참인 경우에는 간단히 증명하라. 거짓인 경우에는 반례를 들어라.

(a) A와 B가 공집합이 아니고 유계인 집합이면서 $A \subseteq B$이면 $\sup A \leq \sup B$이다.

(b) 집합 A와 B에 대하여 $\sup A < \inf B$이면 모든 $a \in A$와 $b \in B$에 대하여 $a < c < b$를 만족하는 $c \in \mathbf{R}$가 존재한다.

(c) 모든 $a \in A$, $b \in B$에 대해 $a < c < b$를 만족하는 $c \in \mathbf{R}$가 존재하면 $\sup A < \inf B$이다.

1.4 완비성 공리의 따름정리

완비성 공리를 사용하면 '수직선을 실수가 빈틈없이 채운다.'는 직관을 수학적으로 표현할 수 있다.

정리 1.4.1 축소구간성질(nested interval property)

닫힌 구간열 $I_n = [a_n, b_n] = \{x \in \mathbf{R} : a_n \leq x \leq b_n\}$을 생각하자(단, $n \in \mathbf{N}$). 각각의 I_n이 I_{n+1}을 포함할 때, 다음과 같이 닫힌 구간열은 공집합이 아닌 교집합을 가진다.

$$I_1 \supseteq I_2 \supseteq I_3 \supseteq I_4 \supseteq \cdots$$

즉 $\bigcap_{n=1}^{\infty} I_n \neq \varnothing$이다.

증명 $\bigcap_{n=1}^{\infty} I_n$이 공집합이 아님을 보이기 위해, 완비성 공리를 이용하여 모든 $n \in \mathbf{N}$에 대하여 $x \in I_n$을 만족하는 실수 x를 찾고자 한다. 다음 집합 A를 생각하자.

$$A = \{a_n : n \in \mathbf{N}\}$$

완비성 공리는 유계 집합에 대한 명제이며 우리가 다루고자 하는 집합 A는 닫힌 구간열의 왼쪽 끝점들로 이루어진 집합이다.

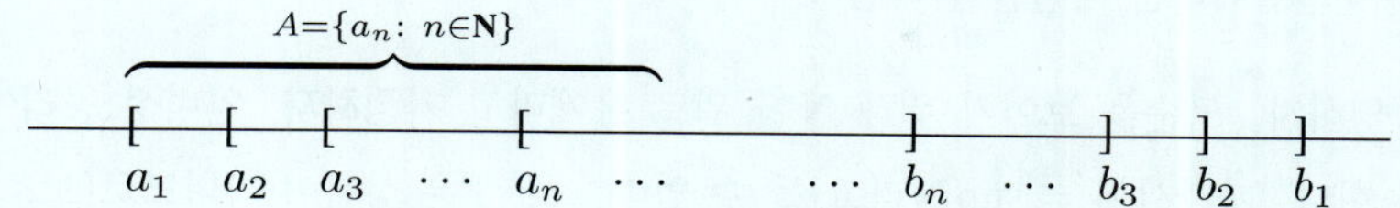

구간이 축소되기 때문에 모든 b_n이 A의 상계다. 따라서 x를 다음과 같이 둘 수 있다.

$$x = \sup A$$

이제 특정 $I_n = [a_n, b_n]$을 생각하자. x는 A의 상계이므로 $a_n \le x$이다. 각각의 b_n이 A의 상계이고 x가 최소 상계라는 사실로부터 $x \le b_n$임을 유도할 수 있다.

증명을 종합하면 $a_n \le x \le b_n$이고 이는 모든 $n \in \mathbf{N}$에 대하여 $x \in I_n$임을 의미한다. 따라서 $x \in \bigcap_{n=1}^{\infty} I_n$이고 교집합은 공집합이 아니다. ◀

유리수 집합 Q에서의 조밀성

집합 $\mathbf{Q}$는 $\mathbf{N}$의 확장이며 집합 $\mathbf{R}$은 $\mathbf{Q}$의 확장이다. 다음 몇 가지 결과는 $\mathbf{N}$과 $\mathbf{Q}$가 어떻게 $\mathbf{R}$의 내부에 위치하는지 알려준다.

정리 1.4.2 아르키메데스 성질(Archimedean property)

(1) 임의의 실수 $x \in \mathbf{R}$이 주어지면 $n > x$를 만족하는 $n \in \mathbf{N}$이 존재한다.

(2) 임의의 실수 $y > 0$이 주어지면 $1/n < y$를 만족하는 $n \in \mathbf{N}$이 존재한다.

증명 정리의 (1)은 $\mathbf{N}$이 위로 유계가 아님을 이야기한다. 이 사실에 대해서는 어떠한 의심도 한 적이 없었다. 특히 $\mathbf{N}$, $\mathbf{Z}$, $\mathbf{Q}$의 익숙한 성질을 받아들이기로 결정했으니 이 성질 또한 증명할 필요가 없다고 말해도 제법 설득력 있다.

한편 실수가 실제로 무엇인지 규명하기엔 여전히 미스터리가 많이 남아 있다고 반론할 수 있다. 우리는 지금까지 $\mathbf{R}$이 $\mathbf{Q}$의 확장이며, 유리수가 지닌 대수적 성질과 순서 성질을 보존하면서도 완비성 공리에 의해 상한을 가진다는 것을 공부했다.

$\mathbf{R}$에 대한 다른 정보가 없으므로 $\mathbf{Q}$를 확장하여 $\mathbf{R}$을 얻는 과정에서 $\mathbf{N}$에 대한 상계가 되는 새로운 수가 생겼을지도 모른다. 이 가능성을 검토해야 한다. 이 말을 하면 혼란스러울지도 모르겠지만, 모든 자연수보다 큰 '숫자'를 포함하는 $\mathbf{Q}$의 순서체 확장도 **존재한다**. 정리 1.4.2에 따르면 실수에는 그런 이상한 수가 포함되어 있지 않다. 우리가 $\mathbf{Q}$의 구멍을 메꾸기 위해 선택한 완비성 공리는 $\mathbf{N}$이 $\mathbf{R}$에서 유계가 아닌 부분집합이라는 사실을 함축한다.

이제 (1)을 증명하자. 모순을 보이기 위해 $\mathbf{N}$이 위로 유계라고 **가정하자**. 완비성 공리에 의해 $\mathbf{N}$은 상한을 가져야 한다. 따라서 $\alpha = \sup \mathbf{N}$라고 둘 수 있다. $\alpha - 1$은 상한이 아니므로(보조정리 1.3.8), $\alpha - 1 < n$을 만족하는 $n \in \mathbf{N}$이 존재한다. 이는 $\alpha < n + 1$와 같다. 그러나 $n + 1 \in \mathbf{N}$이므로 이는 α가 $\mathbf{N}$의 상계라는 가정에 모순이다. 여기서의 모순은 완비성 공리와 $\mathbf{N}$이 덧셈에 대해 닫혀 있다는 사실에만 의존한다는 점을 유념하자.

(2)는 $x = 1/y$로 두면 (1)로부터 바로 유도할 수 있다. ◀

방금 확인한 $\mathbf{N}$의 성질은 아주 중요하다. $\mathbf{Q}$가 어떻게 $\mathbf{R}$ 안에 들어있는지 설명해주기 때문이다.

정리 1.4.3 유리수 집합 Q에서의 조밀성

두 실수 a, b가 $a < b$이면 $a < r < b$인 유리수 r이 존재한다.

증명 유리수는 두 정수의 비이므로, 우리는 다음을 만족하는 $m \in \mathbf{Z}$과 $n \in \mathbf{N}$을 구해야 한다.

$$a < \frac{m}{n} < b \tag{1}$$

증명의 첫 단계는 분모 n을 충분히 크게 잡는 것이다. 다시 말해 $1/n$ 크기의 증가량을 아주 작게 만들어 구간 (a, b)를 **넘을 수 없게** 한다.

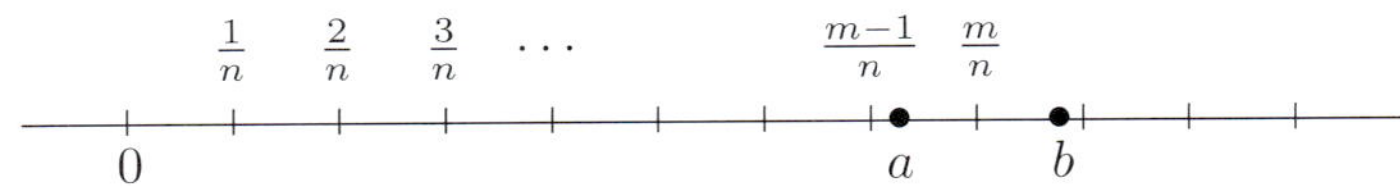

아르키메데스 성질(정리 1.4.2)을 이용하면 다음이 성립하게 하는 충분히 큰 자연수 n을 찾을 수 있다.

$$\frac{1}{n} < b - a \tag{2}$$

우리가 증명하려는 부등식 (1)은 $na < m < nb$와 동치다. 앞서 n을 골랐으므로, 이제 m을 na보다 큰 최소 정수로 택해야 할 것이다. 다시 말해 다음을 만족하도록 $m \in \mathbf{Z}$를 고른다.

$$m - 1 \overset{(3)}{\leq} na \overset{(4)}{<} m$$

이제 부등식 (4)는 $a < m/n$과 동치다. 정리의 절반이 증명되었다. 부등식 (2)는 $a < b - 1/n$과 동치임을 유념하자. 이제 부등식 (3)을 다음과 같이 쓸 수 있다.

$$\begin{aligned} m &\leq na + 1 \\ &< n\left(b - \frac{1}{n}\right) + 1 \\ &= nb \end{aligned}$$

$m < nb$에서 $m/n < b$이므로, 원하는 부등식 $a < m/n < b$를 얻는다. ◀

정리 1.4.3을 다르게 표현하면 '$\mathbf{Q}$가 $\mathbf{R}$에서 **조밀하다**.'고 한다. 별다른 어려움 없이 이 결과를 사용하여 무리수 또한 $\mathbf{R}$에서 조밀함을 보일 수 있다.

따름정리 1.4.4 두 실수 a, b가 $a < b$이면 $a < t < b$인 무리수 t가 존재한다.

증명 연습문제 5를 보라. ◀

제곱근의 존재성

이제 예제 1.3.6과 1장을 시작하며 마주한 숙제를 해치우자.

정리 1.4.5 $\alpha^2 = 2$인 실수 $\alpha \in \mathbf{R}$가 존재한다.

증명 예제 1.3.6을 되새기며 다음 집합을 생각하자.

$$T = \{t \in \mathbf{R} : t^2 < 2\}$$

$\alpha = \sup T$라 두자. 우리는 $\alpha^2 < 2$와 $\alpha^2 > 2$인 가능성을 배제하여 $\alpha^2 = 2$임을 증명하고자 한다. $\sup T$의 정의는 두 부분으로 이루어져 있으며 둘 다 중요함을 명심하자.[5] $\alpha^2 < 2$는 α가 T의 상계라는 사실에 모순이고 $\alpha^2 > 2$는 α가 상한이라는 사실에 모순임을 보이는 것이 이 증명의 주된 전략이다.

먼저 $\alpha^2 < 2$라고 가정하자. α보다 큰 T의 원소를 찾기 위해 다음과 같이 쓰자.

5 앞으로 어떤 명제에서 상한이 등장할 때마다 상한의 정의를 이루는 두 부분이 모두 중요함을 유념하자.

$$\left(\alpha+\frac{1}{n}\right)^2=\alpha^2+\frac{2\alpha}{n}+\frac{1}{n^2}<\alpha^2+\frac{2\alpha}{n}+\frac{1}{n}=\alpha^2+\frac{2\alpha+1}{n}$$

이때 $\alpha^2 < 2$라고 가정했으므로 $(2\alpha+1)/n$ 항을 작게 하여 전체 합이 여전히 2보다 작게 할 수 있다. 구체적으로 $n_0 \in \mathbf{N}$을 충분히 크게 택하여 다음을 만족하도록 한다.

$$\frac{1}{n_0}<\frac{2-\alpha^2}{2\alpha+1}$$

이로부터 $(2\alpha+1)/n_0 < 2-\alpha^2$임을 알 수 있고 다음 결론을 얻는다.

$$\left(\alpha+\frac{1}{n_0}\right)^2<\alpha^2+(2-\alpha^2)=2$$

따라서 $\alpha+1/n_0 \in T$인데, 이는 α가 T의 상계라는 사실에 모순이다. $\alpha^2 < 2$인 상황은 일어나지 않는다.

이제 $\alpha^2 > 2$인 경우는 어떤가? 이 경우에 다음과 같이 쓰자.

$$\left(\alpha-\frac{1}{n}\right)^2=\alpha^2-\frac{2\alpha}{n}+\frac{1}{n^2}>\alpha^2-\frac{2\alpha}{n}$$

증명의 나머지는 여러분이 연습문제 7을 풀며 채우면 된다. ◀

이 증명을 약간 수정하여 모든 $x \geq 0$에 대하여 $\sqrt{x}$가 존재함을 보일 수 있다. 또 이항정리를 사용하여 $(\alpha+1/n)^m$을 전개한 다음 임의의 $m \in \mathbf{N}$에 대하여 $\sqrt[m]{x}$가 존재함을 보일 수 있다.

1.4 연습문제

1. $\mathbf{I}$는 무리수 집합을 의미한다. 다음 물음에 답하라.

(a) $a, b \in \mathbf{Q}$이면 ab와 $a+b$도 $\mathbf{Q}$의 원소임을 보여라.

(b) $a \in \mathbf{Q}$이고 $t \in \mathbf{I}$이면 $a+t \in \mathbf{I}$이고 $at \in \mathbf{I}$(단, $a \neq 0$)임을 보여라.

(c) (a)를 요약하여 $\mathbf{Q}$는 덧셈과 곱셈에 대하여 닫혀있다고 할 수 있다. $\mathbf{I}$는 덧셈과 곱셈에 대하여 닫혀있는가? 두 무리수 s와 t에 대하여, $s+t$와 st에 대해 말할 수 있는 것은 무엇인가?

2. $A \subseteq \mathbf{R}$가 공집합이 아니고 위로 유계라고 하자. 또 $s \in \mathbf{R}$가 다음 성질을 만족하도록 하자.

모든 $n \in \mathbf{N}$에 대하여 $s + \frac{1}{n}$은 A의 상계이고 $s - \frac{1}{n}$은 A의 상계가 아니다.

이때 $s = \sup A$임을 보여라.

3. $\bigcap_{n=1}^{\infty}(0, 1/n) = \varnothing$임을 증명하라. 이 연습문제는 축소구간성질에서 결론이 성립하기 위해서는 닫힌 구간이라는 가정이 반드시 필요함을 설명한다.

4. $a < b$인 두 실수에 대해 집합 $T = \mathbf{Q} \cap [a, b]$를 생각하자. 이때 $\sup T = b$임을 보여라.

5. 두 실수 $a - \sqrt{2}$와 $b - \sqrt{2}$를 생각하자. 연습문제 1을 이용하여 보조정리 1.4.4를 증명하라.

6. B의 원소를 두 실수 $a < b$ 사이에서 항상 찾을 수 있으면 집합 B는 $\mathbf{R}$에서 **조밀하다**고 한다. 다음 중 $\mathbf{R}$에서 조밀한 집합은 무엇인가? 모든 경우에서 $p \in \mathbf{Z}$이고 $q \in \mathbf{N}$이다.

(a) $q \leq 10$일 때 p/q 꼴의 모든 유리수의 집합

(b) q가 2의 거듭제곱일 때 p/q 꼴의 모든 유리수의 집합

(c) $10|p| \geq q$일 때 p/q 꼴의 모든 유리수의 집합

7. $\alpha^2 > 2$라는 가정이 $\alpha = \sup T$라는 사실에 모순임을 보여 정리 1.4.5의 증명을 마무리하라.

8. 다음 각 조건을 만족하는 예를 찾거나, 아니면 그런 예가 없음을 보여라. 조건을 만족하는 예가 없다면 그 이유를 조리 있게 설명하라.

(a) 두 집합 A와 B로서 조건 $A \cap B = \varnothing$, $\sup A = \sup B$, $\sup A \notin A$, $\sup B \notin B$를 만족한다.

(b) 열린 구간으로 이루어진 축소 구간열 $J_1 \supseteq J_2 \supseteq J_3 \supseteq \cdots$ 로서 $\bigcap_{n=1}^{\infty} J_n$은 유한개 원소를 가지지만 공집합은 아니다.

(c) 유계가 아닌 닫힌 구간으로 이루어진 축소 구간열 $L_1 \supseteq L_2 \supseteq L_3 \supseteq \cdots$ 로서 $\bigcap_{n=1}^{\infty} L_n = \varnothing$이다(유계가 아닌 닫힌 구간은 $[a, \infty) = \{x \in R : x \geq a\}$ 꼴이다).

(d) 닫힌 구간열(축소 구간열일 필요는 없다) $I_1, I_2, I_3, \ldots$로서 각각의 $N \in \mathbf{N}$에 대하여 $\bigcap_{n=1}^{N} I_n \neq \varnothing$이지만 $\bigcap_{n=1}^{\infty} I_n = \varnothing$이다.

1.5 기수

지금까지는 완비성 공리를 응용하여 이미 알고 있다고 생각한 실수계의 성질을 한층 더 깊게 이해하는 과정을 거쳤다. 완비성과 관련있는 마지막 성질은 이와는 매우 다른 성질이며 그 자체로 놀라운 지적 발견이다. 수학은 전통적으로 선대의 수학자가 이룬 업적을 후대의 수학자가 수정하고 확장하며 발전해 왔다. 게오르크 칸토어(Georg Cantor, 1845-1918)가 성취한 무한집합 이론은 이러한 전통에서 벗어난 예외적 사례라 볼 수 있다.

지금까지 공부한 내용에 따르면 $\mathbf{R}$은 유리수와 무리수가 수직선을 따라 연속적으로 빼곡히 들어차 있다는 인상을 준다. 앞서 $\mathbf{Q}$와 $\mathbf{I}$(무리수 집합)가 모두 $\mathbf{R}$에서 조밀함을 보였다. 이에 따르면 임의의 구간 (a, b)마다 유리수와 무리수가 모두 존재한다. $\mathbf{Q}$와 $\mathbf{I}$가 같은 비율로 끈끈하게 뒤섞여 있다고 생각하고픈 마음이 굴뚝 같지만, 사실은 그렇지 않다. 칸토어의 엄밀한 논증에 따르면 무리수가 유리수보다 훨씬 더 빼곡하게 수직선을 채운다.

일대일대응

수학에서 **기수(cardinality)**라는 용어는 집합의 크기를 가리키는 데 사용한다. 유한집합의 크기는 각 집합에 자연수를 대응시켜 간단히 비교할 수 있다. 7은 9보다 작기 때문에 백설공주의 난쟁이 집합은 미국 연방 대법관 집합[6]에 비해 작다.

이제 자연수를 사용하지 않고 같은 결론을 유도할 수 있을까? 칸토어의 아이디어는 집합을 서로 일대일대응시키는 것이었다. 연방 대법관 집합보다 난쟁이 집합이 작은 이유는 난쟁이들을 한 명씩 판사석에 앉히면 빈 의자가 두 개 남기 때문이다. 한편 연방 대법관 집합 크기는 야구팀 야수 모임의 크기와 같다. 연방 대법관들이 필드에 나설 때 각 포지션에 정확히 연방 대법관 1명을 대응시킬 수 있다.[7] 이러한 방식으로 집합의 크기를 비교하면 두 집합이 무한집합일 때도 크기를 비교할 수 있다.

정의 1.5.1 두 집합 A, B를 생각하자.

(1) A의 원소 a_1, a_2에 대하여 $a_1 \neq a_2$이면 $f(a_1) \neq f(a_2)$를 만족하는 함수 $f : A \to B$를 **단사함수(one-to-one 또는 $1-1$)**라고 한다.

(2) 주어진 $b \in B$마다 $f(a) = b$를 만족하는 $a \in A$를 찾을 수 있을 때, 함수 f를 **전사함수(onto)**라고 한다.

6 (옮긴이) 현재 미국 연방 대법관은 총 9명이다.

7 (옮긴이) 야구팀 야수는 총 9명이다.

단사함수면서 전사함수인 함수 $f : A \to B$는 두 집합 사이의 일대일대응이다. 단사함수는 A의 두 원소가 B의 같은 원소에 대응하지 않음을 의미하고(두 판사가 같은 포지션에서 경기하지 않고), 전사함수는 모든 B의 원소가 A의 무언가와 대응됨을 보장한다는 의미다(모든 포지션에 판사가 있다).

정의 1.5.2 일대일대응인 함수 $f : A \to B$가 존재할 때 집합 A와 B가 **같은 기수를 가진다**고 한다. 이때 $A \sim B$와 같이 쓴다.

예제 1.5.3

(a) $E = \{2, 4, 6, \ldots\}$를 모든 짝수인 자연수 집합이라고 하면 $\mathbf{N} \sim E$임을 보일 수 있다. 이를 확인하기 위해 $f : \mathbf{N} \to E$를 $f(n) = 2n$과 같이 정의하자.

$$\begin{array}{cccccccc} \mathbf{N}: & 1 & 2 & 3 & 4 & \cdots & n & \cdots \\ & \updownarrow & \updownarrow & \updownarrow & \updownarrow & \cdots & \updownarrow & \\ E: & 2 & 4 & 6 & 8 & \cdots & 2n & \cdots \end{array}$$

E가 $\mathbf{N}$의 진부분집합인 것은 분명하다. 그러니 E가 $\mathbf{N}$보다 '작은' 집합이라고 말해도 타당해 보인다. 이 역시 집합을 바라보는 한 가지 관점이지만 유한집합에 너무 익숙해져 생긴 편견이기도 하다. 기수의 정의는 매우 명확하며 이 관점을 따르면 E와 $\mathbf{N}$의 크기는 같다.

(b) 다시 강조하자면 비록 $\mathbf{N}$은 $\mathbf{Z}$의 진부분집합이지만 $\mathbf{N} \sim \mathbf{Z}$일 수도 있다. 이번에는 다음과 같이 함수를 정의하자.

$$f(n) = \begin{cases} (n-1)/2 & (n\text{은 홀수}) \\ -n/2 & (n\text{은 짝수}) \end{cases}$$

f가 두 개의 자연수를 같은 $\mathbf{Z}$의 원소에 대응시키지 않으며(f는 단사함수이며), $\mathbf{Z}$의 모든 원소가 $\mathbf{N}$의 무언가의 '상'(f는 전사함수)임을 확인하면 $\mathbf{N} \sim \mathbf{Z}$가 증명된다.

$$\begin{array}{ccccccccc} \mathbf{N}: & 1 & 2 & 3 & 4 & 5 & 6 & 7 & \cdots \\ & \updownarrow & \updownarrow & \updownarrow & \updownarrow & \updownarrow & \updownarrow & \updownarrow & \\ \mathbf{Z}: & 0 & -1 & 1 & -2 & 2 & -3 & 3 & \cdots \end{array}$$

예제 1.5.4 기초 미분적분학의 도움을 받으면 함수 $f(x) = x/(x^2 - 1)$가 구간 $(-1, 1)$을 $\mathbf{R}$에 일대일대응시킴을 확인할 수 있다(그림 1.4 참고). 그러므로 $(-1, 1) \sim \mathbf{R}$이다. 사실 임의의 구간 (a, b)에 대하여 $(a, b) \sim \mathbf{R}$이다.

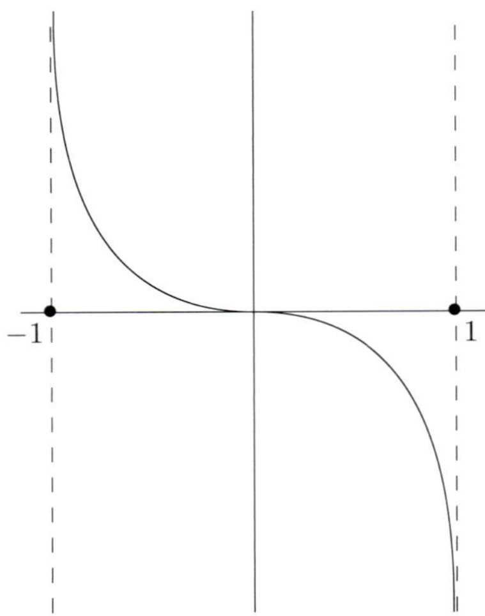

[그림 1.4] $f(x) = x/(x^2 - 1)$를 이용하여 $(-1, 1) \sim \mathbf{R}$ 보이기

셀 수 있는 집합

정의 1.5.5 $\mathbf{N} \sim A$인 집합 A를 **셀 수 있는(countable)** 집합이라고 한다. 셀 수 있는 집합이 아닌 무한집합을 **셀 수 없는(uncountable)** 집합이라고 한다.[8]

예제 1.5.3에서 E와 $\mathbf{Z}$가 모두 셀 수 있는 집합임을 확인했다. 집합을 $\mathbf{N}$과 일대일대응 시킨다는 것은, 사실상 모든 원소를 무한히 긴 목록 또는 수열에 넣어버리는 것과 같다. 예제 1.5.3을 보면 E를 $\mathbf{N}$과 일대일대응시키는 일은 매우 쉬웠고, $\mathbf{Z}$는 약간의 뒤섞음(shuffling)만 필요했다. 이제 다음 의문이 자연스럽게 떠오른다. **모든** 무한집합은 셀 수 있는 집합인가?

$\mathbf{Q}$ 또는 $\mathbf{R}$과 같은 일부 무한집합이 주어질 때, 꾀를 잘 내면 주어진 집합의 모든 원소를 목록 하나에 ($\mathbf{N}$과의 대응에) 넣어버릴 수 있을 것 같다. 아무튼 이 목록은 무한히 길어서 자리가 충분히 많을 듯하다. 그러나 하디가 말했듯이 수학은 묘한 학문이다. 진리가 이렇게 기이한 장난을 치는 학문은 수학뿐이다.

정리 1.5.6

(1) $\mathbf{Q}$는 셀 수 있는 집합이다.

(2) $\mathbf{R}$은 셀 수 없는 집합이다.

증명 (1) $A_1 = \{0\}$이라 하고 각각의 $n \geq 2$에 대하여 A_n을 다음과 같이 정의하자.

8 (옮긴이) 셀 수 있는 집합을 가산집합, 셀 수 없는 집합을 비가산집합이라 부르기도 한다.

$$A_n = \left\{ \pm\frac{p}{q} : p, q \in \mathbf{N}\text{는 } p+q=n \text{이면서 } \frac{p}{q}\text{가 기약분수가 되게 하는 자연수다.} \right\}$$

이 집합의 처음 몇 개를 나열하면 다음과 같다.

$$A_1 = \{0\}, \quad A_2 = \left\{\frac{1}{1}, -\frac{1}{1}\right\}, \quad A_3 = \left\{\frac{1}{2}, -\frac{1}{2}, \frac{2}{1}, -\frac{2}{1}\right\},$$
$$A_4 = \left\{\frac{1}{3}, -\frac{1}{3}, \frac{3}{1}, -\frac{3}{1}\right\}, \quad A_5 = \left\{\frac{1}{4}, -\frac{1}{4}, \frac{2}{3}, -\frac{2}{3}, \frac{3}{2}, -\frac{3}{2}, \frac{4}{1}, -\frac{4}{1}\right\}$$

각 A_n은 **유한집합**이고 모든 유리수가 이들 집합 중 정확히 하나에만 나타난다는 점을 기억하자. 이때 각 A_n의 원소를 연속적으로 나열하면 $\mathbf{N}$과 일대일대응시킬 수 있다.

$$\begin{array}{ccccccccccccccc}
\mathbf{N}: & 1 & 2 & 3 & 4 & 5 & 6 & 7 & 8 & 9 & 10 & 11 & 12 & \cdots \\
& \updownarrow & \updownarrow & \updownarrow & \updownarrow & \updownarrow & \updownarrow & \updownarrow & \updownarrow & \updownarrow & \updownarrow & \updownarrow & \updownarrow & \\
\mathbf{Q}: & \underbrace{0}_{A_1} & \multicolumn{2}{c}{\underbrace{\tfrac{1}{1} \quad -\tfrac{1}{1}}_{A_2}} & \multicolumn{4}{c}{\underbrace{\tfrac{1}{2} \quad -\tfrac{1}{2} \quad \tfrac{2}{1} \quad -\tfrac{2}{1}}_{A_3}} & \multicolumn{4}{c}{\underbrace{\tfrac{1}{3} \quad -\tfrac{1}{3} \quad \tfrac{3}{1} \quad -\tfrac{3}{1}}_{A_4}} & \tfrac{1}{4} & \cdots
\end{array}$$

이 대응을 구체적인 관계식으로 쓰기란 어려운 작업임이 분명하고, 이러한 시도는 시간 낭비에 불과하다. 왜 모든 유리수가 이 대응에서 단 한 번만 나타나는지 이해하기만 하면 충분하다. 예를 들어 22/7를 보면 $22/7 \in A_{29}$이다. $A_1, \ldots, A_{28}$에는 원소가 유한개 있으므로, 우리는 22/7가 결국 이 대응에 포함될 것을 확신할 수 있다.

임의의 유리수 p/q에 대해서 이와 유사한 논리를 적용할 수 있으므로 위의 대응은 전사함수다. 집합열 A_n이 서로소이도록 집합을 구성했으므로 위 대응은 단사함수다. (1)의 증명을 마친다.

(2) 정말로 놀라운 이 명제는 귀류법을 사용하여 증명한다. 일대일대응인 함수 $f : \mathbf{N} \to \mathbf{R}$가 **존재한다**고 가정하자. 다시 말해 $\mathbf{R}$의 원소를 나열할 수 있다고 가정하자. 이제 $x_1 = f(1)$, $x_2 = f(2)$, $\ldots$와 같이 두면 f에 대한 가정으로부터 다음과 같이 쓸 수 있다.

$$\mathbf{R} = \{x_1, x_2, x_3, x_4, \ldots\} \tag{1}$$

임의의 실수는 이 목록 어딘가에 나타날 것이다. 이제 정리 1.4.1의 축소구간성질을 이용하여 이 목록에 없는 실수를 찾을 것이다.

I_1을 x_1을 포함하지 **않는** 닫힌 구간이라고 하자. I_2를 I_1에 포함되면서 x_2를 포함하지 않는 닫힌 구간이라고 하자. 이러한 집합 I_2가 존재함을 확인하기란 그리 어렵지 않다. 분명히 I_1에 포함되며 **서로소**인 두 개의 작은 닫힌 구간이 있어서 x_2는 그 중 하나에만 속하게 할 수 있다. 일반적으로

주어진 구간 I_n 으로부터 다음을 만족하는 I_{n+1} 을 구성한다.

(1) $I_{n+1} \subseteq I_n$ 이고

(2) $x_{n+1} \notin I_{n+1}$ 이다.

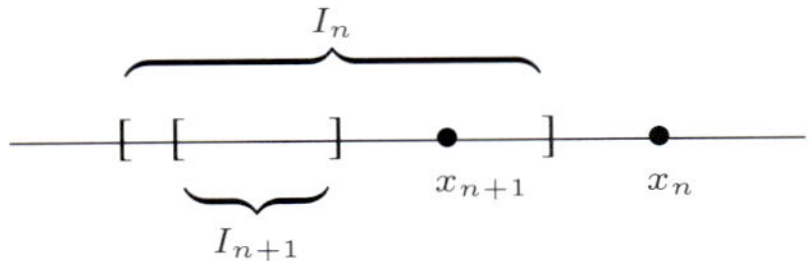

이제 교집합 $\bigcap_{n=1}^{\infty} I_n$ 을 생각하자. x_{n_0} 가 (1)의 목록에 속하는 원소라면, $x_{n_0} \notin I_{n_0}$ 이고 이로부터 다음을 얻는다.

$$x_{n_0} \notin \bigcap_{n=1}^{\infty} I_n$$

이제 (1)의 목록에 모든 실수가 포함된다고 가정하자. 이제 다음을 알 수 있다.

$$\bigcap_{n=1}^{\infty} I_n = \varnothing$$

그러나 축소구간정리에 따르면 $\bigcap_{n=1}^{\infty} I_n \neq \varnothing$ 여야 한다. 축소구간정리에 의해 $x \in \bigcap_{n=1}^{\infty} I_n$ 인 x 가 적어도 하나 존재하고, 따라서 x 는 (1)의 목록에 포함될 수 없다. 이 모순은 $\mathbf{R}$ 를 이와 같이 나열할 수 없음을 의미하고 $\mathbf{R}$ 는 **셀 수 없는** 집합이다. ◀

이 발견을 정확히 어떻게 이해해야 할까? 셀 수 있는 집합의 모든 부분집합은 셀 수 있는 집합이거나 유한집합이어야 함을 보이는 것은 중요한 연습문제다. 각자 확인해 보자. 이는 그리 놀랍지 않다.

어떤 집합을 하나의 목록으로 정렬할 수 있다고 하자. 이 목록에서 일부를 지우면 (더 짧고 끝이 있을 수 있는) 목록이 만들어진다. 즉, 셀 수 있는 집합은 무한집합 중 가장 작은 집합이다. 그보다 더 작은 것은 여전히 셀 수 있거나 유한하다.

정리 1.5.6에 담긴 의미를 직관적으로 말하면 이렇다. $\mathbf{R}$ 의 기수는 더 큰 무한대다. 실수는 자연수보다 너무 많아서 $\mathbf{N}$ 을 $\mathbf{R}$ 에 전사시킬 방법이 없다. 아무리 용을 써도 항상 남는 실수가 있다. 반면에 $\mathbf{Q}$ 는 셀 수 있는 집합이다. 무한집합에 한해 이보다 더 작을 수는 없다. 이는 무리수 집합 $\mathbf{I}$ 에 대해 무엇을 의미하는가?

$\mathbf{N} \sim \mathbf{Z}$ 에 대한 설명을 흉내내서 셀 수 있는 두 집합의 합집합은 반드시 셀 수 있는 집합임을 증명할 수 있다. $\mathbf{R} = \mathbf{Q} \cup \mathbf{I}$ 이므로 $\mathbf{I}$ 는 셀 수 있는 집합일 수 없다. 그렇지 않다면 $\mathbf{R}$ 이 셀 수 있는 집합이

되기 때문이다. 다음과 같은 결론을 내릴 수밖에 없다. 우리는 극히 일부의 무리수만 찾았지만 무리수 집합은 유리수 집합보다 훨씬 더 큰 실수의 부분집합이다.

지금까지 설명한 셀 수 있는 집합의 성질은 2장 연습문제에서 가끔 유용하게 사용한다. 쉽게 참조할 수 있도록 이 성질을 정제된 형태로 서술한다. 증명은 연습문제에서 다루겠다.

정리 1.5.7 $A \subseteq B$이고 B가 셀 수 있는 집합이면 A는 셀 수 있는 집합이거나 유한집합이다.

정리 1.5.8

(1) $A_1, A_2, \dots A_m$이 각각 셀 수 있는 집합이면, 합집합 $A_1 \cup A_2 \cup \cdots \cup A_m$은 셀 수 있는 집합이다.

(2) 각각의 $n \in \mathbf{N}$에 대하여 A_n이 셀 수 있는 집합이면, $\bigcup_{n=1}^{\infty} A_n$은 셀 수 있는 집합이다.

1.5 연습문제

1. 정리 1.5.7에 대한 다음 증명을 마무리하라.

> B가 셀 수 있는 집합이라고 가정하자. 그러면 일대일대응인 함수 $f : \mathbf{N} \to B$가 존재한다. $A \subseteq B$를 B의 무한집합인 부분집합이라고 하자. 우린 A가 셀 수 있는 집합임을 보여야만 한다. $n_1 = \min\{n \in \mathbf{N} : f(n) \in A\}$이라 하자. $g : \mathbf{N} \to A$ 정의의 시작으로, $g(1) = f(n_1)$이라 두자. 일대일대응인 함수 g를 만들기 위해 이 과정을 귀납적으로 계속하는 방법을 보여라.

2. $\mathbf{R}$이 셀 수 없는 집합임을 보여주는 정리 1.5.6(2)의 증명을 검토하고, $\mathbf{Q}$가 셀 수 없는 집합이라는 다음 잘못된 증명에서 오류를 찾아라.

> 모순을 보이기 위해 $\mathbf{Q}$가 셀 수 있는 집합이라고 가정하자. $\mathbf{Q} = \{r_1, r_2, r_3, \dots\}$와 같이 쓸 수 있다. 그리고 이전과 같이 $r_n \notin I_n$인 닫힌 구간으로 이루어진 축소 수열을 구성할 수 있다. 이와 같이 구성하면 $\bigcap_{n=1}^{\infty} I_n = \varnothing$임을 얻는다. 반면 축소구간성질에 의하면 $\bigcap_{n=1}^{\infty} I_n \neq \varnothing$이다. 따라서 이는 모순이고 $\mathbf{Q}$는 셀 수 없는 집합이어야 한다.

3. 다음 단계를 사용하여 정리 1.5.8을 증명하라.

(a) 먼저, 두 개의 셀 수 있는 집합 A_1과 A_2에 대하여 정리 1.5.8(1)을 증명하라. 예제 1.5.3(b)를 참고하면 좋다. 일부 절차상의 문제는 A_2를 먼저 $B_2 = A_2 \backslash A_1 = \{x \in A_2 : x \notin A_1\}$으로 교체하여 피할 수 있다. 요점은 $A_1 \cup B_2$가 $A_1 \cup A_2$와 같고 A_1과 B_2이 서로소인 집합이라는 것이다. (B_2가 유한집합이면 어떻게 되는가?)

이제, 보다 일반적인 n에 대하여 정리 1.5.8(1)을 증명하라.

(b) 정리 1.5.8(1)로부터 정리 1.5.8(2)를 증명하기 위해 수학적 귀납법을 쓸 수 **없는 이유를** 설명하라.

(c) $\mathbf{N}$을 다음과 같은 2차원 배열로 나열하는 것이 어떻게 정리 1.5.8(2)를 증명하는지 보여라.

$$\begin{array}{cccccc} 1 & 3 & 6 & 10 & 15 & \cdots \\ 2 & 5 & 9 & 14 & \cdots & \\ 4 & 8 & 13 & \cdots & & \\ 7 & 12 & \cdots & & & \\ 11 & \cdots & & & & \\ \vdots & & & & & \end{array}$$

4. 다음 물음에 답하라.

(a) 임의의 구간 (a, b)에 대하여 $(a, b) \sim \mathbf{R}$임을 보여라.

(b) $(a, \infty) = \{x : x > a\}$와 같은 유계가 아닌 구간이 $\mathbf{R}$과 기수가 같음을 보여라.

(c) 열린 구간을 사용하면 필요한 일대일대응을 만들기 편하지만 꼭 필요한 건 아니다. 두 집합 사이의 일대일대응을 보여 $[0, 1) \sim (0, 1)$임을 증명하라.

5. 다음 물음에 답하라.

(a) 모든 집합 A에 대하여 $A \sim A$인 이유는 무엇인가?

(b) A와 B가 주어질 때 왜 $A \sim B$를 보이는 것과 $B \sim A$를 보이는 것이 같은지 설명하라.

(c) 세 집합 A, B, C에 대하여 $A \sim B$이고 $B \sim C$이면 $A \sim C$임을 보여라. 이 3가지 성질은 $\sim$가 **동치관계(equivalence relation)**임을 의미한다.

6. 다음 물음에 답하라.

(a) 서로소인 열린 구간을 원소로 하는 셀 수 있는 집합의 예를 보여라.

(b) 서로소인 열린 구간을 원소로 하는 셀 수 없는 집합의 예를 보여라. 또는 그런 집합은 존재하지 않음을 보여라.

7. 열린 구간 $(0,1)$을 생각하고, S를 열린 단위 사각형 내부의 모든 점의 집합이라고 하자. 다시 말해 $S = \{(x,y) : 0 < x, y < 1\}$이다. 다음 물음에 답하라.

(a) 구간 $(0,1)$에서 S로 가는 단사함수를 찾아라(전사함수일 필요는 없다).

(b) 모든 실수는 소수 전개를 가진다는 사실을 이용하여 S에서 구간 $(0,1)$로 가는 단사함수를 찾아라. 찾은 함수가 전사함수인지를 논하라(0.235와 같은 유한소수는 0.234999...와 동일한 실수를 나타냄을 명심하라).

연습문제 11에서 다루는 슈뢰더-번슈타인 정리를 적용하여 $(0,1) \sim S$라는 결론을 내릴 수 있다.

8. B는 양수 집합으로서 유한개 원소를 골라서 더하면 그 합이 항상 2 이하가 된다. B는 반드시 유한집합이거나 셀 수 있는 집합이어야 함을 보여라.

9. 모두 0은 아닌 정수 $a_0, a_1, a_2, \ldots, a_n \in \mathbf{Z}$에 대하여 다음을 만족하는 실수 $x \in \mathbf{R}$를 **대수적 수(algebraic number)**라고 한다.

$$a_n x^n + a_{n-1} x^{n-1} + \cdots + a_1 x + a_0 = 0$$

달리 말해서 정수 계수 다항식의 근을 대수적 수라고 한다. 대수적 수가 아닌 실수를 **초월수(transcendental number)**라고 한다. 1.1절의 마지막 단락을 다시 읽어보아라. 여기서 제기하는 마지막 질문은 초월수의 존재 여부에 대한 질문과 밀접한 관련이 있다. 다음 물음에 답하라.

(a) $\sqrt{2}$, $\sqrt[3]{2}$, $\sqrt{3} + \sqrt{2}$가 대수적 수임을 보여라.

(b) $n \in \mathbf{N}$을 고정하고 A_n을 차수가 n인 정수 계수 다항식의 근으로 주어지는 대수적 수의 모임이라고 하자. 모든 다항식은 근이 유한개라는 사실을 이용하여 A_n이 셀 수 있는 집합임을 보여라.

(c) 이제 모든 대수적 수들의 모임은 셀 수 있는 집합임을 보여라. 초월수 모임에 대해서는 어떤 결론을 내릴 수 있는가?

10. (a) $C \subseteq [0,1]$를 셀 수 없는 집합이라고 하자. $C \cap [a,1]$이 셀 수 없는 집합이 되도록 하는 $a \in (0,1)$가 존재함을 보여라.

(b) A를 $C \cap [a,1]$이 셀 수 없는 집합이 되도록 하는 모든 $a \in (0,1)$의 모임이라고 하고, $\alpha = \sup A$라고 두자. 이때 $C \cap [\alpha,1]$은 셀 수 없는 집합인가?

(c) (a)에서 '셀 수 없는 집합'이라는 조건을 '무한집합'으로 바꾸어도 여전히 참인가?

11. [슈뢰더-번슈타인 정리(Schröder-Bernstein theorem)] 두 단사함수 $f : X \to Y$와 $g : Y \to X$가 있다고 하자. 다음 단계를 따라 일대일대응인 함수 $h : X \to Y$가 존재하여 $X \sim Y$

임을 보여라.

문제해결전략은 X와 Y를 다음과 같이 분할하는 것이다.

$$X = A \cup A'\text{이고} \quad Y = B \cup B'$$

이때 $A \cap A' = \varnothing$, $B \cap B' = \varnothing$이고 f는 A에서 B로의 전사함수이며 g는 B'에서 A'로의 전사함수가 되게 한다.

(a) 이와 같이 분할하는 것이 어떻게 $X \sim Y$임을 증명하는지 설명하라.

(b) $A_1 = X \backslash g(Y) = \{x \in X : x \notin g(Y)\}$라 두고 ($A_1 = \varnothing$라면 어떤 일이 생기는가?) 귀납적으로 $A_{n+1} = g(f(A_n))$와 같이 집합으로 이루어진 수열을 정의한다. $\{A_n : n \in \mathbf{N}\}$은 서로 교집합이 없는(pairwise disjoint) X의 부분집합의 모임이고, 비슷하게 $\{f(A_n) : n \in \mathbf{N}\}$은 서로 교집합이 없는 Y의 부분집합의 모임임을 보여라.

(c) $A = \bigcup_{n=1}^{\infty} A_n$이라 하고 $B = \bigcup_{n=1}^{\infty} f(A_n)$이라 하자. 이때 f는 A에서 B로의 전사함수임을 보여라.

(d) $A' = X \backslash A$라 하고 $B' = Y \backslash B$라 하자. 이때 g는 B'에서 A'로의 전사함수임을 보여라.

1.6 칸토어 정리

무한집합론에 대한 칸토어의 업적은 정리 1.5.6을 가뿐히 뛰어넘는다. 칸토어가 이론을 발표한 직후에는 학계에서 반론이 있기도 했지만 이 분야에서 창의적이고 혁신적인 칸토어의 도전은 집합론에 혁명을 일으켰다. 이제 수학자가 무한을 이해하는 방식은 칸토어 이전과 이후로 구분한다.

칸토어의 대각선 논법

칸토어는 1874년에 $\mathbf{R}$이 셀 수 없는 집합임을 발표했다. 현대적 언어로 다듬긴 했지만, 정리 1.5.6(2)의 증명 과정은 사실 칸토어의 증명과 상당히 유사하다. 1891년 칸토어는 같은 사실에 대해 놀라울 정도로 단순한 또 다른 증명을 제시했다. 이 증명은 실수의 소수 표현(decimal expansion)에 의존하는데, 우리는 소수 표현을 엄밀하게 정의하지 않고 받아들일 것이다.

정리 1.6.1 열린 구간 $(0, 1) = \{x \in \mathbf{R} : 0 < x < 1\}$은 셀 수 없는 집합이다.

문제 1 $(0,1)$이 셀 수 없는 집합이라는 것과 $\mathbf{R}$이 셀 수 없는 집합이 서로 필요충분조건임을 보여라. 정리 1.6.1이 정리 1.5.6과 동치란 의미다.

증명 정리 1.5.6에서와 같이 우리는 귀류법을 사용하고자 한다.

일대일대응인 함수 $f : \mathbf{N} \to (0,1)$가 존재한다고 가정하자. 각각의 $m \in \mathbf{N}$에 대하여 $f(m)$은 0과 1 사이의 실수이고, 이를 소수 전개하여 나타내면 다음과 같다.

$$f(m) = 0.a_{m1}a_{m2}a_{m3}a_{m4}a_{m5}\ldots$$

이때 각각의 $m, n \in \mathbf{N}$에 대하여 a_{mn}은 집합 $\{0, 1, 2, \ldots, 9\}$의 수로 $f(m)$의 소수점 아래 n번째 수를 나타낸다. $\mathbf{N}$과 $(0,1)$ 사이의 일대일대응은 다음에 소개한 표처럼 요약할 수 있다.

$\mathbf{N}$		$(0,1)$								
1	$\longleftrightarrow$	$f(1)$	$=$	$0.\boldsymbol{a_{11}}$	a_{12}	a_{13}	a_{14}	a_{15}	a_{16}	$\cdots$
2	$\longleftrightarrow$	$f(2)$	$=$	$0.a_{21}$	$\boldsymbol{a_{22}}$	a_{23}	a_{24}	a_{25}	a_{26}	$\cdots$
3	$\longleftrightarrow$	$f(3)$	$=$	$0.a_{31}$	a_{32}	$\boldsymbol{a_{33}}$	a_{34}	a_{35}	a_{36}	$\cdots$
4	$\longleftrightarrow$	$f(4)$	$=$	$0.a_{41}$	a_{42}	a_{43}	$\boldsymbol{a_{44}}$	a_{45}	a_{46}	$\cdots$
5	$\longleftrightarrow$	$f(5)$	$=$	$0.a_{51}$	a_{52}	a_{53}	a_{54}	$\boldsymbol{a_{55}}$	a_{56}	$\cdots$
6	$\longleftrightarrow$	$f(6)$	$=$	$0.a_{61}$	a_{62}	a_{63}	a_{64}	a_{65}	$\boldsymbol{a_{66}}$	$\cdots$
$\vdots$		$\vdots$		$\vdots$	$\vdots$	$\vdots$	$\vdots$	$\vdots$	$\vdots$	$\ddots$

이 일대일대응에서 핵심적인 가정은 $(0,1)$의 **모든** 실수가 목록의 어딘가에서 나타난다는 것이다.

이제 주옥 같은 증명을 만날 시간이다. 실수 $x \in (0,1)$를 소수로 전개하여 $x = 0.b_1b_2b_3b_4\ldots$와 같이 정의하자. 이때 b_n은 다음 규칙으로 정해진다.

$$b_n = \begin{cases} 2 & (a_{nn} \neq 2) \\ 3 & (a_{nn} = 2) \end{cases}$$

방금 한 정의를 확실히 설명해 보겠다. b_1을 정하려면 표의 왼쪽 상단 모서리에 있는 a_{11}을 찾으면 된다. 만약 $a_{11} = 2$라면 $b_1 = 3$이다. 그 외의 경우에는 $b_1 = 2$이다.

문제 2 다음 물음에 답하라.

(a) 실수 $x = 0.b_1b_2b_3b_4\ldots$가 $f(1)$이 될 수 없는 이유를 설명하라.

(b) 다음으로 $x \neq f(2)$인 이유를 설명하라. 일반적으로 모든 $n \in \mathbf{N}$에 대하여 $x \neq f(n)$인

이유를 설명하라.

(c) 이러한 관찰로부터 어떤 모순이 발생하는지 설명하고 $(0, 1)$이 셀 수 없는 집합임을 증명하라.

이로써 정리 1.6.1의 증명이 끝났다. ◀

문제 3 정리 1.6.1의 증명에 대해 다음과 같은 반문이 있을 수 있다. 이에 대해 반증하라.

(a) 모든 유리수도 소수 전개를 가지므로, 같은 논법을 적용하면 0과 1 사이의 유리수 집합이 셀 수 없는 집합임이 도출된다. 그러나 아는 바와 같이 $\mathbf{Q}$의 모든 부분집합은 셀 수 있는 집합이다. 즉, 정리 1.6.1의 증명에는 어딘가 반드시 결함이 있다.

(b) 어떤 수는 **두 가지** 서로 다른 소수 전개를 가진다. 구체적으로 말하면 모든 유한소수는 9를 계속 반복하여 쓸 수도 있다. 예를 들어 $1/2$는 0.5와 같이 쓸 수 있고 $0.4999\ldots$라고 쓸 수도 있다. 이는 문제가 되지 않는가?

문제 4 0과 1로만 이루어진 수열을 모두 모은 집합을 S라 하자. S는 특정 수열이 아니고 단지 수열을 원소로 가지는 큰 집합임을 유념하자. 다시 말해 S는 다음과 같다.

$$S = \{(a_1, a_2, a_3, \ldots) : a_n = 0 \text{ 또는 } 1\}$$

예를 들어 수열 $(1, 0, 1, 0, 1, 0, 1, 0, \ldots)$은 S의 원소이며 마찬가지로 $(1, 1, 1, 1, 1, 1, \ldots)$도 S의 원소다. S가 셀 수 없는 집합임을 엄밀히 증명하라.

$\mathbf{N}$처럼 셀 수 있는 무한과 $\mathbf{R}$처럼 셀 수 없는 무한을 구분한 이후 칸토어는 $\mathbf{R}$의 무한보다 '큰' 무한이 존재하는지 탐구하는 데 사로잡혔다. 이는 논리적으로 위험한 영역이다. 우리가 '기수가 같은' 관계를 정의할 때 그랬던 것처럼 '기수가 더 큰' 관계나 '기수가 작거나 같은' 관계를 정의할 때도 주의가 필요하다. 그럼에도 정확한 정의는 일단 소개하지 않겠다. 다음 결과에서 연속체 $\mathbf{R}$을 훨씬 넘어 끝없이 이어지는 무한집합의 계층이 있음을 알아차릴 수 있다.

멱집합과 칸토어 정리

주어진 A에 대하여 **멱집합(power set)** $P(A)$는 A의 모든 부분집합의 모임(collection)을 의미한다. 즉 $P(A)$의 원소는 A의 부분집합이다.

문제 5 다음 물음에 답하라.

(a) $A = \{a, b, c\}$라고 하자. $P(A)$의 8개 원소를 모두 나열하라($\varnothing$는 모든 집합의 부분집합이다).

(b) 원소의 개수가 n개인 유한집합 A에 대하여 $P(A)$의 원소의 개수는 2^n개임을 보여라.

문제 6 다음 물음에 답하라.

(a) 집합 $A = \{a, b, c\}$에 대하여 A에서 $P(A)$로 가는 서로 다른 2개의 단사함수를 찾아보라.

(b) 집합 $C = \{1, 2, 3, 4\}$에 대하여 단사함수 $g : C \to P(C)$의 예를 들어라.

(c) (a)와 (b)에서 **전사함수**를 만들 수 없는 이유를 설명하라.

칸토어 정리는 문제 6에서 서술한 성질이 유한집합뿐만 아니라 무한집합에서도 성립함을 설명한다. A에서 $P(A)$로 **가는** 함수를 찾는 것은 매우 간단하지만 **전사함수**를 찾기란 불가능하다.

정리 1.6.2 칸토어 정리(Cantor's theorem)
임의의 집합 A에 대하여 전사함수 $f : A \to P(A)$는 존재하지 않는다.

증명 다른 증명과 마찬가지로 이 증명도 간접 증명이다. 모순을 보이기 위해 $f : A \to P(A)$가 전사함수라고 가정하자.

정의역과 치역이 수 집합이었던 일반적인 상황과 달리 f는 집합과 그것의 멱집합을 대응시킨다. 각각의 원소 $a \in A$마다 $f(a)$는 A의 특정한 **부분집합**이다. f가 전사함수라는 가정은 모든 A의 부분집합이 어떤 $a \in A$에 대하여 $f(a)$로써 표현됨을 의미한다. 모순에 도달하기 위해 어떤 $a \in A$에 대해서도 $f(a)$와 같게 되지 않는 부분집합 $B \subseteq A$를 만들 것이다.

B는 다음의 규칙을 따라 만든다. 각각의 $a \in A$마다 A의 부분집합 $f(a)$를 생각한다. 이 부분집합은 a를 원소로 가질 수도 있고 갖지 않을 수도 있다. 이 포함 여부는 함수 f에 달려 있다. 만약 $f(a)$가 a를 포함하지 않는다면 a를 우리의 집합 B에 넣는다. 더 정확히 말하자. B를 다음과 같이 정의한다.

$$B = \{a \in A : a \notin f(a)\}$$

문제 7 문제 6에서 다뤘던 함수로 돌아가 앞의 규칙에 따라 부분집합 B를 만들어라. 각 경우에서, B는 함수의 치역이 아님을 주목하라.

이제 일반적인 상황에 초점을 맞추자. 우리의 함수 $f : A \to P(A)$가 전사함수라고 가정했으므로 어떤 $a' \in A$에 대하여 $B = f(a')$여야만 한다. 이제 a'가 B의 원소인지 아닌지를 생각해 보면 모순이 발생한다.

문제 8 다음 물음에 답하라.

(a) $a' \in B$인 경우 모순이 생김을 보여라.

(b) $a' \notin B$인 경우에도 똑같이 모순이 생김을 보여 증명을 마무리하라.

이로써 정리 1.6.2의 증명이 끝났다. ◀

이 정리의 중요성을 이해하기 위해 이 결과를 자연수 집합에 적용해 보자. 칸토어 정리에 따르면 $\mathbf{N}$에서 $P(\mathbf{N})$으로 가는 전사함수는 없다. 다시 말해 자연수 집합의 멱집합은 셀 수 없는 집합이다. 새로 발견한 이 셀 수 없는 집합($P(\mathbf{N})$)의 기수를 역시 셀 수 없는 집합인 실수 집합의 기수와 비교해 보자.

문제 9 (1.5절 연습문제를 포함하여) 마지막 두 절에서 다룬 다양한 도구와 기법을 사용하여 $P(\mathbf{N}) \sim \mathbf{R}$임을 증명하라.

문제 10 기수를 알고 있는 집합과 일대일대응시켜 다음 물음에 답하라.

(a) $\{0, 1\}$에서 $\mathbf{N}$로의 모든 함수의 집합은 셀 수 있는 집합인가, 셀 수 없는 집합인가?

(b) $\mathbf{N}$에서 $\{0, 1\}$로의 모든 함수의 집합은 셀 수 있는 집합인가, 셀 수 없는 집합인가?

(c) 집합 B가 주어질 때 $\mathcal{A}$의 어떤 원소도 $\mathcal{A}$의 다른 원소의 부분집합이 아닌 $P(B)$의 부분집합 $\mathcal{A}$를 **반사슬(antichain)**이라고 한다. $P(\mathbf{N})$은 반사슬이면서 셀 수 없는 집합을 포함하는가?

1.7 마치며

'기수가 같다'는 **동치관계**다(1.5절 연습문제 5). 대략적으로 수학에서 모든 집합은 크기에 따라 분류할 수 있다. 두 집합은 기수가 같은 경우에만 같은 그룹 또는 **동치류(equivalence classes)**를 이룬다. 따라서 $\mathbf{N}$, $\mathbf{Z}$, $\mathbf{Q}$는 다른 모든 셀 수 있는 집합과 같은 부류로 묶이는 반면에 $\mathbf{R}$은 구간 (a, b)와

$P(\mathbf{N})$가 들어있는 다른 묶음에 속한다. 칸토어 정리에 따르면 $P(\mathbf{R})$($\mathbf{R}$의 모든 부분집합의 집합)은 $\mathbf{R}$과 또 다른 묶음에 속한다. 여기서 멈출 이유는 없다. $P(\mathbf{R})$의 모든 부분집합의 집합(즉 $P(P(\mathbf{R}))$)은 다시 또 다른 부류로 묶이고, 이 과정은 무한정 계속된다.

집합의 세계를 서로 겹치지 않는 그룹으로 나누었기 때문에 유한집합의 크기를 자연수로 나타내듯이 각각의 그룹에 '숫자'를 붙이면 편리할 것이다. 집합 X가 주어지면 $\mathrm{card}\, X$로 나타내는 X의 **기수(cardinal number)**라는 것이 존재한다. 기수는 자연수와 유사한 방식으로 행동한다. 예를 들어 두 집합 X와 Y는 $X \sim Y$인 경우에만 $\mathrm{card}\, X = \mathrm{card}\, Y$이다. (엄밀하게 $\mathrm{card}\, X$를 정의하려면 집합론의 고급 내용이 필요하다. 한 가지 방법은 $\mathrm{card}\, X$를 X와 같은 동치류에서 항상 유일하게 찾을 수 있는 특정 집합으로 정의하는 것이다.)

칸토어 정리를 돌아보면 우리는 새로운 기수체계에 반영해야 할 무한집합의 크기에 **순서**가 있다는 강한 느낌을 받는다. 구체적으로 X에서 Y로의 **단사함수**가 존재할 때 $\mathrm{card}\, X \le \mathrm{card}\, Y$라고 하고 싶다. 부등식 $\mathrm{card}\, X < \mathrm{card}\, Y$는 X에서 Y로의 함수는 존재하지만 $X \sim Y$의 경우는 아니라는 의미다. 이 표기법을 사용하여 칸토어 정리를 다시 쓰면, 모든 집합 A에 대하여 $\mathrm{card}\, A < \mathrm{card}\, P(A)$이다.

미묘한 문제가 몇 가지 남아있다. 칸토어 정리에 의하면 '가장 큰' 집합은 없다. 이로부터 형이상학적 문제가 발생한다. "U를 가능한 모든 것의 집합이라고 하자."와 같은 선언은 역설적이다. 우리는 바로 $\mathrm{card}\, U < \mathrm{card}\, P(U)$임을 안다. 따라서 선언과는 다르게 U는 모든 것을 포함하지 않기 때문이다. 이와 같은 논쟁점을 바로 잡으려면 집합이 될 수 있는 자격을 제한해야 한다.

집합론이 엄밀해지는 과정에서 U와 같은 대상을 허용하지 않도록 공리를 만들어야 했다. 우리가 정의한 기수에서 '$\le$'가 실제로 순서를 준다는 점도 유의해야 한다. 실수와 유사하게 기수가 $\mathrm{card}\, X \le \mathrm{card}\, Y$이고 $\mathrm{card}\, Y \le \mathrm{card}\, X$이면 $\mathrm{card}\, X = \mathrm{card}\, Y$가 성립한다. 결국 단사함수 $f : X \to Y$와 단사함수 $g : Y \to X$가 존재하면 일대일대응인 함수 $h : X \to Y$가 존재한다.

칸토어는 이를 증명하지 못했지만 결국 에른스트 슈뢰더(Ernst Schröder)가 1896년에, 펠릭스 번슈타인(Felix Bernstein)이 1898년에 독립적으로 증명했다. 슈뢰더–번슈타인 정리는 1.5절 연습문제 11에 요약되어 있다.

칸토어를 사로잡은 기수에는 또 다른 문제가 있다. 칸토어는 이 문제에 몰두했지만 답을 찾지 못했다. 셀 수 있는 집합은 가장 기본이 되므로 $\mathrm{card}\, \mathbf{N}$를 기호 $\aleph_0$(알레프 0)라 나타내기도 한다. 셀 수 있는 집합이 무한집합의 가장 작은 유형이므로 아래 첨자 '0'은 시의적절한 표현이다. 기수 측면에서 $\mathrm{card}\, X < \aleph_0$이면 X는 유한집합이다. 따라서 $\aleph_0$는 가장 작은 무한 기수다. $\mathbf{R}$의 기수 또한 별도의 기호 $\boldsymbol{c} = \mathrm{card}\, \mathbf{R} = \mathrm{card}(0,1)$을 붙일만큼 중요하다. 정리 1.5.6과 정리 1.6.1은 $\aleph_0 < \boldsymbol{c}$

를 의미한다. 칸토어를 괴롭힌 문제는 '이 두 기수 사이에 다른 기수가 존재하는가?'였다. 다시 말해 $\text{card}\,\mathbf{N} < \text{card}\,A < \text{card}\,\mathbf{R}$인 집합 $A \subseteq \mathbf{R}$가 존재할까? 칸토어는 그러한 집합이 존재하지 않는다고 생각했다. 그는 기수 순서에서 $\boldsymbol{c}$가 $\aleph_0$의 바로 다음에 온다고 추측했다.

칸토어의 연속체 가설(continuum hypothesis)은 지난 세기에 유명한 수학적 난제 중 하나였다. 연속체 가설은 예상치 못하게 두 부분으로 나뉘어 풀렸다. 1940년 독일 출신 논리학자이자 수학자인 쿠르트 괴델(Kurt Gödel)은 집합론의 공리체계에서 연속체 가설을 반증하는 것은 불가능함을 보였다. 1963년에는 폴 코언(Paul Cohen)이 같은 조건에서 연속체 가설을 증명하는 것이 불가능함을 보였다.

이 둘을 종합하면 연속체 가설은 현대 수학의 체계로는 결정 불가능한 명제임을 알 수 있다. 연속체 가설이나 그 부정은 모두 현대집합론의 공리가 될 수 있다. 둘 중 무엇을 선택하건 논리적 모순은 생기지 않을 것이다.

쿠르트 괴델을 언급하다 보면 칸토어의 업적이 얼마나 중요한지를 다시 돌이켜 보게 된다. 괴델은 불완전성 정리(Gödel's incompleteness theorems)로 가장 잘 알려져 있다. 이는 공리계의 보편적인 강도(strength)와 관련있다. 괴델은 다음을 보였다.

산술을 연구하기 위해 만들어진 그 어떤 무모순적인 공리 체계도 그 안에서 증명할 수 없는 참인 명제가 항상 존재한다.

이러한 공리계는 필연적으로 불완전하다. 매우 복잡한 괴델 증명의 중심에는 정리 1.6.1과 정리 1.6.2의 증명과 밀접한 관련이 있는 종류의 조작이 있다. 칸토어의 증명 방법은 컴퓨터 과학의 제한 정리에서도 사용된다. 정지 문제(halting problem)를 대략적으로 말하자면, 임의의 프로그램이 언제 종료할지를 스스로 결정할 수 있는 일반적인 알고리즘이 존재하는지를 묻는 것이다. 이러한 알고리즘이 존재하지 않음을 증명할 때, 대각선 논법이 핵심적으로 사용된다. 즉, 칸토어 정리에 담긴 의미뿐만 아니라 그 증명 기술도 매우 중요하다. 이 현상의 직접적인 예로써, 대각선 논법(diagonalization method)은 6장에서 다루는 아르젤라-아스콜리 정리(Arzela–Ascoli theorem)의 증명에서 핵심적인 구성적 증명 방식으로 재등장한다.

2

수열과 급수
Sequences and Series

2.1 무한급수는 재배열 가능한가?

다음과 같은 무한급수를 생각하자.

$$\sum_{n=1}^{\infty} \frac{(-1)^{n+1}}{n} = 1 - \frac{1}{2} + \frac{1}{3} - \frac{1}{4} + \frac{1}{5} - \frac{1}{6} + \frac{1}{7} - \frac{1}{8} + \cdots$$

이 급수의 각항을 단순히 왼쪽에서부터 더해가면 **부분합(partial sum)**이라고 부르는 수열을 얻는다. 즉, s_n은 급수의 첫 번째 항부터 n번째 항까지의 합으로 정의한다. 예를 들어 $s_1 = 1$, $s_2 = 1/2$, $s_3 = 5/6$, $s_4 = 7/12$이다. 이때, s_n의 인접한 두 항을 비교하면 대소가 계속해서 바뀌며 그 간격이 점점 좁아짐을 어렵지 않게 관찰할 수 있다. 홀수 번째 항까지의 부분합은 감소하는 반면 $(s_1 > s_3 > s_5 > \cdots)$, 짝수 번째 항까지의 부분합은 증가한다$(s_2 < s_4 < s_6 < \cdots)$.

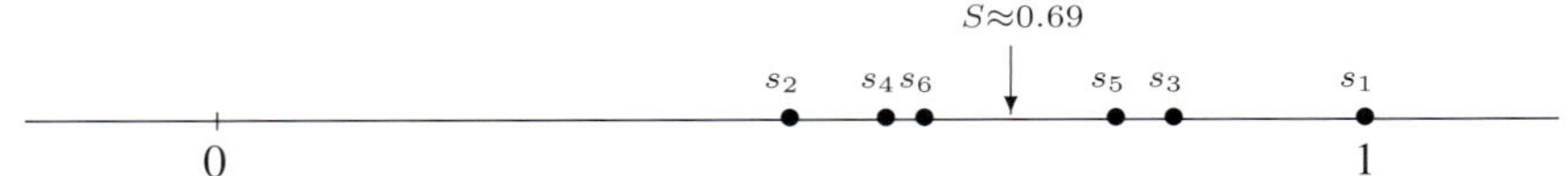

$$s_2 < s_4 < s_6 < \cdots < S < \cdots < s_5 < s_3 < s_1$$

이러한 과정을 반복하면 수열 (s_n)의 홀수 번째 항과 짝수 번째 항이 어딘가에서 '만날 것'이고, 수열 (s_n)은 그 값으로 수렴할 것 같다(곧 증명한다). 이 값을 S라고 하자. 아직 우리는 S 값을 정확하게 계산할 수 없지만 이 값이 $7/12$와 $5/6$ 사이 어딘가의 값임은 능히 짐작할 수 있다. 항을 수백 개 더해 보면 대략 $S \approx 0.69$라 추정할 수 있다. 그 값이 얼마든간에 이제 다음과 같이 쓰려고 한다.

$$S = 1 - \frac{1}{2} + \frac{1}{3} - \frac{1}{4} + \frac{1}{5} - \frac{1}{6} + \frac{1}{7} - \frac{1}{8} + \cdots \tag{1}$$

이는 우변에 위치한 무한히 많은 **모든**(all) 수를 실제로 다 더할 수 있다면, 그 합은 S와 **같을 것**(equal)임을 뜻한다. 더 익숙한 예로는 다음이 있다.

$$2 = 1 + \frac{1}{2} + \frac{1}{4} + \frac{1}{8} + \frac{1}{16} + \frac{1}{32} + \frac{1}{64} + \cdots$$

이 둘의 차이점이라면 두 번째 등식에서는 그 합을 구체적으로 알고 있을 뿐이다.

하지만 매우 중요한 문제가 등장한다. 앞선 등식에서 +, −, =라는 기호는 믿을 수 없을 정도로 익숙한 개념이지만 매우 낯선 방식으로 사용했다. 유한개 항을 더할 때 익숙하게 사용한 덧셈과 등호의 성질이 등식 (1)과 같이 무한개 항을 더할 때도 유효할까? 앞으로 자세히 공부하겠지만 이 질문에 대한 대답은 다소 모호하다.

통상적인 계산 방법을 따라 등식 (1)을 다루어 보자. 등식 (1)에 1/2을 곱하고 등식 (1)과 다시 더하자.

$$\begin{array}{rcccccccccccccc}
\frac{1}{2}S = & & \frac{1}{2} & & -\frac{1}{4} & & +\frac{1}{6} & & -\frac{1}{8} & & +\frac{1}{10} & & -\frac{1}{12} & & +\cdots \\
+\,S = & 1 & -\frac{1}{2} & +\frac{1}{3} & -\frac{1}{4} & +\frac{1}{5} & -\frac{1}{6} & +\frac{1}{7} & -\frac{1}{8} & +\frac{1}{9} & -\frac{1}{10} & +\frac{1}{11} & -\frac{1}{12} & +\frac{1}{13} & -\cdots \\
\hline
\frac{3}{2}S = & 1 & & +\frac{1}{3} & -\frac{1}{2} & +\frac{1}{5} & & +\frac{1}{7} & -\frac{1}{4} & +\frac{1}{9} & & +\frac{1}{11} & -\frac{1}{6} & +\frac{1}{13} & \cdots
\end{array} \qquad (2)$$

자, 결과를 잘 살펴보자. 등식 (2)의 합은 원래 방정식 (1)로 **정확히**(precisely) 같은 항으로 구성되며 단지 순서만 다르다. 다시 말해 식 (2)는 식 (1)의 재배열(rearrangement)이다. 이때 나열한 바와 같이 처음 두 개의 양수 항 $(1+\frac{1}{3})$ 다음에 음수 항이 $(-\frac{1}{2})$ 오고, 다시 두 개의 양수 항 $(\frac{1}{5}+\frac{1}{7})$ 다음에 음수 항이 $(-\frac{1}{4})$ 등장한다. 이를 계속하면 식 (2)의 모든 항이 (1)에 나타나며, 반대로 식 (1)의 모든 항도 (2)에 명백하게 나타난다. 이제 매우 곤란한 상황에 직면하게 되었다. 등식 (2)는 처음 식에서 항의 순서만을 바꾸었을 뿐이며 다른 조작을 전혀 하지 않았다. 그런데 그 값이 원래 값의 3/2이다. 실제로 등식 (2)의 수백 개의 항을 더해보면 부분합이 1.03 정도 됨을 확인할 수 있다. 즉 무한개 항을 더할 때는 덧셈의 교환법칙이 성립하지 않는다!

급수의 재배열의 다른 예를 살펴보자.

$$\sum_{n=0}^{\infty}(-1/2)^n$$

이는 첫째항이 1이고 공비가 $r = -1/2$인 등비급수다. 등비급수의 합 공식 $1/(1-r)$을 쓰면 (예제 2.7.5 참고) 다음을 얻는다.

$$1-\frac{1}{2}+\frac{1}{4}-\frac{1}{8}+\frac{1}{16}-\frac{1}{32}+\frac{1}{64}-\frac{1}{128}+\frac{1}{256}\cdots=\frac{1}{1-(-\frac{1}{2})}=\frac{2}{3}$$

이 경우에는 '양수 항 2개, 음수 항 1개'하는 식으로 재배열한 급수의 부분합은 근삿값이 2/3과 매우 가깝다.

$$1+\frac{1}{4}-\frac{1}{2}+\frac{1}{16}+\frac{1}{64}-\frac{1}{8}+\frac{1}{256}+\frac{1}{1024}-\frac{1}{32}\cdots$$

예를 들어 처음 30개 항의 합은 0.666667과 같다. 일반적으로는 그렇지 않지만 이처럼 무한 합에서 덧셈의 교환법칙이 성립하는 예도 있다.

이러한 성질을 무한급수 이론에서나 등장하는 신기한 현상이라 간주하면 곤란한다. 수학을 응용하는 많은 상황에서 이 현상은 파국의 원인이 될 수 있다. 예를 들어 첨자가 2개인 이중급수(double summation)의 합을 어떻게 정의해야 할까? 다음과 같이 정의된 **실수 배열** $\{a_{ij} : i, j \in \mathbf{N}\}$을 생각하자. $j > i$이면 $a_{ij} = 1/2^{j-i}$이고, $j = i$이면 $a_{ij} = -1$이며 $j < i$이면 $a_{ij} = 0$이다.

$$\begin{bmatrix} -1 & \frac{1}{2} & \frac{1}{4} & \frac{1}{8} & \frac{1}{16} & \cdots \\ 0 & -1 & \frac{1}{2} & \frac{1}{4} & \frac{1}{8} & \cdots \\ 0 & 0 & -1 & \frac{1}{2} & \frac{1}{4} & \cdots \\ 0 & 0 & 0 & -1 & \frac{1}{2} & \cdots \\ 0 & 0 & 0 & 0 & -1 & \cdots \\ \vdots & \vdots & \vdots & \vdots & \vdots & \ddots \end{bmatrix}$$

이제 합 $\displaystyle\sum_{i,j=1}^{\infty} a_{ij}$에 수학적 의미를 부여하고 싶다.

위 배열에서 나타나는 모든 항이 포함되도록 합을 정의하려고 한다. 한 가지 자연스러운 방법은 i를 잠시 고정하고 각각의 행을 따라서 더하는 것이다. 등비급수의 성질에 따르면 각 행에 배열된 항을 모두 더했을 때 합은 0임을 쉽게 알 수 있다. 각 행마다 더한 합을 열을 따라 더하면 다음을 얻는다.

$$\sum_{i,j=1}^{\infty} a_{ij} = \sum_{i=1}^{\infty}\left(\sum_{j=1}^{\infty} a_{ij}\right) = \sum_{i=1}^{\infty}(0) = 0$$

또한 j를 고정하고 각각의 열을 먼저 더하는 방식도 생각할 수 있다. 이때, 합은 다음과 같다.

$$\sum_{i,j=1}^{\infty} a_{ij} = \sum_{j=1}^{\infty}\left(\sum_{i=1}^{\infty} a_{ij}\right) = \sum_{j=1}^{\infty}\left(\frac{-1}{2^{j-1}}\right) = -2$$

두 합의 순서를 바꾸었더니 값이 바뀌어 버렸다! 방금 다룬 이 급수는 아니지만 이중급수는 두 급수를 곱할 때도 흔히 등장한다. 다음과 같이 쓰는 것이 자연스럽겠지만 우변의 합이 무엇을 의미하는지는 아직 명확하지 않다.

$$\left(\sum a_i\right)\left(\sum b_j\right) = \sum_{i,j} a_i b_j$$

이런 일탈적 현상 때문에 급수는 엄밀한 논증이 필요하다. 무한개 항을 다룰 때는 의미하는 바를 완전히 정확하게 알아야만 이러한 의문에 대해 만족스러운 답을 얻을 수 있다. 처음에는 엄밀한 논증 과정이 더디게 느껴질 수 있다. 하지만 직관에 의한 편견 때문에 잘못된 결과에 도달하고 싶지 않다면 어쩔 수 없다. 엄밀한 증명은 직관이 올바르게 작동하고 있는지 확인해 주는 진단법이다. 궁극적으로는 엄밀한 증명을 반복하며 수학에서 다루는 무한에 대해 올바른 직관을 형성할 수 있을 것이다.

마지막 예로 급수 $\sum_{n=1}^{\infty}(-1)^n$과 아주 근본적인 개념인 덧셈의 결합법칙을 생각해 보자. 무한급수의 항을 다음과 같이 묶으면 결과가 0이다.

$$\begin{aligned}(-1+1)+(-1+1)+(-1+1)+(-1+1)+\cdots &= 0+0+0+0+\cdots \\ &= 0\end{aligned}$$

반면에 다른 방식으로 항을 묶으면 다른 결과를 얻는다.

$$\begin{aligned}-1+(1-1)+(1-1)+(1-1)+\cdots &= -1+0+0+0+\cdots \\ &= -1\end{aligned}$$

유한개 항을 다룰 때 쓸 수 있는 성질이라도 무한개 항을 다룰 때 반드시 쓸 수 있다고 장담할 수 없다. 언제 그런 조작이 가능한지, 가능하지 않은지 정확히 판단하는 것은 해석학의 중심 주제 중 하나다.

2.2 수열의 극한

무한급수를 제대로 이해하려면 우선 수열의 성질을 정확히 알아야 한다. 실제로 해석학에서 많은 개념은 수열의 움직임에 대한 설명으로 요약할 수 있다. 따라서 우리는 무한급수를 다루기 전에 많은 시간을 투자하여 수열에 대해 공부할 것이다.

정의 2.2.1 **수열(sequence)**은 정의역이 $\mathbf{N}$인 함수다.

이 정의는 '수열은 실수의 나열'이라는 우리에게 익숙한 묘사에도 바로 부합한다. 함수 $f:\mathbf{N}\to\mathbf{R}$에 대하여 $f(n)$은 이 나열에서 n번째 항이다. 수열을 통상적으로 표기하는 방법은 이러한 직관에 부합한다.

예제 2.2.2 다음은 수열을 나타내는 일반적인 방법이다.

(a) $(1, \frac{1}{2}, \frac{1}{3}, \frac{1}{4}, \cdots)$

(b) $(\frac{1+n}{n})_{n=1}^{\infty} = (\frac{2}{1}, \frac{3}{2}, \frac{4}{3}, \cdots)$

(c) (a_n), 이때 각각의 $n \in \mathbf{N}$에 대하여 $a_n = 2^n$

(d) (x_n), 이때 $x_1 = 2$이고 $x_{n+1} = \frac{x_n+1}{2}$

경우에 따라 $n = 0$ 또는 $n = n_0$ (n_0은 1이 아닌 다른 자연수)부터 수열을 시작해야 더 편할 수 있다. 이 사소한 차이는 수열에서 본질적인 부분이 아니다. 수열의 본질은 실수의 **무한한**(infinite) 나열이란 점이다. 대부분 이러한 나열에서 시작 부분은 그리 중요하지 않다. 해석학의 소관은 수열이 주어질 때 무한한 '꼬리'에서의 움직임과 관련이 있다.

이제 이 책에서 가장 중요한 정의를 제시하겠다.

정의 2.2.3 수열의 수렴
임의의 양수 ϵ에 대하여 $n \geq N$이면 $|a_n - a| < \epsilon$이 되게 하는 $N \in \mathbf{N}$이 존재할 때 수열 (a_n)이 실수 a로 **수렴한다(converge)**고 한다.

'(a_n)이 a로 수렴한다.'를 나타내기 위해 주로 $\lim a_n = a$ 또는 $(a_n) \to a$와 같이 쓴다. $\lim_{n\to\infty} a_n = a$와 같은 표기법 또한 통용된다. 이 정의는 무슨 뜻일까? 이를 이해하기 위해 먼저 '$|a_n - a| < \epsilon$'이라는 구절과 이런 종류의 부등식을 만족하는 점의 집합을 생각해 보자.

정의 2.2.4 실수 $a \in \mathbf{R}$와 양수 $\epsilon > 0$을 생각하자. 다음 집합 $V_\epsilon(a)$를 a의 **ϵ-근방(ϵ-neighborhood)**이라고 한다.

$$V_\epsilon(a) = \{x \in \mathbf{R} : |x - a| < \epsilon\}$$

$V_\epsilon(a)$는 a로부터의 거리가 ϵ보다 작은 모든 점으로 구성되어 있음을 유념하자. 달리 말해서 $V_\epsilon(a)$는 중심이 a이고 반지름 길이가 ϵ인 구간이다.

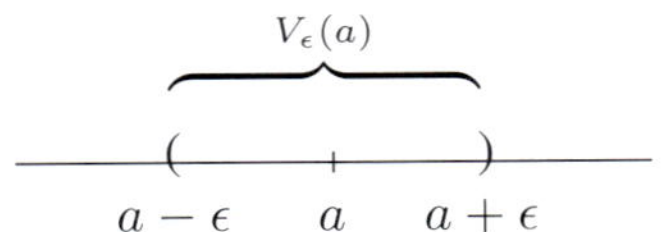

ϵ–근방의 관점에서 수렴의 정의를 다시 쓰면 처음 소개한 정의보다 기하학적 의미가 더 잘 드러난다.

정의 2.2.3B 위상으로 표현한 수열의 수렴

주어진 a의 임의의 ϵ–근방 $V_\epsilon(a)$에 대하여 수열의 어떤 지점이 있어서 그 이후의 모든 항이 $V_\epsilon(a)$에 속할 때 수열 (a_n)이 실수 a로 수렴한다고 한다. 다시 말해 모든 ϵ–근방은 수열 (a_n)의 유한개를 제외한 모든 항을 포함한다.

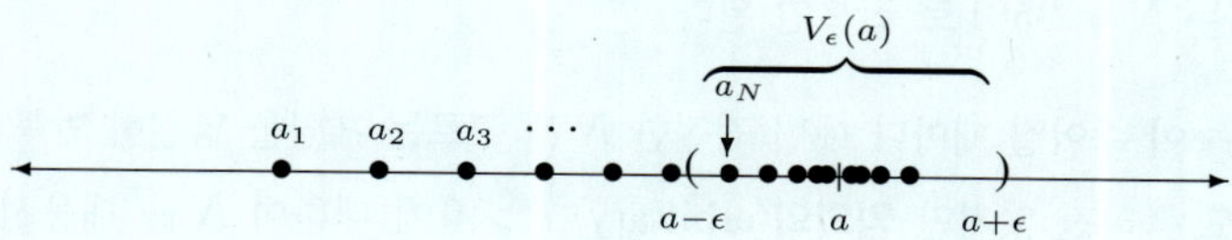

수열의 수렴 정의(정의 2.2.3)와 위상으로 표현한 수열의 수렴 정의(정의 2.2.3B)는 정확히 같은 말이다. 처음 정의에서 자연수 N은 수열 (a_n)이 $V_\epsilon(a)$로 들어가는 지점이며, 그 이후로는 모두 $V_\epsilon(a)$ 밖으로 나오지 않는다. **N의 값은 ϵ에 따라 달라짐**이 명백하다. ϵ–근방이 작아질수록 N은 아마 커질 것이다.

예제 2.2.5 $a_n = 1/\sqrt{n}$으로 정의한 수열 (a_n)을 생각하자. 직관적으로 생각하면 다음 식은 당연히 성립한다.

$$\lim\left(\frac{1}{\sqrt{n}}\right) = 0$$

이 명백한 사실을 증명하기에 앞서 먼저 수렴의 정의에서 ϵ과 N 사이의 관계를 살펴보자.

잠시 ϵ을 $1/10$으로 두자. 이는 수열의 항에 대한 '목표영역'을 정의한다. 수열 (a_n)의 극한이 0이라는 말은 이 수열의 항이 궁극적으로 0에 한없이(arbitrarily) 가까워진다는 말과 같다. 얼마나 가깝다는 걸까? '궁극적'이라는게 무슨 의미일까? 우리는 가까움의 기준을 $\epsilon = 1/10$이라 설정했으므로 극한 0을 중심으로 하는 ϵ–근방 $(-1/10, 1/10)$을 의미한다. 수열이 목표영역에 도달할 때까지 얼마나 많은 항을 나열해야 할까? 100번째 항 $a_{100} = 1/10$은 경계에 위치하므로 다음을 생각할 수 있다.

$$n > 100\text{이면 } a_n \in \left(-\frac{1}{10}, \frac{1}{10}\right)\text{이다.}$$

따라서 $\epsilon = 1/10$일 때 $N = 101$(또는 더 큰 수)로 선택하면 된다.

$\epsilon = 1/10$로 고른 것은 다소 생뚱맞게 느껴질지도 모르겠다. $\epsilon = 1/50$으로 두더라도 이러한 N은 얼마든지 잡을 수 있다. 이 경우 목표영역은 구간 $(-1/50, 1/50)$으로 줄어들고 a_n이 구간 $(-1/50, 1/50)$에 포함되기까지 $\epsilon = 1/10$일 때보다 더 많은 항을 나열해야 할 것이다. 얼마나 더 나아가야 할까? 다음 부등식을 그리 어렵지 않게 떠올릴 수 있을 것이다.

$$\frac{1}{\sqrt{n}} < \frac{1}{50} \quad \Leftrightarrow \quad n > 50^2 = 2500$$

즉, $\epsilon = 1/50$일 때는 $N = 2501$로 잡으면 된다.

그렇다면 서로 다른 ϵ이 주어질 때마다 매번 적절한 N을 고르는 게임을 영원히 반복해야 할까? 어떤 면에서 보면 이 말도 틀리진 않지만 **임의의**(arbitrary) $\epsilon > 0$에 대하여 N을 대응시키는 **규칙**(rule)을 찾는 순간 이 고루한 게임을 끝낼 수 있다. 규칙은 앞서 $N = 2501$을 찾아내는 계산 과정 속에 숨어있다. ϵ이 어떻게 주어지든 다음 부등식을 만족하면 된다.

$$\frac{1}{\sqrt{n}} < \epsilon \quad \Leftrightarrow \quad n > \frac{1}{\epsilon^2}$$

지금까지의 관찰을 바탕으로 $\lim \left(\frac{1}{\sqrt{n}}\right) = 0$임을 엄밀하게 증명해 보겠다.

증명 임의의 양수 $\epsilon > 0$에 대하여 자연수 N을 $N > \frac{1}{\epsilon^2}$과 같이 택한다. 이제 이렇게 고른 N이 극한의 정의를 만족하는지 확인하자. $n \geq N$일 때, 다음이 성립한다.

$$n > \frac{1}{\epsilon^2} \quad \Rightarrow \quad \frac{1}{\sqrt{n}} < \epsilon \text{ 이므로 } |a_n - 0| < \epsilon$$ ◀

전칭기호와 존재기호

앞서 소개한 수렴의 정의는 극한이라는 직관적인 개념을 수학적으로 엄밀한 진술이 되도록 수백 년에 걸쳐 다듬은 결과물이다. 수렴의 정의는 **전칭기호**와 **존재기호**의 사용과 밀접하게 연관되어 있고 이해하기 쉽지 않다. 수렴의 정의가 수학적으로 타당함을 납득하려면 왜 한정기호가 다음 순서로 나타나는지부터 이해해야 한다.

수렴의 정의는 다음과 같은 문구로 시작한다.

"임의의 $\epsilon > 0$에 대하여 $\ldots$를 만족하는 $N \in \mathbf{N}$이 존재한다."

첫 번째 예를 되돌아보자. 엄밀한 증명은 '임의의 양수 $\epsilon > 0$에 대하여'로 시작한다. 이어서 N을 고르고 이렇게 택한 N이 원하는 성질을 만족함을 보인다. 사실 이러한 과정은 모든 수렴성 증명이 어떻게 서술되어야 하는지 보여주는 기본 개요다.

$(x_n) \to x$의 증명에 대한 템플릿

(1) "임의의 $\epsilon > 0$에 대하여,"

(2) $N \in \mathbf{N}$을 고른다. 보통 이 단계가 제일 까다롭다. 엄밀한 증명을 쓰기 전에 시행착오를 반복하며 이러한 N을 찾아야 한다.

(3) 이렇게 찾은 N이 조건을 만족함을 보인다.

(4) "$n \geq N$이라고 가정하자."

(5) N을 제대로 선택했다면 부등식 $|x_n - x| < \epsilon$이 성립할 것이다.

예제 2.2.6 $\lim \left(\dfrac{n+1}{n}\right) = 1$임을 보이자.

앞서 언급했듯이 형식적인 증명을 시도하기 전에 우리는 먼저 예비 작업을 할 필요가 있다. 첫 번째 예에서는 ϵ에 구체적인 값을 대입하며 실험했지만(감이 잡힐 때까지 이 과정을 각자 해봐도 나쁘지 않다), 지금은 바로 대수적으로 핵심인 부분으로 건너뛰겠다. 증명의 마지막 줄은 충분히 큰 n에 대하여 다음이 성립함을 보여야 한다.

$$\left|\frac{n+1}{n} - 1\right| < \epsilon$$

이때 이 식의 좌변은 다음과 같다.

$$\left|\frac{n+1}{n} - 1\right| = \frac{1}{n}$$

따라서 위 부등식은 $1/n < \epsilon$ 또는 $n > 1/\epsilon$과 같다. 이제 N을 $1/\epsilon$보다 큰 정수로 선택하면 충분하다. 사실상 증명이 끝났다. 이제 엄밀하게 적어주기만 하면 된다.

증명 임의의 양수 $\epsilon > 0$에 대하여 $N > \dfrac{1}{\epsilon}$인 $N \in \mathbf{N}$을 고른다. $n \geq N$인 $n \in \mathbf{N}$에 대하여 $n > \dfrac{1}{\epsilon}$임은 당연하다. 이는 $\dfrac{1}{n} < \epsilon$과 동치고 $\left|\dfrac{n+1}{n} - 1\right| < \epsilon$이 성립한다. ◀

만약 예제 2.2.6의 증명에서 1이 아닌 다른 값으로 수렴한다고 우기면 증명과정 중 어느 부분이 어그러질까? 각자 확인해 보라.

정리 2.2.7 극한값의 유일성

수열의 극한값은 존재한다면 유일하다.

증명 연습문제 6을 보라. ◀

발산

이제 극한값이 존재하지 않는 수열을 생각해 보자. 이를 통해 수렴의 정의에서 한정기호가 어떤 역할을 하는지 깨달을 수 있다.

예제 2.2.8 다음과 같은 수열을 생각하자.

$$\left(1, -\frac{1}{2}, \frac{1}{3}, -\frac{1}{4}, \frac{1}{5}, -\frac{1}{5}, \frac{1}{5}, -\frac{1}{5}, \frac{1}{5}, -\frac{1}{5}, \frac{1}{5}, -\frac{1}{5}, \frac{1}{5}, -\frac{1}{5}, \cdots\right)$$

이 수열이 0으로 수렴하지 않음을 어떻게 보일 수 있을까? 처음 몇 개 항을 살펴보면 수열은 사실 0으로 수렴하는 것처럼 보인다. $\epsilon = 1/2$로 주어질 때, $N = 3$ 이후 모든 항이 ϵ–근방 $(-1/2, 1/2)$에 포함됨을 쉽게 확인할 수 있다. $\epsilon = 1/4$인 경우에도 이러한 N을 찾을 수 있다(이러한 N의 최솟값은 얼마일까?).

그러나 수렴의 정의에서는 '**모든** $\epsilon > 0$**에 대하여**(for all $\epsilon > 0$)....'라고 말한다. 예를 들어 $\epsilon = 1/10$을 택하면 만족하는 N을 명백히 찾을 수 없다. 이를 바탕으로 어떠한 값이 수열의 극한값이 아님을 증명해야 할지 또는 어떻게 해야 할지 알 수 있다. 어떤 특정한 수 x가 수열 (x_n)의 극한이 **아님**을 증명하려면 그 어떤 $N \in \mathbf{N}$도 잡을 수 없는 ϵ을 하나만 찾으면 된다.

일반적으로 '모든 P에 대하여 Q가 존재하여⋯'로 시작하는 명제의 부정은 '적어도 하나의 P에 대하여 어떤 Q도 가능하지 않다⋯.'이다. 예를 들어 "한국의 모든 대학에는 키가 적어도 210cm인 학생이 있다."라는 허위 주장을 반박하려면 어떻게 해야 할까?

우리는 앞의 수열이 0으로 수렴하지 않음을 보였다. 이번에는 $1/5$로 수렴하지 않음을 보이자. $\epsilon = 1/10$을 고르면 ϵ–근방 $(1/10, 3/10)$을 얻는다. 비록 수열의 일부 항이 이 근방에 반복적으로 포함되지만 정의에서 요구하듯이 쭉 포함되지는 않는다. 따라서 $\epsilon = 1/10$에 대하여 정의를 만족하는 N은 존재하지 않고 수열은 $1/5$로 수렴하지 않는다. 물론 이 수열은 다른 어떤 실수로도 수렴하지 않으니 "이 수열은 수렴하지 않는다."고 명쾌하게 말하는 것이 더 좋겠다.

정의 2.2.9 수렴하지 않는 수열을 **발산한다(diverge)**고 한다.

비록 발산의 정의가 그리 어렵지는 않지만 발산에 대한 자세한 논의는 2.5절로 미루겠다. 2.5절에서 효과적인 발산 판정법을 소개할 것이다.

2.2 연습문제

1. 정의 2.2.3에서 한정기호의 순서를 바꾸면 어떻게 되는가?

> 어떤 $\epsilon > 0$이 **존재하여 모든** $N \in N$에 대하여 $n \geq N \Rightarrow |x_n - x| < \epsilon$이 참이면 수열 (x_n)은 **루셤한다**(verconges)고 한다.[1]

루셤하는 수열의 예를 제시하라. 루셤하면서 발산하는 수열의 예가 있는가? 수열이 두 가지 서로 다른 값으로 루셤할 수 있는가? 이 이상한 정의가 기술하는 것은 정확히 무엇인가?

2. 수열의 수렴 정의를 이용하여 다음 수열이 주어진 극한값으로 수렴함을 확인하라.

(a) $\lim \frac{2n+1}{5n+4} = \frac{2}{5}$

(b) $\lim \frac{2n^2}{n^3+3} = 0$

(c) $\lim \frac{\sin(n^2)}{\sqrt[3]{n}} = 0$

3. 다음 이야기가 틀렸음을 증명하려면 우리가 무엇을 보여야 할지 말하라.

(a) 한국의 모든 대학에는 적어도 키가 210cm 이상인 학생이 있다.

(b) 한국의 모든 대학에는 모든 학생에게 A 또는 B 학점을 주는 교수가 있다.

(c) 한국에는 모든 학생들의 키가 최소 180cm인 대학이 있다.

4. 다음 각 항목에 대하여 만족하는 예를 들거나 불가능함을 서술하라. 불가능하다면 불가능한 이유를 설명하라.

(a) 1을 무한히 많이 포함하지만 1로 수렴하지 않는 수열

1 (옮긴이) 수렴한다(converge)를 뒤집은 언어유희다.

(b) 1을 무한히 많이 포함하지만 1이 아닌 다른 수로 수렴하는 수열

(c) 모든 $n \in \mathbf{N}$에 대해 어딘가에서 1이 연속으로 n개 나타나지만 결국 발산하는 수열

5. $[[x]]$를 x보다 작거나 같은 최대 정수라고 하자. 예를 들어 $[[\pi]] = 3$이고 $[[3]] = 3$이다. 다음 수열에 대해 $\lim a_n$을 구하고 수렴의 정의로부터 이를 확인하라.

(a) $a_n = [[5/n]]$ (b) $a_n = [[(12+4n)/3n]]$

이 연습문제의 결과를 반영하여 정의 2.2.3 다음에 나오는 문장 'ϵ–근방이 작을수록 N은 커야할 수도 있다.'에 대한 여러분의 생각을 제시하라.

6. 정리 2.2.7을 증명하라. 먼저 $(a_n) \to a$이고 $(a_n) \to b$라고 가정하자. 이제 $a = b$임을 보여라.

7. 다음 두 정의는 유용하다.

(1) 어떤 $N \in \mathbf{N}$이 존재하여 $a_n \in A$이 모든 $n \geq N$에 대하여 성립할 때, 수열 (a_n)은 **궁극적으로(eventually)** 집합 $A \subseteq \mathbf{R}$에 속한다고 한다.

(2) 모든 $N \in \mathbf{N}$에 대하여 $a_n \in A$이 어떤 $n \geq N$에 대하여 성립할 때, 수열 (a_n)은 **빈번하게(frequently)** 집합 $A \subseteq \mathbf{R}$에 속한다고 한다.

이 정의를 이용하여 다음 물음에 답하라.

(a) 수열 $(-1)^n$은 궁극적으로 또는 빈번하게 집합 $\{1\}$에 속하는가?

(b) 어느 정의가 더 강한 조건인가? 빈번하게 속하는 수열이면 궁극적으로 속하는 수열인가? 혹은 궁극적으로 속하는 수열이면 빈번하게 속하는 수열인가?

(c) 빈번하게 속함을 이용하거나 궁극적으로 속함을 이용해서 위상으로 표현한 수열의 수렴 정의(정의 2.2.3B)를 다시 서술하라. 둘 중 어느 용어가 필요한가?

(d) 수열 (x_n)에는 값이 2인 항이 무한히 많다고 가정하자. (x_n)은 구간 $(1.9, 2.1)$에 궁극적으로 속하는가? 구간 $(1.9, 2.1)$에 빈번하게 속하는가?

8. 중첩된 한정기호에 대한 몇 가지 연습을 하기 위해, 다음과 같은 정의를 생각하자.

다음을 만족할 때, 수열 (x_n)은 **두터운 0(zero-heavy)**을 가진다고 한다. 어떤 $M \in \mathbf{N}$이 존재하여 모든 $N \in \mathbf{N}$에 대해 $N \leq n \leq N+M$이면서 $x_n = 0$인 n이 존재한다.[2]

2 (옮긴이) 이해를 돕기 위해 원문을 추가한다. Let's call a sequence (x_n) *zero-heavy* if there exists $M \in \mathbf{N}$ such that for all $N \in \mathbf{N}$ there exists n satisfying $N \leq n \leq N+M$ where $x_n = 0$.

두터운 0의 정의를 이용하여 다음 물음에 답하라.

(a) 수열 $(0, 1, 0, 1, 0, 1, \ldots)$은 두터운 0을 가지는가?

(b) 두터운 0을 가지는 수열은 반드시 0을 무한개 포함하는가? 그렇지 않다면 반례를 제시하라.

(c) 0을 무한개 포함하는 수열은 반드시 두터운 0을 가지는가? 그렇지 않다면 반례를 제시하라.

(d) 위 정의의 논리적 부정을 제시하라. 즉, 다음 문장을 완성하라.

만약 ______(이)라면 두터운 0을 가지지 **않는** 수열이다.

2.3 극한에 대한 정리

수열의 수렴을 엄밀하게 정의한 진짜 목적은 $\lim 2n/(n+2) = 2$와 같은 계산을 엄밀하게 확인하기 위해서가 **아니다**. 정의 2.2.3과 같은 극한에 대한 정의는 수렴에 대한 직관적인 이해를 바탕으로 한 미분적분학이 시작된지 무려 150년이 지나서야 등장했다. 수렴에 대한 논리적인 기반을 촘촘하게 다져놓은 이유는 **수열의 수렴에 대한 일반적인 명제를 증명**하기 위해서다. 우리의 목표는 궁극적으로 수학적 작업을 했을 때 극한이 어떤 형태를 보일지 정확히 판단할 능력을 갖추는 것이다.

첫 번째 예로 수렴하는 수열은 유계임을 증명하자. 유계(bounded)라는 용어는 쉽게 그 뜻을 짐작할 수 있겠지만,[3] 다른 수학용어와 마찬가지로 수학적인 글에서 어떤 의미로 사용하는지 정확히 짚고 넘어갈 필요가 있다.

정의 2.3.1 모든 $n \in \mathbf{N}$에 대하여 $|x_n| \le M$을 만족하는 실수 $M > 0$이 존재할 때 수열 (x_n)은 **유계(bounded)**라고 한다.

유계인 수열은 기하학적으로 수열 (x_n)의 모든 항을 포함하는 구간 $[-M, M]$을 찾을 수 있음을 의미한다.

정리 2.3.2 수렴하는 수열은 모두 유계다.

3 (옮긴이) bounded는 그리 어렵지 않은 표현이지만 '유계'는 다소 낯설고 어렵게 느껴진다. 더 쉽게 순화하여 번역하고 싶었지만 유계라는 표현이 이미 널리 자리잡아 그러할 수 없었음을 양해 바란다.

증명 수열 (x_n)이 극한값 l로 수렴한다고 가정하자. 이는 구체적인 ϵ이 주어질 때(여기서는 $\epsilon = 1$이라고 하자) $n \geq N$이면 x_n이 구간 $(l-1, l+1)$에 속하는 $N \in \mathbf{N}$이 반드시 존재함을 의미한다. l이 양수인지 음수인지 알 수는 없지만 우리는 확실하게 모든 $n \geq N$에 대하여 $|x_n| < |l| + 1$이라는 결론을 내릴 수 있다.

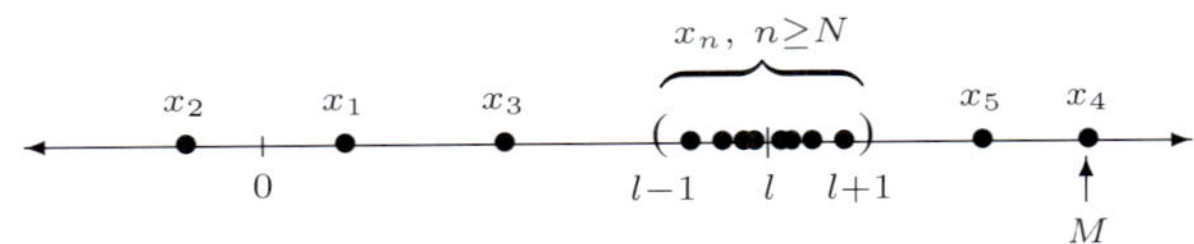

N 이후의 항은 유계임을 증명했지만 N 이전의 항도 과연 유계일지 약간 걱정된다. 이 항들은 기껏해야 유한개이므로 다음과 같이 두자.

$$M = \max\{|x_1|, |x_2|, |x_3|, \ldots, |x_{N-1}|, |l| + 1\}$$

따라서 모든 $n \in \mathbf{N}$에 대하여 $|x_n| \leq M$이다. ◀

2장을 시작하며 무한한 대상(급수)에 익숙한 대수적 성질(덧셈의 교환법칙)을 적용할 때 어떤 역설적인 결과가 나올 수 있는지를 설명했다. 이러한 예를 통해 극한을 다룰 때는 아주 조심스럽게 논의를 전개해야 함을 깨달을 수 있었다.

다음 정리는 수렴하는 수열에 대해 사칙연산과 부등식 연산을 잘 수행할 수 있음을 설명한다.

정리 2.3.3 극한과 사칙연산(algebraic limit theorem)

$\lim a_n = a$, $\lim b_n = b$라고 하자. 이때 다음이 성립한다.

(1) 모든 $c \in \mathbf{R}$에 대하여, $\lim(ca_n) = ca$

(2) $\lim(a_n + b_n) = a + b$

(3) $\lim(a_n b_n) = ab$

(4) $\lim(a_n/b_n) = a/b$ (단, $b \neq 0$)

증명 (1) $c \neq 0$인 경우를 생각하자. 수열 (ca_n)이 ca로 수렴함을 2.2절의 수열 증명 템플릿을 따라 증명하겠다(69쪽 참고). 먼저 ϵ을 임의의 양수라고 하자. 수열 (ca_n)의 어떤 항 이후부터 다음을 만족함을 보이는 것이 목표다.

$$|ca_n - ca| < \epsilon$$

이때 좌변은 다음과 같다.

$$|ca_n - ca| = |c||a_n - a|$$

$(a_n) \to a$ 이므로 우리는 $|a_n - a|$를 원하는 만큼 작게 만들 수 있다. 구체적으로 $n \geq N$에 대하여 다음을 만족하도록 N을 정하자.

$$|a_n - a| < \frac{\epsilon}{|c|}$$

실제로 모든 $n \geq N$에 대하여 다음이 성립한다.

$$|ca_n - ca| = |c||a_n - a| < |c|\frac{\epsilon}{|c|} = \epsilon$$

이렇게 택한 N이 우리가 원하던 N임을 알 수 있다. $c = 0$인 경우 상수 수열 $(0, 0, 0, \ldots)$이 0으로 수렴함을 보이면 된다. 이는 자명하다.

이어서 (2), (3), (4)를 증명하기 전에 (1)의 증명은 다소 짧지만 매우 전형적인 수렴성 증명임을 짚고 넘어가려고 한다. 엄밀한 증명을 소개하기 전에 ϵ보다 작게 만들고 **싶은** 것과 (n을 적절히 선택할 때) 작게 만들 수 있도록 **주어진** 것의 목록을 정리해두면 좋다. 앞의 증명에서 우리는 $|ca_n - ca| < \epsilon$을 보이고자 했고 $|a_n - a|$를 (큰 n에 대하여) **원하는 만큼 작게** 만들 수 있었다. (1)을 비롯한 모든 증명에서 그 전략은 매우 명쾌하다. 우리가 제어할 수 있는 양을 대수적으로 조합하여 다음 식의 값이 ϵ보다 작게 되도록 제한하는 것이다.

$$|(\text{수열의 항}) - (\text{보이려는 극한값})|$$

(2) 큰 n에 대하여 $|a_n - a|$와 $|b_n - b|$를 원하는 만큼 작게 만들 수 있다는 가정을 이용하여 다음 식을 임의의 $\epsilon > 0$보다 작게 만들 수 있음을 보여야 한다.

$$|(a_n + b_n) - (a + b)|$$

그 첫 번째 단계는 삼각형 부등식(예제 1.2.5)을 이용하여 다음 부등식을 얻는 것이다.

$$|(a_n + b_n) - (a + b)| = |(a_n - a) + (b_n - b)| \leq |a_n - a| + |b_n - b|$$

이제 임의의 양수 $\epsilon > 0$에 대하여 위의 부등식에서 우변의 두 항을 ϵ보다 작게 만들 수 있다. 가정 $(a_n) \to a$에 의해 다음 부등식을 만족하는 자연수 N_1이 존재한다.

$$n \geq N_1 \quad \Rightarrow \quad |a_n - a| < \frac{\epsilon}{2}$$

비슷하게 가정 $(b_n) \to b$에 의해 다음 부등식을 만족하는 N_2를 택할 수 있다.

$$n \geq N_2 \quad \Rightarrow \quad |b_n - b| < \frac{\epsilon}{2}$$

N_1 또는 N_2 중 어느 것을 N으로 택해야 할까? $N = \max\{N_1, N_2\}$로 택하면 $n \geq N$일 때 $n \geq N_1$이고 $n \geq N_2$이다. 이제 모든 $n \geq N$에 대하여 다음이 성립한다.

$$\begin{aligned} |(a_n + b_n) - (a + b)| &\leq |a_n - a| + |b_n - b| \\ &< \frac{\epsilon}{2} + \frac{\epsilon}{2} = \epsilon \end{aligned}$$

(3) $(a_n b_n) \to ab$임을 증명하는 첫걸음은 다음 부등식이다.

$$\begin{aligned} |a_n b_n - ab| &= |a_n b_n - ab_n + ab_n - ab| \\ &\leq |a_n b_n - ab_n| + |ab_n - ab| \\ &= |b_n||a_n - a| + |a||b_n - b| \end{aligned}$$

첫 번째 줄에서 ab_n을 더하고 빼서 삼각형 부등식을 사용할 기회를 만들었다. 우리는 $a_n b_n$에서 ab까지의 거리를 두 부분으로 나누고 두 거리의 합을 이용하여 처음 주어진 거리보다 큰 값을 얻었다. 이 교묘한 트릭은 앞으로 있을 증명에서도 자주 사용될 것이다.

임의의 양수 $\epsilon > 0$에 대하여 두 부분을 각각 $\epsilon/2$보다 작게 만드는 전략을 다시 사용하자. 위 부등식의 세 번째 줄 오른쪽 항 $(|a||b_n - b|)$에 대하여 $a \neq 0$이면 다음을 만족하는 N_1을 택할 수 있다.

$$n \geq N_1 \quad \Rightarrow \quad |b_n - b| < \frac{1}{|a|}\frac{\epsilon}{2}$$

($a = 0$인 경우는 연습문제 9 참고) 왼쪽 항$(|b_n||a_n - a|)$을 $\epsilon/2$보다 작게 만드는 것은 오른쪽 항을 그렇게 만드는 것보다 다소 복잡하다. 오른쪽 항의 $|a|$는 상수지만 $|b_n|$은 n에 따라 변하는 값이기 때문이다. $|b_n|$을 최악인 경우에서의 값으로 대체하면 이 문제를 해결할 수 있다. 수렴하는 수열은 유계(정리 2.3.2)라는 사실로부터 모든 $n \in \mathbf{N}$에 대하여 $|b_n| \leq M$을 만족하는 $M > 0$이 존재함을 안다. 이제 N_2를 다음을 만족하도록 택할 수 있다.

$$n \geq N_2 \quad \Rightarrow \quad |a_n - a| < \frac{1}{M}\frac{\epsilon}{2}$$

증명을 마무리하기 위해 $N = \max\{N_1, N_2\}$로 고르자. 그럼 $n \geq N$일 때 다음을 관찰할 수 있다.

$$\begin{aligned}|a_nb_n - ab| &\le |a_nb_n - ab_n| + |ab_n - ab| \\ &= |b_n||a_n - a| + |a||b_n - b| \\ &\le M|a_n - a| + |a||b_n - b| \\ &< M\left(\frac{\epsilon}{M2}\right) + |a|\left(\frac{\epsilon}{|a|2}\right) = \epsilon\end{aligned}$$

(4) $b \neq 0$일 때, 다음 명제가 성립함을 보이면 그 다음은 (3)에 의해 당연하다.

$$(b_n) \to b \quad \Rightarrow \quad \left(\frac{1}{b_n}\right) \to \frac{1}{b}$$

다음 관찰에서 증명을 시작하겠다.

$$\left|\frac{1}{b_n} - \frac{1}{b}\right| = \frac{|b - b_n|}{|b||b_n|}$$

$(b_n) \to b$이므로 n을 크게 하여 위 식의 분자를 원하는 만큼 작게할 수 있다. 이 증명에서 까다로운 부분은 최악인 경우에서의 $1/(|b||b_n|)$의 크기가 필요하다는 점이다. b_n이 분모에 있으므로 b_n의 상계에 더 이상 관심이 없다. 오히려 $|b_n| \ge \delta > 0$ 꼴인 부등식이 필요하다. 이런 부등식을 하나 찾으면 $1/(|b||b_n|)$의 크기를 가늠할 수 있다.

n이 충분히 큰 경우에 수열 (b_n)의 항들이 0보다 b에 더 가깝도록 할 수 있다. 이것이 결정적인 단서다. 구체적인 값 $\epsilon_0 = |b|/2$에 대하여 $(b_n) \to b$이므로 모든 $n \ge N_1$에 대하여 $|b_n - b| < |b|/2$를 만족하는 N_1이 존재한다. 이는 $|b_n| > |b|/2$임을 의미한다.

다음으로 $n \ge N_2$일 때 다음 부등식을 만족하는 N_2를 생각하자.

$$|b_n - b| < \frac{\epsilon|b|^2}{2}$$

마지막으로 $N = \max\{N_1, N_2\}$이라 두면 $n \ge N$일 때 다음이 성립한다.

$$\left|\frac{1}{b_n} - \frac{1}{b}\right| = |b - b_n|\frac{1}{|b||b_n|} < \frac{\epsilon|b|^2}{2}\frac{1}{|b|\frac{|b|}{2}} = \epsilon$$

◀

극한과 부등식

몇 가지 주의해야 할 점이 있긴 하지만(연습문제 7 참조) 정리 2.3.3은 수열의 극한을 다룰 때 원하는 만큼 아무 문제 없이 사칙연산을 할 수 있음을 의미한다. 여러 수열이 사칙연산으로 결합되어 있을 때, 각각의 수열이 수렴한다면 전체 극한값은 각각의 수열에 극한을 먼저 취한 후 연산한 결과와 같다. 극한을 계산할 때 부등식의 방향 역시 보존된다.

정리 2.3.4 극한과 부등식(order limit theorem)

$\lim a_n = a$, $\lim b_n = b$라고 가정하자.

(1) 모든 $n \in \mathbf{N}$에 대하여 $a_n \geq 0$이면 $a \geq 0$이다.

(2) 모든 $n \in \mathbf{N}$에 대하여 $a_n \leq b_n$이면 $a \leq b$이다.

(3) 모든 $n \in \mathbf{N}$에 대하여 $c \leq b_n$인 $\in \mathbf{R}$가 존재하면 $c \leq b$이다. 비슷하게 모든 $n \in \mathbf{N}$에 대하여 $a_n \leq c$이면 $a \leq c$이다.

증명 (1) 귀류법으로 증명한다. $a < 0$이라고 가정하자. 수열 (a_n)에서 0보다 작은 값을 가지는 항을 찾는 것이 주된 아이디어다. 이를 위해 구체적으로 $\epsilon = |a|$라 하자. 수렴의 정의로부터 모든 $n \geq N$에 대하여 $|a_n - a| < |a|$를 만족하는 N을 찾을 수 있다. 특히 $|a_N - a| < |a|$이고 따라서 $a_N < 0$이다. 이는 $a_N \geq 0$라는 가정에 모순이다. 따라서 $a \geq 0$이다.

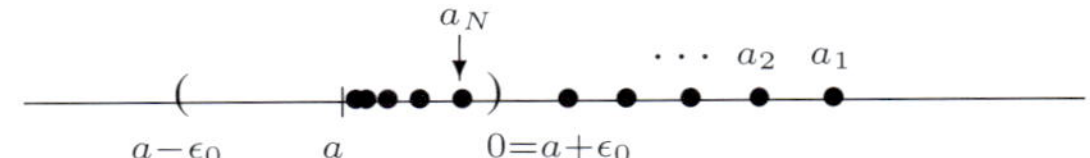

(2) 정리 2.3.3에 의해 수열 $(b_n - a_n)$은 $b - a$로 수렴한다. 이때 $b_n - a_n \geq 0$이므로 (1)을 적용하면 $b - a \geq 0$을 얻는다.

(3) 모든 $n \in \mathbf{N}$에 대하여 $a_n = c$ (또는 $b_n = c$)라 두고 (2)를 적용한다. ◀

위 부등식은 수열의 '꼬리'와 연관된 성질이다. 대략적으로 말하면 수열의 시작 부분은 극한에 전혀 영향을 주지 못한다. 오직 n이 커질 때 발생하는 일에 의해서만 극한이 결정된다. 수열의 처음 10개 항(또는 $10,000$개 항)의 값을 바꿔도 극한값에 전혀 영향을 주지 않는다. 예를 들어 정리 2.3.4(1)에서는 **모든**(all) $n \in \mathbf{N}$에 대하여 $a_n \geq 0$임을 가정한다. 그러나 이 가정을 약화시켜 어떤 N_1이 있어 모든 $n \geq N_1$에 대하여 $a_n \geq 0$임을 가정하기만 해도 위 부등식은 성립한다. 실제로 N을 N_1보다 크게만 택하면 위와 같은 논리로 증명할 수 있다.

해석학에서는 어떤 성질이 ('음이 아니다.'처럼) 처음 등장하는 유한개 항에서는 성립하지 않지만 어떤 N 이후의 모든 항에 대해 성립할 때, 이 수열이 **궁극적으로**(eventually) 그러한 성질을 가진다고 한다(2.2절 연습문제 7 참고). 즉 정리 2.3.4(1)은 '궁극적으로 음이 아니고 수렴하는 수열의 극한값은 음이 아니다.'라고 표현할 수 있다. (2)와 (3)도 이와 비슷한 방식으로 재기술할 수 있다. 앞으로의 많은 결과도 마찬가지다.

2.3 연습문제

1. 모든 $n \in \mathbf{N}$에 대하여 $x_n \geq 0$인 수열 x_n을 생각하자. 다음 물음에 답하라.

(a) $(x_n) \to 0$일 때, $(\sqrt{x_n}) \to 0$임을 보여라.

(b) $(x_n) \to x$일 때, $(\sqrt{x_n}) \to \sqrt{x}$임을 보여라.

2. $(x_n) \to 2$일 때 정의 2.2.3만을 사용하여 다음을 증명하라. 다시 말해 정리 2.3.3을 이용하지 말고 증명하라.

(a) $\left(\frac{2x_n - 1}{3}\right) \to 1$

(b) $(1/x_n) \to 1/2$

3. [조임정리(squeeze theorem)] 모든 $n \in \mathbf{N}$에 대하여 $x_n \leq y_n \leq z_n$이고 $\lim x_n = \lim z_n = l$이면 $\lim y_n = l$임을 보여라.

4. $(a_n) \to 0$이라 하자. 정리 2.3.3을 이용하여 다음의 극한값을 계산하라. (단, 분수식은 잘 정의된다고 가정한다.)

(a) $\lim \left(\frac{1+2a_n}{1+3a_n-4a_n^2}\right)$

(b) $\lim \left(\frac{(a_n+2)^2-4}{a_n}\right)$

(c) $\lim \left(\frac{\frac{2}{a_n}+3}{\frac{1}{a_n}+5}\right)$

5. (x_n)과 (y_n)이 주어질 때, (z_n)을 '뒤섞은' 수열 $(x_1, y_1, x_2, y_2, x_3, y_3, \ldots, x_n, y_n, \ldots)$로 정의하자. (z_n)이 수렴할 필요충분조건은 (x_n)과 (y_n)이 모두 같은 극한값 $\lim x_n = \lim y_n$으로 수렴하는 것임을 증명하라.

6. 수열 $b_n = n - \sqrt{n^2 + 2n}$을 생각하자. $(1/n) \to 0$임을 알고 있을 때, 정리 2.3.3과 연습문제 1을 모두 이용하여 $\lim b_n$이 존재함을 보이고 그 극한값을 구하라.

7. 다음 각 항목에 대해 적절한 정리를 언급하여 만족하는 예를 들거나 불가능함을 서술하라.

(a) 두 수열 (x_n)과 (y_n)은 모두 발산하지만 그 합 $(x_n + y_n)$은 수렴하는 경우

(b) 수열 (x_n)은 수렴하고 수열 (y_n)은 발산하며 그 합 $(x_n + y_n)$은 수렴하는 경우

(c) 모든 n에 대하여 $b_n \neq 0$인 수열 (b_n)은 수렴하고 수열 $(1/b_n)$은 발산하는 경우

(d) 수열 (a_n)은 유계가 아니고 수열 (b_n)은 수렴하며 수열 $(a_n - b_n)$은 유계인 경우

(e) 수열 $(a_n b_n)$과 수열 (a_n)은 수렴하지만 수열 (b_n)은 발산하는 경우

8. $(x_n) \to x$이고 $p(x)$는 다항식이라고 하자. 다음 물음에 답하라.

(a) $p(x_n) \to p(x)$임을 보여라.

(b) $f(x_n)$이 $f(x)$가 아닌 다른 값으로 수렴하는 함수 $f(x)$와 수렴하는 수열 $(x_n) \to x$의 예를 구하라.

9. 다음 물음에 답하라.

(a) (a_n)이 유계수열이라 하고(수렴할 필요는 없다) $\lim b_n = 0$이라고 가정하자. 이때 $\lim(a_n b_n) = 0$임을 보여라. 이를 증명할 때 정리 2.3.3을 사용할 수 없는 이유는 무엇인가?

(b) 수열 (b_n)이 0이 아닌 극한값 b로 수렴할 때, 수열 $(a_n b_n)$의 수렴성에 대해 무엇을 이야기할 수 있는가?

(c) (a)를 이용하여 $a = 0$인 경우에 대해 정리 2.3.3(3)을 증명하라.

10. 다음 추측이 참이면 짧게 증명하고 거짓이면 반례를 구하라.

(a) $\lim(a_n - b_n) = 0$이면 $\lim a_n = \lim b_n$이다.

(b) $(b_n) \to b$이면 $|b_n| \to |b|$이다.

(c) $(a_n) \to a$이고 $(b_n - a_n) \to 0$이면 $(b_n) \to a$이다.

(d) $(a_n) \to 0$이고 모든 $n \in \mathbf{N}$에 대하여 $|b_n - b| \leq a_n$이면 $(b_n) \to b$이다.

11. **[체사로 평균(Cesaro means)]** 다음 물음에 답하라.

(a) (x_n)이 수렴하는 수열일 때 다음과 같이 평균값으로 구성된 수열 (y_n) 또한 같은 극한값으로 수렴함을 보여라.

$$y_n = \frac{x_1 + x_2 + \cdots + x_n}{n}$$

(b) 수열 (x_n)은 발산하더라도 평균 수열 (y_n)은 수렴할 수 있음을 예를 들어 보여라.

12. 해석학에서 일반적인 작업 중 하나는 수렴하는 수열의 모든 항이 가지는 성질이 극한에서도 그대로 유지되는지 따지는 것이다. $(a_n) \to a$라고 가정하자. 다음 명제의 참-거짓을 판정하고 거짓인 경우 반례를 구하라.

(a) 모든 a_n이 집합 B의 상계면 a도 B의 상계다.

(b) 모든 a_n 이 구간 $(0,1)$ 의 여집합에 포함되면 a 도 구간 $(0,1)$ 의 여집합에 포함된다.

(c) 모든 a_n 이 유리수면 a 도 유리수다.

13. [반복극한(iterated limits)] $m, n \in \mathbf{N}$ 인 이중수열 a_{mn} 이 주어졌을 때 $\lim_{m,n\to\infty} a_{mn}$ 은 무엇을 나타내야 하는가? 다음 물음에 답하라.

(a) $a_{mn} = m/(m+n)$ 이라고 할 때 다음 반복극한을 계산하라.

$$\lim_{n\to\infty}\left(\lim_{m\to\infty} a_{mn}\right), \quad \lim_{m\to\infty}\left(\lim_{n\to\infty} a_{mn}\right)$$

모든 $\epsilon > 0$ 에 대하여 m, n 이 모두 $m, n \geq N$ 이면 $|a_{mn} - a| < \epsilon$ 이 되는 $N \in \mathbf{N}$ 이 존재할 때 $\lim_{m,n\to\infty} a_{mn} = a$ 이라 정의하자.

(b) $a_{mn} = 1/(m+n)$ 이라 하자. 이 경우 $\lim_{m,n\to\infty} a_{mn}$ 은 존재하는가? 두 개의 반복극한값은 존재하는가? 이 세 값을 서로 비교하라.

$a_{mn} = mn/(m^2+n^2)$ 에 대해서도 앞의 질문들에 답하라.

(c) $\lim_{m,n\to\infty} a_{mn}$ 은 존재하지만 어느 반복극한값도 계산할 수 없는 예를 구하라.

(d) $\lim_{m,n\to\infty} a_{mn} = a$ 이고 각각의 고정된 $m \in \mathbf{N}$ 에 대하여 $\lim_{n\to\infty}(a_{mn}) \to b_m$ 이라고 가정하자. 이때 $\lim_{m\to\infty} b_m = a$ 임을 보여라.

(e) $\lim_{m,n\to\infty} a_{mn}$ 이 존재하고 두 반복극한값이 모두 존재하면 이 세 극한값은 반드시 같아야 함을 증명하라.

2.4 단조수렴정리와 무한급수 맛보기

정리 2.3.2에서 수렴하는 수열은 유계임을 보였다. 아쉽게도 그 역은 성립하지 않는다. 유계이지만 수렴하지 않는 수열의 예를 찾는 것은 그리 어렵지 않다. 한편 유계인 **단조**수열은 수렴한다.

정의 2.4.1 수열 (a_n) 이 모든 $n \in \mathbf{N}$ 에 대하여

(1) $a_n \leq a_{n+1}$ 일 때 **증가수열(increasing sequence)**이라 한다.

(2) $a_n \geq a_{n+1}$ 일 때 **감소수열(decreasing sequence)**이라 한다.

수열 (a_n) 이 증가수열이거나 감소수열이면 **단조수열(monotone sequence)**이라 한다.

정리 2.4.2 단조수렴정리(monotone convergence theorem)

유계이고 단조인 수열은 수렴한다.

증명 (a_n)이 단조유계수열이라고 가정하자. 수렴의 정의를 이용하여 (a_n)이 수렴함을 증명하기 위해서는 극한값이 될 후보가 필요하다. 증가수열이라 가정하고(감소도 비슷하게 증명) **집합**(set) $\{a_n : n \in \mathbf{N}\}$을 생각하자. 가정에 의해 이 집합은 유계이므로 다음과 같이 상한을 잡을 수 있다.

$$s = \sup\{a_n : n \in \mathbf{N}\}$$

이제 $\lim a_n = s$라고 주장하면 그럴듯하다.

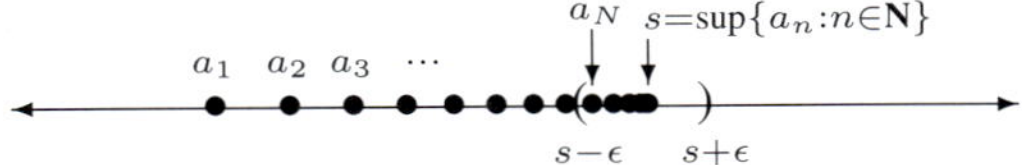

이를 증명하기 위해 $\epsilon > 0$이라고 하자. s가 $\{a_n : n \in \mathbf{N}\}$의 최소상계이므로 $s-\epsilon$은 상계가 아니다. 따라서 $s - \epsilon < a_N$을 만족하는 수열의 항 a_N이 존재한다. 이때 (a_n)이 증가수열이므로 $n \geq N$이면 $a_N \leq a_n$이다. 따라서 다음이 성립하다.

$$s - \epsilon < a_N \leq a_n \leq s < s + \epsilon$$

이제 원하는 결과 $|a_n - s| < \epsilon$이 증명되었다. ◀

단조수렴정리를 사용하면 극한값을 알지 못하더라도 수렴함을 보일 수 있다. 이 때문에 무한급수를 다룰 때 단조수렴정리가 매우 요긴하게 사용된다. 예제를 살펴보기 전에 수열과 급수 사이의 관계를 정의하자.

정의 2.4.3 급수의 수렴

수열 (b_n)에 대하여 **무한급수(infinite series)**는 다음과 같다.

$$\sum_{n=1}^{\infty} b_n = b_1 + b_2 + b_3 + b_4 + b_5 + \cdots$$

이때 대응되는 **부분합(partial sum)** (s_m)을 다음과 같이 정의한다.

$$s_m = b_1 + b_2 + b_3 + \cdots + b_m$$

부분합의 수열 (s_m)이 B로 수렴할 때 급수 $\sum_{n=1}^{\infty} b_n$이 **B로 수렴한다(converges to B)**고 정의하고 $\sum_{n=1}^{\infty} b_n = B$라 쓴다.

예제 2.4.4 급수 $\sum_{n=1}^{\infty} \frac{1}{n^2}$을 생각하자. 더하는 모든 항이 양수이므로 다음 부분합은 증가수열이다.

$$s_m = 1 + \frac{1}{4} + \frac{1}{9} + \cdots + \frac{1}{m^2}$$

수열 (s_m)는 위로 유계일까? 다음 부등식을 보자.

$$\begin{aligned} s_m &= 1 + \frac{1}{2\cdot 2} + \frac{1}{3\cdot 3} + \frac{1}{4\cdot 4} + \cdots + \frac{1}{m^2} \\ &< 1 + \frac{1}{2\cdot 1} + \frac{1}{3\cdot 2} + \frac{1}{4\cdot 3} + \cdots + \frac{1}{m(m-1)} \\ &= 1 + \left(1 - \frac{1}{2}\right) + \left(\frac{1}{2} - \frac{1}{3}\right) + \left(\frac{1}{3} - \frac{1}{4}\right) + \cdots + \left(\frac{1}{(m-1)} - \frac{1}{m}\right) \\ &= 1 + 1 - \frac{1}{m} < 2 \end{aligned}$$

따라서 2는 부분합의 수열의 상계이며, 단조수렴정리에 의해 $\sum_{n=1}^{\infty} 1/n^2$은 2보다 작은 (아직) 알지 못하는 어떤 값으로 수렴한다. 이 급수의 값을 찾는 것은 6.1절과 8.3절의 주제다.

예제 2.4.5 조화급수

이번에는 급수 $\sum_{n=1}^{\infty} \frac{1}{n}$을 생각하자. 이 급수를 흔히 **조화급수(harmonic series)**라 한다. 다음과 같은 부분합의 수열 s_m은 증가수열이다.

$$s_m = 1 + \frac{1}{2} + \frac{1}{3} + \cdots + \frac{1}{m}$$

얼핏 보기에 이 급수는 위로 유계같지만 2는 이 급수의 상계가 아니다. 다음이 성립하기 때문이다.

$$s_4 = 1 + \frac{1}{2} + \left(\frac{1}{3} + \frac{1}{4}\right) > 1 + \frac{1}{2} + \left(\frac{1}{4} + \frac{1}{4}\right) = 2$$

이와 비슷한 방법으로 $s_8 > 1 + 3\left(\frac{1}{2}\right)$ 임을 보일 수 있다. 일반적으로 다음이 성립하므로 이 급수는 유계가 아니다.

$$\begin{aligned}
s_{2^k} &= 1 + \frac{1}{2} + \left(\frac{1}{3} + \frac{1}{4}\right) + \left(\frac{1}{5} + \cdots + \frac{1}{8}\right) + \cdots + \left(\frac{1}{2^{k-1}+1} + \cdots + \frac{1}{2^k}\right) \\
&> 1 + \frac{1}{2} + \left(\frac{1}{4} + \frac{1}{4}\right) + \left(\frac{1}{8} + \cdots + \frac{1}{8}\right) + \cdots + \left(\frac{1}{2^k} + \cdots + \frac{1}{2^k}\right) \\
&= 1 + \frac{1}{2} + 2\left(\frac{1}{4}\right) + 4\left(\frac{1}{8}\right) + \cdots + 2^{k-1}\left(\frac{1}{2^k}\right) \\
&= 1 + \frac{1}{2} + \frac{1}{2} + \frac{1}{2} + \cdots + \frac{1}{2} \\
&= 1 + k\left(\frac{1}{2}\right)
\end{aligned}$$

따라서 증가 속도가 엄청나게 느림에도 불구하고 급수 $\sum_{n=1}^{\infty} 1/n$ 은 궁극적으로 그 어떤 양수보다 크다. 수렴하는 수열은 유계이므로 조화급수는 발산한다.

앞의 예제에서 사용한 방법을 일반화하면 다양한 무한급수의 수렴 또는 발산을 판정할 수 있다.

정리 2.4.6 코시 응집판정법(Cauchy condensation test)

(b_n) 이 감소수열이고 모든 $n \in \mathbf{N}$ 에 대하여 $b_n \geq 0$ 이라고 가정하자. 무한급수 $\sum_{n=1}^{\infty} b_n$ 이 수렴할 필요충분조건은 다음 무한급수가 수렴하는 것이다.

$$\sum_{n=0}^{\infty} 2^n b_{2^n} = b_1 + 2b_2 + 4b_4 + 8b_8 + 16b_{16} + \cdots$$

증명 $\sum_{n=0}^{\infty} 2^n b_{2^n}$ 이 수렴한다고 가정하자. 정리 2.3.2에 의해 다음 부분합 t_k 는 유계다.

$$t_k = b_1 + 2b_2 + 4b_4 + \cdots + 2^k b_{2^k}$$

다시 말해 모든 $k \in \mathbf{N}$ 에 대하여 $t_k \leq M$ 인 $M > 0$ 이 존재한다. 이제 급수 $\sum_{n=1}^{\infty} b_n$ 이 수렴함을 증명하자. $b_n \geq 0$ 이므로 부분합은 증가수열이고 따라서 다음 부분합이 유계임을 보이면 충분하다.

$$s_m = b_1 + b_2 + b_3 + \cdots + b_m$$

m 을 고정하고 k 를 충분히 크게 하여 $m \leq 2^{k+1} - 1$ 이 되도록 하자. 그럼 $s_m \leq s_{2^{k+1}-1}$ 이고 다음이 성립한다.

$$s_{2^{k+1}-1} = b_1 + (b_2 + b_3) + (b_4 + b_5 + b_6 + b_7) + \cdots + (b_{2^k} + \cdots + b_{2^{k+1}-1})$$

$$\le b_1 + (b_2 + b_2) + (b_4 + b_4 + b_4 + b_4) + \cdots + (b_{2^k} + \cdots + b_{2^k})$$
$$= b_1 + 2b_2 + 4b_4 + \cdots + 2^k b_{2^k} = t_k$$

따라서 $s_m \le t_k \le M$ 이고 수열 (s_m) 은 유계다. 단조수렴정리에 의해 $\sum_{n=1}^{\infty} b_n$ 은 수렴한다.

급수 $\sum_{n=0}^{\infty} 2^n b_{2^n}$ 이 발산하면 급수 $\sum_{n=1}^{\infty} b_n$ 도 발산하는 것은 예제 2.4.5와 비슷한 방식으로 증명할 수 있다. 자세한 증명은 연습문제 9에서 다룬다. ◀

따름정리 2.4.7 무한급수 $\sum_{n=1}^{\infty} 1/n^p$ 이 수렴할 필요충분조건은 $p > 1$ 이다.

이 따름정리를 엄밀하게 증명하려면 등비급수의 몇 가지 기본 성질이 필요하다. 이러한 성질의 증명은 등비급수를 다루는 2.7절 연습문제 5에서 다루겠다.

2.4 연습문제

1. 다음 물음에 답하라.

(a) $x_1 = 3$ 이고 다음과 같이 정의된 수열 (x_n) 이 수렴함을 증명하라.

$$x_{n+1} = \frac{1}{4 - x_n}$$

(b) 이제 $\lim x_n$ 이 존재함을 알았다. 이때 $\lim x_{n+1}$ 도 반드시 존재하고 $\lim x_n$ 와 같은 값을 가지는 이유를 설명하라.

(c) (a)에서 귀납적으로 정의된 등식의 양변에 극한을 취하여 $\lim x_n$ 을 구체적으로 계산하라.

2. 다음 물음에 답하라.

(a) $y_1 = 1$ 이고 다음과 같이 귀납적으로 정의된 수열 (y_n) 을 생각하고 $y = \lim y_n$ 이라 두자.

$$y_{n+1} = 3 - y_n$$

두 수열 (y_n) 과 (y_{n+1}) 은 극한값이 같으므로 등식의 양변에 극한을 취하면 방정식 $y = 3 - y$ 를 얻는다. 이를 y 에 대해 풀면 $\lim y_n = 3/2$ 임을 알 수 있다.
이 설명에서 잘못된 부분을 논하라.

(b) 이번에는 $y_1 = 1$ 이고 $y_{n+1} = 3 - \frac{1}{y_n}$ 로 두자. (a)와 같은 전략을 적용하여 이 수열의 극한값을 계산할 수 있는가?

3. 다음 물음에 답하라.

(a) 다음 수열이 수렴함을 보이고 극한값을 구하라.

$$\sqrt{2}, \sqrt{2+\sqrt{2}}, \sqrt{2+\sqrt{2+\sqrt{2}}}, \ldots$$

(b) 다음 수열은 수렴하는가? 수렴한다면 극한값을 구하라.

$$\sqrt{2}, \sqrt{2\sqrt{2}}, \sqrt{2\sqrt{2\sqrt{2}}}, \ldots$$

4. 다음 물음에 답하라.

(a) 1.4절에서 완비성 공리를 이용하여 $\mathbf{R}$에서 아르키메데스 성질을 증명했다(정리 1.4.2). 단조수렴정리를 이용하여 완비성 공리의 도움 없이 아르키메데스 성질을 증명할 수 있음을 보여라.

(b) 단조수렴정리를 이용하여 완비성 공리의 도움 없이 축소구간성질(정리 1.4.1)을 증명하라.

이 2가지 결과는 실수계를 공리적으로 구성하는 과정에서 완비성 공리 대신 단조수렴정리를 공리로 삼을 수 있음을 시사한다.

5. [제곱근 계산하기] $x_1 = 2$이라 하고 다음과 같이 정의하자.

$$x_{n+1} = \frac{1}{2}\left(x_n + \frac{2}{x_n}\right)$$

다음 물음에 답하라.

(a) x_n^2은 항상 2보다 크거나 같음을 보이고, 이를 이용하여 $x_n - x_{n+1} \geq 0$을 증명하라. $\lim x_n = \sqrt{2}$임을 보여라.

(b) $\sqrt{c}$로 수렴하도록 수열 (x_n)을 수정하라.

6. [산술기하평균] 다음 물음에 답하라.

(a) 임의의 두 양수 x와 y에 대하여 $\sqrt{xy} \leq (x+y)/2$인 이유를 설명하라(기하평균은 항상 산술평균보다 작거나 같다).

(b) 이제 $0 \leq x_1 \leq y_1$이라 하고 다음과 같이 정의하자.

$$x_{n+1} = \sqrt{x_n y_n}, \quad y_{n+1} = \frac{x_n + y_n}{2}$$

$\lim x_n$과 $\lim y_n$이 모두 존재하고 그 값이 같음을 보여라.

7. [상극한] (a_n)이 유계수열이라고 하자. 다음 물음에 답하라.

(a) $y_n = \sup\{a_k : k \geq n\}$로 정의된 수열이 수렴함을 증명하라.

(b) 수열 (a_n)의 **상극한(limit superior)** $\limsup a_n$을 다음과 같이 정의한다.

$$\limsup a_n = \lim y_n$$

이때 y_n은 (a)에서 정의한 수열이다. $\liminf a_n$에 대한 적절한 정의를 내리고 임의의 유계수열에 대하여 $\liminf a_n$이 항상 존재하는 이유를 간략하게 설명하라.

(c) 모든 유계수열에 대하여 $\liminf a_n \leq \limsup a_n$임을 증명하라. 부등식에서 등호가 성립하지 않는 예를 구하라.

(d) $\liminf a_n = \limsup a_n$일 필요충분조건은 $\lim a_n$이 존재하는 것임을 보여라. 이 경우 3가지 극한은 모두 같은 값이다.

8. 다음 급수에 대하여 부분합의 수열을 구체적인 식으로 나타내고 급수가 수렴하는지 확인하라.

(a) $\displaystyle\sum_{n=1}^{\infty} \frac{1}{2^n}$

(b) $\displaystyle\sum_{n=1}^{\infty} \frac{1}{n(n+1)}$

(c) $\displaystyle\sum_{n=1}^{\infty} \log\left(\frac{n+1}{n}\right)$ (단, $\log(x)$는 자연로그함수)

9. 급수 $\sum_{n=0}^{\infty} 2^n b_{2^n}$이 발산하면 $\sum_{n=1}^{\infty} b_n$도 발산함을 보여 정리 2.4.6의 증명을 완성하라(예제 2.4.5 참고).

10. [무한곱] 무한급수와 비슷한 예로 **무한곱**(infinite product)이 있다.

$$\prod_{n=1}^{\infty} b_n = b_1 b_2 b_3 \cdots$$

이는 **부분곱**(partial product)의 극한으로 이해할 수 있다.

$$p_m = \prod_{n=1}^{m} b_n = b_1 b_2 b_3 \cdots b_m$$

다음과 같은 꼴인 특수한 무한곱을 생각하자.

$$\prod_{n=1}^{\infty} (1 + a_n) = (1 + a_1)(1 + a_2)(1 + a_3) \cdots \quad (a_n \geq 0)$$

다음 물음에 답하라.

(a) $a_n = 1/n$인 경우에 부분곱을 구체적인 식으로 나타내고 이 수열의 수렴 여부를 결정하라. $a_n = 1/n^2$인 경우에 부분곱의 처음 몇 개 항을 적어보고 이 수열이 수렴할지 추측하라.

(b) 일반적으로 부분곱이 수렴할 필요충분조건은 급수 $\sum_{n=1}^{\infty} a_n$이 수렴하는 것임을 보여라(한쪽 방향을 보일 때 양수 x에 대한 부등식 $1 + x \leq 3^x$이 도움이 될 것이다).

2.5 부분수열과 볼차노-바이어슈트라스 정리

예제 2.4.5에서 조화급수의 부분합 (s_m)이 수렴하지 않음을 보일 때 이 수열의 특정한 **부분수열** (s_{2^k})에 주목했다. 잠시 무한급수 주제는 미뤄두고 부분수열을 다루겠다.

정의 2.5.1 실수열(sequence of real numbers) (a_n)과 증가하는 자연수 수열 $n_1 < n_2 < n_3 < n_4 < n_5 < \ldots$에 대하여, 다음 수열을 (a_n)의 **부분수열(subsequence)**이라 한다.

$$(a_{n_1}, a_{n_2}, a_{n_3}, a_{n_4}, a_{n_5}, \ldots)$$

부분수열은 $k \in \mathbf{N}$을 첨자로 하여 (a_{n_k})로 나타낸다.

부분수열에서 항이 나열되는 순서는 원래 수열이 나열되는 순서와 같아야 하고 반복은 허용되지 않는다. 예를 들어 다음 수열을 생각하자.

$$(a_n) = \left(1, \frac{1}{2}, \frac{1}{3}, \frac{1}{4}, \frac{1}{5}, \frac{1}{6}, \cdots\right)$$

다음은 부분수열의 올바른 예다.

$$\left(\frac{1}{2}, \frac{1}{4}, \frac{1}{6}, \frac{1}{8}, \cdots\right), \quad \left(\frac{1}{10}, \frac{1}{100}, \frac{1}{1000}, \frac{1}{10000}, \cdots\right)$$

다음은 부분수열이 아니다.

$$\left(\frac{1}{10}, \frac{1}{5}, \frac{1}{100}, \frac{1}{50}, \frac{1}{1000}, \frac{1}{500}, \cdots\right), \quad \left(1, 1, \frac{1}{3}, \frac{1}{3}, \frac{1}{5}, \frac{1}{5}, \cdots\right)$$

정리 2.5.2 수렴하는 수열의 부분수열은 원래 수열과 같은 극한값으로 수렴한다.

증명 $(a_n) \to a$라고 가정하고 (a_{n_k})를 부분수열이라고 하자. $\epsilon > 0$에 대하여 $n \geq N$이면 $|a_n - a| < \epsilon$임을 만족하는 N이 존재한다. 이때 모든 k에 대하여 $n_k \geq k$이므로 부분수열에 대하여 같은 N을 택해도 충분하다. 다시 말해서 $k \geq N$이면 $|a_{n_k} - a| < \epsilon$이다. ◀

정리 2.5.2는 당연해 보이지만 이를 응용하면 몇 가지 놀라운 결과를 유도할 수 있다. 예를 들어 이 정리는 무한합에서 결합법칙이 성립함을 증명할 때 매우 요긴하다(연습문제 3). 또한 이 정리를 다음과 같이 재치있게 사용하여 익숙한 극한값을 계산할 수도 있다.

예제 2.5.3 $0 < b < 1$이라고 하자. 이때 다음이 성립하므로 수열 (b^n)은 감소수열이고 아래로 유계다.

$$b > b^2 > b^3 > b^4 > \cdots > 0$$

단조수렴정리에 따르면 (b^n)이 $b > l \geq 0$인 어떤 l로 수렴함을 알 수 있다. l을 계산하기 전에 (b^{2n})이 부분수열이므로 정리 2.5.2에 의해 $(b^{2n}) \to l$임을 주목하자. 이때 $b^{2n} = b^n \cdot b^n$이므로 정리 2.3.3에 의해 $(b^{2n}) \to l \cdot l = l^2$이다. 극한값은 유일하므로(정리 2.2.7) $l^2 = l$이고 따라서 $l = 0$이다.

이 결과를 일반화하여 $(b^n) \to 0$이기 위한 필요충분조건은 $-1 < b < 1$임을 어렵지 않게 증명할 수 있다. 연습문제 7을 확인해 보라.

예제 2.5.4 발산판정법(divergence criterion)

정리 2.5.2는 발산을 효과적으로 증명하는 데 사용할 수 있다. 예제 2.2.8에서 다음 수열이 어느 극한값으로도 수렴하지 않는다고 추측했다. 이를 어떻게 엄밀하게 증명할 수 있을까?

$$\left(1, -\frac{1}{2}, \frac{1}{3}, -\frac{1}{4}, \frac{1}{5}, -\frac{1}{5}, \frac{1}{5}, -\frac{1}{5}, \frac{1}{5}, -\frac{1}{5}, \frac{1}{5}, -\frac{1}{5}, \frac{1}{5}, -\frac{1}{5}, \cdots\right)$$

이때 수열 $\left(\frac{1}{5}, \frac{1}{5}, \frac{1}{5}, \frac{1}{5}, \frac{1}{5}, \cdots\right)$은 $1/5$로 수렴하는 부분수열이다.

또한 수열 $\left(-\frac{1}{5}, -\frac{1}{5}, -\frac{1}{5}, -\frac{1}{5}, -\frac{1}{5}, \cdots\right)$은 $-1/5$로 수렴하는 또 다른 부분수열이다.

다른 극한값으로 수렴하는 두 개의 부분수열이 있으므로 이 수열은 발산한다.

볼차노-바이어슈트라스 정리

방금 예제에서는 원래 수열에 숨어 있는, 수렴하는 부분수열을 다소 쉽게 찾을 수 있었다. **유계**수열(bounded)에서는 적어도 하나 이상의 수렴하는 부분수열을 항상 찾을 수 있다.

> **정리 2.5.5 볼차노-바이어슈트라스 정리(Bolzano-Weierstrass theorem)**
> 모든 유계수열은 수렴하는 부분수열을 가진다.

증명 (a_n)이 유계수열이라고 하자. 다시 말해 모든 $n \in \mathbf{N}$에 대하여 $|a_n| \leq M$을 만족하는 $M > 0$이 존재한다. 닫힌 구간 $[-M, M]$을 2개의 닫힌 구간 $[-M, 0]$과 $[0, M]$으로 2등분하자(중점은 양쪽에 모두 포함된다). 이제 이 닫힌 구간 중 적어도 하나는 (a_n)의 항을 무한히 많이 포함한다. 그런 닫힌 구간을 I_1이라 하자. 이때 I_1에 속하는 항을 a_{n_1}이라고 하자.

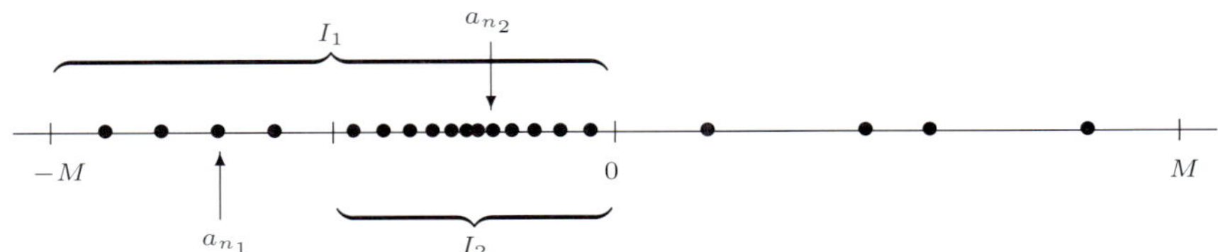

이제 I_1을 길이가 같은 닫힌 구간으로 2등분하고, 다시 둘 중 무한히 많은 항을 포함하는 닫힌 구간을 I_2라 하자. 수열 (a_n)에서 택할 수 있는 항은 무한히 많기 때문에 $n_2 > n_1$이면서 $a_{n_2} \in I_2$인 a_{n_2}를 택할 수 있다.

일반적으로 닫힌 구간 I_{k-1}을 2등분하여 둘 중 (a_n)의 항을 무한히 많이 포함한 닫힌 구간을 I_k로 정할 수 있다. 이때 $a_{n_k} \in I_k$를 만족하도록 $n_k > n_{k-1} > \cdots > n_2 > n_1$을 택한다.

이렇게 얻은 부분수열 (a_{n_k})가 수렴한다고 주장하고 싶다. 이를 어떻게 보일까? 극한값이 될 후보가 필요하다. 다음 집합은 닫힌 구간으로 이루어진 축소 수열이다.

$$I_1 \supseteq I_2 \supseteq I_3 \supseteq \cdots$$

축소구간성질에 의해 모든 I_k에 속하는 $x \in \mathbf{R}$이 적어도 하나 존재한다. 이 값이 우리가 찾던 극한값 후보다. 이제 $(a_{n_k}) \to x$임을 보이는 일만 남았다.

$\epsilon > 0$이라 하자. 앞서 만든 방식에 따라 I_k의 길이는 $M(1/2)^{k-1}$이고 이는 0으로 수렴한다(예제 2.5.3와 정리 2.3.3 참고). 이제 $k \geq N$이면 I_k의 길이가 ϵ보다 작게 되는 N을 택하자. 그럼 x와 a_{n_k} 모두 I_k에 포함되므로 $|a_{n_k} - x| < \epsilon$이다. ◀

2.5 연습문제

1. 다음 각 항목에 대하여 만족하는 예를 들거나 불가능한 이유를 설명하라.

(a) 유계인 부분수열이 있지만 수렴하는 부분수열은 없는 수열

(b) 수열의 항으로 0 또는 1을 포함하지 않지만 0 또는 1로 수렴하는 부분수열을 가지는 수열

(c) 무한집합 $\{1, 1/2, 1/3, 1/4, 1/5, \ldots\}$의 각 원소로 수렴하는 부분수열을 가지는 수열

(d) 무한집합 $\{1, 1/2, 1/3, 1/4, 1/5, \ldots\}$의 각 원소로 수렴하는 부분수열이 있지만 그 외의 값으로 수렴하는 부분수열은 없는 수열

2. 수열 (x_n)에 대하여 다음 명제의 참-거짓을 판정하고 그 이유를 짧게 설명하라.

(a) (x_n)의 모든 진부분수열이 수렴하면 (x_n)도 수렴한다.

(b) (x_n)이 발산하는 부분수열을 가지면 (x_n)은 발산한다.

(c) (x_n)이 유계이고 발산하면 서로 다른 극한값으로 수렴하는 (x_n)의 두 부분수열이 존재한다.

(d) (x_n)이 단조수열이고 수렴하는 부분수열을 가지면 (x_n)은 수렴한다.

3. 다음 물음에 답하라.

(a) 수렴하는 무한급수에 대해 결합법칙이 성립함을 증명하라. $a_1 + a_2 + a_3 + a_4 + a_5 + \cdots$가 L로 수렴한다고 가정하자(부분합의 수열 (s_n)이 L로 수렴한다). 다음처럼 급수의 항을 어떻게 묶어서 더하든 여전히 L로 수렴함을 보여라.

$$(a_1 + a_2 + \cdots + a_{n_1}) + (a_{n_1+1} + \cdots + a_{n_2}) + (a_{n_2+1} + \cdots + a_{n_3}) + \cdots$$

(b) 2.1절 끝에서 다룬 무한합에서 결합법칙이 성립하지 않는 예시와 지금의 결과를 비교하라. (a)에서의 증명을 이 예시에 적용할 수 없는 이유는 무엇인가?

4. 볼차노–바이어슈트라스 정리는 그 결과도 매우 중요하지만 증명에서 사용된 전략도 중요하다. 이 전략에 대한 경험을 더 많이 쌓기 위해 축소구간성질이 참이라고 가정하고 이를 이용하여 완비성 공리를 증명하라. 순환논리에 빠지는 걸 막기 위해 $(1/2^n) \to 0$이라고 가정하자.
(왜 이 가정이 필요한가?)

5. (a_n)이 유계수열이며 (a_n)의 부분수열 중 수렴하는 부분수열은 모두 같은 극한값 $a \in \mathbf{R}$로 수렴한다고 가정하자. 이때 수열 (a_n)은 a로 반드시 수렴함을 보여라.

6. 예제 2.5.3과 비슷한 방법으로 모든 $b \geq 0$에 대하여 $\lim b^{1/n}$이 존재함을 보이고 그 극한값을 구하라(2.3절 연습문제 1의 결과를 가정해도 좋다).

7. 예제 2.5.3에서 증명한 결과를 $|b| < 1$인 경우로 확장하라. 다시 말해 $\lim(b^n) = 0$일 필요충분조건은 $-1 < b < 1$임을 보여라.

8. 볼차노–바이어슈트라스 정리를 증명하는 다른 방법은 모든 수열이 단조부분수열을 가짐을 보이는 것이다. 이 방법에서 꼭대기 항이라는 개념이 유용하다.

> 수열 (x_n)이 주어졌다고 하자. x_m 다음에 오는 항이 이보다 크지 않을 때 이 특정 항 x_m을 **꼭대기 항(peak term)**이라고 한다. 즉 $n \geq m$이면 항상 $x_m \geq x_n$이다.

이 개념에 관한 다음 물음에 답하라.

(a) 꼭대기 항이 없는 경우, 1개인 경우, 2개인 경우에 수열의 예를 각각 구하라. 단조수열이 아니면서 무한개 꼭대기 항을 가지는 수열의 예를 구하라.

(b) 모든 수열이 단조수열을 가짐을 보이고 이것이 왜 볼차노–바이어슈트라스 정리의 새로운 증명을 제시하는지 설명하라.

9. (a_n)이 유계수열이라 하고 다음 집합을 정의하자.

$$S = \{x \in \mathbf{R} : \text{무한히 많은 항 } a_n \text{에 대하여 } x < a_n\}$$

이때 $s = \sup S$로 수렴하는 부분수열 (a_{n_k})가 존재함을 보여라(이는 완비성 공리를 이용한 볼차노–바이어슈트라스 정리의 직접 증명이다).

2.6 코시 수렴 판정법

다음 정의는 수열의 수렴에 대한 정의와 매우 유사하다.

정의 2.6.1 모든 $\epsilon > 0$에 대하여 $m, n \geq N$이면 $|a_n - a_m| < \epsilon$이 되게 하는 $N \in \mathbf{N}$이 존재할 때, 수열 (a_n)을 **코시 수열(Cauchy sequence)**이라고 한다.

코시 수열과 비교를 원활하게 하기 위해 수렴의 정의를 다시 보자.

정의 2.2.3 수열의 수렴

임의의 양수 ϵ에 대하여 $n \geq N$이면 $|a_n - a| < \epsilon$이 되게 하는 $N \in \mathbf{N}$이 존재할 때 수열 (a_n)이 실수 a로 **수렴한다**(converge)고 한다.

앞서 논의했듯이 임의의 양수 ϵ에 대하여 수열의 특정 항 다음에 오는 모든 항과 극한값 a의 거리가 주어진 ϵ보다 더 작다는 것이 수렴의 정의다. 반면에 모든 ϵ에 대해서 수열의 특정 항 이후로 임의의 **두 항**(to each other) 사이의 거리가 주어진 ϵ보다 더 작다는 것이 코시 수열의 정의다. 놀라지 말라. 2.6절에서는 이 두 정의가 동치임을 보일 것이다. 즉 수렴하는 수열은 코시 수열이고 코시 수열은 수렴한다. 극한값에 대한 언급이 없다는 점이 코시 수열의 장점이다. 극한값을 모르더라도 수열이 수렴함을 증명할 수 있다. 어찌보면 코시 수열은 단조수렴정리와 비슷한 면이 있다.

정리 2.6.2 수렴하는 수열은 모두 코시 수열이다.

증명 수열 (x_n)이 x로 수렴한다고 가정하자. (x_n)이 코시 수열임을 증명하기 위해 그 이후로 $|x_n - x_m| < \epsilon$이 되게 하는 어떤 항을 찾아야 한다. 이는 삼각형 부등식을 활용하여 보일 수 있다. 이 증명의 남은 부분을 연습문제 1에서 다룬다. ◀

역방향의 증명은 조금 더 어렵다. 수열이 수렴함을 증명하려면 수렴하는 값을 알아야 하기 때문이다. 우리는 이전에 단조수렴정리와 볼차노-바이어슈트라스 정리에서 이런 상황에 직면한 적이 있다. 볼차노-바이어슈트라스 정리를 사용하면 지금의 위기를 돌파할 수 있다. 이를 위해 다음 보조정리를 소개한다(정리 2.3.2와 비교해 보자).

보조정리 2.6.3 코시 수열은 유계다.

증명 $\epsilon = 1$로 주어질 때 모든 $m, n \geq N$에 대해 $|x_m - x_n| < 1$이 되게 하는 N이 존재한다. 따라서 모든 $n \geq N$에 대하여 $|x_n| < |x_N| + 1$이다. 이제 M을 다음과 같이 두면 모든 $n \in \mathbf{N}$에 대하여 $|x_n| \leq M$이다.

$$M = \max\{|x_1|, |x_2|, |x_3|, \ldots, |x_{N-1}|, |x_N| + 1\}$$ ◀

> **정리 2.6.4 코시 수렴 판정법(Cauchy criterion)**
> 수열이 수렴하기 위한 필요충분조건은 그 수열이 코시 수열인 것이다.

증명 ($\Rightarrow$) 정리 2.6.2를 보라.

($\Leftarrow$) 역방향을 보이기 위해 (x_n)이 코시 수열이라고 하자. 보조정리 2.6.3에 의해 (x_n)은 유계이므로 볼차노–바이어슈트라스 정리를 이용하여 수렴하는 부분수열 (x_{n_k})를 만들 수 있다. 이제 다음과 같이 두자.

$$x = \lim x_{n_k}$$

이 증명의 아이디어는 원래 수열 (x_n)이 부분수열과 같은 극한값으로 수렴함을 보이는 것이다. 다시 한 번 삼각형 부등식을 사용하자. 우리는 부분수열의 항이 점점 극한값 x에 가까워짐을 알고 있다. 그리고 (x_n)이 코시 수열이라는 가정은 수열의 '꼬리'에 있는 항이 서로 가까이 위치함을 암시한다. 그러므로 우리는 각각의 거리를 주어진 ϵ의 절반보다 작게 만들고자 한다.

$\epsilon > 0$이라 하자. (x_n)은 코시 수열이므로 $m, n \geq N$일 때 다음을 만족하는 N이 존재한다.

$$|x_n - x_m| < \frac{\epsilon}{2}$$

이제 우리는 $(x_{n_k}) \to x$라는 사실도 알고 있으므로 $n_K \geq N$이면서 다음을 만족하는 부분수열의 항 x_{n_K}를 찾자.

$$|x_{n_K} - x| < \frac{\epsilon}{2}$$

$n \geq N$일 때 다음이 성립한다.

$$\begin{aligned} |x_n - x| &= |x_n - x_{n_K} + x_{n_K} - x| \\ &\leq |x_n - x_{n_K}| + |x_{n_K} - x| \\ &< \frac{\epsilon}{2} + \frac{\epsilon}{2} = \epsilon \end{aligned}$$

이제 원래 수열 (x_n)에 대하여 우리가 원하던 N을 찾았다. ◀

코시 수렴 판정법은 프랑스 수학자 오귀스탱 루이 코시(Augustin Louis Cauchy)의 이름을 따서 명명되었다. 코시는 정수론과 유한군 이론 등 여러 수학 분야에 중요한 업적을 남겼다. 그 중에서도 해석학(특히 복소해석학)이 발전하는 데 크게 기여했다. 오늘날 사용하는 ϵ에 기반한 극한의 정의도 코시의 업적이기는 하나, 그의 연구가 현대 수학자들이 기대하는 수준으로 정교하지는 않았다. 이런 측면에서 코시를 현대 해석학의 개척자로 보는 것이 적합하다.

예를 들어 코시 수렴 판정법은 코시가 무한급수를 다루는 과정에서 고안하고 사용했지만, 정작 코시는 코시 수렴 판정법과 수렴의 정의가 동치임을 증명하지 않았다. 물론 이러한 빈틈을 근거로 코시의 업적을 평가절하하는 것은 전혀 온당하지 않다. 당시의 수학 수준에서 이를 증명하기란 너무 어렵고 미묘한 문제였다. 해석학이 지금 수준의 엄밀함을 확보하는 데 코시가 어마어마한 기여를 했음은 부정할 수 없다.

카를 바이어슈트라스(Karl Weierstrass)는 코시의 업적을 엄밀하게 만드는 데 중요한 역할을 했다. 우리는 바이어슈트라스의 업적을 몇 가지 더 공부하게 될 것이다. 바이어슈트라스의 대표적인 업적으로 6장의 균등 수렴이 있다. 프라하에서 활동한 수학자 베르나르트 볼차노(Bernhard Bolzano) 역시 극한과 연속성과 관련된 문제를 연구했다. 볼차노의 눈부신 업적은 당대 수학계에 널리 알려지지 못한 바람에 응당 받았어야 할 평가를 온전하게 받지 못했다.

완비성 다시 보기

1장에서 **완비성 공리**를 공집합이 아니고 위로 유계인 집합은 항상 상한을 가진다고 소개했다. 그 다음 완비성 공리를 사용하여 **축소구간성질**을 증명했다.

2장에서는 완비성 공리를 사용하여 **단조수렴정리**를 증명했다. 또한, 축소구간성질을 사용하여 **볼차노-바이어슈트라스 정리**를 증명했다. 마지막으로 **코시 수렴 판정법**의 증명에서 볼차노–바이어슈트라스 정리가 필요했다. 지금까지의 내용을 다음과 같이 요약할 수 있다.

$$\text{완비성 공리} \Rightarrow \begin{cases} \text{축소구간성질} \quad \Rightarrow \quad \text{볼차노–바이어슈트라스 정리} \quad \Rightarrow \quad \text{코시 수렴판정법} \\ \text{단조수렴정리} \end{cases}$$

이러한 한방향 관계는 우리가 다뤄야 할 모든 이야기를 담지 못한다. 완비성이 필요했던 이유는 근본적으로 유리수 집합에 '틈'이 있다는 점이었다. 해석학의 무대를 유리수 집합에서 실수 집합으로 옮긴 이유는 어떤 수(예를 들어 $\sqrt{2}$)로 수렴하는 것처럼 보이는 수열을 다룰 때 그 극한값이 존재함을 보장하기 위해서였다. '공집합이 아니고 위로 유계인 집합은 상한을 가진다.'는 우리의 순서체에 '구멍'이 없음을 수학적으로 표현하는 한 가지 방법이지만 유일하지는 않다. 완비성 공리 대신 단조수렴정리를 첫걸음 삼아 축소구간성질과 상한이 존재함을 증명할 수도 있다. 2.4절 연습문제 4를 참고하라.

축소구간성질은 어떨까? 축소구간성질을 실수계를 공리적으로 구성하는 출발점으로 삼을 수 있을까? 거의 그러하다. 2.5절 연습문제 4에서 우리는 축소구간성질로부터 완비성 공리를 이끌어 낼 수 있음을 보였다. 다만 이 과정에서 완비성 공리의 결과를 은연 중에 사용하지 않도록 아르키메데스 성질(정리 1.4.2)과 동치인 가정이 추가로 필요했다. 이러한 가정을 추가하는 것은 피할 수 없다. 완비성 공리나 단조수렴정리를 사용하여 **N**이 **R**에서 유계가 아닌 부분집합임을 증명할 수는 있지만 축소구간성질로는 이를 증명할 수 없다. 결론적으로 아르키메데스 성질을 추가 공리로 삼는다면 축소구간성질은 실수의 기본 공리로 사용할 수 있다.

사실 아르키메데스 성질을 가정하면 완비성 공리, 축소구간성질, 단조수렴정리, 볼차노-바이어슈트라스 정리, 코시 수렴 판정법은 일단 그 중 하나를 참이라고 간주할 때 나머지 4개를 유도할 수 있다는 점에서 모두 동치다. 그러나 완비성을 가지지 않는 순서체의 예(유리수 집합)가 있기 때문에 체(field)와 순서 성질만 이용해서는 이들 중 어느 것도 증명할 수 없다. 어떤 것을 공리로 삼고 무엇을 정리로 유도할지는 선호도와 상황에 따라 좌우되는 부분이며, 특별히 중요하다고 볼 수는 없다. 중요한 건 이 모든 결과를 같은 계보로 받아들여야 한다는 점, 각각의 결과가 자신만의 고유한 언어로 **R**의 완비성을 보인다는 점이다.

지금까지 한 이야기에서 미진한 부분은 아르키메데스 성질과 다른 정리 간의 흥미롭고도 다소 예측할 수 없는 관계다. 앞서 얘기했듯이 아르키메데스 성질은 완비성 공리나 단조수렴정리로부터 유도할 수 있지만 축소구간성질에서 이끌어 낼 수는 없다. 볼차노-바이어슈트라스 정리로부터 단조수렴정리를 증명하는 것이 가능하다. 따라서 아르키메데스 성질 또한 증명할 수 있다. 반면에 코시 수렴 판정법은 단독으로 아르키메데스 성질을 증명할 수 없다는 점에서 축소구간성질과 같다.[4]

2.6 연습문제

1. 정리 2.6.2의 증명을 마무리하라.

2. 다음 각 항목에 대하여 만족하는 예를 들거나 불가능한 이유를 설명하라.

(a) 단조수열이 아닌 코시 수열

4 이러한 다양한 정리 사이의 논리적 연관성을 논하는 설명은 참고문헌 **23**에서 확인할 수 있다.

(b) 유계가 아닌 부분수열을 가지는 코시 수열

(c) 코시인 부분수열을 가지는 발산하는 단조수열

(d) 코시인 부분수열을 가지는 유계가 아닌 수열

3. (x_n)과 (y_n)이 코시 수열일 때, (x_n+y_n)이 코시 수열임을 증명하는 쉬운 방법은 코시 수렴 판정법을 이용하는 것이다. 정리 2.6.4에 의하면 (x_n)과 (y_n)은 반드시 수렴해야 하고 정리 2.3.3에서 (x_n+y_n)은 수렴하는 수열이므로 코시 수열이다. 다음 물음에 답하라.

(a) 코시 수렴 판정법이나 정리 2.3.3을 사용하지 않고 (x_n+y_n)이 코시 수열임을 직접 증명하라.

(b) 곱으로 정의된 수열 (x_ny_n)에 대해서도 같은 결과를 보여라.

4. (a_n)과 (b_n)이 코시 수열이라고 하자. 다음 수열이 코시 수열인지 확인하고 그 이유를 설명하라.

(a) $c_n = |a_n - b_n|$

(b) $c_n = (-1)^n a_n$

(c) $c_n = [[a_n]]$ (단, $[[x]]$는 x보다 작거나 같은 최대 정수)

5. 다음 (만들어진) 정의를 생각하자.

> 모든 $\epsilon > 0$에 대하여 $n \geq N$이면 $|s_{n+1} - s_n| < \epsilon$이게 하는 N이 존재할 때, 수열 (s_n)을 **유사 코시 수열**(pseudo-Cauchy sequence)이라고 한다.

다음 두 명제 중 어느 것이 실제로 참인지 결정하라. 참인 명제는 증명하고 거짓인 명제는 반례를 구하라.

(a) 유사 코시 수열은 유계다.

(b) (x_n)과 (y_n)이 유사 코시 수열이면 (x_n+y_n)도 유사 코시 수열이다.

6. 모든 $\epsilon > 0$에 대하여 $n > m \geq N$이면 $a_n > a_m - \epsilon$이게 되는 N이 존재할 때 수열 (a_n)을 **준 증가수열**(quasi-increasing sequence)이라고 하자. 다음 물음에 답하라.

(a) 단조수열이 아니거나 궁극적으로 단조수열이 아닌 준 증가수열의 예를 구하라.

(b) 발산하는 수열로서 단조수열이 아니거나 궁극적으로 단조수열이 아닌 준 증가수열의 예를 구하라.

(c) 준 증가수열에 대응하는 단조수렴정리가 있는가? 유계이면서 준 증가수열이지만 수렴하지 않는 예를 구하거나 그런 경우는 없음을 증명하라.

7. 2.4절 연습문제 4와 2.5절 연습문제 4에서 완비성 공리와 단조수렴정리가 동치임을 확인했다. 또한 아르키메데스 성질을 가정했을 때 축소구간성질이 이 둘과 동치임을 보였다. 다음 물음에 답하라.

(a) 볼차노–바이어슈트라스 정리가 참이라고 가정하고 이를 이용하여 아르키메데스 성질의 도움 없이 단조수렴정리를 증명하라. 이는 볼차노–바이어슈트라스 정리와 완비성 공리, 단조수렴 정리가 모두 동치임을 보여준다.

(b) 코시 수렴 판정법을 이용하여 볼차노–바이어슈트라스 정리를 증명하라. 증명에서 아르키메데스 성질이 암시적으로 사용된 지점을 찾아라. 이는 2.6절을 마무리하며 논의한 완비성을 설명하는 5가지 동치 명제 사이의 마지막 연결고리다.

(c) 아르키메데스 성질에서 시작하여 완비성 공리를 증명하는 것이 불가능함을 어떻게 알 수 있는가?

2.7 무한급수의 성질

무한급수 $\sum_{k=1}^{\infty} a_k$가 주어져 있을 때, 다음 2가지를 명확하게 구분해야 한다.

(1) 수열의 **항**(terms) : $(a_1, a_2, a_3, \ldots)$

(2) **부분합**(partial sum)의 수열 : $(s_1, s_2, s_3, \ldots)$ (단, $s_n = a_1 + a_2 + \cdots + a_n$)

무한급수 $\sum_{k=1}^{\infty} a_k$의 수렴성은 수열 (s_n)을 사용하여 정의한다. 구체적으로 다음과 같다.

$$\sum_{k=1}^{\infty} a_k = A \text{는} \quad \lim s_n = A \text{를 뜻한다.}$$

이 때문에 지금까지 공부한 수열의 많은 성질은 무한급수의 행태를 파악하는 데 곧바로 쓸 수 있다.

정리 2.7.1 무한급수와 사칙연산

$\sum_{k=1}^{\infty} a_k = A$, $\sum_{k=1}^{\infty} b_k = B$일 때 다음이 성립한다.

(1) 모든 $c \in \mathbf{R}$에 대하여 $\sum_{k=1}^{\infty} ca_k = cA$

(2) $\sum_{k=1}^{\infty} (a_k + b_k) = A + B$

증명 (1) $\sum_{k=1}^{\infty} ca_k = cA$를 보이려면 다음과 같은 부분합의 수열 t_m이 cA로 수렴함을 보여야 한다.

$$t_m = ca_1 + ca_2 + ca_3 + \cdots + ca_m$$

이때 $\sum_{k=1}^{\infty} a_k$가 A로 수렴하므로 부분합 s_m이 A로 수렴함을 알고 있다.

$$s_m = a_1 + a_2 + a_3 + \cdots + a_m$$

$t_m = cs_m$이므로 정리 2.3.3을 적용하면 원하는 대로 $(t_m) \to cA$임을 알 수 있다.

(2) 증명은 (1)과 비슷하다. 여러분에게 숙제로 남겨둔다. ◀

정리 2.7.1(1)은 무한합에서도 여전히 분배법칙이 성립한다고 요약할 수 있다. (2)가 성립하므로 무한급수를 평소처럼 더할 수 있다. 이 정리에는 두 무한급수의 **곱**(product)에 대한 언급이 빠져 있다. 이 질문에 답하려면 교환법칙이 성립하는지 따져 봐야 한다. 더 섬세한 해석학 개념이 필요하므로 2.8절까지 대답을 미뤄둔다.

정리 2.7.2 무한급수에 대한 코시 수렴 판정법

무한급수 $\sum_{k=1}^{\infty} a_k$가 수렴할 필요충분조건은 $\epsilon > 0$이 주어질 때 $n > m \geq N$이면 다음을 만족하는 $N \in \mathbf{N}$이 존재하는 것이다.

$$|a_{m+1} + a_{m+2} + \cdots + a_n| < \epsilon$$

증명 다음 부등식을 바탕으로 수열 (s_n)에 대하여 코시 수렴 판정법을 적용한다.

$$|s_n - s_m| = |a_{m+1} + a_{m+2} + \cdots + a_n|$$ ◀

코시 수렴 판정법을 사용하여 무한급수에 대한 몇 가지 기초적인 사실을 효과적으로 증명할 수 있다.

정리 2.7.3 무한급수 $\sum_{k=1}^{\infty} a_k$가 수렴하면 $(a_k) \to 0$이다.

증명 무한급수에 대한 코시 수렴 판정법(정리 2.7.2)에서 $n = m+1$인 특수한 경우를 생각한다. ◀

여기까지만 설명하면 역 명제도 참일 것이라는 오해를 불러일으키기 쉽다. 조화급수를 생각해 보자 (예제 2.4.5). 조화급수는 수열 (a_k)가 0으로 수렴한다고 해서 반드시 무한급수가 수렴하는 것이 아님을 보여준다.

정리 2.7.4 비교판정법(comparison test)

수열 (a_k)와 (b_k)가 모든 $k \in \mathbf{N}$에 대하여 $0 \le a_k \le b_k$를 만족한다고 가정하자.

(1) $\sum_{k=1}^{\infty} b_k$가 수렴하면 $\sum_{k=1}^{\infty} a_k$도 수렴한다.

(2) $\sum_{k=1}^{\infty} a_k$가 발산하면 $\sum_{k=1}^{\infty} b_k$도 발산한다.

증명 (1), (2) 모두 코시 수렴 판정법과 다음 관찰로부터 바로 알 수 있다.

$$|a_{m+1} + a_{m+2} + \cdots + a_n| \le |b_{m+1} + b_{m+2} + \cdots + b_n|$$

단조수렴정리를 이용한 다른 증명은 연습문제 3에서 확인하자. ◀

이쯤에서 수열과 급수의 수렴에 대한 명제는 처음 유한개 항을 바꾸는 것에 영향을 받지 않음을 다시 한 번 상기하는 게 좋겠다. 비교판정법은 반드시 **모든** $\in \mathbf{N}$에 대해서 성립할 필요는 없다. **궁극적으로** $0 \le a_k \le b_k$이 성립하면 충분하다. 더 약한 조건이지만 결론을 보이기 충분한 가정은 모든 $k \ge M$에 대하여 부등식 $a_k \le b_k$가 성립하는 $M \in \mathbf{N}$이 존재하는 것이다.

비교판정법은 다른 무한급수의 행태를 기준으로 무한급수의 수렴 또는 발산을 유도하는 데 사용한다. 따라서 비교판정법을 유용하게 사용하려면 판정 기준으로 사용할 수 있는 무한급수의 목록이 필요하다. 2.4절에서 우리는 코시 응집판정법을 증명했고 이로부터 $\sum_{n=1}^{\infty} 1/n^p$이 수렴할 필요충분조건은 $p > 1$이라는 일반적인 명제를 이끌어 냈다.

다음 예제에서는 또 다른 중요한 무한급수를 설명한다.

예제 2.7.5 등비급수

다음과 같은 꼴의 급수를 **등비급수**(geometric series)라고 한다.

$$\sum_{k=0}^{\infty} ar^k = a + ar + ar^2 + ar^3 + \cdots$$

$r = 1$이고 $a \ne 0$일 때 이 급수는 명백히 발산한다. $r \ne 1$인 경우에는 다음 항등식을 이용하자.

$$(1-r)(1 + r + r^2 + r^3 + \cdots + r^{m-1}) = 1 - r^m$$

부분합을 다음과 같이 다시 쓸 수 있다.

$$s_m = a + ar + ar^2 + ar^3 + \cdots + ar^{m-1} = \frac{a(1-r^m)}{1-r}$$

이제 정리 2.3.3과 예제 2.5.3으로부터 다음 식이 성립할 필요충분조건은 $|r| < 1$임을 알 수 있다.

$$\sum_{k=0}^{\infty} ar^k = \frac{a}{1-r}$$

비교판정법에서는 무한급수의 모든 항이 양수여야 한다. 일부 음수 항을 포함하는 급수를 다루기 위해 종종 다음 정리를 함께 사용한다.

정리 2.7.6 절대수렴 판정법(absolute convergence test)

무한급수 $\sum_{n=1}^{\infty} |a_n|$이 수렴하면 $\sum_{n=1}^{\infty} a_n$도 수렴한다.

증명 이 증명에서는 무한급수에 대한 코시 수렴 판정법이 급수가 수렴하기 위한 필요조건($\Rightarrow$ 방향)임과 충분조건($\Leftarrow$ 방향)임을 모두 사용한다.

$\sum_{n=1}^{\infty} |a_n|$이 수렴하므로 $\epsilon > 0$이 주어질 때 모든 $n > m \geq N$에 대하여 다음을 만족하는 $N \in \mathbf{N}$이 존재함을 안다.

$$|a_{m+1}| + |a_{m+2}| + \cdots + |a_n| < \epsilon$$

삼각형 부등식에 의해 다음이 성립한다.

$$|a_{m+1} + a_{m+2} + \cdots + a_n| \leq |a_{m+1}| + |a_{m+2}| + \cdots + |a_n|$$

코시 수렴 판정법의 충분조건에 의해 급수 $\sum_{n=1}^{\infty} a_n$도 수렴한다. ◀

정리 2.7.6의 역은 거짓이다. 2장을 시작하며 우리는 다음과 같은 **교대조화급수**(alternating harmonic series)를 생각했다.

$$1 - \frac{1}{2} + \frac{1}{3} - \frac{1}{4} + \frac{1}{5} - \frac{1}{6} + \cdots$$

이 급수의 항에 절댓값을 취하면 조화급수 $\sum_{n=1}^{\infty} 1/n$이다. 조화급수가 발산함은 이미 증명했다. 그러나 음의 부호가 번갈아 나타나는 경우에는 수렴함을 어렵지 않게 증명할 수 있다. 이는 다음 소개하는 교대급수 판정법의 특별한 경우다.

정리 2.7.7 교대급수 판정법(alternating series test)

수열 (a_n)이 다음 조건을 만족한다고 하자.

(1) $a_1 \geq a_2 \geq a_3 \geq \cdots \geq a_n \geq a_{n+1} \geq \cdots$

(2) $(a_n) \to 0$

이때, 교대급수 $\sum_{n=1}^{\infty}(-1)^{n+1}a_n$은 수렴한다.

증명 조건 (1)과 (2)로부터 $a_n \geq 0$이라는 결론을 얻는다. 이 정리에 대한 몇 가지 증명은 연습문제 1에서 다룬다. ◀

정의 2.7.8 절대수렴과 조건수렴

(1) 급수 $\sum_{n=1}^{\infty}|a_n|$이 수렴할 때, 급수 $\sum_{n=1}^{\infty}a_n$은 **절대수렴(absolute convergence)**한다고 한다.

(2) 급수 $\sum_{n=1}^{\infty}a_n$은 수렴하지만 절댓값을 취한 급수 $\sum_{n=1}^{\infty}|a_n|$이 수렴하지 않을 때, 원래 급수 $\sum_{n=1}^{\infty}a_n$은 **조건수렴(conditional convergence)**한다고 한다.

정의 2.7.8에 따르면 다음 급수는 조건수렴한다.

$$\sum_{n=1}^{\infty}\frac{(-1)^{n+1}}{n}$$

다음 급수는 절대수렴한다.

$$\sum_{n=1}^{\infty}\frac{(-1)^{n+1}}{n^2}, \quad \sum_{n=1}^{\infty}\frac{1}{2^n}, \quad \sum_{n=1}^{\infty}\frac{(-1)^{n+1}}{2^n}$$

특히 (유한개를 제외한 모든) 항이 양수이면서 수렴하는 무한급수는 항상 절대수렴해야 한다.

교대급수 판정법은 조건수렴함을 확인할 때 가장 널리 쓰이는 판정법이지만 연습문제에서는 다른 여러 판정법을 살펴본다. 특히 연습문제 13에 요약된 아벨 판정법은 6장에서 멱급수를 다룰 때 유용하게 쓰일 것이다.

재배열

쉽게 말해 급수의 재배열은 항 사이의 순서를 서로 바꾸는 것이다. 새 배열에서 모든 항이 언젠가는 나타나며 반복되는 항이 없음이 중요하다. 2.1절을 시작한 뒤 우리는 양수 항 2개 다음에 음수 항이 1개 오는 식으로 교대조화급수를 재배열했다.

$$1+\frac{1}{3}-\frac{1}{2}+\frac{1}{5}+\frac{1}{7}-\frac{1}{4}+\cdots$$

분명히 합을 재배열하는 방법은 무한히 많다. 그러나 다음 2가지 방법은 원래 교대조화급수의 재배열로 간주하지 않는다.

$$1+\frac{1}{2}-\frac{1}{3}+\frac{1}{4}+\frac{1}{5}-\frac{1}{6}+\cdots$$
$$1+\frac{1}{3}-\frac{1}{4}+\frac{1}{5}+\frac{1}{7}-\frac{1}{8}+\frac{1}{9}+\frac{1}{11}-\frac{1}{12}+\cdots$$

그 이유는 각자 생각해 보라.

정의 2.7.9 무한급수 $\sum_{k=1}^{\infty} a_k$ 를 생각하자. 모든 $k \in \mathbf{N}$에 대하여 $b_{f(k)} = a_k$ 이도록 하는 일대일대응 $f : \mathbf{N} \to \mathbf{N}$가 존재할 때, 무한급수 $\sum_{k=1}^{\infty} b_k$ 를 $\sum_{k=1}^{\infty} a_k$ 의 **재배열(rearrangement)**이라고 한다.

이제 우리는 2장을 시작하며 등장한 문제를 해결하기 위한 도구와 표기법을 모두 갖췄다. 2.1절에서 우리는 재배열했을 때 원래 급수의 극한값과 다른 극한값으로 수렴하는 교대조화급수를 살펴보았다. 이러한 병리 현상이 발생하는 이유는 교대조화급수가 **조건수렴**하기 때문이다.

정리 2.7.10 절대수렴하는 급수의 재배열은 모두 원래 급수와 극한값이 같다.

증명 $\sum_{k=1}^{\infty} a_k$ 가 A로 절대수렴한다고 가정하고 급수 $\sum_{k=1}^{\infty} b_k$ 를 급수 $\sum_{k=1}^{\infty} a_k$ 의 재배열이라고 하자. 원래 급수의 부분합은 다음과 같이 나타내자.

$$s_n = \sum_{k=1}^{n} a_k = a_1 + a_2 + \cdots + a_n$$

재배열한 급수의 부분합은 다음과 같이 나타내자.

$$t_m = \sum_{k=1}^{m} b_k = b_1 + b_2 + \cdots + b_m$$

이제 $(t_m) \to A$ 임을 보이려고 한다.

$\epsilon > 0$이라 하자. 가정에 의해 $(s_n) \to A$ 이므로 모든 $n \geq N_1$ 에 대하여 다음을 만족하는 N_1 을 택하자.

$$|s_n - A| < \frac{\epsilon}{2}$$

또한 급수가 절대수렴하므로 모든 $n > m \geq N_2$ 에 대하여 다음을 만족하는 N_2 를 택할 수 있다.

$$\sum_{k=m+1}^{n} |a_k| < \frac{\epsilon}{2}$$

이제 $N = \max\{N_1, N_2\}$ 라 두자. 우리는 유한개 항 $\{a_1, a_2, a_3, \ldots, a_N\}$ 이 모두 재배열한 급수에서 등장해야 함을 알고 있다. 이 모든 항을 포함하도록 급수 $\sum_{n=1}^{\infty} b_n$ 에서 충분히 많은 항을 더하고자 한다. 따라서 다음과 같이 M 을 택하자.

$$M = \max\{f(k) : 1 \leq k \leq N\}$$

이제 $m \geq M$ 일 때 $(t_m - s_N)$ 는 유한개 항의 합이며, 이 유한개 항 각각에 절댓값을 씌운 것은 꼬리 $\sum_{k=N+1}^{\infty} |a_k|$ 에 나타난다. 앞서 택한 N_2 는 $|t_m - s_N| < \epsilon/2$ 이 됨을 보장하므로 $m \geq M$ 일 때 다음이 성립한다.

$$\begin{aligned} |t_m - A| &= |t_m - s_N + s_N - A| \\ &\leq |t_m - s_N| + |s_N - A| < \frac{\epsilon}{2} + \frac{\epsilon}{2} = \epsilon \end{aligned}$$

◀

2.7 연습문제

1. 교대급수 판정법(정리 2.7.7)을 증명하는 것은 다음과 같은 부분합의 수열이 수렴함을 보이는 것과 마찬가지다.

$$s_n = a_1 - a_2 + a_3 - \cdots \pm a_n$$

(2.1절 첫 번째 예시에 (s_n) 의 전형적인 그림이 있다.) 완비성에 대한 다양한 특징은 다양한 증명으로 이어진다. 다음 물음에 답하라.

(a) (s_n) 이 코시 수열임을 보여서 교대급수 판정법을 증명하라.

(b) 축소구간성질 (정리 1.4.1)을 이용한 다른 증명을 제시하라.

(c) 부분수열 (s_{2n}) 과 (s_{2n+1}) 을 생각하고, 어떻게 단조수렴정리가 교대급수 판정법의 3번째 증명으로 이어지는지를 보여라.

2. 다음 무한급수가 수렴하는지 혹은 발산하는지 결정하라.

(a) $\sum_{n=1}^{\infty} \frac{1}{2^n+n}$

(b) $\sum_{n=1}^{\infty} \frac{\sin(n)}{n^2}$

(c) $1 - \frac{3}{4} + \frac{4}{6} - \frac{5}{8} + \frac{6}{10} - \frac{7}{12} + \cdots$

(d) $1 + \frac{1}{2} - \frac{1}{3} + \frac{1}{4} + \frac{1}{5} - \frac{1}{6} + \frac{1}{7} + \frac{1}{8} - \frac{1}{9} + \cdots$

(e) $1 - \frac{1}{2^2} + \frac{1}{3} - \frac{1}{4^2} + \frac{1}{5} - \frac{1}{6^2} + \frac{1}{7} - \frac{1}{8^2} + \cdots$

3. 다음 물음에 답하라.

(a) 무한급수에 대한 코시 수렴 판정법을 이용하여 비교판정법(정리 2.7.4)의 증명을 마무리하라.

(b) 이번에는 단조수렴정리를 이용하여 비교판정법을 다르게 증명하라.

4. 다음 각 항목에 대하여 적절한 정리를 언급하여 만족하는 예를 들거나 불가능함을 서술하라.

(a) 두 무한급수 $\sum x_n$, $\sum y_n$ 모두 발산하지만 $\sum x_n y_n$은 수렴하는 경우

(b) $\sum x_n$은 수렴하고 (y_n)은 유계수열이면서 $\sum x_n y_n$은 발산하는 경우

(c) 두 수열 (x_n), (y_n)에 대해 $\sum x_n$, $\sum(x_n + y_n)$ 모두 수렴하지만 $\sum y_n$은 발산하는 경우

(d) $0 \le x_n \le 1/n$을 만족하는 수열 (x_n)에 대해 $\sum(-1)^n x_n$이 발산하는 경우

5. 지금까지 등비급수에 대한 기본 사실을 증명했다. 따름정리 2.4.7을 증명하라.

6. 다음 (만들어진) 정의를 생각하자.

> 무한급수 부분합의 수열이 수렴하는 부분수열을 가질 때 이 무한급수는 **부렴한다**(subverge)고 한다.[5]

다음 중 부렴하는 급수에 대한 옳은 명제를 찾아라.

(a) 수열 (a_n)이 유계이면 급수 $\sum a_n$는 부렴한다.

(b) 모든 수렴하는 무한급수는 부렴한다.

(c) 급수 $\sum |a_n|$이 부렴하면 급수 $\sum a_n$도 부렴한다.

(d) 급수 $\sum a_n$이 부렴하면 수열 (a_n)은 수렴하는 부분수열을 가진다.

---

5 (옮긴이) 수렴한다(converge)에서 유래한 언어유희다.

7. 다음 물음에 답하라.

(a) $a_n > 0$이고 $\lim(na_n) = l$ (단, $l \neq 0$)이면 무한급수 $\sum a_n$은 발산함을 보여라.

(b) $a_n > 0$이고 $\lim(n^2 a_n)$이 존재한다고 가정하자. 무한급수 $\sum a_n$이 수렴함을 보여라.

8. 다음 명제를 생각하자. 참인 명제는 짧게 증명하고 거짓인 명제는 반례를 구하라.

(a) 급수 $\sum a_n$이 절대수렴하면 급수 $\sum a_n^2$도 절대수렴한다.

(b) 급수 $\sum a_n$이 수렴하고 수열 (b_n)이 수렴할 때, 급수 $\sum a_n b_n$은 수렴한다.

(c) 급수 $\sum a_n$이 조건수렴하면 급수 $\sum n^2 a_n$은 발산한다.

9. [비판정법(ratio test)] 비판정법의 내용은 다음과 같다.

> $a_n \neq 0$인 무한급수 $\sum_{n=1}^{\infty} a_n$이 주어질 때, (a_n)이 다음 부등식을 만족하면 주어진 무한급수는 절대수렴한다.
>
> $$\lim \left| \frac{a_{n+1}}{a_n} \right| = r < 1$$

비판정법에 관한 다음 물음에 답하라.

(a) r'이 $r < r' < 1$을 만족한다고 하자. $n \geq N$이면 $|a_{n+1}| \leq |a_n| r'$이 되게 하는 N이 존재하는 이유를 설명하라.

(b) $|a_N| \sum (r')^n$이 수렴하는 이유를 설명하라.

(c) 이제 $\sum |a_n|$이 수렴하는 것을 보여 $\sum a_n$이 수렴함을 확인하라.

10. [무한곱] 무한곱에 대한 2.4절 연습문제 10을 다시 확인하고 다음 질문에 답하라.

(a) 무한곱 $\frac{2}{1} \cdot \frac{3}{2} \cdot \frac{5}{4} \cdot \frac{9}{8} \cdot \frac{17}{16} \cdots$는 수렴하는가?

(b) 무한곱 $\frac{1}{2} \cdot \frac{3}{4} \cdot \frac{5}{6} \cdot \frac{7}{8} \cdot \frac{9}{10} \cdots$는 분명히 수렴한다. (왜 그런가?) 이 무한곱이 0으로 수렴하는가?

(c) 1655년에 존 월리스(John Wallis)는 다음 유명한 공식을 유도했다.

$$\left(\frac{2 \cdot 2}{1 \cdot 3}\right)\left(\frac{4 \cdot 4}{3 \cdot 5}\right)\left(\frac{6 \cdot 6}{5 \cdot 7}\right)\left(\frac{8 \cdot 8}{7 \cdot 9}\right) \cdots = \frac{\pi}{2}$$

이 항등식의 좌변이 적어도 어떤 값으로 수렴함을 보여라(이 항등식은 8.3절에서 완전하게 증명한다).

11. 두 무한급수 $\sum a_n$과 $\sum b_n$이 모두 발산하지만 $\sum \min\{a_n, b_n\}$은 수렴하는 예를 구하라. 문제를 더 흥미롭게 하기 위해서 (a_n)과 (b_n)이 양수이면서 감소하도록 예를 구하라.

12. [부분합 공식(summation-by-parts)] 수열 (x_n), (y_n)에 대하여 $s_n = x_1 + x_2 + \cdots + x_n$이라 하고 $s_0 = 0$으로 두자. $x_j = s_j - s_{j-1}$임을 관찰하여 다음 식을 증명하라.

$$\sum_{j=m}^{n} x_j y_j = s_n y_{n+1} - s_{m-1} y_m + \sum_{j=m}^{n} s_j (y_j - y_{j+1})$$

13. [아벨 판정법(Abel's test)] 아벨 판정법은 다음과 같다.

> 무한급수 $\sum_{k=1}^{\infty} x_k$가 수렴하고 수열 (y_k)가 다음을 만족하면 무한급수 $\sum_{k=1}^{\infty} x_k y_k$가 수렴한다.
>
> $$y_1 \geq y_2 \geq y_3 \geq \cdots \geq 0$$

아벨 판정법을 이용하여 다음 물음에 답하라.

(a) 연습문제 12를 이용하여 다음을 보여라.

$$\sum_{k=1}^{n} x_k y_k = s_n y_{n+1} + \sum_{k=1}^{n} s_k (y_k - y_{k+1})$$

이때 $s_n = x_1 + x_2 + \cdots + x_n$이다.

(b) 비교판정법을 이용하여 $\sum_{k=1}^{\infty} s_k (y_k - y_{k+1})$이 절대수렴함을 보여라. 이로부터 아벨 판정법을 증명할 수 있음을 보여라.

14. [디리클레 판정법(Dirichlet's test)] 디리클레 판정법은 다음과 같다.

> 무한급수 $\sum_{k=1}^{\infty} x_k$의 부분합이 유계이고(수렴할 필요는 없다) 수열 (y_k)가 $y_1 \geq y_2 \geq y_3 \geq \cdots \geq 0$이면서 $\lim y_k = 0$을 만족할 때, 무한급수 $\sum_{k=1}^{\infty} x_k y_k$가 수렴한다.

디리클레 판정법을 이용하여 다음 물음에 답하라.

(a) 디리클레 판정법의 가정이 아벨 판정법(연습문제 13 참고)의 가정과 어떤 점에서 다른지 짚어라. 그럼에도 본질적으로 같은 전략을 사용해서 증명할 수 있음을 보여라.

(b) 디리클레 판정법의 특수한 경우로 교대급수 판정법(정리 2.7.7)을 유도할 수 있음을 보여라.

2.8 이중급수와 무한급수의 곱

이중수열 $\{a_{ij} : i, j \in \mathbf{N}\}$이 주어질 때, 2.1절에서 우리는 $\sum_{i,j=1}^{\infty} a_{ij}$를 정의하는 방법에 위험한 모호성이 있음을 확인했다. 한 변수에 대해 먼저 덧셈을 하고 나머지 변수에 대해 마저 덧셈을 하는 것을 **반복**(iterated)합이라고 한다.

앞서 다룬 특정 예시에서 먼저 행을 따라 합한 후에 전체 합을 구하는 것과 열을 따라 먼저 합한 후에 전체 합을 구하는 것이 서로 다른 값을 가짐을 확인했다. 요약하자면 다음 두 반복합은 같지 않다.

$$\sum_{j=1}^{\infty}\sum_{i=1}^{\infty} a_{ij} \neq \sum_{i=1}^{\infty}\sum_{j=1}^{\infty} a_{ij}$$

이중급수 $\sum_{i,j=1}^{\infty} a_{ij}$를 합리적으로 정의할 다른 방법이 여전히 존재한다. 한 가지 자연스러운 생각은 이중수열을 배열 내부의 점점 더 큰 '직사각형' 안에서 유한개 항을 모두 더하는 식으로 일종의 부분합을 계산하는 것이다. 다시 말해 $m, n \in \mathbf{N}$에 대하여 다음과 같이 두자.

$$s_{mn} = \sum_{i=1}^{m}\sum_{j=1}^{n} a_{ij} \tag{1}$$

여기서는 더하는 항이 유한하므로 합의 순서와 무관하게 더할 수 있다. 지금 논의에서 특히 흥미를 끄는 것은 부분합 s_{nn}('정사각형' 안의 항을 더하는 것)이며, 이는 n만을 첨자로 하여 적절한 수열을 형성하므로 앞으로 얻을 정의와 정리를 위한 실마리가 될 수 있다. 예를 들어 부분합의 수열 (s_{nn})이 수렴할 때 다음과 같이 정의하면 제법 그럴듯하다.

$$\sum_{i,j=1}^{\infty} a_{ij} = \lim_{n\to\infty} s_{nn}$$

문제 1 2.1절 이중수열 (a_{ij})에 대하여 $\lim_{n\to\infty} s_{nn}$을 계산하라. 이 값을 앞서 계산한 두 반복합과 비교하면 어떤가?

이중급수를 정의하는 방법과 2.7절 끝에서 논의한 재배열 급수 사이에는 깊은 유사성이 있다. 둘 모두 무한한 항을 다룰 때 덧셈의 교환법칙과 관련이 있다. 급수의 재배열에서 **절대수렴**(absolute convergence)이란 가정을 바탕으로 문제를 해결했으니 이중급수에서도 같은 처방을 내릴 수 있다는 것은 그리 놀랍지 않다. 절대수렴을 가정하면 이중급수의 값을 계산하기 위해 논의했던 각각의 방법이 모두 같은 결과를 도출한다.

문제 2 반복합 $\sum_{i=1}^{\infty}\sum_{j=1}^{\infty}|a_{ij}|$를 생각하자.

이 반복합이 수렴할 때(각각의 고정된 $i \in \mathbf{N}$에 대해 무한급수 $\sum_{j=1}^{\infty}|a_{ij}|$이 어떤 실수 b_i로 수렴하고, 무한급수 $\sum_{i=1}^{\infty} b_i$ 또한 수렴할 때), 다음 반복합이 수렴함을 보여라.

$$\sum_{i=1}^{\infty}\sum_{j=1}^{\infty} a_{ij}$$

정리 2.8.1 $\{a_{ij} : i, j \in \mathbf{N}\}$를 이중실수열이라고 하자. 다음 급수가 수렴한다고 가정하자.

$$\sum_{i=1}^{\infty}\sum_{j=1}^{\infty}|a_{ij}|$$

무한급수 $\sum_{i=1}^{\infty}\sum_{j=1}^{\infty} a_{ij}$와 $\sum_{j=1}^{\infty}\sum_{i=1}^{\infty} a_{ij}$가 모두 같은 값으로 수렴한다. 그뿐만 아니라 다음이 성립한다.

$$\lim_{n\to\infty} s_{nn} = \sum_{i=1}^{\infty}\sum_{j=1}^{\infty} a_{ij} = \sum_{j=1}^{\infty}\sum_{i=1}^{\infty} a_{ij}$$

이때 $s_{nn} = \sum_{i=1}^{n}\sum_{j=1}^{n} a_{ij}$이다.

증명 등식 (1)에서 직사각형꼴 부분합 s_{mn}을 정의한 방법을 다시 사용하여 t_{mn}을 다음과 같이 정의하자.

$$t_{mn} = \sum_{i=1}^{m}\sum_{j=1}^{n}|a_{ij}|$$

문제 3 다음 물음에 답하라.

(a) (t_{nn})이 수렴함을 증명하라.

(b) 이제 (t_{nn})이 코시 수열이라는 사실을 이용하여 (s_{nn})이 수렴함을 보여라.

이제 우리는 $S = \lim_{n\to\infty} s_{nn}$이라 둘 수 있다.

정리 2.8.1을 증명하려면 두 반복합이 같은 극한값으로 수렴함을 보여야만 한다. 먼저 다음을 보이려고 한다.

$$S = \sum_{i=1}^{\infty}\sum_{j=1}^{\infty} a_{ij}$$

이때 $\{t_{mn} : m, n \in \mathbf{N}\}$은 위로 유계이므로 다음과 같이 둘 수 있다.

$$B = \sup\{t_{mn} : m, n \in \mathbf{N}\}$$

문제 4 다음 물음에 답하라.

(a) 임의의 $\epsilon > 0$에 대하여 $m, n \geq N_1$이면 $B - \frac{\epsilon}{2} < t_{mn} \leq B$이도록 하는 $N_1 \in \mathbf{N}$이 존재함을 보여라.

(b) 이제 모든 $m, n \geq N$에 대하여 다음을 만족하는 N이 존재함을 보여라.

$$|s_{mn} - S| < \epsilon$$

잠시만 $m \in \mathbf{N}$을 고정하고 s_{mn}을 다음과 같이 쓰자.

$$s_{mn} = \sum_{j=1}^{n} a_{1j} + \sum_{j=1}^{n} a_{2j} + \cdots + \sum_{j=1}^{n} a_{mj}$$

가정에 의하면 각각의 고정된 i열마다 무한급수 $\sum_{j=1}^{\infty} a_{ij}$가 어떤 실수 r_i로 절대수렴한다.

문제 5 다음 물음에 답하라.

(a) 모든 $m \geq N$에 대하여 다음이 성립함을 보여라.

$$|(r_1 + r_2 + \cdots + r_m) - S| \leq \epsilon$$

이로부터 반복합 $\sum_{i=1}^{\infty}\sum_{j=1}^{\infty} a_{ij}$가 S로 수렴한다고 결론지어라.

(b) 다른 반복합 $\sum_{j=1}^{\infty}\sum_{i=1}^{\infty} a_{ij}$ 역시 S로 수렴함을 보여 증명을 마무리하라. 각각의 고정된 열 j에 대해 무한급수 $\sum_{i=1}^{\infty} |a_{ij}|$이 어떤 실수 c_j로 수렴한다고 시작했어도 같은 논법으로 증명할 수 있다.

이로써 정리 2.8.1의 증명이 끝났다. ◀

이중급수를 계산하는 일반적인 방법 중 마지막은 $i + j$가 상수인 대각선을 따라 더하는 것이다. 이중수열 $\{a_{ij} : i, j \in \mathbf{N}\}$이 주어질 때, 다음과 같이 두자.

$$d_2 = a_{11}, \quad d_3 = a_{12} + a_{21}, \quad d_4 = a_{13} + a_{22} + a_{31}$$

일반적으로 d_k를 다음과 같이 두자.

$$d_k = a_{1,k-1} + a_{2,k-2} + \cdots + a_{k-1,1}$$

그러면 $\sum_{k=2}^{\infty} d_k$는 모든 a_{ij}를 더하는 그럴듯한 또 다른 방법이다.

문제 6 다음 물음에 답하라.

(a) 정리 2.8.1을 가정하면 $\sum_{k=2}^{\infty} d_k$이 절대수렴함을 보여라.

(b) 정리 2.8.1의 증명 전략을 흉내내어 $\sum_{k=2}^{\infty} d_k$가 $S = \lim_{n\to\infty} s_{nn}$로 수렴함을 보여라.

무한급수의 곱

무한급수와 사칙연산 (정리 2.7.1)을 공부하며 수렴하는 두 무한급수의 곱은 의도적으로 전혀 언급하지 않았다. 무한급수를 형식적으로 곱하는 방법 중 하나는 다음과 같이 쓰는 것이다.

$$\begin{aligned}\left(\sum_{i=1}^{\infty} a_i\right)\left(\sum_{j=1}^{\infty} b_j\right) &= (a_1 + a_2 + a_3 + \cdots)(b_1 + b_2 + b_3 + \cdots) \\ &= a_1b_1 + (a_1b_2 + a_2b_1) + (a_3b_1 + a_2b_2 + a_1b_3) + \cdots \\ &= \sum_{k=2}^{\infty} d_k\end{aligned}$$

이때 $d_k = a_1b_{k-1} + a_2b_{k-2} + \cdots + a_{k-1}b_1$이다.

이러한 특수한 꼴의 곱셈(문제 6 참고)을 두 무한급수의 **코시 곱(Cauchy product)**이라고 한다. 곱셈을 이런 꼴로 쓰면 대수적으로 자연스럽지만 그 합을 실제로 계산하기 위해서는 하나 또는 그 이상의 반복합을 이용하는 것이 좋다. 그렇다면 코시 곱의 값이(존재하는 경우라면) 다른 이중급수의 값과 어떻게 관련이 있는지 생각해 봐야 한다.

곱해지는 두 무한급수가 절대수렴한다면 그중 가장 편리한 방식으로 그 합을 계산할 수 있음은 어렵지 않게 증명할 수 있다.

문제 7 $\sum_{i=1}^{\infty} a_i$가 A로 절대수렴하고 $\sum_{j=1}^{\infty} b_j$가 B로 절대수렴한다고 가정하자. 다음 물음에 답하라.

(a) 반복합 $\sum_{i=1}^{\infty} \sum_{j=1}^{\infty} |a_i b_j|$가 수렴하고 따라서 정리 2.8.1을 적용할 수 있음을 보여라.

(b) $s_{nn} = \sum_{i=1}^{n} \sum_{j=1}^{n} a_i b_j$라 할 때, $\lim_{n\to\infty} s_{nn} = AB$임을 증명하라. 이로부터 다음 결론을 내려라.

$$\sum_{i=1}^{\infty}\sum_{j=1}^{\infty} a_i b_j = \sum_{j=1}^{\infty}\sum_{i=1}^{\infty} a_i b_j = \sum_{k=2}^{\infty} d_k = AB$$

이때 $d_k = a_1 b_{k-1} + a_2 b_{k-2} + \cdots + a_{k-1} b_1$이다.

2.9 마치며

정리 2.7.10과 정리 2.8.1에 따르면 절대수렴하는 무한급수는 대단히 다루기 편하다. 반면 조건수렴하는 무한급수의 상황은 흥미진진할 정도로 비정상적이다. 급수 $\sum_{n=1}^{\infty} a_n$이 조건수렴하는 경우, 급수를 재배열하면 동일한 극한값으로 수렴하는 것이 더 이상 보장되지 않을 뿐만 아니라 **어떤** $r \in \mathbf{R}$**이 주어져도** r로 수렴하는 재배열이 존재한다. 어떻게 이게 가능한지 알기 위해 교대조화급수를 다시 살펴보자.

$$\sum_{n=1}^{\infty} \frac{(-1)^{n+1}}{n} = 1 - \frac{1}{2} + \frac{1}{3} - \frac{1}{4} + \frac{1}{5} - \frac{1}{6} + \cdots$$

이 무한급수에서 음수 항만 고르면 무한급수 $\sum_{n=1}^{\infty}(-1)/2n$이다. 이 무한급수의 부분합은 정확히 조화급수의 부분합의 $-1/2$이므로 (절반 속도로) 음의 무한대를 향해 나아간다. 비슷하게 양수 항만 더한 $\sum_{n=1}^{\infty} 1/(2n-1)$도 무한대로 발산함을 보일 수 있다. 조건수렴하는 무한급수를 **항상** 이런 식으로 분리할 수 있음은 어렵지 않게 보일 수 있다.

이제 r을 우리가 극한값으로 갖기를 원하는 어떤 수라고 하자. 편의상 r을 양수라고 가정하자. 우선 첫 번째 부분합이 r보다 크게 되도록 충분히 많은 양수 항을 더한다. 그 다음 부분합이 r보다 작아질 때까지 음수 항을 계속 더한다. 그리고 다시 양수 항을 택하여 더한다. 양수 항의 합이나 음수 항의 합이나 모두 유계가 아니므로 이 과정을 무한히 계속할 수 있다. 더하는 항이 0으로 수렴하므로 이러한 방식으로 급수를 재배열하면 부분합이 목표값 주변을 좌우로 움직이면서 r로 수렴하게 할 수 있다.

지금까지의 결과를 가장 잘 요약하자면, 절대수렴을 가정하면 무한합을 마치 유한합처럼 다룰 수 있다는 것이다. 이는 몇 가지 미묘한 부분이 있음에도 불구하고 이중급수로 확장된다. 곱셈의 경우, 2.8절 문제 7에서 우리는 절대수렴하는 두 무한급수의 코시 곱이 두 무한급수의 극한값의 곱으로 수렴함을 보였다. 그러나 실제로는 두 무한급수 중 하나만 절대수렴해도 동일한 결론을 얻는다.

2.8절 문제 7의 표기 방식대로 이를 기술하면, $\sum a_n$이 A로 절대수렴하고 $\sum b_n$이 B로 (조건)수렴하면 코시 곱은 $\sum d_k = AB$이다. 반면에 $\sum a_n$과 $\sum b_n$이 모두 조건수렴하면 코시 곱이 발산할 수 있다. $\sum(-1)^n/\sqrt{n}$을 제곱하면 이에 대한 예를 얻을 수 있다. 물론 $\sum a_n = A$로 조건수렴하고 $\sum b_n = B$로 조건수렴할 때 이들의 코시 곱 $\sum d_k$는 수렴할 수 있다. 이 경우 물론 수렴값은 $\sum d_k = AB$이다. 이 마지막 사실에 대한 증명은 **멱급수(power series)**에 대한 공부를 시작하는 6장에서 다룬다(6.5절 연습문제 9 참고). 연결고리는 다음과 같다.

멱급수는 $a_0 + a_1x + a_2x^2 + \cdots$와 같은 꼴이다. 마치 다항식처럼 두 멱급수를 서로 곱하고, x에 대한 거듭제곱이 같은 항끼리 묶으면 다음과 같다.

$$\begin{aligned}&(a_0 + a_1x + a_2x^2 + \cdots)(b_0 + b_1x + b_2x^2 + \cdots)\\&\quad= a_0b_0 + (a_0b_1 + a_1b_0)x + (a_0b_2 + a_1b_1 + a_2b_0)x^2 + \cdots\\&\quad= d_0 + d_1x + d_2x^2 + \cdots\end{aligned}$$

이는 $\sum a_nx^n$과 $\sum b_nx^n$의 코시 곱이다(첨자는 $n = 1$이 아닌 $n = 0$부터 시작한다). 앞으로 멱급수가 지닌 좋은 특성에 대한 몇 가지 결과를 유도할 건데, 이를 통해 수렴하는 코시 곱이 올바른 값으로 수렴함을 증명할 수 있다. 2.8절 문제 7은 두 멱급수의 곱에 대한 정리를 확립하는 데 유용하다.

3

실수의 위상적 성질

Basic Topology of $\mathbb{R}$

3.1 칸토어 집합

이번 장은 칸토어가 만들어 낸 대단히 흥미로운 작품을 소개하며 시작해볼까 한다. 이 집합을 통해 실수의 부분집합이 어떤 성질을 가지는지 더욱 잘 이해하게 될 것이다. 물론, 1장에서 셀 수 없는 집합을 다룰 때 이미 칸토어를 소개했다. 수학적 무한에 대해 중요한 업적을 정리한 목록이 있다면 '**R**이 셀 수 없는 집합'이란 칸토어의 증명은 당당히 한 줄을 차지할 것이다. 수학자 다비트 힐베르트(David Hilbert)는 "어느 누구도 우리를 칸토어가 만든 낙원에서 쫓아낼 수 없다."라고 말한 바 있다.

닫힌 구간 $[0,1]$를 C_0라 표기하고, 이를 3등분하여 가운데 열린 구간을 제거한 집합을 C_1이라 정의하자.

$$C_1 = C_0 \setminus \left(\frac{1}{3}, \frac{2}{3}\right) = \left[0, \frac{1}{3}\right] \cup \left[\frac{2}{3}, 1\right]$$

이제 비슷한 방법으로 C_1을 이루는 두 구간을 각각 3등분하여 가운데 열린 구간을 제거하여 C_2를 만들자.

$$C_2 = \left(\left[0, \frac{1}{9}\right] \cup \left[\frac{2}{9}, \frac{1}{3}\right]\right) \cup \left(\left[\frac{2}{3}, \frac{7}{9}\right] \cup \left[\frac{8}{9}, 1\right]\right)$$

이 과정을 귀납적으로 계속하면 각 $n = 0, 1, 2, \ldots$에 대해 길이가 $1/3^n$인 닫힌 구간 2^n개로 이루어진 집합 C_n을 얻는다. 마지막으로 **칸토어 집합(Cantor set)** C를 다음 교집합으로 정의한다(그림 3.1).

$$C = \bigcap_{n=0}^{\infty} C_n$$

직관적으로 말하면 C는 구간 $[0,1]$을 3등분하여 가운데 열린 구간을 제거하는 과정을 반복했을 때 남은 부분이다.

$$C = [0,1] \setminus \left[\left(\frac{1}{3}, \frac{2}{3}\right) \cup \left(\frac{1}{9}, \frac{2}{9}\right) \cup \left(\frac{7}{9}, \frac{8}{9}\right) \cup \cdots\right]$$

이 집합을 접할 때 제일 처음 드는 의문은 '공집합이 아닐까?'일 것이다. 하지만 매번 3등분한 가운데 열린 구간을 제거했기 때문에 모든 $n \in \mathbf{N}$에 대해 $0 \in C_n$이고 따라서 $0 \in C$이다. 같은 이유로 $1 \in C$이다. 실제로 y가 특정 C_n의 어느 닫힌 구간의 끝점이면, y는 C_{n+1}의 닫힌 구간 중 하나의 끝점이기도 하다. 각 단계마다 끝점은 절대 제거되지 않으므로 모든 n에 대하여 $y \in C_n$이다. 그러므로 C에는 적어도 각각의 C_n을 구성하는 모든 닫힌 구간의 끝점이 포함된다.

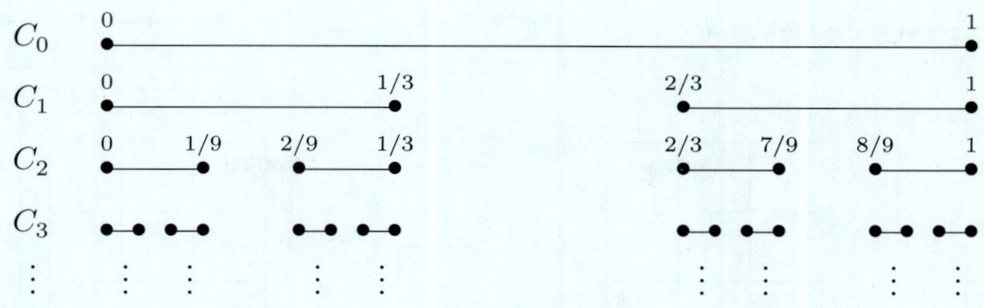

[그림 3.1] 칸토어 집합 $C = \bigcap_{n=0}^{\infty} C_n$

그 밖에 무엇을 더 알 수 있을까? C는 셀 수 있는 집합인가? C는 구간이나 무리수를 포함할까? 아직 이 질문에 대답하기 쉽지 않을 것이다. 앞서 언급한 끝점은 모두 ($m/3^n$ 꼴) 유리수다. 이는 만약 C가 이러한 끝점으로만 이루어져 있다면 C는 $\mathbf{Q}$의 부분집합이므로 셀 수 있는 집합일 것이다. 우리는 이에 대해 살펴볼 것이다. 우리가 제거한 구간의 전체 길이를 생각하면 C에 남아 있는 부분은 거의 없을 것 같다. C_1을 만들기 위해 $1/3$ 길이의 열린 구간을 제거했다. 두 번째 단계에서는 $1/9$ 길이의 열린 구간을 2개 제거했고 C_n을 만들 때는 $1/3^n$ 길이의 열린 구간을 $2^n - 1$개 제거했다. C의 '길이'를 1에서 제거된 전체 길이를 빼는 것으로 정의할 수 있는 수학적 방법이 있다. 이때 제거된 전체 길이는 다음과 같다.

$$\frac{1}{3} + 2\left(\frac{1}{9}\right) + 4\left(\frac{1}{27}\right) + \cdots + 2^{n-1}\left(\frac{1}{3^n}\right) + \cdots = \frac{\frac{1}{3}}{1 - \frac{2}{3}} = 1$$

이에 따르면 칸토어 집합은 **길이가 0이다(zero length)**.

지금까지 모은 정보에 따르면 C가 상대적으로 작고 얇은 집합이라는 그림이 머릿속에 그려진다. 이러한 이유로 집합 C를 종종 칸토어 '먼지'라고 부른다. 그러나 이와 매우 다른 그림을 암시하는 강력한 반론도 존재한다. 먼저 C는 **셀 수 없는**(uncountable) 집합이고 $\mathbf{R}$과 기수가 같다. 다소 직관적이지만 이 결과를 쉽게 이해할 방법을 소개하겠다.

0 또는 1로 이루어진 수열 $(a_n)_{n=1}^{\infty}$의 집합과 C의 일대일대응을 찾는 것이다. 각각의 $c \in C$마다 c가 C_1의 왼쪽 성분에 속해 있으면 $a_1 = 0$이라 두고, c가 C_1의 오른쪽 성분에 속해 있으면 $a_1 = 1$로 두자. C_1에서 c가 위치하는 곳을 찾았으므로 이제 c가 C_2의 어느 성분에 위치할지 확인할 차례다. 이번에는 c가 C_2를 이루는 두 개의 성분 각각에서 왼쪽에 속하면 $a_2 = 0$이라 두고, 오른쪽에 속하면 $a_2 = 1$로 둔다. 이 과정을 반복하면 모든 $c \in C$에 대하여 c가 C에서 어떻게 위치하는지에 따라 0과 1로 이루어진 수열 $(a_1, a_2, a_3, \ldots)$를 얻는다.

같은 방식으로 이러한 수열이 주어지면 칸토어 집합의 점을 대응시킬 수 있다. 0과 1로 이루어진 수열의 집합은 셀 수 없는 집합이므로(1.6절 문제 4 참고), C는 셀 수 없는 집합이다.

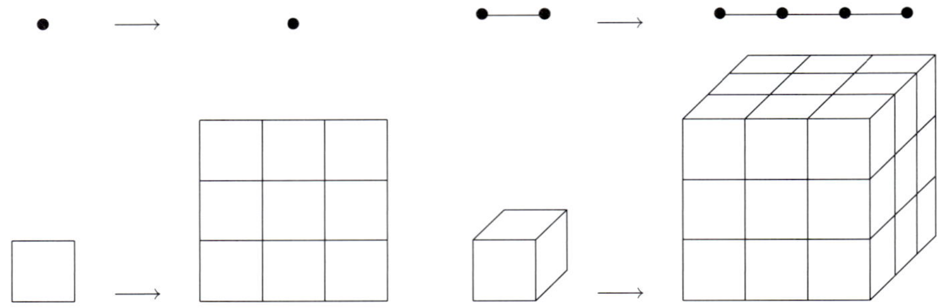

[그림 3.2] 3배씩 확대한 집합

지금까지의 논증을 통해 무엇을 알 수 있을까? 우선 C_n을 이루는 닫힌 구간의 끝점은 셀 수 있는 집합을 이루지만 C에는 이러한 끝점 외의 점이 셀 수 없이 많다. **기수**(cardinality) 관점에서 C는 $\mathbf{R}$만큼 큰 집합이다. **길이**(length)의 관점에서 보면 C는 한 점과 같은 크기를 가짐에도 불구하고 말이다. **차원**(dimension)의 관점에서 C는 0차원과 1차원 사이 어딘가 묘하게 놓여있음을 설명하며 칸토어 집합에 대한 소개를 마무리하고자 한다.

점의 차원은 0, 선분의 차원은 1, 정사각형의 차원은 2, 정육면체의 차원은 3이라는 데 모두 동의할 것이다. 차원에 대한 형식적 정의(여러 방법이 있다)를 하지 않더라도 특정 집합을 각각 3배씩 늘려 얻은 결과를 유심히 관찰하면 그 집합의 차원을 어떻게 정의할 수 있을지 이해할 수 있다(그림 3.2). 왜 하필 3일까? 다시 칸토어 집합을 설명할 때 그 이유를 알게 될 것이다. 점은 3배 하더라도 여전히 점 하나다. 반면에 선분은 길이가 $3(=3^1)$배가 된다. 정사각형 각 변의 길이를 3배로 늘리면 원래 정사각형과 같은 정사각형을 $9(=3^2)$개 포함하는 더 큰 정사각형이 된다. 마지막으로 정육면체를 늘리면 원래 정육면체와 같은 정육면체를 $27(=3^3)$개 포함하는 더 큰 정육면체가 된다. 즉, 각각의 경우에서 새로 생긴 집합의 '크기'를 계산하는 과정에서 차원은 확대 계수(magnification factor)의 지수(exponent)로 나타난다.

이제 이 변환을 칸토어 집합에 적용하자. 그럼 집합 $C_0=[0,1]$은 닫힌 구간 $[0,3]$이다. 3등분하여 가운데 구간을 제거하면 $[0,1]\cup[2,3]$이 남는다. 이는 원래 구성에서 닫힌 구간 $[2,3]$에 C의 복사본(copy)이 추가로 생긴 것이다. 즉 칸토어 집합을 3배로 확대하면 원래 집합의 복사본이 2**개** 생긴다. 따라서 C의 차원을 x라고 하면 x는 $2=3^x$을 만족해야 한다. 이는 $x=\log 2/\log 3\approx 0.631$이다(그림 3.3).

1975년에 수학자 브누아 망델브로(Benoit Mandlebrot)는 복잡하게 뒤얽힌 구조가 칸토어 집합과 매우 유사한 집합들을 묘사하기 위해 **프랙탈(fractal)**이란 신조어를 제안했는데, 정수가 아닌 차원 또는 분수 차원이란 개념이 바로 프랙탈 탄생의 원동력이었다. 칸토어 집합이 만들어진지 100년이 넘었지만 앞으로 우리가 실수의 부분집합이 지닌 종종 애매한 성질에 대한 정리와 추측을 확인하는

	차원	×3	복사본
점	0	$\rightarrow$	$1 = 3^0$
선분	1	$\rightarrow$	$3 = 3^1$
정사각형	2	$\rightarrow$	$9 = 3^2$
정육면체	3	$\rightarrow$	$27 = 3^3$
C	x	$\rightarrow$	$2 = 3^x$

[그림 3.3] 칸토어 집합 C의 차원

과정에서 칸토어 집합은 여전히 귀중한 시험장이 될 것이다.

3.2 열린 집합과 닫힌 집합

앞서 $a \in \mathbf{R}$과 $\epsilon > 0$에 대하여 a의 ϵ-**근방**(ϵ–neighborhood)을 다음과 같이 정의했다.

$$V_\epsilon(a) = \{x \in \mathbf{R} : |x - a| < \epsilon\}$$

다시 말해 $V_\epsilon(a)$는 중심이 a이고 반지름의 길이가 ϵ인 열린 구간 $(a - \epsilon, a + \epsilon)$이다.

정의 3.2.1 모든 점 $a \in O$에 대해 O에 포함되는 ϵ–근방 $V_\epsilon(a) \subseteq O$가 존재할 때 집합 $O \subseteq \mathbf{R}$을 **열린 집합(open set)**이라고 한다.

예제 3.2.2

(a) 열린 집합의 가장 단순한 예는 아마 $\mathbf{R}$ 자신일 것이다. 임의의 원소 $a \in \mathbf{R}$에 대하여 원하는 ϵ–근방을 자유롭게 택할 수 있으며 항상 $V_\epsilon(a) \subseteq \mathbf{R}$을 만족한다. 또한 정의 3.2.1의 논리에 따르면 공집합 $\varnothing$은 실수의 열린 부분집합으로 분류해야 한다.[1]

(b) 더 유용한 예제는 없을까? 다음 열린 구간을 생각하자.

$$(c, d) = \{x \in \mathbf{R} : c < x < d\}$$

1 (옮긴이) 조건문 $p \rightarrow q$에서 조건 p가 거짓이면 이 조건문은 무조건 참이다. 더 자세히 알고 싶다면 vacuous truth를 찾아보자.

(c, d)는 열린 집합일까? 열린 집합의 정의를 사용하자.

임의의 $x \in (c, d)$에 대하여 $\epsilon = \min\{x - c, d - x\}$로 택하면 $V_\epsilon(x) \subseteq (c, d)$이다. 처음 주어진 구간에 양 끝점 중 하나가 포함될 때 이 논증의 어느 부분에서 문제가 생기는지 각자 확인해 보기 바란다. 중요하다!

열린 구간의 합집합은 여전히 열린 집합이다. 이 관찰을 바탕으로 다음 결과를 유도할 수 있다.

정리 3.2.3 열린 집합에 대하여 다음이 성립한다.

(1) 열린 집합의 임의의 합집합은 열린 집합이다.

(2) 열린 집합의 유한 교집합은 열린 집합이다.

증명 (1) $\{O_\lambda : \lambda \in \Lambda\}$를 열린 집합의 모임이라고 하고 $O = \bigcup_{\lambda \in \Lambda} O_\lambda$라고 하자. a를 O의 임의의 원소라고 하자. O가 열린 집합임을 보이기 위해 정의 3.2.1와 같이 O에 완전히 포함되는 a의 ϵ–근방을 만들어야 한다. 그런데 $a \in O$는 a가 적어도 하나의 특정한 $O_{\lambda'}$의 원소임을 의미한다. 이때 $O_{\lambda'}$이 열린 집합임을 가정했으므로 정의 3.2.1로부터 $V_\epsilon(a) \subseteq O_{\lambda'}$인 $V_\epsilon(a)$가 존재한다. $O_{\lambda'} \subseteq O$이므로 $V_\epsilon(a) \subseteq O$이다. 따라서 (1)이 증명되었다.

(2) $\{O_1, O_2, \ldots, O_N\}$을 유한개 열린 집합의 모임이라고 하자. 이제 $a \in \bigcap_{k=1}^{N} O_k$라고 하면 a는 각각의 열린 집합의 원소다. 열린 집합의 정의로부터 각 $1 \leq k \leq N$마다 $V_{\epsilon_k}(a) \subseteq O_k$인 $V_{\epsilon_k}(a)$가 존재함을 알고 있다. 우리는 모든 O_k에 포함되는 a의 ϵ–근방이 **딱 한 개**(single) 필요하므로, 이 중 가장 작은 집합을 택해야 할 것이다. $\epsilon = \min\{\epsilon_1, \epsilon_2, \ldots, \epsilon_N\}$이라 두면 모든 k에 대해 $V_\epsilon(a) \subseteq V_{\epsilon_k}(a)$이다. 따라서 $V_\epsilon(a) \subseteq \bigcap_{k=1}^{N} O_k$이다. 원하는 바가 증명되었다. ◀

닫힌 집합

정의 3.2.4 점 x의 모든 ϵ–근방 $V_\epsilon(x)$에 대하여 $V_\epsilon(x)$의 집합 A의 교집합이 x 이외의 다른 원소를 가질 때 점 x를 집합 A의 **극한점(limit point)**이라고 한다.

극한점은 종종 **집적점**(cluster point 또는 accumulation point)이라 불리기도 한다. 하지만 이 책에서는 'x는 A의 극한점'이라는 표현을 주로 사용한다. x가 문자 그대로 A의 원소로 이루어진 수열의 극한임을 쉽게 연상시키기 때문이다.

정리 3.2.5 점 x가 집합 A의 극한점일 필요충분조건은 모든 $n \in \mathbf{N}$에 대하여 $a_n \neq x$이면서 A에 포함되는 어떤 수열 (a_n)이 존재하여 $x = \lim a_n$인 것이다.

증명 $(\Rightarrow)$ x가 A의 극한점이라고 가정하자. x로 수렴하는 수열 (a_n)을 만들기 위해 $\epsilon = 1/n$으로 주어진 특정한 ϵ–근방을 생각할 것이다. 정의 3.2.4에 따르면 x의 모든 근방은 x 이외의 다른 점에서 A와 교집합을 가진다. 이는 각 $n \in \mathbf{N}$마다 $a_n \neq x$이면서 다음을 만족하는 점을 고를 수 있음을 의미한다.

$$a_n \in V_{1/n}(x) \cap A$$

이제 $(a_n) \to x$인 이유는 어렵지 않게 확인할 수 있다. 임의의 $\epsilon > 0$에 대하여 $1/N < \epsilon$이 되도록 N을 택하자. 그럼 모든 $n \geq N$에 대하여 $|a_n - x| < \epsilon$이다.

$(\Leftarrow)$ 역방향을 보이기 위해 $a_n \in A$이면서 $a_n \neq x$인 수열 (a_n)에 대해 $\lim a_n = x$라고 가정하자. 또 $V_\epsilon(x)$를 임의의 ϵ–근방이라고 하자. 수렴의 정의로부터 $a_N \in V_\epsilon(x)$인 항 a_N이 존재함을 알 수 있다. 증명이 끝났다. ◀

정리 3.2.5에서 $a_n \neq x$라고 제한한 이유는 무엇일까? 점 $a \in A$가 주어질 때 상수 수열 $(a, a, a, \ldots)$를 생각할 수 있다면 a는 A의 원소로 이루어진 어떤 수열의 극한이다. 이렇게 다소 재미없는 상황은 피하고 싶으므로 집합의 극한점과 **고립점**을 구별하는 방식으로 정의하려 한다.

정의 3.2.6 극한점이 아닌 점 $a \in A$를 A의 **고립점(isolated point)**이라고 한다.

이러한 개념 사이의 관계에 대해 노파심에서 한 마디 덧붙이겠다. 고립점은 항상 집합 A의 원소인 반면 A의 극한점은 A에 얼마든지 포함되지 않을 수도 있다. 예를 들어 열린 구간의 끝점을 생각해 보자. 이 상황은 다음 중요한 정의의 주제다.

정의 3.2.7 자기 자신의 극한점을 모두 포함하는 집합 $F \subseteq \mathbf{R}$을 **닫힌 집합(closed set)**이라고 한다.

형용사 '닫힌'은 여러 수학적 맥락에서 나타나며 일반적으로 주어진 집합의 원소에 대한 연산의 결과가 여전히 집합의 원소임을 뜻하는 의미로 사용된다. 예를 들어 선형대수학에서 벡터공간은 덧셈과 스칼라곱에 대해 **닫힌** 집합이다. 해석학에서 관심을 두는 연산은 극한이다. 위상수학적으로 말하자면 닫힌 집합은 집합 내의 원소로 이루어진 수열이 수렴할 때 수열의 극한 또한 포함하는 집합이다.

정리 3.2.8 집합 $F \subseteq \mathbf{R}$이 닫힌 집합일 필요충분조건은 F에 포함되는 모든 코시 수열이 F 안에서 극한값을 가지는 것이다.

증명 연습문제 5를 보라. ◀

예제 3.2.9

(a) 다음 집합을 생각하자.

$$A = \left\{ \frac{1}{n} : n \in \mathbf{N} \right\}$$

A의 모든 점이 고립점임을 보이자. $1/n \in A$이 주어질 때, $\epsilon = 1/n - 1/(n+1)$으로 택하면 다음이 성립한다.

$$V_\epsilon(1/n) \cap A = \left\{ \frac{1}{n} \right\}$$

정의 3.2.4에 의해 $1/n$은 극한점이 아니므로 고립점이다. A의 모든 점이 고립점이지만 이 집합에는 0이라는 극한점이 있다. 0을 중심으로 하는 근방은 아무리 작더라도 모두 A의 점을 포함하기 때문이다. 이때 $0 \notin A$이므로 A는 닫힌 집합이 아니다. 집합 $F = A \cup \{0\}$은 A의 **폐포(closure)**라고 불리는 닫힌 집합의 예다(폐포는 잠시 후 다룬다).

(b) 닫힌 구간 $[c, d]$를 생각하자.

$$[c, d] = \{x \in \mathbf{R} : c \leq x \leq d\}$$

$[c, d]$가 닫힌 집합임을 정의 3.2.4를 이용해서 증명해 보자. x를 $[c, d]$의 극한점이라 하자. 정리 3.2.5에 의해 $(x_n) \to x$인 $(x_n) \subseteq [c, d]$가 존재한다. $x \in [c, d]$임을 증명해야 한다. 이 증명의 핵심은 부등식과 극한의 관계를 다루는 정리 2.3.4다. $c \leq x_n \leq d$이므로 정리 2.3.4(3)에서 $c \leq x \leq d$임을 알 수 있다. 따라서 $[c, d]$는 닫힌 집합이다.

(c) 유리수 집합 $\mathbf{Q} \subseteq \mathbf{R}$를 생각하자. $\mathbf{Q}$이 지닌 매우 중요한 성질 중 하나는 $\mathbf{Q}$의 극한점 집합이 사실 **$\mathbf{R}$ 전체**(all of $\mathbf{R}$)라는 것이다. 왜 그럴까? $\mathbf{R}$에서 $\mathbf{Q}$의 조밀성을 이야기하는 1장의 정리 1.4.3를 생각해 보자.

$y \in \mathbf{R}$을 임의로 두고 어떤 근방 $V_\epsilon(y) = (y - \epsilon, y + \epsilon)$을 생각하자. 정리 1.4.3에 따르면 이 근방 내부에 위치하는 유리수 $r \neq y$가 존재한다. 따라서 y는 $\mathbf{Q}$의 극한점이다.

$\mathbf{Q}$의 조밀성은 이렇게 다시 서술할 수 있다.

정리 3.2.10 유리수 집합 Q에서의 조밀성

모든 $y \in \mathbf{R}$에 대하여 y로 수렴하는 유리수열이 존재한다.

증명 앞선 논의와 정리 3.2.5를 합쳐 생각해 보라. ◀

같은 방식으로 모든 실수가 무리수로 이루어진 수열의 극한임을 보일 수 있다. 이 또한 흥미롭지만 유리수 집합의 매력 중 하나는 $\mathbf{R}$에서 조밀하다는 것뿐만 아니라 셀 수 있는 집합이라는 점이다. 이와 같은 $\mathbf{Q}$의 실체적 속성 때문에 $\mathbf{Q}$는 정리를 증명하거나 흥미로운 반례를 만드는 데 매우 유용하게 쓰인다. 앞으로 자주 보게 될 것이다.

폐포

정의 3.2.11 집합 $A \subseteq \mathbf{R}$가 주어질 때 A의 극한점 전체의 집합을 L이라 하자. A의 **폐포(closure)**는 $\overline{A} = A \cup L$이라 정의한다.

예제 3.2.9(a)에서 $A = \{1/n : n \in \mathbf{N}\}$일 때 A의 폐포는 $\overline{A} = A \cup \{0\}$임을 확인했다. 예제 3.2.9(c)에서는 $\overline{\mathbf{Q}} = \mathbf{R}$임을 확인했다. A가 열린 구간 (a, b)일 때 $\overline{A} = [a, b]$이다. A가 닫힌 구간이면 $\overline{A} = A$이다. 이러한 예를 바탕으로 생각해 보면 $\overline{A}$가 항상 닫힌 집합일 것이라 추측해도 무리가 없다.

정리 3.2.12 임의의 $A \subseteq \mathbf{R}$에 대하여 폐포 $\overline{A}$는 A를 포함하는 가장 작은 닫힌 집합이다.

증명 L이 A의 극한점을 모은 집합이므로 $\overline{A}$는 명백히 A의 극한점을 포함한다. 아직 증명해야 할 것이 남아있다. L과 A의 합집합을 취하는 중에 $\overline{A}$의 새로운 극한점이 생겼을 수도 있기 때문이다. 연습문제 7에서 이러한 일이 불가능함을 보인다.

한편 A를 포함하는 닫힌 집합은 항상 L 또한 포함해야 한다. 따라서 $\overline{A} = A \cup L$이 A를 포함하는 가장 작은 닫힌 집합이다. ◀

여집합

'열린'과 '닫힌'이란 수학적 개념은 일상 용어와 달리 반의어 관계가 아니다. 다시 말해 어떤 집합이 열린 집합이 아니라고 해서 닫힌 집합임을 의미하지 않는다. 반열린 구간 $(c, d] = \{x \in \mathbf{R} : c < x \leq d\}$를 생각해 보자. 많은 집합은 열린 집합도 아니며 닫힌 집합도 아니다. 집합 $\mathbf{R}$과 $\emptyset$은 열린 집합인 동시에 닫힌 집합이다. 다행스럽게도 이렇게 우리를 혼란스럽게 만드는 집합은 이 둘 뿐이다(연습문제 13

참고). 하지만 열린 집합과 닫힌 집합 사이에는 중요한 관계가 있다. 앞서 집합 $A \subseteq \mathbf{R}$의 **여집합(complement)**을 이렇게 정의했다.

$$A^c = \{x \in \mathbf{R} : x \notin A\}$$

> **정리 3.2.13** 집합 O가 열린 집합일 필요충분조건은 O^c가 닫힌 집합인 것이다. 비슷하게 집합 F가 닫힌 집합일 필요충분조건은 F^c가 열린 집합인 것이다.

증명 먼저 열린 집합 $O \subseteq \mathbf{R}$이 주어질 때 O^c가 닫힌 집합임을 증명하자. O^c가 닫힌 집합임을 증명하기 위해서는 이 집합이 자신의 극한점을 모두 포함하고 있음을 보이면 충분하다. x가 O^c의 극한점이라면 x의 **모든** 근방이 O^c의 점을 포함해야 한다. 반면 $x \in O$라면 $V_\epsilon(x) \subseteq O$인 근방을 잡을 수 있으므로 극한점 x는 열린 집합 O에 속할 수 없다. 따라서 $x \in O^c$임을 보였다.

역방향을 보이기 위해 O^c가 닫힌 집합이라고 가정하고 O가 열린 집합임을 보이자. 임의의 점 $x \in O$가 주어질 때 $V_\epsilon(x) \subseteq O$인 ϵ–근방을 만들어야 한다. O^c가 닫힌 집합이므로 x가 O^c의 극한점이 **아니라고**(not) 확신할 수 있다. 극한점의 정의를 되새겨 보면 이는 곧 집합 O^c와 교집합이 생기지 않는 x의 근방 $V_\epsilon(x)$이 존재해야 함을 의미한다. 즉 $V_\epsilon(x) \subseteq O$이다. 이제 원하는 바가 증명되었다.

정리 3.2.13의 두 번째 명제는 임의의 집합 $E \subseteq \mathbf{R}$에 대해 $(E^c)^c = E$임을 생각해 보면 첫 번째 명제에서 바로 확인할 수 있다. ◀

다음 소개하는 정리는 3.2절의 마지막 정리다. 정리 3.2.3과 비교해서 봐야 한다.

> **정리 3.2.14** 닫힌 집합에 대하여 다음이 성립한다.
>
> **(1)** 닫힌 집합의 유한 합집합은 닫힌 집합이다.
>
> **(2)** 닫힌 집합의 임의의 교집합은 닫힌 집합이다.

증명 드 모르간 법칙에 따르면 임의의 집합의 모임 $\{E_\lambda : \lambda \in \Lambda\}$에 대해 다음이 항상 참이다.

$$\left(\bigcup_{\lambda\in\Lambda} E_\lambda\right)^c = \bigcap_{\lambda\in\Lambda} E_\lambda^c, \quad \left(\bigcap_{\lambda\in\Lambda} E_\lambda\right)^c = \bigcup_{\lambda\in\Lambda} E_\lambda^c$$

위 사실과 정리 3.2.3으로부터 원하는 결과를 바로 도출할 수 있다. 자세한 내용은 연습문제 9에서 다룬다. ◀

3.2 연습문제

1. 다음 물음에 답하라.

(a) 정리 3.2.3(2)를 증명할 때 어디에 **유한개**(finite) 열린 집합이라는 가정이 사용되었는가?

(b) 열린 집합의 셀 수 있는 모임 $\{O_1, O_2, O_3, \ldots\}$에 대하여 $\bigcap_{n=1}^{\infty} O_n$이 공집합도 아니고 $\mathbf{R}$도 아니면서 닫힌 집합이 되는 예를 구하라.

2. 다음 두 집합을 생각하자.

$$A = \left\{ (-1)^n + \frac{2}{n} : n = 1, 2, 3, \ldots \right\}, \quad B = \{x \in \mathbf{Q} : 0 < x < 1\}$$

각 집합에 대해 다음 물음에 답하라.

(a) 극한점을 구하라.

(b) 열린 집합인가? 혹은 닫힌 집합인가?

(c) 고립점을 포함하는가?

(d) 폐포를 구하라.

3. 다음 집합이 열린 집합인지, 닫힌 집합인지, 둘 다 아닌지 판정하라. 열린 집합이 아니면 그 점의 어떤 ϵ–근방도 집합에 포함되지 않는 집합 내의 점을 찾아라. 닫힌 집합이 아니면 집합에 포함되지 않는 극한점을 찾아라.

(a) $\mathbf{Q}$

(b) $\mathbf{N}$

(c) $\{x \in \mathbf{R} : x \neq 0\}$

(d) $\{1 + 1/4 + 1/9 + \cdots + 1/n^2 : n \in \mathbf{N}\}$

(e) $\{1 + 1/2 + 1/3 + \cdots + 1/n : n \in \mathbf{N}\}$

4. A를 공집합이 아니면서 위로 유계인 집합이라고 하자. 즉 $s = \sup A$가 존재한다. 다음 물음에 답하라.

(a) $s \in \overline{A}$임을 보여라.

(b) 열린 집합이 자기 자신의 상한을 포함할 수 있는가?

5. 정리 3.2.8을 증명하라.

6. 다음 명제의 참-거짓을 판정하라. 거짓이면 반례를 구하고 참이면 증명하라.

(a) 모든 유리수를 포함하는 열린 집합은 반드시 **R** 전체여야 한다.

(b) 축소구간성질에서 '닫힌 구간'을 '닫힌 집합'으로 바꾸어도 여전히 참이다.

(c) 공집합이 아닌 열린 집합은 항상 유리수를 포함한다.

(d) 유계이면서 닫힌 무한집합은 항상 유리수를 포함한다.

(e) 칸토어 집합은 닫힌 집합이다.

7. $A \subseteq \mathbf{R}$가 주어졌을 때 L을 A의 모든 극한점의 집합이라고 하자. 다음 물음에 답하라.

(a) L이 닫힌 집합임을 보여라.

(b) x가 $A \cup L$의 극한점이면 x는 A의 극한점임을 보여라. 이 관찰을 이용하여 정리 3.2.12의 증명을 마무리하라.

8. A가 열린 집합이고 B가 닫힌 집합이라고 가정하자. 다음 집합이 열린 집합인지, 닫힌 집합인지, 둘 다인지, 둘 다 아닌지 확인하라.

(a) $\overline{A \cup B}$

(b) $A \backslash B = \{x \in A : x \notin B\}$

(c) $(A^c \cup B)^c$

(d) $(A \cap B) \cup (A^c \cap B)$

(e) $\overline{A}^c \cap \overline{A^c}$

9. **[드 모르간 법칙(De Morgan's laws)]** 두 집합에 대한 드 모르간 법칙 증명은 1.2절 연습문제 5에 설명되어 있다. 일반적인 경우도 비슷하다.

(a) 집합의 모임 $\{E_\lambda : \lambda \in \Lambda\}$이 주어졌을 때 다음이 성립함을 보여라.

$$\left(\bigcup_{\lambda\in\Lambda} E_\lambda\right)^c = \bigcap_{\lambda\in\Lambda} E_\lambda^c, \qquad \left(\bigcap_{\lambda\in\Lambda} E_\lambda\right)^c = \bigcup_{\lambda\in\Lambda} E_\lambda^c$$

(b) 이제 정리 3.2.14의 증명의 남은 부분을 채워라.

10. 다음 3가지 설명 중 하나만 실례(實例)가 존재한다. 실례가 존재하면 예를 구하고 다른 2개는 실례가 존재할 수 없는 이유를 설명하라.

(i) 극한점을 가지지 않으면서 $[0, 1]$에 포함되는 셀 수 있는 집합

(ii) 고립점을 가지지 않으면서 $[0, 1]$에 포함되는 셀 수 있는 집합

(iii) 고립점을 셀 수 없이 많이 가지는 집합

11. 다음 물음에 답하라.

(a) $\overline{A \cup B} = \overline{A} \cup \overline{B}$임을 증명하라.

(b) 폐포에 대한 (a)의 결과가 무한 합집합인 경우로 확장되는가?

12. A를 셀 수 없는 집합이라고 하고 B를 A를 두 개의 셀 수 없는 집합으로 나누는 실수의 부분집합이라고 하자. 다시 말해 $\{x : x \in A$이고 $x < s\}$와 $\{x : x \in A$이고 $x > s\}$가 모두 셀 수 없는 집합이면 $s \in B$이다. 이때 B가 공집합이 아니면서 열린 집합임을 보여라.

13. 열린 집합이면서 닫힌 집합은 $\mathbf{R}$과 공집합 $\varnothing$뿐임을 증명하라.

14. 집합의 폐포에 쌍대인 개념은 집합의 내부다. E의 **내부(interior)**는 E°로 나타내고 정의는 다음과 같다.

$$E^\circ = \{x \in E : V_\epsilon(x) \subseteq E \text{ 인 } x\text{의 근방 } V_\epsilon(x)\text{가 존재한다.}\}$$

폐포와 내부에 대한 결과는 대칭적이며 유용하다.

(a) E가 닫힌 집합일 필요충분조건은 $\overline{E} = E$임을 보여라. E가 열린 집합일 필요충분조건은 $E^\circ = E$임을 보여라.

(b) $\overline{E}^c = (E^c)^\circ$임을 보여라. 비슷하게 $(E^\circ)^c = \overline{E^c}$임을 보여라.

15. 집합 A를 닫힌 집합의 셀 수 있는 합집합으로 나타낼 수 있을 때 A를 F_σ 집합이라고 한다. 집합 B를 열린 집합의 셀 수 있는 교집합으로 나타낼 수 있을 때 B를 G_δ 집합이라고 한다. 다음 물음에 답하라.

(a) 닫힌 구간 $[a, b]$는 G_δ 집합임을 보여라.

(b) 반열린 구간 $(a, b]$는 G_δ 집합이면서 F_σ 집합이기도 함을 보여라.

(c) $\mathbf{Q}$는 F_σ 집합이고 무리수 집합 $\mathbf{I}$는 G_δ 집합임을 보여라(3.5절에서 $\mathbf{Q}$는 G_δ 집합이 **아니며** 또한 $\mathbf{I}$도 F_σ 집합이 아님을 확인할 것이다).

3.3 콤팩트 집합

해석학의 핵심 과제는 잘못된 논리나 불완전한 직관의 희생양이 되지 않고 수학적 무한의 힘을 (극한, 무한급수, 미분, 적분 등을 통해) 활용하는 데 있다. 이 과정에서 우리가 엄밀성을 유지할 수 있게 하는 주요 도구로 콤팩트 집합이라는 개념이 있다. 앞으로 연속함수를 공부하다 보면 콤팩트 집합의 중요성을 실감하게 될 것이다. 콤팩트라는 가정은 종종 논증과정 속에서 무한을 유한으로 바꿔 한결 쉽게 결론에 도달하게 해 준다.

정의 3.3.1 콤팩트성(compactness)

K의 원소로 이루어진 임의의 수열에 대하여 극한이 K의 원소인 부분수열이 존재할 때 집합 $K \subseteq \mathbf{R}$을 **콤팩트(compact)**[2]하다고 한다.

예제 3.3.2 콤팩트 집합의 가장 기초적인 예시는 닫힌 구간이다. 볼차노–바이어슈트라스 정리에 의해 (a_n)이 구간 $[c, d]$에 속하면 수렴하는 부분수열 (a_{n_k})이 존재하고, 닫힌 구간은 닫힌 집합이므로 (예제 3.2.9(b) 참고) 이 부분수열의 극한값 역시 $[c, d]$에 포함된다.

예제 3.3.2의 설명에서 사용된 닫힌 구간의 성질은 무엇인가? 볼차노–바이어슈트라스 정리를 사용하려면 유계라는 조건이 필요하다. 또한 닫힌 집합은 극한점을 포함한다는 사실도 사용했다. 곧 확인하겠지만 $\mathbf{R}$의 콤팩트 집합은 이 두 성질로 완전히 결정지을 수 있다. 지금까지 '유계'라는 용어는 수열에서만 사용했지만(정의 2.3.1) 유계집합도 이와 비슷하게 정의할 수 있다.

정의 3.3.3 모든 $a \in A$에 대하여 $|a| \leq M$인 $M > 0$이 존재할 때 집합 $A \subseteq \mathbf{R}$을 **유계집합(bounded set)**이라고 한다.

정리 3.3.4 R에서 콤팩트성의 특성

집합 $K \subseteq \mathbf{R}$가 콤팩트할 필요충분조건은 K가 닫힌 집합이면서 유계집합인 것이다.

증명 K가 콤팩트하다고 가정하자. 우선 귀류법을 사용하여 K가 유계임을 증명할 것이다.

2 (옮긴이) 콤팩트 집합을 옹골집합, 콤팩트성을 옹골성이라 부르기도 한다.

K가 유계집합이 아니라고 가정하자. K 안에서 무한대로 발산하는 수열을 만들고 이 수열이 수렴하는 부분수열을 가질 수 없음을 보여 콤팩트 정의를 만족하지 못함을 보일 것이다. K가 유계가 아니므로 $|x_1| > 1$인 원소 $x_1 \in K$가 반드시 존재한다. 비슷하게 $|x_2| > 2$인 $x_2 \in K$가 존재한다. 일반적으로 $n \in \mathbf{N}$이 주어질 때 $|x_n| > n$인 $x_n \in K$을 찾을 수 있다.

이제 K는 콤팩트하다고 가정했으므로 (x_n)은 수렴하는 부분수열 (x_{n_k})를 가져야 한다. 그러나 부분수열의 항은 $|x_{n_k}| > n_k$를 만족해야 하므로 (x_{n_k})는 유계가 아니다. 수렴하는 수열은 유계이므로 (정리 2.3.2 참고) 이는 모순이다. 따라서 K는 적어도 유계집합이어야 한다.

이제 K는 닫힌 집합임도 보이자. K가 자신의 극한점을 포함하고 있음을 확인하기 위해 $x = \lim x_n$이라고 하자. 이때 (x_n)은 K에 포함되는 수열이고 x 또한 K 안에 있어야 함을 증명한다. 정의 3.3.1에 의하면 수열 (x_n)은 수렴하는 부분수열 (x_{n_k})를 가지며 정리 2.5.2에 의해 (x_{n_k})가 같은 극한값 x로 수렴함을 안다. 마지막으로 정의 3.3.1에 의해 $x \in K$이다. 이로부터 K가 닫힌 집합임이 증명되었다.

역방향 증명은 연습문제 3에서 다룬다. ◀

닫힌 구간을 콤팩트 집합의 표준적 전형으로 간주하고 싶을지도 모른다. 하지만 이는 온당하지 않다. 콤팩트 집합의 구조는 닫힌 집합보다 훨씬 더 복잡하고 흥미롭기 때문이다. 예를 들어 정리 3.3.4에 의해 칸토어 집합은 콤팩트 집합이다. 콤팩트 집합은 닫힌 구간의 일반화라고 생각하는 게 더 유용하다. 닫힌 구간에 대해 참인 명제는 종종 '닫힌 구간'을 '콤팩트 집합'으로 바꾸어도 여전히 참인 경우가 많다. 예를 들어 1장에서 증명한 축소구간성질을 생각해 보자.

정리 3.3.5 축소 콤팩트 집합 성질

다음과 같이 공집합이 아닌 콤팩트 집합으로 이루어진 축소집합열을 생각하자.

$$K_1 \supseteq K_2 \supseteq K_3 \supseteq K_4 \supseteq \cdots$$

교집합 $\bigcap_{n=1}^{\infty} K_n$은 공집합이 아니다.

증명 각각의 집합 K_n이 콤팩트란 성질을 이용하기 위해 우리는 모든 K_n에 결국 속하게 되는 수열을 만들 것이다. 각 $n \in \mathbf{N}$마다 $x_n \in K_n$을 고르자. 콤팩트 집합이 축소되기 때문에 수열 (x_n)은 K_1에 포함된다. 정의 3.3.1에 의해 (x_n)은 수렴하는 부분수열 (x_{n_k})를 가지며 이때 극한값 $x = \lim x_{n_k}$는 K_1의 원소다.

실제로 x는 본질적으로 같은 이유에 의해 **모든** K_n의 원소다. 특정 $n_0 \in \mathbf{N}$이 주어지면 $n \geq n_0$

인 수열 (x_n)의 항은 K_{n_0}에 포함된다. $n_k < n_0$인 유한개 항을 무시하면 위에서와 같은 부분수열 (x_{n_k}) 또한 K_{n_0}에 포함된다. 따라서 $x = \lim x_{n_k}$는 K_{n_0}의 원소다. 이때 n_0는 임의로 주어졌으므로 $x \in \bigcap_{n=1}^{\infty} K_n$이다. 증명이 완료되었다. ◀

열린 덮개

우리가 완비성에서 마주했던 상황과 비슷하게 $\mathbf{R}$의 부분집합에 대한 콤팩트성을 정의하는 방법 역시 여러 가지가 있다. 우선 정리 3.3.4에서 두 가지 성질이 동치임을 보였다. 이 정리에 따르면 유계이면서 닫힌 집합을 콤팩트 집합의 **정의**로 삼고, 이 집합에 속하는 수열이 그 집합 안에서 수렴하는 부분수열을 가짐을 **증명**할 수 있다. 무엇을 정의로 선택할지에 대해 몇 가지 더 큰 문제가 있지만, 지금은 주어진 상황마다 가장 적절한 방식을 선택할 수 있을 만큼 다양하게 콤팩트성을 묘사할 수 있게 능숙해지는 것이 중요하다.

대부분 정리 3.3.4 정도면 충분하지만, 다른 2가지 특성과 동치이며 중요한 3번째 특성이 있다. 이를 설명하려면 **열린 덮개**와 **유한 부분덮개**라는 용어가 필요하다.

정의 3.3.6 집합 $A \subseteq \mathbf{R}$와 열린 집합의 모임 $\{O_\lambda : \lambda \in \Lambda\}$(무한개 열린 집합으로 이루어질 수도 있다)을 생각하자.

(1) $A \subseteq \bigcup_{\lambda \in \Lambda} O_\lambda$일 때, $\{O_\lambda : \lambda \in \Lambda\}$를 A의 **열린 덮개(open cover)**라 한다.

(2) 이 열린 덮개 중 유한개만의 합집합으로도 여전히 A가 완전히 포함할 수 있을 때, 이 유한개 집합의 모임을 **유한 부분덮개(finite subcover)**라 한다.

예제 3.3.7 열린 구간 $(0,1)$과 점 $x \in (0,1)$에 대하여 열린 구간 $(x/2, 1)$을 O_x라 하자. 무한 모임 $\{O_x : x \in (0,1)\}$은 열린 구간 $(0,1)$의 열린 덮개다. 그러나 이 열린 덮개의 유한 부분덮개는 존재하지 않는다. 임의의 유한 부분모임이 다음과 같이 주어졌다고 하자.

$$\{O_{x_1}, O_{x_2}, \ldots, O_{x_n}\}$$

$x' = \min\{x_1, x_2, \ldots, x_n\}$이라고 두자. 그럼 $0 < y \le x'/2$을 만족하는 임의의 실수 y가 합집합 $\bigcup_{i=1}^{n} O_{x_i}$에 포함되지 않는다.

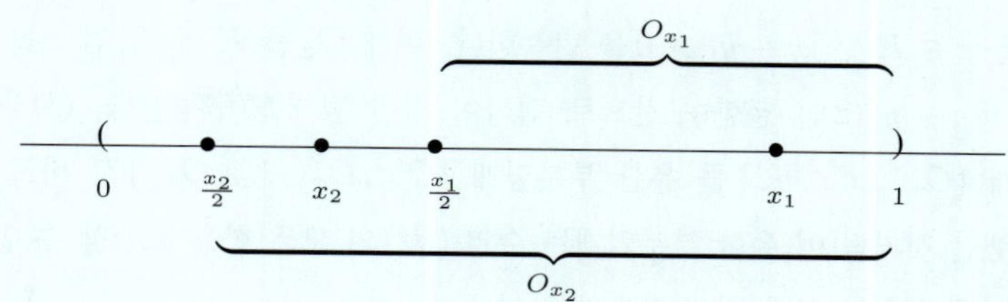

이제 닫힌 구간 $[0,1]$에 대해 비슷한 덮개를 생각하자. $x \in (0,1)$에 대하여 집합 $O_x = (x/2, 1)$은 $(0,1)$을 잘 덮지만 닫힌 구간 $[0,1]$의 끝점을 덮지 못한다. 이를 해결하기 위해 $\epsilon > 0$을 고정하고 $O_0 = (-\epsilon, \epsilon)$이고 $O_1 = (1-\epsilon, 1+\epsilon)$이라 하자. 그럼 다음 집합은 $[0,1]$에 대한 열린 덮개다.

$$\{O_0, O_1, O_x : x \in (0,1)\}$$

그러나 이번에는 유한 부분덮개가 존재한다. 집합 O_0를 추가했기 때문에 $x'/2 < \epsilon$이 되도록 x'을 택할 수 있다. 따라서 $\{O_0, O_{x'}, O_1\}$이 닫힌 구간 $[0,1]$의 유한 부분덮개다.

정리 3.3.8 하이네-보렐 정리(Heine-Borel theorem)

K가 $\mathbf{R}$의 부분집합이라고 하자. 다음 명제는 모두 동치다. 즉 셋 중 하나를 가정하면 나머지 둘을 유도할 수 있다.

(1) K는 콤팩트 집합이다.

(2) K는 닫힌 집합이면서 유계집합이다.

(3) K의 임의의 열린 덮개가 항상 유한 부분덮개를 가진다.

증명 (1)과 (2)가 동치임은 정리 3.3.4에서 증명했다. 남은 것은 (3)이 (1) 또는 (2)와 동치임을 보이는 것이다. 먼저 (3)을 가정했을 때 (2)가 성립함을 증명하자(따라서 (1)도 성립한다).

K가 유계임을 보이기 위해 O_x를 각 점 $x \in K$를 중심으로 반지름의 길이가 1인 열린 구간으로 정의하여 K에 대한 열린 덮개를 구성하자. '근방'을 써서 나타내면 $O_x = V_1(x)$이다. 이때 열린 덮개 $\{O_x : x \in K\}$는 유한 부분덮개 $\{O_{x_1}, O_{x_2}, \ldots, O_{x_n}\}$을 가져야만 한다. 유한개 유계집합의 합집합에 포함되므로 K도 유계집합이다.

K가 닫힌 집합이라는 증명은 조금 더 미묘하다. 귀류법을 통해 증명한다. (y_n)을 K에 포함되는 코시 수열로서 $\lim y_n = y$이라 하자. K가 닫힌 집합임을 보이려면 $y \in K$임을 보여야 한다. 귀류법을

쓰기 위해 이것이 참이 아니라고 가정하자.

$y \notin K$ 이면 모든 $x \in K$ 는 $|x - y| > 0$을 만족한다. 이제 O_x를 K의 각 점 x를 중심으로 하고 반지름의 길이가 $|x - y|/2$인 열린 구간으로 택하여 열린 덮개를 구성한다. (3)을 가정했으므로 주어진 열린 덮개 $\{O_x : x \in K\}$를 유한 부분덮개 $\{O_{x_1}, O_{x_2}, \ldots, O_{x_n}\}$로 바꿀 수 있다. 이제 예제 3.3.7에서 했던 것처럼 이 유한 부분덮개는 수열 (y_n)의 모든 항을 포함할 수 없음을 확인하여 모순을 보인다. 이를 명확히 하기 위해 다음과 같이 두자.

$$\epsilon_0 = \min\left\{\frac{|x_i - y|}{2} : 1 \leq i \leq n\right\}$$

$(y_n) \to y$이므로 $|y_N - y| < \epsilon_0$를 만족하는 항 y_N을 분명히 찾을 수 있다. 그러나 그러한 y_N은 반드시 각 O_x에서 배제되어야 한다. 다시 말해 다음이 성립한다.

$$y_N \notin \bigcup_{i=1}^{n} O_{x_i}$$

따라서 이 부분덮개는 실제로 K를 다 덮지 못한다. 이는 모순이므로 $y \in K$이다. 따라서 K는 유계이면서 닫힌 집합이다.

명제 (2) ⇒ (3)의 증명은 연습문제 9에 설명되어 있다. 역사적으로 정확하게 말하면 이 함축관계가 하이네–보렐 정리다. ◀

3.3 연습문제

1. 공집합이 아니면서 콤팩트 집합인 집합 K에 대하여 $\sup K$와 $\inf K$가 존재하고 모두 K의 원소임을 증명하라.

2. 다음 집합이 콤팩트 집합인지 판정하라. 콤팩트 집합이 아닐 때 정의 3.3.1을 어떻게 만족하지 않는지 보여라. 다시 말해 주어진 집합에 포함되지만 이 집합 안에서 수렴하는 부분수열을 가지지 않는 수열의 예를 구하라.

(a) $\mathbf{N}$

(b) $\mathbf{Q} \cap [0, 1]$

(c) 칸토어 집합

(d) $\{1 + 1/2^2 + 1/3^2 + \cdots + 1/n^2 : n \in N\}$

(e) $\{1, 1/2, 2/3, 3/4, 4/5, \ldots\}$

3. 집합 $K \subseteq \mathbf{R}$이 유계이면서 닫힌 집합이면 콤팩트 집합임을 보여서 정리 3.3.4의 역방향을 증명하라.

4. K가 콤팩트 집합이고 F가 닫힌 집합이라고 가정하자. 다음 집합이 콤팩트 집합인지, 닫힌 집합인지, 둘 다인지, 둘 다 아닌지 확인하라.

(a) $K \cap F$

(b) $\overline{F^c \cup K^c}$

(c) $K \backslash F = \{x \in K : x \notin F\}$

(d) $\overline{K \cap F^c}$

5. 다음 명제의 참-거짓을 판정하라. 거짓이면 반례를 구하고 참이면 증명하라.

(a) 콤팩트 집합의 임의의 교집합은 항상 콤팩트 집합이다.

(b) 콤팩트 집합의 임의의 합집합은 항상 콤팩트 집합이다.

(c) A는 임의의 집합이고 K는 콤팩트 집합이라고 하자. 이때 교집합 $A \cap K$는 콤팩트 집합이다.

(d) $F_1 \supseteq F_2 \supseteq F_3 \supseteq F_4 \supseteq \cdots$ 이 공집합이 아닌 닫힌 집합으로 이루어진 축소 수열이면 $\bigcap_{n=1}^{\infty} F_n \neq \varnothing$이다.

6. 다음 연습문제는 3.3절을 시작하며 언급했던 부분에 대한 예시로 주어진 것이다. 다음 세 명제 중 빈칸을 모두 '유한', '콤팩트', '닫힌'으로 각각 채웠을 때 참인 명제는 무엇인가?

(a) 모든 ______ 집합은 최댓값을 가진다.

(b) A와 B가 ______ 집합이면 $A + B = \{a + b : a \in A, b \in B\}$도 ______ 집합이다.

(c) $\{A_n : n \in \mathbf{N}\}$이 ______ 집합의 모임이고 $\{A_n : n \in \mathbf{N}\}$ 중 유한개를 골라 교집합을 취하면 항상 공집합이 아닐 때 $\bigcap_{n=1}^{\infty} A_n$ 또한 공집합이 아니다.

7. 칸토어 집합의 놀라운 특징을 보여주는 예 중 하나로, 다음 단계를 따라 합집합 $C + C = \{x + y : x, y \in C\}$가 닫힌 구간 $[0, 2]$와 같음을 보여라(C는 길이가 0이고 어떤 구간도 포함하지 않음을 명심하라). $C \subseteq [0, 1]$이므로 $C + C \subseteq [0, 2]$이고 따라서 반대 방향의 포함관계 $[0, 2] \subseteq \{x + y : x, y \in C\}$만을 보이면 된다. 따라서 $s \in [0, 2]$가 주어질 때 $x + y = s$를 만족하는 두 원소 $x, y \in C$를 찾아야 한다.

(a) $x_1 + y_1 = s$인 $x_1, y_1 \in C_1$가 존재함을 보여라. 일반적으로 모든 $n \in \mathbf{N}$에 대해서 $x_n + y_n = s$를 만족하는 $x_n, y_n \in C_n$을 항상 찾을 수 있음을 보여라.

(b) 수열 (x_n)과 (y_n)은 반드시 수렴하지는 않는다. 그럼에도 이 수열을 이용해서 어떻게 $x+y = s$를 만족하는 원하는 x와 y를 C에서 찾을 수 있는지 설명하라.

8. K와 L이 공집합이 아닌 콤팩트 집합이라 하고 다음을 정의하자.

$$d = \inf\{|x - y| : x \in K, \quad y \in L\}$$

이는 K와 L 사이의 **거리**(distance)에 대한 그럴듯한 정의로 알려졌다. 다음 물음에 답하라.

(a) K와 L이 서로소인 집합일 때 $d > 0$이고 어떤 $x_0 \in K$와 $y_0 \in L$에 대해 $d = |x_0 - y_0|$임을 보여라.

(b) K와 L이 서로소인 닫힌 집합이라는 가정만으로는 $d = 0$이 될 수도 있음을 보여라.

9. 다음 단계를 따라 정리 3.3.8의 증명을 마무리하라. K가 (1)과 (2)를 만족한다고 가정하고 $\{O_\lambda : \lambda \in \Lambda\}$가 K에 대한 열린 덮개라고 하자. 귀류법을 쓰기 위해 그런 유한 부분덮개는 존재하지 않는다고 가정하자. I_0를 K를 포함하는 닫힌 구간이라고 하자.

(a) 각 n마다 $I_n \cap K$는 유한개로 덮일 수 없고 $\lim |I_n| = 0$인 성질을 갖는 닫힌 구간으로 이루어진 축소 수열 $I_0 \supseteq I_1 \supseteq I_2 \supseteq \cdots$이 존재함을 보여라.

(b) 모든 n에 대하여 $x \in I_n$인 $x \in K$가 존재함을 증명하라.

(c) $x \in K$이므로 원래 모임에 x를 원소로 포함하는 열린 집합 O_{λ_0}가 반드시 존재한다. 이것이 어떻게 원하는 모순으로 이어지는지 설명하라.

10. 다음은 하이네–보렐 정리의 마지막 함의에 대한 연습문제 9의 증명과 다른 증명이다.

> K가 닫힌 구간인 특수한 경우를 생각하자. $\{O_\lambda : \lambda \in \Lambda\}$이 $[a, b]$에 대한 열린 덮개라고 하자. S를 $[a, x]$가 $\{O_\lambda : \lambda \in \Lambda\}$에서 유한 부분덮개를 가지게 되는 모든 $x \in [a, b]$의 집합으로 정의하자.

(a) S가 공집합이 아니면서 유계이고, 따라서 $s = \sup S$가 존재함을 증명하라.

(b) 이제 $s = b$임을 보여 $[a, b]$가 유한 부분덮개를 가짐을 보여라.

(c) 마지막으로 모든 유계이면서 닫힌 집합 K에 대해 정리를 증명하라.

11. 연습문제 2에 제시된 집합을 생각하자. 콤팩트 집합이 아닌 집합에 대해 유한 부분덮개를 가지지 않는 열린 덮개를 찾아라.

12. 유한 덮개 개념을 이용하여(볼차노–바이어슈트라스 정리를 직접적으로 사용하지 않고) 모든 유계인 무한집합은 극한점을 가짐을 증명하라.

13. 모든 **닫힌**(closed) 덮개(닫힌 집합으로 이루어진 덮개)가 유한 부분덮개를 가지는 집합을 **꼼팩트**(clompact) 집합이라고 하자. $\mathbf{R}$의 모든 꼼팩트 부분집합을 묘사하라.

3.4 완전집합과 연결집합

위상수학의 기본 목표 중 하나는 실수에 대한 우리의 직관에서 유래한 모든 외적 정보를 제거하고 우리가 연구하고자 하는 현상의 원인 속성만 분리하는 것이다. 예를 들어 우리는 닫힌 구간이 콤팩트 집합임은 재빨리 알아냈다. 그러나 정리 3.3.4의 내용에 따르면 닫힌 구간이 콤팩트인 이유는 닫힌 유계집합이기 때문이지 **구간**(interval)이라는 사실과는 아무런 연관이 없다.

1장에서 우리는 0과 1 사이의 실수 집합이 셀 수 없는 집합임을 증명했다. 그런데 고립점이 없는 닫힌 집합도 공집합만 아니면 셀 수 없는 집합임을 보일 수 있다.

완전집합

정의 3.4.1 고립점을 가지지 않는 닫힌 집합 $P \subseteq \mathbf{R}$을 **완전집합(perfect set)**이라고 한다.

(한원소 집합 $[a, a]$는 제외하고) 닫힌 구간은 완전집합의 가장 자명한 예시다. 여기에 더 흥미로운 예가 있다.

예제 3.4.2 칸토어 집합(Cantor set)

칸토어 집합이 완전집합임을 보이기란 그리 어렵지 않다. 3.1절에서 칸토어 집합을 다음 무한교집합으로 정의했는데 이때 각 C_n은 유한 개 닫힌 구간의 합집합이다.

$$C = \bigcap_{n=0}^{\infty} C_n$$

정리 3.2.14에 의해 각 C_n은 닫힌 집합이고 같은 정리로부터 C 또한 닫힌 집합이다. 이제 남은 건 C에 속하는 어떤 점도 고립점이 아님을 보이는 것이다.

$x \in C$를 임의로 두자. x가 고립점이 아님을 확인하려면 C의 수열로서 x로 수렴하는 수열 (x_n)을 찾아야 한다(단, $x_n \neq x$). 앞선 논의에서 C는 적어도 각 C_n을 이루는 구간의 양 끝점을 포함함을 안다. 이 끝점만 있으면 (x_n)을 구성할 수 있음을 연습문제 3에서 증명한다.

칸토어 집합이 셀 수 없는 집합임을 3.1절에서 이미 증명했다. 다음 정리를 사용하면 이를 다른 방식으로 증명할 수 있다. 아마도 이 방식이 더 만족스러울 것이다.

정리 3.4.3 공집합이 아닌 완전집합은 셀 수 없는 집합이다.

증명 P가 공집합이 아니면서 완전집합이면 반드시 무한집합이다. 만약 P가 유한집합이라면 고립점으로만 이루어진 집합이 되어 완전집합이란 가정에 부합하지 않는다. 이제 P가 셀 수 있는 집합이라고 가정하고 다음과 같이 쓰자.

$$P = \{x_1, x_2, x_3, \ldots\}$$

P의 **모든**(every) 원소는 이 목록에 나타나야 한다. 이 증명의 아이디어는 P에 포함되면서 $x_1 \notin K_2$, $x_2 \notin K_3$, $x_3 \notin K_4$, ...를 만족하는 축소 콤팩트 집합열 (K_n)을 구성하는 것이다. 각 K_n이 공집합이 안되도록만 주의를 기울이면 정리 3.3.5를 이용하여 다음과 같은 x를 찾을 수 있다.

$$x \in \bigcap_{n=1}^{\infty} K_n \subseteq P$$

그러면 이 x는 $\{x_1, x_2, x_3, \dots\}$에 **있을 수 없는** 원소가 된다.

x_1을 내부에 포함하는 닫힌 구간을 I_1이라 하자(즉, x_1은 I_1의 끝점이 아니다). 이제 x_1은 고립점이 아니므로 I_1의 내부에 포함되는 다른 점 $y_2 \in P$가 존재한다. y_2를 중심으로 하고 $I_2 \subseteq I_1$이지만 $x_1 \notin I_2$인 닫힌 구간 I_2를 만들자. 더 구체적으로 $I_1 = [a, b]$이면 다음과 같이 ϵ을 정하자.

$$\epsilon = \min\{y_2 - a, b - y_2, |x_1 - y_2|\}$$

이때 구간 $I_2 = [y_2 - \epsilon/2, y_2 + \epsilon/2]$이 원하던 구간이다.

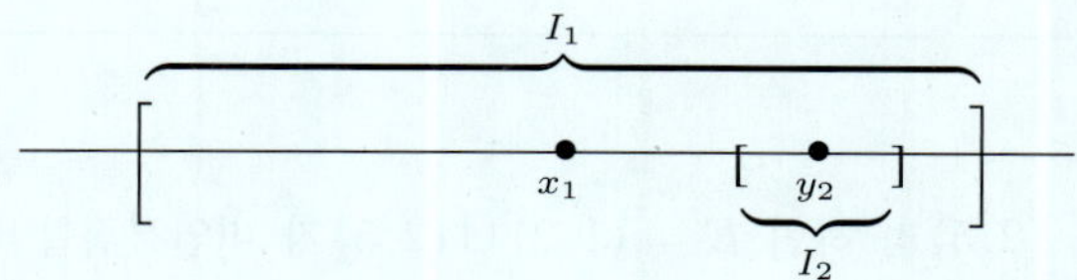

이 과정은 계속할 수 있다. $y_2 \in P$가 고립점이 아니므로 I_2의 내부에 있는 다른 $y_3 \in P$가 반드시 존재하고 $y_3 \neq x_2$라고 할 수 있다. 이제 y_3를 중심으로 $x_2 \notin I_3$이면서 $I_3 \subseteq I_2$이 되도록 작게 I_3를 만든다. $I_3 \cap P$는 적어도 y_3를 포함하므로 $I_3 \cap P \neq \varnothing$이다.

이 구성을 귀납적으로 수행하면 다음 (1)~(3)을 만족하는 닫힌 구간 I_n의 수열을 얻는다.

(1) $I_{n+1} \subseteq I_n$

(2) $x_n \notin I_{n+1}$

(3) $I_n \cap P \neq \varnothing$

증명을 마치기 위해 $K_n = I_n \cap P$라 하자. 각 $n \in \mathbf{N}$마다 K_n은 닫힌 집합의 교집합이므로 닫힌 집합이며, 유계집합 I_n에 속하므로 유계다. 따라서 K_n은 콤팩트 집합이다. 구성 상 K_n은 공집합이 아니며 $K_{n+1} \subseteq K_n$이다. 따라서 축소 콤팩트 집합 성질(정리 3.3.5)을 써서 무한교집합에 대해 다음 결론을 내릴 수 있다.

$$\bigcap_{n=1}^{\infty} K_n \neq \varnothing$$

한편, 각 K_n은 P의 부분집합이고 $x_n \notin I_{n+1}$이므로 $\bigcap_{n=1}^{\infty} K_n = \varnothing$이다. 이는 모순이다. ◀

연결집합

두 열린 구간 $(1,2)$와 $(2,5)$는 공통의 극한점 $x=2$가 있지만, 어느 한 구간의 극한점이 다른 구간에 포함되지 않는다는 의미에서 약간의 틈이 있다. 달리 말해서 구간 $(1,2)$의 폐포는(정의 3.2.11 참고) 구간 $(2,5)$와 서로소이고, 구간 $(2,5)$의 폐포는 구간 $(1,2)$와 교집합이 없다. 두 구간 $(1,2]$와 $(2,5)$는 서로소인 집합이지만 이러한 성질을 찾을 수 없다는 점에 주목하자.

정의 3.4.4 공집합이 아닌 두 집합 $A, B \subseteq \mathbf{R}$에 대해 $\overline{A} \cap B$와 $A \cap \overline{B}$가 모두 공집합이면 A와 B가 **분리되었다(separated)**고 한다. 공집합이 아닌 서로 분리된 집합 A와 B에 대해 $E = A \cup B$와 같이 쓸 수 있을 때 집합 $E \subseteq \mathbf{R}$를 **비연결집합(disconnected set)**이라고 한다.
비연결집합이 아닌 집합을 **연결집합(connected set)**이라고 한다.

예제 3.4.5

(a) $A=(1,2), B=(2,5)$라 하면 $E=(1,2)\cup(2,5)$가 비연결집합임을 확인하는 것은 그리 어렵지 않다. 집합 $C=(1,2]$와 $D=(2,5)$는 $C\cap\overline{D}=\{2\}$가 공집합이 아니므로 분리되지 않는다. 이는 사실 나쁘지 않은데, 왜냐하면 합집합 $C\cup D$는 구간 $(1,5)$와 같고 이는 연결집합이기 때문이다.
잠시 후 어느 집합이 구간(interval)을 이루는 것이 $\mathbf{R}$의 연결집합이기 위한 필요충분조건임을 증명할 것이다.

(b) 유리수 집합이 비연결집합임을 보이자. 다음 두 집합 A, B는 확실히 $\mathbf{Q}=A\cup B$이다.

$$A = \mathbf{Q}\cap(-\infty, \sqrt{2}), \quad B = \mathbf{Q}\cap(\sqrt{2}, \infty)$$

$A \subseteq (-\infty, \sqrt{2})$이므로 (극한과 부등식(정리 2.3.4)에 의해) A의 모든 극한점은 반드시 $(-\infty, \sqrt{2}]$에 포함된다. 이는 B와 서로소이므로 $\overline{A}\cap B=\varnothing$임을 얻는다.
비슷하게 $A\cap\overline{B}=\varnothing$임을 보일 수 있고 따라서 A와 B는 분리되어 있다.

연결집합은 비연결집합을 부정하여 정의했다. 전칭기호와 존재기호의 부정을 생각해 보면 정의 3.4.4에서 연결성을 긍정문으로 서술할 수 있다. 주어진 집합에 대하여 이 집합을 공집합이 아닌 서로소인 두 집합으로 나누었을 때, 두 집합 중 적어도 하나가 다른 집합의 극한점을 포함하고 있음을 항상 보일 수 있는 경우 집합 E는 연결집합이다.

정리 3.4.6 집합 $E \subseteq \mathbf{R}$이 연결집합일 필요충분조건은 $E = A \cup B$를 만족하는 공집합이 아니고 서로소인 두 집합 A, B를 어떻게 가져오더라도 (x_n)은 A 또는 B 중 한 집합에만 포함되고 그 극한값 x는 다른 집합에 포함되는 수열 $(x_n) \to x$가 항상 존재하는 것이다.

증명 연습문제 6을 보라. ◀

연결성은 평면이나 고차원 공간의 부분집합을 다룰 때 더 유용하다. $\mathbf{R}$에서는 모든 연결집합이 ($(-\infty, 3)$나 $[0, \infty)$와 같이 유계가 아닌 구간을 포함하여) 구간으로 표현되기 때문이다.

정리 3.4.7 $E \subseteq \mathbf{R}$가 연결집합일 필요충분조건은 임의의 $a, b \in E$와 $a < c < b$인 c에 대하여 항상 $c \in E$인 것이다.

증명 E는 연결집합이라 하고 $a, b \in E$, $a < c < b$라 가정하자. 두 집합 A와 B를 다음과 같이 정의하자.

$$A = (-\infty, c) \cap E, \quad B = (c, \infty) \cap E$$

$a \in A$이고 $b \in B$이므로 두 집합 모두 공집합이 아니고 예제 3.4.5(b)와 같이 두 집합 모두 서로의 극한점을 포함하지 않는다. $E = A \cup B$이면 E는 비연결집합이 되는데 이는 가정에 부합하지 않는다. 즉 $A \cup B$에 포함되지 않는 E의 원소가 있어야만 한다. c 외에는 조건을 만족하는 점이 없다. 따라서 $c \in E$이다.

반대로 E를 임의의 $a, b \in E$와 어떤 c에 대해 $a < c < b$이면 $c \in E$가 되는 **구간**이라 가정하자. 정리 3.4.6에서 제시된 연결집합의 특성을 사용하기 위해 공집합이 아니면서 서로소인 두 집합 A와 B에 대해 $E = A \cup B$라 하자. 두 집합 중 하나가 다른 집합의 극한점을 포함하고 있음을 보여야 한다. $a_0 \in A$와 $b_0 \in B$를 고르고 증명의 편의를 위해 $a_0 < b_0$라고 가정하자. E는 자기 자신이 구간이므로 구간 $I_0 = [a_0, b_0]$는 E에 포함된다. 이제 I_0를 2등분하자. I_0의 중점은 반드시 A나 B에 포함되어야 하므로 $a_1 \in A$이고 $b_1 \in B$가 되도록 반쪽 $I_1 = [a_1, b_1]$을 택하자. 이 과정을 계속하면 $a_n \in A$, $b_n \in B$이면서 길이가 $(b_n - a_n) \to 0$인 축소 구간 $I_n = [a_n, b_n]$으로 이루어진 수열을 얻는다. 증명의 남은 부분은 익숙할 것이다. 축소구간성질에 의해 다음과 같은 x가 존재한다.

$$x \in \bigcap_{n=0}^{\infty} I_n$$

일사천리로 끝점의 수열인 (a_n)과 (b_n)이 각각 $\lim a_n = x$와 $\lim b_n = x$를 만족함을 보일 수 있다. 그러나 $x \in E$는 A 또는 B에 속한다. 만약 $x \in A$라면 $\lim b_n = x$이므로 x는 B의 극한점이다. 반대 경우도 마찬가지다. 이로써 증명이 끝났다. ◀

3.4 연습문제

1. P가 완전집합이고 K가 콤팩트 집합이면 교집합 $P \cap K$는 항상 콤팩트 집합인가? 또는 항상 완전집합인가?

2. 유리수로만 이루어진 완전집합이 존재하는가?

3. 예제 3.4.2에 제시된 증명의 일부를 확인하고 다음 단계를 따라 증명을 완성하라.

(a) $x \in C_1$ 이므로 $|x - x_1| \leq 1/3$을 만족하면서 $x_1 \neq x$인 $x_1 \in C \cap C_1$이 존재함을 증명하라.

(b) 각 $n \in \mathbf{N}$마다 $|x - x_n| \leq 1/3^n$를 만족하면서 x와는 다른 $x_n \in C \cap C_n$이 존재함을 보여 증명을 마무리하라.

4. 구간 $[0, 1]$에서 시작하여 3.1절과 같이 칸토어 집합을 만들자. 그런데 이번에는 각 성분에서 **가운데** $1/4$만큼 열린 구간을 제거한다.[3]

(a) 이 집합은 콤팩트 집합인가? 또는 완전집합인가?

(b) 3.1절의 알고리즘을 사용하여 이 칸토어같은 집합의 길이와 차원을 계산하라.

5. A와 B가 $\mathbf{R}$의 공집합이 아닌 부분집합이라고 하자. $A \subseteq U$ 이고 $B \subseteq V$인 서로소인 열린 집합 U와 V가 존재하면 A와 B는 분리되었음을 보여라.

6. 정리 3.4.6을 증명하라.

7. 완전비연결집합의 정의는 다음과 같다.

> 임의의 서로 다른 두 점 $x, y \in E$에 대하여 $x \in A$, $y \in B$이고 $E = A \cup B$인 분리된 집합 A와 B가 존재하면 집합 E를 **완전비연결집합(totally disconnected set)**이라고 한다.

다음 물음에 답하라.

(a) $\mathbf{Q}$가 완전비연결집합임을 보여라.

(b) 무리수 집합은 완전비연결집합인가?

---

3 처음에는 가운데 구간 $(3/8, 5/8)$가 제거된다.

8. 다음 단계를 따라 칸토어 집합이 연습문제 7에서 정의한 바와 같이 완전비연결집합임을 보여라. 3.1절에서 정의한 바와 같이 C를 다음과 같이 두자.

$$C = \bigcap_{n=0}^{\infty} C_n$$

(a) $x < y$인 $x, y \in C$가 주어질 때 $\epsilon = y - x$라고 두자. 각 $n = 0, 1, 2, \ldots$에 대해 집합 C_n은 유한개 닫힌 구간으로 이루어져 있다. x와 y가 모두 C_N의 같은 닫힌 구간에 속할 수 없을 정도로 큰 N이 반드시 존재하는 이유를 설명하라.

(b) C가 완전비연결집합임을 보여라.

9. $\{r_1, r_2, r_3, \ldots\}$를 유리수 나열이라고 하고 각 $n \in \mathbf{N}$마다 $\epsilon_n = 1/2^n$이라 두자. $O = \bigcup_{n=1}^{\infty} V_{\epsilon_n}(r_n)$이라 정의하고 $F = O^c$라 하자. 다음 물음에 답하라.

(a) F가 공집합이 아니고 무리수로만 이루어진 닫힌 집합임을 증명하라.

(b) F는 공집합이 아닌 열린 구간을 포함하는가? F는 완전비연결집합인가? 완전비연결집합의 정의는 연습문제 7을 참고하라.

(c) F가 완전집합인지 아닌지 알 수 있는가? 불가능하다면 이 구성을 수정하여 무리수로 이루어진 공집합이 아닌 완전집합을 만들 수 있는가?

3.5 베르 정리

실수에는 믿을 수 없을 정도로 이해하기 어려운 성질도 있다. 자세히 살펴볼수록 $\mathbf{R}$은 더 복잡하고 수수께끼 같으므로 $\mathbf{R}$의 부분집합의 성질에 대한 결론을 내릴 때는 각별히 신중해야(즉 공리적으로 접근해야) 한다. 열린 집합의 구조는 매우 간단하다. 모든 열린 집합은 열린 구간의 유한 또는 셀 수 있는 만큼의 합집합이다. 이와 같이 깔끔한 열린 집합에 대비되는 집합이 바로 칸토어 집합이다. 칸토어 집합은 닫힌 집합이고 셀 수 없는 집합이며 어느 종류의 구간도 포함하지 않는다. 따라서 닫힌 집합은 열린 집합과 같이 깔끔한 특성화를 얻기 힘들다.

열린 집합의 합집합은 항상 열린 집합임을 기억하자. 비슷하게 닫힌 집합의 교집합은 항상 닫힌 집합이다. 닫힌 집합의 합집합 또는 열린 집합의 교집합을 생각하면 새로운 종류의 $\mathbf{R}$의 부분집합을 얻을 수 있다.

정의 3.5.1 집합 $A \subseteq \mathbf{R}$를 닫힌 집합의 셀 수 있는 합집합으로 나타낼 수 있을 때 A를 **F_σ 집합**(**F_σ set**)이라고 한다. 집합 $B \subseteq \mathbf{R}$를 열린 집합의 셀 수 있는 교집합으로 나타낼 수 있을 때 B를 **G_δ 집합**(**G_δ set**)이라고 한다.

문제 1 집합 A가 G_δ 집합일 필요충분조건은 여집합이 F_σ 집합임을 증명하라.

문제 2 **유한**(finite) 또는 **셀 수 있는**(countable) 단어 중 더 적절한 것으로 각 빈칸을 채워라.

(a) F_σ 집합의 ______ 합집합은 F_σ 집합이다.

(b) F_σ 집합의 ______ 교집합은 F_σ 집합이다.

(c) G_δ 집합의 ______ 합집합은 G_δ 집합이다.

(d) G_δ 집합의 ______ 교집합은 G_δ 집합이다.

문제 3 다음 물음에 답하라. 이 물음은 3.2절 연습문제 15와 동일하다.

(a) 닫힌 구간 $[a, b]$는 G_δ 집합임을 보여라.

(b) 반열린 구간 $(a, b]$는 G_δ 집합이면서 F_σ 집합이기도 함을 보여라.

(c) $\mathbf{Q}$는 F_σ 집합이고 무리수 집합 $\mathbf{I}$는 G_δ 집합임을 보여라.

모든 $\mathbf{R}$의 부분집합이 F_σ 집합인 것은 아니라는 사실은 그리 자명하지 않지만, 우리는 이제 $\mathbf{I}$가 F_σ 집합이 아님을 (그리고 결과적으로 $\mathbf{Q}$는 G_δ 집합이 아님을) 증명할 준비가 되었다. 이는 르네 루이 베르(René Louis Baire, 1874-1932)가 선보인 정리에 의한 결과다.

임의의 두 실수 $a < b$가 주어질 때 $a < x < b$인 점 $x \in G$를 찾을 수 있으면 $G \subseteq \mathbf{R}$가 $\mathbf{R}$에서 **조밀**(dense)하다고 했음을 기억하자.

정리 3.5.2 $\{G_1, G_2, G_3, \ldots\}$이 조밀한 열린 집합으로 이루어진 셀 수 있는 모임일 때 교집합 $\bigcap_{n=1}^{\infty} G_n$은 공집합이 아니다.

증명 증명을 시작하기 전에 이 같은 결론을 전에 본 적이 있음에 주목하자. 정리 3.3.5에 따르면 콤팩트 집합으로 이루어진 축소구간열의 교집합은 공집합이 아니다. 이 정리에서는 조밀한 열린 집합을 다루고 있지만 증명의 중요 단계에서 정리 3.3.5(실제로는 축소구간성질)를 사용함을 알게 될 것이다.

문제 4 $n = 1$부터 시작하여 $I_n \subseteq G_n$을 만족하는 **닫힌** 구간으로 이루어진 축소 수열 $I_1 \supseteq I_2 \supseteq I_3 \supseteq \cdots$를 귀납적으로 구성하라. 각 I_n의 끝점에서의 상황에 특별히 주의를 기울여라. 이를 바탕으로 증명을 마무리하라.

이로써 정리 3.5.2의 증명이 끝났다. ◀

문제 5 $\mathbf{R} = \bigcup_{n=1}^{\infty} F_n$이라고 쓸 수 없음을 보여라.

여기서 F_n은$(n \in \mathbf{N})$ 닫힌 집합이며 공집합이 아닌 열린 구간을 포함하지 않는다.

문제 6 문제 5가 무리수 집합 $\mathbf{I}$가 F_σ 집합이 될 수 없고 $\mathbf{Q}$는 G_δ 집합이 될 수 없음을 어떻게 함의하는지 보여라.

문제 7 문제 6과 문제 2의 명제를 사용하여 F_σ 집합도 아니고 G_δ 집합도 아닌 집합을 구성하라.

조밀한 곳이 없는 집합

지금까지 어떤 집합 G가 $\mathbf{R}$에서 조밀함을 보이는 방법을 여러 가지로 배웠다. 3.2절에서는 G가 $\mathbf{R}$에서 조밀하다는 것과 필요충분조건은 모든 $\mathbf{R}$의 점이 G의 극한점이라는 것을 관찰했다. 임의의 집합의 폐포는 그 집합과 그것의 극한점들의 합집합으로 구해지기 때문에 다음과 같이 말할 수 있다.

$$G\text{가 } \mathbf{R}\text{에서 조밀하다.} \Leftrightarrow \overline{G} = \mathbf{R}$$

집합 $\mathbf{Q}$는 $\mathbf{R}$에서 조밀하다. 반면에 집합 $\mathbf{Z}$는 분명히 조밀하지 않다. 사실 해석학 용어로 말하자면 $\mathbf{Z}$는 $\mathbf{R}$에서 조밀한 곳이 없다.

정의 3.5.3 집합 E에 대해 $\overline{E}$가 공집합이 아닌 열린 구간을 포함하지 않으면 E를 **조밀한 곳이 없는 집합(nowhere-dense set)**이라고 한다.

문제 8 E가 $\mathbf{R}$에서 조밀한 곳이 없을 필요충분조건은 $\overline{E}$의 여집합이 $\mathbf{R}$에서 조밀한 것임을 보여라.

문제 9 다음 집합이 $\mathbf{R}$에서 조밀한지, 조밀한 곳이 없는지, 그 사이 어딘가에 있는지 판정하라.

(a) $A = \mathbf{Q} \cap [0, 5]$
(b) $B = \{1/n : n \in \mathbf{N}\}$
(c) 무리수 집합
(d) 칸토어 집합

이제 정리 3.5.2를 좀 더 일반적인 형태로 재진술할 수 있다.

정리 3.5.4 베르 정리(Baire's theorem)
실수 집합 $\mathbf{R}$은 조밀한 곳이 없는 집합의 셀 수 있는 합집합으로 나타낼 수 없다.

증명 귀류법을 쓰기 위해 $E_1, E_2, E_3, \ldots$가 $\mathbf{R} = \bigcup_{n=1}^{\infty} E_n$을 만족하고 각각 조밀한 곳이 없는 집합이라고 가정하자.

문제 10 3.5절 결과와 모순되는 부분을 찾아서 증명을 마무리하라.

이로써 정리 3.5.4의 증명이 끝났다. ◀

3.6 마치며

베르 정리는 $\mathbf{R}$의 크기에 대한 또 다른 설명이다. 이미 무한집합의 크기를 설명하는 여러 방법을 접했다. 기수 관점에서 보면 셀 수 있는 집합은 상대적으로 작은 반면 셀 수 없는 집합은 크다. 또한 3.1절에서 **길이**나 **측도** 개념도 짧게 설명했다. 베르 정리는 제3의 관점을 제시한다. 이러한 관점에서 조밀한 곳이 없는 집합은 '얇은' 집합으로 간주된다. 이러한 작은 집합의 셀 수 있는 합집합(즉, 그리 크지 않은 합집합)인 집합을 '빈약한(meager)' 집합 또는 '제1 범주(first category)' 집합이라고 한다. 제1 범주의 집합이 아닌 집합을 '제2 범주(second category)' 집합이라고 한다. 직관적으로 제2 범주의 집합은 '두툼한' 부분집합이다. 흔히 베르 범주 정리(Baire category theorem)라 불리는 정리는 $\mathbf{R}$이 제2 범주 집합임을 설명한다.

우리는 아직 베르 범주 정리의 특별한 경우만을 보고 있기 때문에 베르 범주 정리의 진정한 의미를 알기 힘들다. 실수 집합은 **완비거리공간(complete metric space)**의 예다. 거리공간은 8.2절에서 자세히 설명하지만 기본적인 아이디어를 잠시 설명해 보겠다.

실수나 평면 위의 점, $[0,1]$에서 정의된 연속함수와 같은 수학적 대상의 집합에 대하여 **거리**(metric)는 집합의 두 원소가 얼마나 떨어져 있는지 수치화하는 규칙이다. $\mathbf{R}$에서 실수 x와 y 사이의 거리로 $|x-y|$를 사용했다. 다른 공간에서도 어떤 조건을 만족하는(예를 들어 삼각형 부등식이 성립해야 한다) '거리' 개념을 만들 수 있다면, 예를 들어 수렴성, 코시 수열, 열린 집합 등의 개념을 자연스럽게 옮겨올 수 있다. 완비거리공간은 적절하게 정의된 거리가 있고 코시 수열이 수렴하는 집합이다. 지금까지 우리는 많은 시간을 할애하여 $\mathbf{R}$이 완비거리공간이지만 $\mathbf{Q}$는 그렇지 않다는 사실을 공부했다.

더 일반적으로 표현한 베르 범주 정리에 따르면 **모든**(any) 완비거리공간은 너무 커서 조밀한 곳이 없는 부분집합의 셀 수 있는 합집합으로 표현되지 않는다. 완비거리공간에서 특히 흥미로운 한 가지 예는 구간 $[0,1]$에서 정의된 연속함수의 집합이다(이 공간에서 두 함수 f와 g의 거리는 $\sup|f(x)-g(x)|$로 정의된다. 단, $x \in [0,1]$). 이제 이 공간에서는 단 한 점에서라도 미분가능한 연속함수의 집합이 조밀한 곳이 없는 집합의 셀 수 있는 합집합으로 나타낼 수 **있음**을 확인할 것이다. 따라서 이 설정에서 베르 정리는 **대부분의 연속함수는 어느 곳에서도 도함수를 가지지 않는다**는 대단히 흥미로운 결론을 보여준다. 5장은 이러한 함수를 하나 만들면서 마무리한다. 이 이상한 상황은 $\mathbf{R}$의 부분집합으로서 $\mathbf{Q}$와 $\mathbf{I}$의 역할을 반영한다. 익숙한 유리수가 실수에서 차지하는 비율이 미세하듯이 미분적분학 시간에 배운 미분가능한 함수는 연속함수 중에서도 극히 이례적이다.

4

함수의 극한과 연속
Functional Limits and Continuity

4.1 디리클레 함수와 토메 함수

지금 기준으로 보면 미분적분학 교과서에서 미분 이전에 연속을 다루는 것은 지극히 당연해보인다. 하지만 수학자들은 도함수가 널리 사용된 이후에야 비로소 연속을 탐구하기 시작했다. 일찍이 1629년 피에르 드 페르마(Pierre de Fermat, 1607-1665)는 최적화 문제를 푸는 과정에서 접선을 사용했다. 하지만 '끊어지지 않은 곡선'이나 '비약이나 틈이 없는 함수'와 같은 직관적 설명을 극복하고 엄밀하게 연속성을 정의한 시기는 1820년대로 코시, 볼차노, 바이어슈트라스와 같은 수학자들이 본격적으로 연구하기 시작했다.

무엇이 수학의 발전을 200년 동안이나 가로막았을까? 가장 기본적인 문제는 이 시대 수학자들이 모든 **함수**가 연속이라 간주했다는 점이다. 당시 다항함수, 사인함수, 코사인함수 등을 다루었는데 이 함수들은 정의역에서 항상 연속(continuous)이고 미분가능(smooth)하다. 지금은 함수를 주어진 입력값에 유일한 결괏값을 대응시키는 규칙으로 정의한다. 이러한 정의는 무한급수를 탐구해야 했던 19세기에 자리잡았다.

함수 $f(x)$를 다항함수의 극한(멱급수(power series))이나 사인함수와 코사인함수의 합의 극한(삼각급수(trigonometric series) 또는 푸리에 급수(Fourier series))으로 나타낼 수 있게 되면서 미분적분학의 영향력이 크게 확대되었다. 이 과정에서 코시와 동시대 수학자들이 직면한 대표적인 문제를 하나 소개한다. '다항함수나 삼각함수가 연속이므로 그 극한으로 표현되는 함수 f 또한 반드시 연속이다.' 라고 말할 수 있을까?

함수열과 함수급수는 6장의 주제다. 이번 장에서는 여기까지 나아가는 데 '연속의 엄밀한 정의'가 왜 필요한지 설명하려 한다. (코시와 우리에게 주어진) 중요한 문제인 '연속함수의 극한은 여전히 연속인가?'에 답하려면 '구멍이 없음' 또는 '빈 틈'과 같은 부정확한 개념에 의존하지 않는 연속의 정의가 반드시 필요하다. 앞서 공부한 수열의 극한에 대한 엄밀한 정의를 이용하면 연속성 또한 엄밀하게 이해할 수 있다.

정의역이 $A \subseteq \mathbf{R}$인 함수 f에 대하여 점 $c \in A$에서의 연속을 다음과 같이 정의하려고 한다. 점 $x \in A$가 c **근처**(near)의 점일 때, $f(x)$ 또한 $f(c)$ **근처**의 점이다. 이를 기호로 다음과 같이 나타낼 수 있다.

$$\lim_{x \to c} f(x) = f(c)$$

이때 f가 c에서 연속이라고 말하고 싶다. 하지만 우리에게 주어진 것은 아직 수열의 극한에 대한 정의뿐이다. $\lim_{x\to c} f(x)$가 무엇을 의미하는지 명확하지 않다. 이제 저명한 독일 수학자 페터 르죈 디리클레(Peter Lejeune Dirichlet)의 아이디어를 기반으로 일련의 예를 살펴보자. 이를 통해 함수의 연속을 정의할 때 발생하는 미묘한 문제가 무엇인지 깨닫게 될 것이다.

디리클레의 아이디어는 입력변수(input variable) x가 유리수인지 무리수인지에 따라 함수 g를 정의하는 것이다. 구체적으로 함수 g를 다음과 같이 두자.

$$g(x) = \begin{cases} 1 & (x \in \mathbf{Q}) \\ 0 & (x \notin \mathbf{Q}) \end{cases}$$

유리수 집합 $\mathbf{Q}$와 무리수 집합 $\mathbf{I}$가 $\mathbf{R}$의 내부에 복잡하게 맞물려 있기 때문에 g의 그래프를 정확하게 그리기는 불가능하다. 하지만 그림 4.1을 통해 대략 감을 잡을 수 있을 것이다.

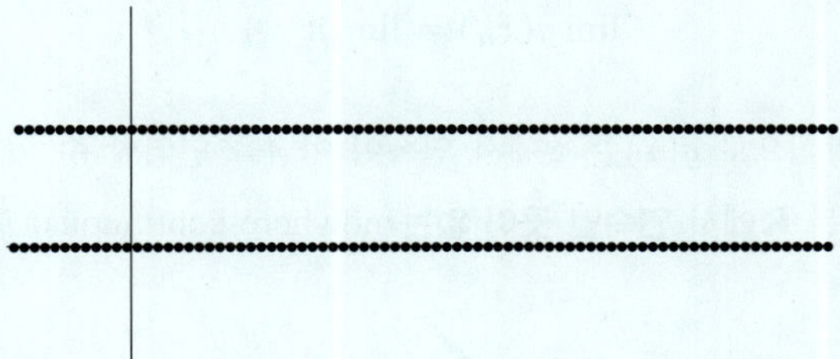

[그림 4.1] 디리클레 함수 $g(x)$

어떻게 해야 $\lim_{x\to 1/2} g(x)$ 값을 타당하게 정할 수 있을까? 문득 '1/2로 수렴하는 수열 (x_n)을 사용하면 가능하지 않을까?'라는 생각이 머리를 스치고 지나간다. 수열의 극한에 대한 정의를 이용하여 $\lim_{x\to 1/2} g(x)$를 수열 $g(x_n)$의 극한으로 정의하면 되지 않을까? 아쉽게도 이 극한은 수열 (x_n)을 어떻게 택하는지에 따라 달라진다. 각 x_n이 유리수라면 극한은 다음과 같다.

$$\lim_{n\to\infty} g(x_n) = 1$$

반면에 각 n마다 x_n이 무리수라면 극한은 다음과 같다.

$$\lim_{n\to\infty} g(x_n) = 0$$

이 거북한 관찰을 통해 함수의 극한을 정의하는 일이 예상보다 더 어려움을 알 수 있다. 우리는 일반적으로 $\lim_{x\to c} g(x)$ 값이 c로 다가가는 방법과 무관하게 정해지길 바란다. 우리가 바라는 함수의 극한의 정의를 생각할 때 지금 다룬 예에서는 이렇게 결론이 내려지면 좋겠다.

$$\lim_{x \to 1/2} g(x)\text{는 존재하지 않는다.}$$

아직 디리클레 함수(Dirichlet's function)를 엄밀하게 정의하지 않았지만 디리클레 함수는 $c = 1/2$ 에서 연속적이지 않다는 사실은 알아차릴 수 있다. 사실 더 중요한 사실을 깨달아야 한다. 지금까지 한 논의는 점 $c = 1/2$ 에서만 성립하는 것이 아니란 점이다. 유리수 집합 $\mathbf{Q}$와 무리수 집합 $\mathbf{I}$는 모두 실수에서 조밀하기 때문에 임의의 $z \in \mathbf{R}$에 대해서도 다음을 만족하는 수열 $(x_n) \subseteq \mathbf{Q}$과 $(y_n) \subseteq \mathbf{I}$을 찾을 수 있다(예제 3.2.9(c)).

$$\lim x_n = \lim y_n = z$$

그리고 $g(x_n)$의 극한과 $g(y_n)$의 극한은 서로 같지 않다.

$$\lim g(x_n) \neq \lim g(y_n)$$

이 때문에 이전과 같은 방식으로 $g(x)$는 z에서 연속이 아님을 연역할 수 있다. 이를 해석학 언어로 표현하면, 디리클레 함수는 $\mathbf{R}$에서 **연속인 곳이 없는**(nowhere-continuous) 함수다.

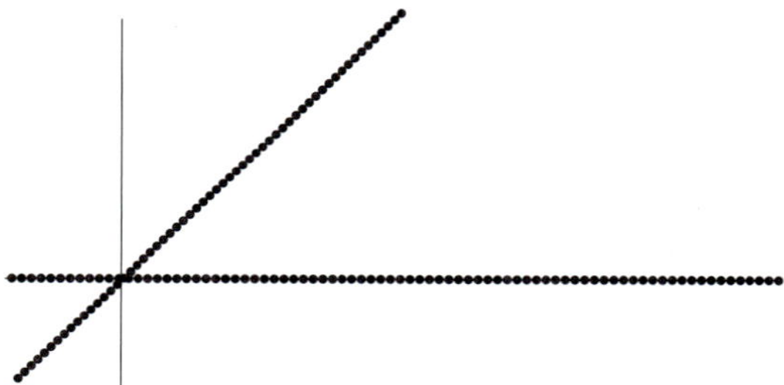

[그림 4.2] 수정된 디리클레 함수 $h(x)$

$g(x)$의 정의를 다음과 같이 수정하면 어떨까? 새로운 함수 h를 $\mathbf{R}$에서 다음과 같이 정의하자(그림 4.2 참고).

$$h(x) = \begin{cases} x & (x \in \mathbf{Q}) \\ 0 & (x \notin \mathbf{Q}) \end{cases}$$

c를 0이 아닌 수로 택하면 이전과 마찬가지로 극한이 다음과 같으며 유리수로 이루어진 수열 $(x_n) \to c$과 무리수로 이루어진 수열 $(y_n) \to c$을 구성할 수 있다.

$$\lim h(x_n) = c, \quad \lim h(y_n) = 0$$

따라서 h는 모든 점 $c \neq 0$에서 연속이 아니다.

그러나 $c = 0$이면 이 두 극한이 모두 $h(0) = 0$과 같다. 사실 0으로 수렴하는 수열 (z_n)을 어떻게 구성하든 항상 $\lim h(z_n) = 0$이다. 지금 관찰한 사실은 함수의 극한에서 핵심이다.

$$\lim_{x \to c} h(x) = L$$

위 수식은 다음을 의미해야 한다.

$$\textbf{모든 } \text{수열 } (z_n) \to c\text{에 대하여 } h(z_n) \to L$$

이유는 아직 설명하지 않았지만 c와 L의 근방을 사용해서 함수의 극한을 다시 정의하는 것이 유익하다. 이러한 위상수학적 정의는 방금 정의한 수열적 정의와 동치다. 이 역시 곧 증명할 것이다.

지금까지 우리는 정의역에 속한 구체적인 한 점에서 함수의 연속을 논했다. 이러한 논의를 통해 연속함수를 종이에서 펜을 떼지 않고 그릴 수 있는 곡선으로 생각했던 기초적인 이해에서 벗어나 더 흥미로운 질문을 떠올릴 수 있다. 1875년에 카를 요하네스 토메(Karl Johannes Thomae)는 다음과 같은 함수를 발견했다.

$$t(x) = \begin{cases} 1 & (x = 0) \\ 1/n & (x = m/n \in \mathbf{Q} \setminus \{0\}\text{, 단 } m/n\text{은 기약분수로 } n\text{은 자연수}) \\ 0 & (x \notin \mathbf{Q}) \end{cases}$$

$c \in \mathbf{Q}$이면 $t(c) > 0$이다. 유리수 집합은 $\mathbf{R}$에서 조밀하므로 c로 수렴하는 무리수 수열 (y_n)을 찾을 수 있다. 결과적으로 다음이 성립한다.

$$\lim t(y_n) = 0 \neq t(c)$$

토메 함수(Thomae's function)는 어느 유리수 점에서도 연속이 아니다(그림 4.3 참고).

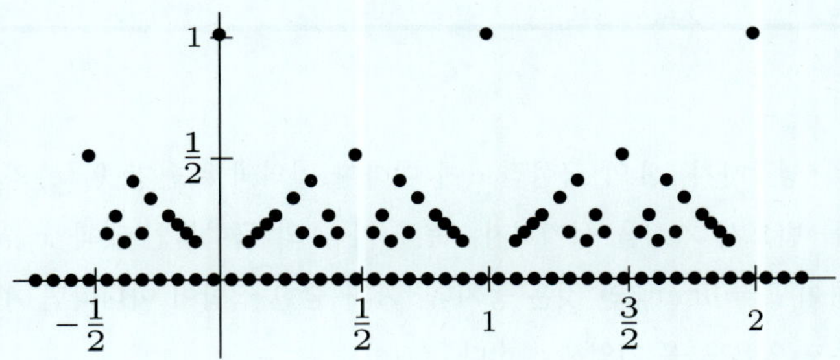

[그림 4.3] 토메 함수 $t(x)$

이제 재미있는 일이 벌어진다. 정의역 중에 $c = \sqrt{2}$와 같은 무리수 점에서 함수 t의 연속 여부를 생각해 보자. 모든 무리수는 함수 t에 의해 0에 대응하므로 자연스럽게 $\sqrt{2}$로 수렴하는 유리수 수열

(x_n)을 생각할 수 있다. 이제 $\sqrt{2} \approx 1.414213\ldots$이므로 $\sqrt{2}$로 근사하는 다음과 같은 유리수 수열을 쉽게 떠올릴 수 있다.

$$\left(1, \frac{14}{10}, \frac{141}{100}, \frac{1414}{1000}, \frac{14142}{10000}, \frac{141421}{100000}, \ldots\right)$$

여기서 분수의 분모는 점점 커진다. 이 경우 수열 $t(x_n)$은 다음과 같이 시작한다.

$$\left(1, \frac{1}{5}, \frac{1}{100}, \frac{1}{500}, \frac{1}{5000}, \frac{1}{100000}, \ldots\right)$$

그리고 수열은 $0 = t(\sqrt{2})$로 빠르게 다가간다. 우리는 이러한 일이 항상 벌어짐을 증명할 것이다. 고정된 무리수에 더 가까운 유리수가 정해질수록 유리수의 분모는 반드시 더 커져야 한다. 결과적으로 토메 함수는 $\mathbf{R}$의 모든 무리수 점에서 연속이고 모든 유리수 점에서 불연속이라는 기이한 성질을 지닌다.

이러한 성질과 반대되는 함수의 예가 있을까? 즉, $\mathbf{R}$에서 정의된 함수로서 $\mathbf{Q}$에서는 연속이지만 $\mathbf{I}$에서 불연속인 함수가 있을까? 특정 함수의 불연속점 집합이 임의적일 수 있을까? 어떤 집합 $A \subseteq \mathbf{R}$가 주어지면 집합 A^c에서만 연속인 함수를 항상 찾을 수 있을까? 4.1절에 소개한 예는 각각 정의역의 점 근처에서 불규칙하게 진동하는 함수를 다룬다. 덜 변덕스러운 함수에 주목하면 어떤 결론을 내릴 수 있을까? 이러한 성질이 있는 대표적인 함수는 **단조 함수**(monotone funtion)로, 주어진 정의역에서 쭉 증가하거나 쭉 감소하는 함수가 있다. 실변수 단조함수의 불연속점 집합에 대해 무엇을 말할 수 있을까?

4.2 함수의 극한

함수 $f : A \to \mathbf{R}$를 생각하자. A의 극한점 c에 대하여 임의의 ϵ–근방 $V_\epsilon(c)$와 A의 교집합은 c가 아닌 다른 원소를 반드시 가짐을 상기하자. 즉, c가 A의 극한점인 것과 $x_n \neq c$인 어떤 수열 $(x_n) \subseteq A$이 존재하여 $c = \lim x_n$인 것은 동치다. A가 닫힌 집합이 아니라면 A의 극한점은 집합 A의 원소가 아닐 수도 있음도 꼭 기억해야 한다.

c가 f의 정의역의 극한점이라고 하자.

$$\lim_{x \to c} f(x) = L$$

직관적으로 이 식은 x가 c에 더 가까울수록 $f(x)$가 L에 임의로 가까워짐을 함축한다. 함수의 극한을 정의하는 과정에서 $x = c$일 때 어떤 일이 발생하는지는 전혀 상관없다. 심지어 c가 f의 정의역에 속하지 않아도 그 극한을 생각할 수 있다.

함수의 극한을 정의하는 구조는 수열의 극한을 정의할 때와 같은 방식으로 '도전–응답' 유형을 따른다. 수열 (a_n)에 대하여 $\lim a_n = L$은 L을 중심으로 하는 임의의 ϵ–근방 $V_\epsilon(L)$에 대해 수열의 어떤 항(이를 a_N이라 하자)이 있어서 그 이후에 오는 항 a_n은 모두 $V_\epsilon(L)$에 포함됨을 의미한다. 각 ϵ–근방은 특정한 도전을 나타내며 각 N은 그에 따른 응답이다. $\lim_{x \to c} f(x) = L$과 같은 함수의 극한에서는 L 근처 임의의 ϵ–근방이 '도전'을 나타내고, c를 중심으로 하는 δ–근방이 그에 따른 '응답'이다.

정의 4.2.1 함수의 극한

함수 $f : A \to \mathbf{R}$와 정의역 A의 극한점 c를 생각하자. 모든 $\epsilon > 0$에 대하여 ($x \in A$이면서) $0 < |x - c| < \delta$이면 항상 $|f(x) - L| < \epsilon$이 되게 하는 $\delta > 0$가 존재할 때, $\lim_{x \to c} f(x) = L$이라 한다.

이를 종종 함수의 극한의 ϵ-δ **논법** 정의라고 한다. 다음 명제를 상기하자.

$$|f(x) - L| < \epsilon \text{은 } f(x) \in V_\epsilon(L) \text{과 동치다.}$$

다음 명제도 생각해 내자.

$$|x - c| < \delta \text{는 } x \in V_\delta(c) \text{와 동치다.}$$

$0 < |x - c|$라는 추가 조건은 $x \neq c$를 간결하게 말하려는 의도로 사용했다. 정의 4.2.1를 근방의 관점에서 재구성하는 것은 (2.2절에서 정의한 수열의 수렴처럼) 표기법이 살짝 바뀐 정도에 불과할 수도 있지만 지금 벌어지는 일을 기하학적으로 이해하는 데 도움을 준다. 그림 4.4를 참고하자.

정의 4.2.1B 위상으로 표현한 함수의 극한

점 c가 $f : A \to \mathbf{R}$의 정의역의 극한점이라고 하자. L의 모든 ϵ–근방 $V_\epsilon(L)$에 대하여 ($x \in A$이면서) c와 다른 $x \in V_\delta(c)$이면 항상 $f(x) \in V_\epsilon(L)$이 되게 하는 c의 δ–근방 $V_\delta(c)$가 존재할 때, $\lim_{x \to c} f(x) = L$이라 한다.

정의 4.2.1과 정의 4.2.1B에 모두 포함된 괄호 안의 주의사항 $x \in A$는 x에서 해당 함수가 정의됨을 보장한다. 혼동이 없다면 $f(x)$란 표현 자체가 x가 f의 정의역에 속한다는 의미를 담고 있다고 이해하고 이 주의사항을 생략할 수 있다. 덧붙여 말하자면 정의역의 고립점에서는 함수의 극한을 고려하지 않는다. 즉 x가 함수의 정의역의 극한점으로 다가가는 경우에만 함수의 극한을 생각할 것이다.

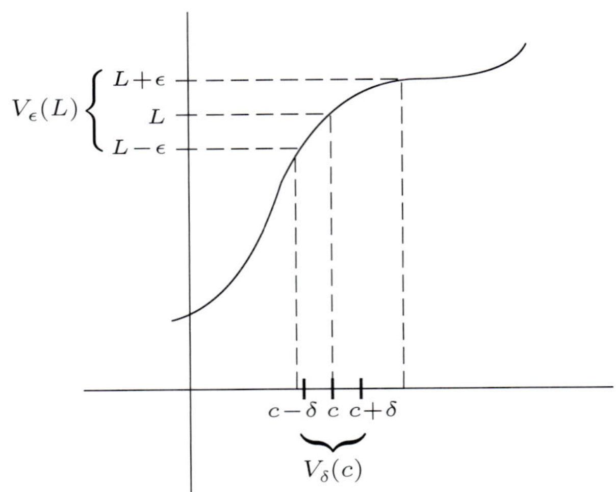

[그림 4.4] 함수의 극한 정의

예제 4.2.2 정의 4.2.1에 익숙해지기 위해 다음 2가지 극한을 살펴보자.

(a) $f(x) = 3x + 1$일 때 다음을 증명해 보자.

$$\lim_{x \to 2} f(x) = 7$$

$\epsilon > 0$이라고 하자. 정의 4.2.1에 따르면 $0 < |x - 2| < \delta$이면 $|f(x) - 7| < \epsilon$이 되게 하는 $\delta > 0$를 잡아야 한다. 다음을 관찰하자.

$$|f(x) - 7| = |(3x + 1) - 7| = |3x - 6| = 3|x - 2|$$

따라서 $\delta = \epsilon/3$으로 택하면 $0 < |x - 2| < \delta$일 때 $|f(x) - 7| < 3\,(\epsilon/3) = \epsilon$이다.

(b) $g(x) = x^2$일 때 다음을 증명해 보자.

$$\lim_{x \to 2} g(x) = 4$$

임의의 $\epsilon > 0$에 대해 δ를 잘 선택하여 $|x - 2|$가 δ보다 작을 때 $|g(x) - 4| < \epsilon$이도록 하려 한다. (a)와 같이 대수적으로 약간 계산하면 다음을 보일 수 있다.

$$|g(x) - 4| = |x^2 - 4| = |x + 2||x - 2|$$

위 식에서 $|x-2|$는 원하는대로 작게 만들 수 있다. δ를 얼마나 작게 고를지 판단하기 위해서는 $|x+2|$의 상계가 필요하다. x가 변수이므로 쉽게 가늠하기 어렵겠지만 x가 2로 다가가는 극한임을 유념하자. $c = 2$를 중심으로 하는 δ–근방의 반지름이 $\delta = 1$보다 크지 않다면 모든 $x \in V_\delta(c)$에 대해 $|x+2| \leq |3+2| = 5$이므로 상한을 구할 수 있다.

이제 $\delta = \min\{1, \epsilon/5\}$로 택하자. $0 < |x-2| < \delta$이면 다음이 성립한다.

$$|x^2 - 4| = |x + 2||x - 2| < (5)\frac{\epsilon}{5} = \epsilon$$

따라서 극한식을 증명했다.

함수의 극한에 대한 수열 판정법

우리는 2장에서 수열의 극한이 가지는 여러 가지 중요한 성질을 열심히 공부했다. 특히 정리 2.3.3(극한과 사칙연산)과 정리 2.3.4(극한과 부등식)에 대한 극한의 성질은 뒤이어 나온 많은 논증에서 요긴하게 사용했다. 당연히 함수의 극한에서도 이와 유사한 명제가 필요할 것이다. 이러한 명제를 직접 증명하기란 그리 어렵지 않으나, 4.1절에서 맛보았듯이 함수의 극한에 대한 수열 판정법을 유도하려 한다. 이렇게 설정하면 수열의 극한을 이용하여 함수의 극한이 보이는 여러 성질을 쉽게 유도할 수 있다.

정리 4.2.3 함수의 극한에 대한 수열 판정법

함수 $f : A \to \mathbf{R}$와 A의 극한점 c가 주어졌을 때 다음 두 명제는 동치다.

(1) $\lim_{x \to c} f(x) = L$

(2) $x_n \neq c$이면서 $(x_n) \to c$인 모든 수열 $(x_n) \subseteq A$에 대해 $f(x_n) \to L$이다.

증명 $(\Rightarrow)$ 먼저 $\lim_{x \to c} f(x) = L$이라고 가정하자. (2)를 증명하기 위해 $x_n \neq c$이면서 c로 수렴하는 임의의 수열 (x_n)을 생각하자. 목표는 함숫값의 수열 $f(x_n)$이 L로 수렴함을 보이는 것이다. 이는 정의 4.2.1B를 이용하여 매우 쉽게 보일 수 있다.

$\epsilon > 0$이라 하자. (1)이 성립한다고 가정했으므로 정의 4.2.1B에 따르면 c와 다른 모든 $x \in V_\delta(c)$에 대해 $f(x) \in V_\epsilon(L)$인 $V_\delta(c)$가 존재한다. 이제 특정한 수열 (x_n)이 궁극적으로 $V_\delta(c)$에 포함됨을 보이면 충분하다. 그런데 우리는 $(x_n) \to c$임을 가정했다. 이는 어떤 점 x_N이 있어 그 이후로는 모두 $x_n \in V_\delta(c)$임을 의미한다. 따라서 원하는대로 $n \geq N$이면 $f(x_n) \in V_\epsilon(L)$임을 보였다.

($\Leftarrow$) 귀류법을 사용하여 증명한다. 즉 (2)가 참이라고 가정하고 조심스럽게 (1)을 부정하자.

$$\lim_{x \to c} f(x) \neq L$$

위 식은 어떤 특정한 $\epsilon_0 > 0$에 대해 그에 대응하는 적절한 δ가 없음을 의미한다. 달리 말해 $\delta > 0$를 어떻게 택하든지 항상 다음을 만족하는 어떤 점이 적어도 하나 존재한다.

$$x \neq c\text{이면서}\quad x \in V_\delta(c)\text{이지만}\quad f(x) \notin V_{\epsilon_0}(L)$$

이제 $\delta_n = 1/n$을 생각하자. 방금 논의한 내용으로부터 각 $n \in \mathbf{N}$마다 $x_n \neq c$이면서 $f(x_n) \notin V_{\epsilon_0}(L)$인 $x_n \in V_{\delta_n}(c)$를 고를 수 있다. 그러나 이는 $x_n \neq c$이면서 $(x_n) \to c$이지만 함숫값의 수열 $f(x_n)$은 확실히 L로 수렴하지 **않음**을 의미한다.

이는 (2)와 모순이다. 즉, 역방향 명제가 참임을 증명했다. ◀

정리 4.2.3로부터 여러 유용한 따름정리를 얻을 수 있다. 예고한 대로 함수의 극한과 사칙연산에 대한 증명을 짧게 할 수 있고, 특정 극한값이 존재하지 않음을 손쉽게 보일 수 있다.

따름정리 4.2.4 [함수의 극한과 사칙연산] f와 g가 정의역 $A \subseteq \mathbf{R}$에서 정의된 함수라고 하고, A의 어떤 극한점 c에 대해 $\lim_{x \to c} f(x) = L$이고 $\lim_{x \to c} g(x) = M$이라고 가정하자. 이때 다음이 성립한다.

(1) 모든 $k \in \mathbf{R}$에 대하여 $\lim_{x \to c} kf(x) = kL$

(2) $\lim_{x \to c} [f(x) + g(x)] = L + M$

(3) $\lim_{x \to c} [f(x)g(x)] = LM$

(4) $\lim_{x \to c} f(x)/g(x) = L/M$ (단, $M \neq 0$)

증명 이는 정리 4.2.3과 수열의 극한과 사칙연산에 따른 결과다. 자세한 내용은 연습문제 1에서 확인한다. ◀

따름정리 4.2.5 [함수의 극한에 대한 발산 판정법] A에서 정의된 함수 f와 A의 극한점 c를 생각하자. A에 포함되는 두 수열 (x_n)과 (y_n)이 있어 $x_n \neq c$, $y_n \neq c$이고 다음을 만족한다고 하자.

$$\lim x_n = \lim y_n = c\text{이지만 } \lim f(x_n) \neq \lim f(y_n)$$

그러면 극한값 $\lim_{x \to c} f(x)$는 존재하지 않는다.

예제 4.2.6 여러분이 사인함수의 성질을 잘 알고 있다고 생각하겠다. 극한 $\lim_{x\to 0}\sin(1/x)$이 존재하지 않음을 보이자(그림 4.5 참고).

$x_n = 1/2n\pi$이고 $y_n = 1/(2n\pi + \pi/2)$이면 $\lim(x_n) = \lim(y_n) = 0$이다. 그런데 모든 $n \in \mathbf{N}$에 대해 $\sin(1/x_n) = 0$인 반면에 $\sin(1/y_n) = 1$이다. 따라서 다음과 같이 두 극한은 일치하지 않는다.

$$\lim \sin(1/x_n) \neq \lim \sin(1/y_n)$$

따름정리 4.2.5에 의해 극한 $\lim_{x\to 0}\sin(1/x)$은 존재하지 않는다.

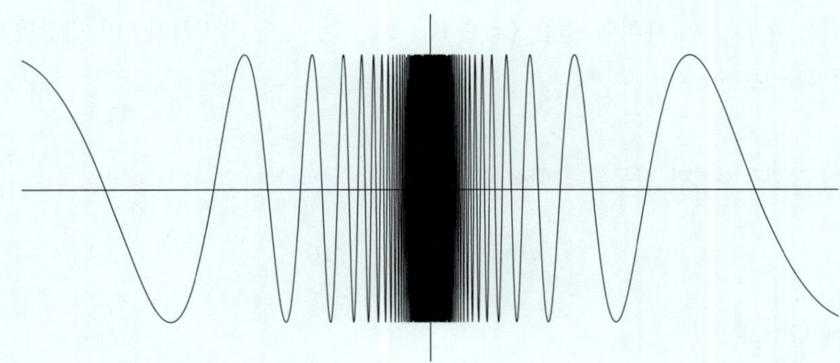

[그림 4.5] 0 근처에서 함수 $\sin(1/x)$

4.2 연습문제

1. 다음 물음에 답하라.

(a) 정리 4.2.3의 함수의 극한에 대한 수열 판정법과 2장에서 증명한 수열의 극한과 사칙연산(정리 2.3.3)을 이용하여 따름정리 4.2.4(2)를 증명하라.

(b) 이번에는 정리 4.2.3의 수열 판정법을 이용하지 않고 정의 4.2.1에서 직접 따름정리 4.2.4(2)를 증명하라.

(c) 따름정리 4.2.4(3)에 대해 (a)와 (b)를 반복하라.

2. 다음과 같은 극한값에 대해 주어진 ϵ에 대한 적절한 δ–근방 중 가장 큰 δ–근방을 찾아라.

(a) $\epsilon = 1$과 $\lim_{x\to 3}(5x-6) = 9$

(b) $\epsilon = 1$과 $\lim_{x\to 4}\sqrt{x} = 2$

(c) $\epsilon = 1$과 $\lim_{x\to \pi}[[x]] = 3$ (단, 함수 $[[x]]$는 x보다 작거나 같은 최대 정수)

(d) $\epsilon = 0.01$과 $\lim_{x\to \pi}[[x]] = 3$

3. 4.1절에서 다룬 토메 함수 $t(x)$의 정의를 바탕으로 다음 물음에 답하라.

(a) 수열의 항으로 1을 포함하지 않으면서 1로 수렴하는 서로 다른 세 수열 $(x_n), (y_n), (z_n)$을 구성하라.

(b) 이제 극한 $\lim t(x_n)$, $\lim t(y_n)$, $\lim t(z_n)$을 각각 계산하라.

(c) 지금까지 공부한 내용을 바탕으로 $\lim_{x\to 1} t(x)$ 값을 추측하고 정의 4.2.1B를 이용하여 이를 증명하라. ($\epsilon > 0$에 대하여 집합 $\{x \in \mathbf{R} : t(x) \geq \epsilon\}$을 생각하자. 이 집합의 모든 점이 고립점임을 보여라.)

4. 다음과 같이 그럴듯하지만 잘못된 극한식을 생각하자.

$$\lim_{x\to 10} 1/[[x]] = 1/10$$

다음 물음에 답하라.

(a) $\epsilon = 1/2$에 대해 적절한 δ 중에서 가장 큰 δ를 찾아라.

(b) $\epsilon = 1/50$에 대해 적절한 δ 중에서 가장 큰 δ를 찾아라.

(c) 적절한 δ가 존재할 수 없는 ϵ 중에서 가장 큰 ϵ을 찾아라.

5. 정의 4.2.1을 이용하여 다음 극한식을 증명하라.

(a) $\lim_{x\to 2}(3x+4) = 10$

(b) $\lim_{x\to 0} x^3 = 0$

(c) $\lim_{x\to 2}(x^2+x-1) = 5$

(d) $\lim_{x\to 3} 1/x = 1/3$

6. 다음 명제의 참-거짓을 판정하고 그 이유를 짧게 설명하라.

(a) 특정 ϵ에 대해 적절한 δ를 찾았다면 그보다 작은 δ 또한 적절한 대응이다.

(b) $\lim_{x\to a} f(x) = L$이고 a가 f의 정의역의 원소면 $L = f(a)$이다.

(c) $\lim_{x\to a} f(x) = L$이면 $\lim_{x\to a} 3[f(x)-2]^2 = 3(L-2)^2$이다.

(d) $\lim_{x\to a} f(x) = 0$이면 임의의 함수 g에 대해 $\lim_{x\to a} f(x)g(x) = 0$이다(이때 g의 정의역은 f의 정의역과 같다).

7. 모든 $x \in A$에 대해 $|f(x)| \le M$인 $M > 0$이 존재할 때 f를 유계함수(bounded function)라 한다. $g : A \to \mathbf{R}$와 A에서 정의된 유계함수 f에 대하여 다음을 증명하라.

$\lim_{x\to c} g(x) = 0$이면 $\lim_{x\to c} g(x)f(x) = 0$이다.

8. 이번 절에서 배운 내용을 사용하여 다음 극한에 대해 극한값이 존재하면 극한값을 계산하고, 극한값이 존재하지 않으면 그 이유를 설명하라.

(a) $\lim_{x\to 2} \frac{|x-2|}{x-2}$

(b) $\lim_{x\to 7/4} \frac{|x-2|}{x-2}$

(c) $\lim_{x\to 0}(-1)^{[[1/x]]}$

(d) $\lim_{x\to 0} \sqrt[3]{x}(-1)^{[[1/x]]}$

9. [무한대 극한] 이전까지는 $\lim_{x\to 0} 1/x^2 = \infty$라는 극한식을 직관적으로 다루어 왔다. 이제 무한대 극한을 정의 4.2.1과 같은 도전–응답 형태로 엄밀하게 정의해 보자. (임의의 작은) $\epsilon > 0$을 (임의의 큰) $M > 0$으로 바꾸면 된다.

임의의 $M > 0$에 대해 $0 < |x - c| < \delta$일 때 $f(x) > M$이도록 하는 $\delta > 0$를 찾을 수 있다면 $\lim_{x\to c} f(x) = \infty$라고 한다.

다음 물음에 답하라.

(a) 방금 정의한 내용을 이용하여 $\lim_{x\to 0} 1/x^2 = \infty$를 보여라.

(b) $\lim_{x\to\infty} f(x) = L$과 같은 극한식을 정의하고 $\lim_{x\to\infty} 1/x = 0$임을 보여라.

(c) $\lim_{x\to\infty} f(x) = \infty$와 같은 극한식은 어떻게 엄밀하게 정의할 수 있는가? 이러한 극한의 예를 들어라.

10. [좌극한과 우극한] 미분적분학 수업 때 함수의 **우극한**(right-hand limit)은 'x가 오른쪽에서 a에 다가가도록'하여 얻은 극한을 의미한다고 배웠을 것이다. 다음 물음에 답하라.

(a) 다음 좌극한과 우극한을 정의 4.2.1과 유사하게 정의하라.

$$\lim_{x\to a^-} f(x) = L, \quad \lim_{x\to a^+} f(x) = M$$

(b) $\lim_{x\to a} f(x) = L$과 '좌극한과 우극한이 모두 L이다.'가 동치임을 증명하라.

11. **[조임정리]** 세 함수 f, g, h가 공통의 정의역 A에 속하는 모든 x에 대해 $f(x) \leq g(x) \leq h(x)$를 만족한다고 하자. A의 극한점 c에서 $\lim_{x\to c} f(x) = L$이고 $\lim_{x\to c} h(x) = L$이면 $\lim_{x\to c} g(x) = L$임을 보여라.

4.3 연속함수

우리는 실변수 함수에 대한 엄밀한 이론을 확립하는 여정에서 매우 중요한 지점에 도달했다. '끊어지지 않은 곡선', '비약', '구멍'과 같은 직관적인 표현에서 벗어나 연속이란 중요한 개념을 엄밀하게 정의할 수 있다.

정의 4.3.1 연속성

(1) 임의의 $\epsilon > 0$에 대하여 ($x \in A$이고) $|x - c| < \delta$이면 $|f(x) - f(c)| < \epsilon$이 되게 하는 $\delta > 0$가 존재할 때, 함수 $f : A \to \mathbf{R}$가 $c \in A$에서 **연속(continuous)**이라고 한다.

(2) f가 정의역 A의 모든 점에서 연속이면 f는 **집합 A에서 연속**이라고 한다.

연속성의 정의는 몇 가지 미묘한 차이를 제외하면 함수의 극한 정의와 매우 유사하다. 가장 중요한 점은 점 c가 f의 정의역에 있어야 한다는 점이다. $f(c)$ 값은 $\lim_{x\to c} f(x)$ 값이 된다. 이러한 관찰을 바탕으로 정의 4.3.1을 줄여서 다음 식이 성립할 때 함수 f가 $c \in A$에서 연속이라고 말할 수 있을까?

$$\lim_{x\to c} f(x) = f(c)$$

c가 A의 극한점이면 이와 같이 말할 수 있다. 만약 c가 A의 고립점이라면 $\lim_{x\to c} f(x)$는 정의되지 않지만 정의 4.3.1은 여전히 적용할 수 있다. 이 정의에서 주의해야 할 점은 함수가 정의역의 모든 고립점에서 연속이라는 것이다(연습문제 5 참고).

4.2절에서 확인했듯이 표준 ϵ–δ 논법 정의 외에도 수열을 이용하여 함수의 극한을 서술하는 유용한 방법이 있다. 연속도 마찬가지다. 다음 정리는 주어진 점에서 함수의 연속성을 서술하는 다양한 동치명제를 소개한다.

정리 4.3.2 연속을 정의하는 몇 가지 동치 표현

함수 $f : A \to \mathbf{R}$와 점 $c \in A$에 대하여 다음 조건 (1)~(3) 중 하나를 만족하는 것과 함수 f가 c에서 연속인 것은 동치다.

(1) 임의의 $\epsilon > 0$에 대해 ($x \in A$이고) $|x - c| < \delta$이면 $|f(x) - f(c)| < \epsilon$이 되게 하는 $\delta > 0$가 존재한다.

(2) 임의의 $V_\epsilon(f(c))$에 대해 ($x \in A$이고) $x \in V_\delta(c)$이면 $f(x) \in V_\epsilon(f(c))$가 되게 하는 $V_\delta(c)$가 존재한다.

(3) ($x_n \in A$이면서) $(x_n) \to c$인 임의의 (x_n)에 대하여 $f(x_n) \to f(c)$이다.

c가 A의 극한점이면 조건 (1), (2), (3)은 (4)와 동치다.

(4) $\lim_{x \to c} f(x) = f(c)$

증명 (1) 이 명제는 바로 정의 4.3.1이다.

(2) 절댓값 기호 대신 위상수학 개념인 근방을 사용하여 (1)을 재기술한 것이다.

(3) $x_n = c$일 때를 고려하여 약간 수정하면 정리 4.2.3과 거의 같은 방식으로 (1)과 동치임을 보일 수 있다.

(4) 정의 4.3.1과 (함수의 극한의 정의에서는 제외된) $x = c$일 때 $f(c) \in V_\epsilon(f(c))$가 자명하게 참이란 사실을 결합하면 (1)과 동치임을 알 수 있다. ◀

정리 4.3.2에 여러 항목이 있으나 그 숫자에 현혹되면 안 된다. 명제 (1), (2), (4)는 거의 같은 표현이다. 본질적으로 함수 극한의 정의에는 ϵ–δ 논법을 비롯하여 위상수학적인 표현도 있음을 알 수 있다. 그러나 명제 (3)은 다른 명제와 질적으로 다르다. 일반적으로 연속에 대한 수열의 극한을 사용한 정의는 함수가 어떤 점에서 연속이 **아님**을 보이는 데 유용하다.

따름정리 4.3.3 [불연속성 판정법] 함수 $f : A \to \mathbf{R}$와 A의 극한점 $c \in A$에 대하여 $(x_n) \to c$이지만 $f(x_n)$은 $f(c)$로 수렴하지 않는 수열 $(x_n) \subseteq A$이 존재하면 f는 c에서 연속이 아니다.

수열의 극한을 사용한 연속의 정의(정리 4.3.2(3))는 ϵ–δ 논법과는 다른 관점에서 유용하다. 특히 연속함수를 다룰 때 이미 알고 있는 수열의 행태에 대한 정보를 활용할 수 있다는 장점이 있다. 다음 정리를 따름정리 4.2.3과 더불어 정리 2.3.3과도 비교해 보자.

정리 4.3.4 연속성과 사칙연산

두 함수 $f : A \to \mathbf{R}$와 $g : A \to \mathbf{R}$가 점 $c \in A$에서 연속이라 가정하자. 다음이 성립한다.

(1) 임의의 $k \in \mathbf{R}$에 대하여 $kf(x)$는 c에서 연속이다.

(2) $f(x) + g(x)$는 c에서 연속이다.

(3) $f(x)g(x)$는 c에서 연속이다.

(4) 분모가 0이 아닐 때 $f(x)/g(x)$는 c에서 연속이다.

증명 따름정리 4.2.4와 정리 4.3.2에서 곧바로 유도할 수 있다. ◀

정리 4.3.4를 사용하면 4.1절에서 다룬 디리클레 함수와 토메 함수의 성질을 증명할 수 있다. 자세한 내용은 연습문제 7을 참고하기 바란다. 이제 익숙한 몇 가지 함수의 연속성과 불연속성을 확인해 보자.

예제 4.3.5 모든 다항함수는 $\mathbf{R}$에서 연속이다. 또한 유리함수(분수함수)는 정의되는 구간에서 연속이다. 왜 그럴까? 우선 항등함수 $g(x) = x$를 생각해 보자. $|g(x) - g(c)| = |x - c|$이므로 $\epsilon > 0$이 주어졌을 때 $\delta = \epsilon$으로 택하면 g가 모든 $\mathbf{R}$에서 연속이다. 또한 상수함수 $f(x) = k$가 연속임을 보이는 것은 더 쉽다. 간단한 트릭을 사용하자. ϵ 값에 관계 없이 $\delta = 1$로 잡으면 된다.

임의의 다항함수 $p(x) = a_0 + a_1x + a_2x^2 + \cdots + a_nx^n$은 $g(x)$의 거듭제곱과 상수함수의 곱의 합으로 이루어져 있으므로 정리 4.3.4에 의해 $p(x)$는 연속이다.

비슷하게 정리 4.3.4에 의해 분모가 0이 아닌 지점에서 분수함수는 연속이다.

예제 4.3.6 앞서 원점 근처에서 $\sin(1/x)$의 진동이 매우 빨라서 극한 $\lim_{x\to 0} \sin(1/x)$이 존재하지 않음을 예제 4.2.6에서 확인했다. 이제 다음과 같은 함수를 생각하자.

$$g(x) = \begin{cases} x\sin(1/x) & (x \neq 0) \\ 0 & (x = 0) \end{cases}$$

$c = 0$에서 g가 연속인지 판단하기 위해 다음과 같이 추정할 수 있다(그림 4.6).

$$|g(x) - g(0)| = |x\sin(1/x) - 0| \leq |x|$$

$\epsilon > 0$이 주어질 때 $\delta = \epsilon$으로 두면 $|x - 0| = |x| < \delta$일 때 $|g(x) - g(0)| < \epsilon$임을 알 수 있다. 따라서 g는 원점에서 연속이다.

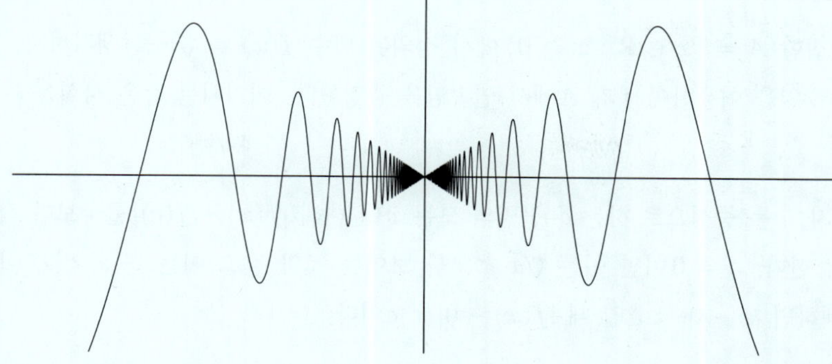

[그림 4.6] 원점 근처에서 함수 $x \sin(1/x)$의 그래프

예제 4.3.7 2장 연습문제에서 최대 정수함수 $h(x) = [[x]]$를 소개했다. 이 함수는 각 $x \in \mathbf{R}$마다 $n \leq x$를 만족하는 최대 정수 $n \in \mathbf{Z}$이 함숫값이다. 이 익숙한 계단함수는 정의역의 각 정수점에서 불연속적인 '비약'이 분명하게 나타나지만, 이를 해석학 언어로 정확하게 증명해 보겠다. 좋은 연습문제가 될 것이다.

$m \in \mathbf{Z}$에 대하여 수열 (x_n)을 $x_n = m - 1/n$로 정의하자. 그럼 $(x_n) \to m$이지만 다음이 성립한다.

$$h(x_n) \to (m-1)$$

이는 $m = h(m)$과 같지 않다. 따름정리 4.3.3에 의해 h는 모든 $m \in \mathbf{Z}$에서 불연속이다.

이번에는 h가 $c \notin \mathbf{Z}$에서 연속임을 증명하자. $\epsilon > 0$에 대하여 $x \in V_\delta(c)$이면 $h(x) \in V_\epsilon(h(c))$이도록 하는 δ–근방 $V_\delta(c)$를 찾아야 한다. $c \in \mathbf{R}$는 어떤 정수 $n \in \mathbf{Z}$에 대해 연속한 두 정수 $n < c < n+1$ 사이에 위치한다. $\delta = \min\{c-n, (n+1)-c\}$로 택하면 h의 정의로부터 모든 $x \in V_\delta(c)$에 대해 $h(x) = h(c)$임을 알 수 있다. 따라서 $x \in V_\delta(c)$이면 확실히 다음이 성립한다.

$$h(x) \in V_\epsilon(h(c))$$

후자의 증명은 δ 값이 ϵ의 선택에 의존하지 않는다는 점에서 일반적인 상황과 상당히 다르다. 일반적으로 ϵ을 작게 택할수록 δ도 작게 택해야 하지만 이 경우에는 아무리 작은 ϵ을 가져오더라도 동일한 δ가 작동한다.

예제 4.3.8 집합 $A = \{x \in \mathbf{R} : x \geq 0\}$에서 정의된 함수 $f(x) = \sqrt{x}$를 생각하자. 2.3절 연습문제 1에서는 수열을 이용하여 f가 A에서 연속임을 증명했다. 여기서는 같은 사실을 ϵ–δ 논법으로 증명하겠다.

$\epsilon > 0$이라 하자. c를 중심으로 하는 δ–근방의 모든 x에 대해 $|f(x) - f(c)|$를 ϵ보다 작게 만들 수 있음을 보여야 한다. $c = 0$이면 이는 $\sqrt{x} < \epsilon$를 보이는 것과 같고 이는 곧 $x < \epsilon^2$이다. 따라서 $\delta = \epsilon^2$으로 택하면 $|x - 0| < \delta$일 때 $|f(x) - 0| < \epsilon$이다.

0이 아닌 점 $c \in A$에 대해서는 $|\sqrt{x} - \sqrt{c}|$ 값을 추정해야 한다. 다음 부등식이 성립한다.

$$\begin{aligned} |\sqrt{x} - \sqrt{c}| &= |\sqrt{x} - \sqrt{c}| \left(\frac{\sqrt{x} + \sqrt{c}}{\sqrt{x} + \sqrt{c}} \right) \\ &= \frac{|x - c|}{\sqrt{x} + \sqrt{c}} \\ &\leq \frac{|x - c|}{\sqrt{c}} \end{aligned}$$

$\delta = \epsilon\sqrt{c}$로 택하면 부등식 우변의 값을 ϵ보다 작게 만들 수 있다. 그럼 $|x - c| < \delta$일 때 다음과 같은 부등식을 얻는다.

$$|\sqrt{x} - \sqrt{c}| < \frac{\epsilon\sqrt{c}}{\sqrt{c}} = \epsilon$$

이는 원하는 부등식이다. 이제 증명이 끝났다.

다항함수와 제곱근함수가 연속함수임을 보였지만 연속성과 사칙연산에 대한 결과만으로는 $h(x) = \sqrt{3x^2 + 5}$와 같은 함수가 연속함수라고 말할 수는 없다. 이를 보이기 위해서는 연속함수의 **합성**(composition)도 여전히 연속함수임을 증명해야 한다.

정리 4.3.9 연속함수의 합성

두 함수 $f : A \to \mathbf{R}$와 $g : B \to \mathbf{R}$에 대하여 치역 $f(A) = \{f(x) : x \in A\}$가 정의역 B에 포함되어 합성함수 $g \circ f(x) = g(f(x))$가 A에서 잘 정의된다고 가정하자.

f가 $c \in A$에서 연속이고 g가 $f(c) \in B$에서 연속이면 $g \circ f$가 c에서 연속이다.

증명 연습문제 3을 보라. ◀

4.3 연습문제

1. $g(x) = \sqrt[3]{x}$라 하자. 다음 물음에 답하라.

(a) g가 $c = 0$에서 연속임을 증명하라.

(b) $c \neq 0$에서 g가 연속임을 증명하라.

힌트 항등식 $a^3 - b^3 = (a-b)(a^2 + ab + b^2)$을 이용한다.

2. 연속의 정의에서 ϵ과 δ의 관계를 더 깊이 이해하기 위해 정의 4.3.1을 약간 변형한 진술을 생각해 보자. f는 항상 $\mathbf{R}$ 전체에서 정의된 함수라 가정하고 다음 물음에 답하라.[1]

(a) 임의의 $\epsilon > 0$에 대해 $\delta = 1$로 택하면 $|x - c| < \delta$일 때 항상 $|f(x) - f(c)| < \epsilon$이 되는 함수 f를 c에서 **일속**(onetinuous)이라 정의하자. $\mathbf{R}$ 전체에서 일속인 함수의 예를 구하라.

(b) 임의의 $\epsilon > 0$에 대해 $\delta = \epsilon$으로 택하면 $|x - c| < \delta$일 때 항상 $|f(x) - f(c)| < \epsilon$이 되는 함수 f를 c에서 **동속**(equaltinuous)이라 정의하자. $\mathbf{R}$ 전체에서 동속이면서 모든 곳에서 일속이 아닌 함수의 예를 구하거나 그런 함수가 존재하지 않는 이유를 설명하라.

(c) 임의의 $\epsilon > 0$에 대해 $0 < \delta < \epsilon$으로 택하면 $|x - c| < \delta$일 때 항상 $|f(x) - f(c)| < \epsilon$이 되는 함수 f를 c에서 **몰속**(lesstinuous)이라 정의하자. $\mathbf{R}$ 전체에서 몰속이면서 모든 곳에서 동속이 아닌 함수의 예를 구하거나 그런 함수가 존재하지 않는 이유를 설명하라.

(d) 모든 몰속함수는 연속함수인가? 모든 연속함수는 몰속함수인가? 이를 설명하라.

3. 다음 물음에 답하라.

(a) ϵ–δ 논법을 사용한 연속의 정의를 이용하여 정리 4.3.9를 증명하라.

(b) 수열의 극한을 사용한 연속의 정의(정리 4.3.2(3))를 사용하여 정리 4.3.9를 증명하라.

4. $\mathbf{R}$ 전체에서 정의된 두 함수 f와 g에 대하여 $\lim_{x \to p} f(x) = q$이고 $\lim_{x \to q} g(x) = r$이라고 가정하자. 다음 물음에 답하라.

(a) 극한 $\lim_{x \to p} g(f(x)) = r$이 성립하지 않는 예를 구하라.

(b) f와 g가 연속함수라고 가정하면 극한식 (a)가 성립함을 보여라.

(c) f가 연속함수라고만 가정해도 극한식 (a)가 성립하는가? g가 연속함수라고만 가정하면 어떻게 되는가?

1 (옮긴이) (a)의 일속, (b)의 동속, (c)의 몰속은 모두 연속(continuous)를 뒤집은 언어유희다.

5. 정의 4.3.1을 이용하여 c가 $A \subseteq \mathbf{R}$의 고립점일 때 $f : A \to \mathbf{R}$가 c에서 연속임을 보여라.

6. 다음 조건을 만족하는 예를 구하거나 만족하는 예가 존재하지 않는 이유를 설명하라.

(a) 두 함수 f와 g가 모두 0에서 연속이 아니지만 $f(x)g(x)$와 $f(x)+g(x)$는 0에서 연속이다.

(b) 함수 $f(x)$는 0에서 연속이고 $g(x)$는 0에서 연속이 아니면서 $f(x)+g(x)$는 0에서 연속이다.

(c) 함수 $f(x)$는 0에서 연속이고 $g(x)$는 0에서 연속이 아니면서 $f(x)g(x)$는 0에서 연속이다.

(d) 함수 $f(x)$는 0에서 연속이 아니지만 $f(x) + \frac{1}{f(x)}$은 0에서 연속이다.

(e) 함수 $f(x)$는 0에서 연속이 아니지만 $[f(x)]^3$은 0에서 연속이다.

7. 다음 물음에 답하라.

(a) 적절한 정리를 사용하여 4.1절의 디리클레 함수가 $\mathbf{R}$에서 연속인 곳이 없는(nowhere-continuous) 함수임을 증명하라.

(b) 4.1절에서 다룬 토메 함수를 복습하고, 토메 함수가 모든 유리수점에서 불연속임을 설명하라.

(c) 정리 4.3.2(3)에서 소개한 연속의 정의를 사용하여 토메 함수가 $\mathbf{R}$의 모든 무리수 점에서 연속임을 보여라($\epsilon > 0$에 대하여 집합 $\{x \in \mathbf{R} : t(x) \geq \epsilon\}$을 생각하라).

8. 다음 명제의 참-거짓을 판정하라. 참이면 증명하고 거짓이면 반례를 구하라. 함수 g는 항상 $\mathbf{R}$ 전체에서 정의된 연속함수라고 가정한다.

(a) 모든 $x < 1$에 대해 $g(x) \geq 0$이면 $g(1) \geq 0$이다.

(b) 모든 $r \in \mathbf{Q}$에 대해 $g(r) = 0$이면 모든 $x \in \mathbf{R}$에 대해 $g(x) = 0$이다.

(c) 한 점 $x_0 \in \mathbf{R}$에서 $g(x_0) > 0$이면 $g(x)$는 실제로 셀 수 없이 많은 점에서 양의 값을 가진다.

9. 연속함수 $h : \mathbf{R} \to \mathbf{R}$와 $K = \{x : h(x) = 0\}$에 대하여 K는 닫힌 집합임을 보여라.

10. 실수 a, b에 대해 다음이 성립함을 확인하고, 이를 이용하여 다음 물음에 답하라.

$$\max\{a, b\} = \frac{1}{2}[(a+b) + |a-b|]$$

(a) $f_1, f_2, \ldots, f_n$이 연속함수면 $g(x) = \max\{f_1(x), f_2(x), \ldots, f_n(x)\}$도 연속함수임을 보여라.

(b) (a)의 결과를 무한한 경우로 확장할 수 있는지 생각해 보자. 각 $n \in \mathbf{N}$마다 f_n을 $\mathbf{R}$에서 다음과 같이 정의하자.

$$f_n(x) = \begin{cases} 1 & (|x| \geq 1/n) \\ n|x| & (|x| < 1/n) \end{cases}$$

이때 $h(x) = \sup\{f_1(x), f_2(x), f_3(x), \ldots\}$를 구체적으로 구하라.

11. **[축약 사상 정리(contraction mapping theorem)]** 실변수 함수 f와 임의의 $x, y \in \mathbf{R}$에 대해 다음을 만족하는 상수 $0 < c < 1$가 있다고 가정하자.

$$|f(x) - f(y)| \leq c|x - y|$$

다음 물음에 답하라.

(a) f가 $\mathbf{R}$에서 연속임을 보여라.

(b) 한 점 $y_1 \in \mathbf{R}$을 택하고 다음과 같이 수열을 구성하자.

$$(y_1, f(y_1), f(f(y_1)), \ldots)$$

즉, $y_{n+1} = f(y_n)$일 때 수열 (y_n)이 코시 수열임을 보여라. 따라서 $y = \lim y_n$가 존재한다.

(c) y가 f의 고정점($f(y) = y$)이고 f의 고정점은 유일함을 증명하라.

(d) x가 $\mathbf{R}$의 **임의의** 점일 때 수열 $(x, f(x), f(f(x)), \ldots)$이 (b)에서 정의한 y로 수렴함을 증명하라.

12. 공집합이 아닌 닫힌 집합 $F \subseteq \mathbf{R}$에 대하여 $g(x) = \inf\{|x - a| : a \in F\}$라 정의하자. g가 $\mathbf{R}$ 전체에서 연속이고 모든 $x \notin F$에 대하여 $g(x) \neq 0$임을 보여라.

13. 모든 $x, y \in \mathbf{R}$에 대해 가법조건 $f(x+y) = f(x) + f(y)$를 만족하는 실변수 함수 f를 생각하자. 다음 물음에 답하라.

(a) $f(0) = 0$이고 모든 $x \in \mathbf{R}$에 대해 $f(-x) = -f(x)$임을 보여라.

(b) $k = f(1)$이라 하자. 모든 $n \in \mathbf{N}$에 대해 $f(n) = kn$임을 보이고, 모든 $z \in \mathbf{Z}$에 대해 $f(z) = kz$임을 증명하라. 이제 모든 유리수 r에 대해 $f(r) = kr$임을 증명하라.

(c) f가 $x = 0$에서 연속이면 f는 모든 $\mathbf{R}$의 점에서 연속임을 보이고 모든 $x \in \mathbf{R}$에 대해 $f(x) = kx$라는 결론을 내려라. 즉, $x = 0$에서 연속인 가법함수는 모두 반드시 원점을 지나는 일차함수다.

14. 다음 물음에 답하라.

(a) 닫힌 집합 F를 생각하자. 정확히 집합 F에서만 불연속인 함수 $f : \mathbf{R} \to \mathbf{R}$를 구성하라.

힌트 3.2절 연습문제 14에서 다룬 집합의 내부를 생각하라.

(b) 열린 집합 O를 생각하자. 정확히 O에서만 불연속인 함수 $g : \mathbf{R} \to \mathbf{R}$를 구성하라.

힌트 연습문제 12에서 정의한 함수를 생각하라.

4.4 콤팩트 집합에서 정의된 연속함수

함수 $f : A \to \mathbf{R}$와 부분집합 $B \subseteq A$에 대하여 $f(B)$는 B에서 f의 치역을 의미한다. 다시 말해 다음과 같다.

$$f(B) = \{f(x) : x \in B\}$$

이번 절에서 사용하는 형용사 '열린, 닫힌, 유계인, 콤팩트, 완전한, 연결된'은 모두 실수의 부분집합에 대하여 정의한 용어를 의미한다. 한 가지 흥미로운 질문을 생각해 보자. 특정 집합 B가 연속함수를 통해 $f(B)$로 옮겨질 때 보존되는 성질은 무엇일까? 예를 들어 B가 열린 집합이고 f가 연속함수면 $f(B)$는 반드시 열린 집합인가? 이 질문에 대한 답은 '아니다.'이다. $f(x) = x^2$이고 B가 열린 구간 $(-1, 1)$이면 $f(B)$는 구간 $[0, 1)$이며 열린 집합이 아니다.

닫힌 집합에 대해 이와 비슷하게 질문해도 '아니다.'라는 답이 나오지만 반례를 찾기 좀 까다롭다. 다음과 같은 함수 $g(x)$와 닫힌 집합 $B = [0, \infty) = \{x : x \geq 0\}$을 생각하자.

$$g(x) = \frac{1}{1 + x^2}$$

여기서 $g(B) = (0, 1]$이다. 일반적으로 연속함수는 닫힌 집합을 닫힌 집합으로 옮기지 않는다. 그러나 이 반례에서 B는 **유계가 아닌**(unbounded) 닫힌 집합 B이다. 이는 우연이 아니다. 닫힌 집합이면서 유계인 집합(즉, 콤팩트 집합)은 항상 연속함수에 의해 유계이면서 닫힌 집합으로 옮겨진다.

정리 4.4.1 콤팩트 집합의 보존

연속함수 $f : A \to \mathbf{R}$와 콤팩트 집합 $K \subseteq A$에 대하여 $f(K)$도 콤팩트 집합이다.

증명 치역 $f(K)$에 포함되는 임의의 수열 (y_n)을 생각하자. 정리를 증명하려면 $f(K)$ 안에서 수렴하는 부분수열 (y_{n_k})를 찾아야 한다. 우리의 전략은 이러하다. f의 치역에 있는 수열 (y_n)을 정의역 K에 있는 수열로 옮겨오고, 정의역 K가 콤팩트 집합임을 이용한다.

$(y_n) \subseteq f(K)$이므로 각 $n \in \mathbf{N}$마다 $f(x_n) = y_n$인 (적어도 하나의) $x_n \in K$가 존재한다. 이러한 방식으로 수열 $(x_n) \subseteq K$을 얻을 수 있다. K는 콤팩트 집합이므로 수렴하는 부분수열 (x_{n_k})가 존재하고 극한값 $x = \lim x_{n_k}$도 K에 포함된다.

마지막으로 f가 A에서 연속이고 특히 점 x에서도 연속이라는 사실을 이용하자. $(x_{n_k}) \to x$가 주어질 때 연속성에 의해 $(y_{n_k}) \to f(x)$이다. $x \in K$이므로 $f(x) \in f(K)$이다. 따라서 $f(K)$는 콤팩트 집합이다. ◀

콤팩트 집합은 유계이고 상한과 하한을 포함한다. 이 관찰과 정리 4.4.1을 결합하면 매우 중요한 따름정리를 얻는다.

정리 4.4.2 최대-최소 정리(extreme value theorem)

함수 $f : K \to \mathbf{R}$가 콤팩트 집합 $K \subseteq \mathbf{R}$에서 연속이면 f는 최댓값과 최솟값을 가진다. 다시 말해 모든 $x \in K$에 대해 $f(x_0) \leq f(x) \leq f(x_1)$인 $x_0, x_1 \in K$가 존재한다.

증명 먼저 최댓값이 존재함을 보이자. $f(K)$는 콤팩트 집합이므로 $\alpha = \sup f(K)$라 둘 수 있으며 이때 $\alpha \in f(K)$임을 알고 있다(3.3절 연습문제 1 참고). 따라서 $\alpha = f(x_1)$인 $x_1 \in K$가 존재한다.

최솟값이 존재함도 비슷한 방식으로 증명할 수 있다. ◀

고른 연속

앞서 임의의 다항함수가 $\mathbf{R}$에서 연속임을 증명했다. 이제 예제 4.2.2에서 살핀 두 함수 $f(x) = 3x+1$과 $g(x) = x^2$이 모든 점에서 연속임을 직접 증명해 보겠다. 이 과정을 통해 중요한 교훈을 얻을 수 있을 것이다.

예제 4.4.3

(a) 임의의 점 $c \in \mathbf{R}$에서 $f(x) = 3x+1$이 연속임을 직접 증명하려면 x가 c 근처에 위치할 때 $|f(x) - f(c)|$를 원하는 만큼 작게 만들 수 있음을 보여야 한다. 이때 다음이 성립한다.

$$|f(x) - f(c)| = |(3x+1) - (3c+1)| = 3|x-c|$$

$\epsilon > 0$이 주어질 때 $\delta = \epsilon/3$으로 택하자. 그러면 $|x-c| < \delta$일 때 다음이 성립한다.

$$|f(x) - f(c)| = 3|x-c| < 3\left(\frac{\epsilon}{3}\right) = \epsilon$$

이때 δ를 점 $c \in \mathbf{R}$의 위치에 무관하게 항상 같은 값으로 잡을 수 있음에 주목하자.

(b) 방금 한 증명과 $g(x) = x^2$ 이 $\mathbf{R}$ 에서 연속이라는 증명을 비교하면 차이가 뚜렷함을 발견할 수 있다. $c \in \mathbf{R}$ 에 대하여 다음이 성립한다.

$$|g(x) - g(c)| = |x^2 - c^2| = |x - c||x + c|$$

예제 4.2.2에서 다뤘듯이 $|x + c|$ 의 상계가 필요하다. 이러한 상계는 δ 가 1보다 크지 않게 선택하면 쉽게 얻을 수 있다. 즉 구간 $(c-1, c+1)$ 에 포함되는 x 만 생각하면 충분하다. 이제 다음이 성립한다.

$$|x + c| \leq |x| + |c| \leq (|c| + 1) + |c| = 2|c| + 1$$

$\epsilon > 0$ 이라 하자. $\delta = \min\{1, \epsilon/(2|c| + 1)\}$ 라 하면 $|x - c| < \delta$ 일 때 다음이 성립한다.

$$|f(x) - f(c)| = |x - c||x + c| < \left(\frac{\epsilon}{2|c| + 1}\right)(2|c| + 1) = \epsilon$$

물론 예제 4.4.3에서 보인 증명은 결함이 없으며 정당하다. 하지만 (b)의 증명은 (a)의 증명과는 다르게 c 값에 따라 δ 값도 달라진다는 점에 주목하자.

$$\delta = \frac{\epsilon}{2|c| + 1}$$

위의 식은 c 가 커질수록 δ 를 작게 택해야 함을 의미한다. 그림 4.7과 같이 $g(x) = x^2$ 의 그래프를 생각하면 이는 분명하다.

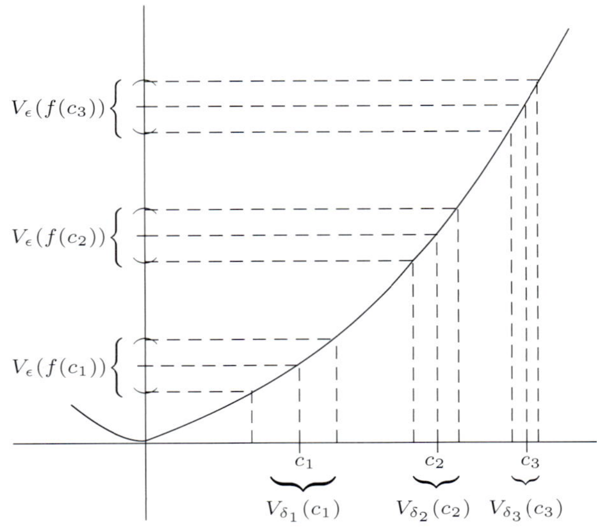

[그림 4.7] $g(x) = x^2$ 의 그래프 : c 가 커질수록 δ 를 작게 택해야 한다.

$\epsilon = 1$로 주어질 때 $c = 1$에 대해 $\delta = 1/3$으로 택하면 충분하다. $2/3 < x < 4/3$이면 확실히 $0 < x^2 < 2$이기 때문이다. 그러나 $c = 10$일 때는 $c = 1$보다 $g(x)$의 그래프가 가파르게 그려지므로 $99 < x^2 < 101$이 되게 하기 위해 δ를 훨씬 작게 잡아야 한다. 위 식에 따르면 $\delta = 1/21$이다.

다음 정의는 이 두 경우를 구분할 수 있게 해준다.

정의 4.4.4 고른 연속

임의의 $\epsilon > 0$과 모든 $x, y \in A$에 대하여 $|x - y| < \delta$일 때 항상 $|f(x) - f(y)| < \epsilon$이 되는 $\delta > 0$가 존재하면 함수 $f : A \to \mathbf{R}$를 A에서 **고른 연속(uniformly continuous)**이라고 한다.

f가 A에서 연속이라는 것은 f가 각 $c \in A$에서 연속임을 의미한다. 다시 말해 $\epsilon > 0$과 $c \in A$가 주어질 때 $|x - c| < \delta$이면 $|f(x) - f(c)| < \epsilon$이 되게 하는(**c에 의존할 수 있는**) $\delta > 0$를 찾을 수 있다. 한편, 고른 연속은 더 강한 성질이다. f가 'A에서 고른 연속'임을 보일 때는 $\epsilon > 0$이 주어질 때 A의 모든 c에 대해 동일한 $\delta > 0$를 택할 수 있다. 이것이 'A에서 연속'임을 보이는 것과 주된 차이점이다. 어떤 함수가 집합 A에서 고른 연속이 **아니**라는 사실이 이 함수가 어떤 점에서 불연속임을 함의하진 않는다. 그보다는 어떤 $\epsilon_0 > 0$에 대해 모든 $c \in A$에 통용되는 적절한 $\delta > 0$를 찾을 수 없다는 뜻이다.

정리 4.4.5 고른 연속에 대한 수열 판정법

함수 $f : A \to \mathbf{R}$가 고른 연속이 아니기 위한 필요충분조건은 다음을 만족하는 어떤 $\epsilon_0 > 0$와 A의 두 수열 (x_n)과 (y_n)이 존재하는 것이다.

$$|x_n - y_n| \to 0 \text{ 이지만 } \quad |f(x_n) - f(y_n)| \geq \epsilon_0$$

증명 정의 4.4.4를 부정하면 다음과 같다. 함수 f가 A에서 고른 연속이 아니라는 것과 어떤 $\epsilon_0 > 0$이 존재하여 모든 $\delta > 0$에 대해 $|x - y| < \delta$지만 $|f(x) - f(y)| \geq \epsilon_0$인 두 점 x와 y를 찾을 수 있다는 것은 동치다. 따라서 $\delta_1 = 1$로 두면 $|x_1 - y_1| < 1$이지만 $|f(x_1) - f(y_1)| \geq \epsilon_0$가 되는 두 점 x_1과 y_1이 존재한다.

비슷하게 $n \in \mathbf{N}$일 때 $\delta_n = 1/n$로 두면 $|x_n - y_n| < 1/n$이지만 $|f(x_n) - f(y_n)| \geq \epsilon_0$가 되는 두 점 x_n과 y_n이 존재한다. 이렇게 만들어진 수열 (x_n)과 (y_n)이 정리에서 말하는 수열이다.

역으로 ϵ_0와 두 수열 (x_n), (y_n)이 제시된 바와 같이 존재하면 ϵ_0에 대한 적절한 $\delta > 0$이 존재하지 않음을 바로 보일 수 있다. ◀

예제 4.4.6 그림 4.5와 같은 함수 $h(x) = \sin(1/x)$은 열린 구간 $(0, 1)$의 모든 점에서 연속이지만 이 구간에서 고른 연속이 아니다. 문제는 원점 근처에서 발생하는데, 점점 빠르게 진동하며 정의역의 매우 가까운 두 값에서 함숫값이 2만큼 차이가 난다. 정리 4.4.5를 설명하기 위해 $\epsilon_0 = 2$로 취하고 다음과 같이 두자.

$$x_n = \frac{1}{\pi/2 + 2n\pi}, \quad y_n = \frac{1}{3\pi/2 + 2n\pi}$$

이 수열은 각각 0으로 다가가므로 $|x_n - y_n| \to 0$이고, 간단한 계산을 통해 모든 $n \in \mathbf{N}$에 대해 $|h(x_n) - h(y_n)| = 2$임을 알 수 있다.

연속성은 한 점에서 정의되는 반면에 고른 연속성은 항상 특정 정의역에서 정의된다. 예제 4.4.3에서 $g(x) = x^2$이 $\mathbf{R}$에서 고른 연속임을 증명할 수 없었던 것은 x가 커질수록 δ가 더욱 작아져야 했기 때문이다(정리 4.4.5를 통해 설명하자면 $x_n = n$이고 $y_n = n + 1/n$로 취한다). 하지만 $g(x)$가 유계집합 $[-10, 10]$에서 고른 연속**인 것은** 참이다. 예제 4.4.3(b) 증명으로 돌아가서 정의역을 $[-10, 10]$으로 제한하면 모든 x, y에 대해 $|x + y| \le 20$이다. $\epsilon > 0$이 주어질 때 $\delta = \epsilon/20$으로 택하면 $x, y \in [-10, 10]$에 대해 $|x - y| < \delta$이면 다음이 성립함을 알 수 있다.

$$|f(x) - f(y)| = |x^2 - y^2| = |x - y||x + y| < \left(\frac{\epsilon}{20}\right) 20 = \epsilon$$

사실 이 증명을 수정하여 $g(x)$가 $\mathbf{R}$의 임의의 유계집합 A에서 고른 연속임을 보이는 것은 그리 어렵지 않다.

유계인 정의역에서 연속인 함수는 반드시 고른 연속인가? 예제 4.4.6을 생각하면 대답은 '아니다.'이다. 그러나 정의역이 콤팩트 집합이면 일반적으로 다음 정리가 성립한다.

정리 4.4.7 콤팩트 집합에서 고른 연속

콤팩트 집합 K에서 연속인 함수는 K에서 고른 연속이다.

증명 $f : K \to \mathbf{R}$가 콤팩트 집합 $K \subseteq \mathbf{R}$의 모든 점에서 연속이라고 가정하자. f가 K에서 고른 연속임을 증명하기 위해 귀류법을 사용한다.

정리 4.4.5의 판정법에 의해 f가 K에서 고른 연속이 아니라면 어떤 $\epsilon_0 > 0$에 대해 다음을 만족하는 두 수열 (x_n)과 (y_n)이 K에 존재한다.

$$\lim|x_n - y_n| = 0 \text{ 이지만 } \quad |f(x_n) - f(y_n)| \geq \epsilon_0$$

K는 콤팩트 집합이므로 수열 (x_n)은 수렴하는 부분수열 (x_{n_k})를 가지며 이때 $x = \lim x_{n_k}$도 K에 있다. K는 콤팩트 집합이므로 (y_n)의 수렴하는 부분수열을 만들 수 있지만, (y_n)의 항 중에서 수렴하는 부분수열 (x_{n_k})의 항에 대응하는 항으로 이루어진 부분수열 (y_{n_k})를 생각해 보자. 극한과 사칙연산(정리 2.3.3)에 의해 다음이 성립한다.

$$\lim(y_{n_k}) = \lim((y_{n_k} - x_{n_k}) + x_{n_k}) = 0 + x$$

따라서 (x_{n_k})와 (y_{n_k}) 모두 $x \in K$로 수렴한다. f는 x에서 연속이라고 가정했으므로 $\lim f(x_{n_k}) = f(x)$, $\lim f(y_{n_k}) = f(x)$이고 따라서 다음이 성립한다.

$$\lim(f(x_{n_k}) - f(y_{n_k})) = 0$$

그런데 (x_n)과 (y_n)은 모든 $n \in \mathbf{N}$에 대해 다음 부등식을 만족하도록 택했으므로 이는 가정에 모순이다.

$$|f(x_n) - f(y_n)| \geq \epsilon_0$$

따라서 f는 K에서 고른 연속이다. ◀

4.4 연습문제

1. 다음 물음에 답하라.

(a) $f(x) = x^3$이 $\mathbf{R}$ 전체에서 연속임을 보여라.

(b) 정리 4.4.5를 이용하여 f가 $\mathbf{R}$에서 고른 연속이 아님을 증명하라.

(c) f가 $\mathbf{R}$의 유계인 부분집합에서 항상 고른 연속임을 보여라.

2. 다음 함수가 구간 $(0,1)$에서 고른 연속인지 판정하라.

(a) $f(x) = 1/x$

(b) $g(x) = \sqrt{x^2+1}$

(c) $h(x) = x\sin(1/x)$

3. 함수 $f(x) = 1/x^2$ 은 집합 $[1, \infty)$ 에서 고른 연속이지만 $(0, 1]$ 에서는 고른 연속이 아님을 보여라.

4. 다음 명제의 참-거짓을 판정하고 그 이유를 설명하라.

(a) 함수 f가 $[a, b]$ 에서 연속이고 모든 $a \le x \le b$에 대해 $f(x) > 0$이면 $1/f$는 $[a, b]$ 에서 유계($1/f$가 유계인 치역을 가진다는 뜻)이다.

(b) 함수 f가 유계집합 A에서 고른 연속이면 $f(A)$는 유계집합이다.

(c) 집합 $\mathbf{R}$에서 정의된 f가 K가 콤팩트 집합일 때마다 $f(K)$가 콤팩트 집합이면 f는 $\mathbf{R}$에서 연속이다.

5. 열린 구간 (a, c) 에서 정의된 함수 g가 구간 $(a, b]$와 $[b, c)$ 에서 고른 연속이라 가정하자(단, $a < b < c$). g가 (a, c) 에서 고른 연속임을 증명하라.

6. 다음을 만족하는 예를 구하거나 이러한 예가 존재하지 않는 이유를 설명하라.

(a) $f : (0, 1) \to \mathbf{R}$는 연속함수고 (x_n)은 코시 수열이지만 $f(x_n)$은 코시 수열이 아니다.

(b) $f : (0, 1) \to \mathbf{R}$는 고른 연속함수고 (x_n)은 코시 수열이지만 $f(x_n)$은 코시 수열이 아니다.

(c) $f : [0, \infty) \to \mathbf{R}$는 연속함수고 (x_n)은 코시 수열이지만 $f(x_n)$은 코시 수열이 아니다.

7. $f(x) = \sqrt{x}$는 구간 $[0, \infty)$ 에서 고른 연속임을 증명하라.

8. 다음을 만족하는 예를 구하거나 이러한 예가 존재하지 않는 이유를 설명하라.

(a) 정의역이 $[0, 1]$ 이고 치역이 $(0, 1)$ 인 연속함수

(b) 정의역이 $(0, 1)$ 이고 치역이 $[0, 1]$ 인 연속함수

(c) 정의역이 $(0, 1]$ 이고 치역이 $(0, 1)$ 인 연속함수

9. [립쉬츠 함수] 모든 $x \neq y \in A$에 대해 다음 부등식을 만족하는 $M > 0$이 존재하면 함수 $f : A \to \mathbf{R}$를 **립쉬츠 함수(Lipschitz function)**라고 한다.

$$\left| \frac{f(x) - f(y)}{x - y} \right| \le M$$

기하학적으로 함수 f의 그래프 위 임의의 두 점을 지나는 직선의 기울기를 모은 집합이 유계일 때, f는 립쉬츠 함수다. 다음 물음에 답하라.

(a) $f : A \to \mathbf{R}$가 립쉬츠이면 A에서 고른 연속임을 보여라.

(b) 역 명제도 참인가? 모든 고른 연속함수는 립쉬츠 함수인가?

10. 함수 f, g가 같은 정의역 A에서 정의된 고른 연속함수라고 하자. 다음 중 A에서 반드시 고른 연속인 함수를 찾아라. 단, 분수함수와 합성함수가 잘 정의된다고 가정하자. 따라서 네 함수는 적어도 연속이다.

$$f(x) + g(x), \quad f(x)g(x), \quad \frac{f(x)}{g(x)}, \quad f(g(x))$$

11. **[연속의 위상수학적 정의]** $\mathbf{R}$ 전체에서 정의된 함수 g와 $\mathbf{R}$의 부분집합 B에 대하여 집합 $g^{-1}(B)$를 $g^{-1}(B) = \{x \in \mathbf{R} : g(x) \in B\}$라 정의하자. 다음을 증명하라.

> g가 연속함수이기 위한 필요충분조건은 $O \subseteq \mathbf{R}$가 열린 집합이면 항상 $g^{-1}(O)$가 열린 집합인 것이다.

12. 연습문제 11을 다시 확인하고 $\mathbf{R}$에서 정의된 연속함수에 대해 다음 중 참인 명제를 판정하라.

(a) B가 유한집합일 때 $f^{-1}(B)$는 유한집합이다.

(b) K가 콤팩트 집합일 때 $f^{-1}(K)$는 콤팩트 집합이다.

(c) A가 유계집합일 때 $f^{-1}(A)$는 유계집합이다.

(d) F가 닫힌 집합일 때 $f^{-1}(F)$는 닫힌 집합이다.

13. **[연속적 확장 정리(continuous extension theorem)]** 다음 물음에 답하라.

(a) 고른 연속함수는 코시 수열을 보존함을 보여라. 즉, $f : A \to \mathbf{R}$가 고른 연속이고 $(x_n) \subseteq A$이 코시 수열이면 $f(x_n)$이 코시 수열이다.

(b) 함수 g가 열린 구간 (a, b)에서 연속함수라고 하자. g가 (a, b)에서 고른 수렴일 필요충분조건은 끝점에서 $g(a)$와 $g(b)$ 값을 정의하여 확장된 함수 g가 구간 $[a, b]$에서 연속임을 증명하라 (정방향 증명에서 먼저 $g(a)$와 $g(b)$가 될 후보를 고르고 확장된 함수 g가 연속임을 보여라).

14. 하이네-보렐 정리에서 콤팩트성의 열린 덮개 특성(정리 3.3.8(3))을 이용하여 정리 4.4.7을 다르게 증명하라.

4.5 사잇값 정리

닫힌 구간 $[a,b]$에서 연속함수 f가 $f(a)$와 $f(b)$ 사이에 있는 모든 값을 함숫값으로 가짐을 쉽게 확인할 수 있다. 이 사실을 사잇값 정리라 한다(그림 4.8).

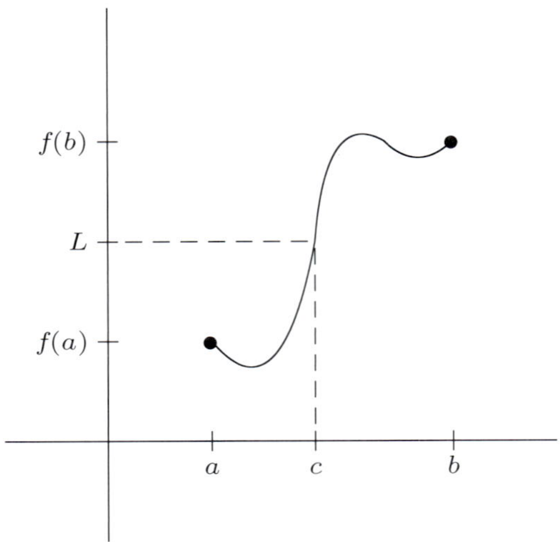

[그림 4.8] 사잇값 정리

이 관찰을 해석학 언어로 쓰면 다음과 같다.

> **정리 4.5.1 사잇값 정리(intermediate value theorem)**
> 연속함수 $f : [a,b] \to \mathbf{R}$와 $f(a) < L < f(b)$ 또는 $f(a) > L > f(b)$를 만족하는 실수 L에 대하여 $f(c) = L$인 점 $c \in (a,b)$가 존재한다.

오일러와 가우스를 포함한 18세기 수학자들은 별다른 의심 없이 사잇값 정리를 자유롭게 사용했다. 사실 1817년 볼차노가 최초로 현대적인 연속성 정의를 포함하여 논문을 쓰기 전까지 아무도 이 정리를 해석학적으로 증명하지 않았다. 이러한 사실은 사잇값 정리의 중요성을 방증한다. 4.1절에서 논의한 바와 같이 볼차노와 동시대 수학자들은 수학의 기초를 확고히 하는 것이 점점 더 중요해지는 수학의 변혁 시점에 도달했다.

이러한 과정은 이가 빠진 부분으로 돌아가 누락된 증명만 하면 되는 단순한 문제가 아니다. 관련 개념에 대해 철저하게 합의된 이해가 있을 때 비로소 수학의 최전방에서 격렬한 전투를 벌일 수 있다. 연속과 실수의 본질에 대한 이해가 **증명가능할 만큼** 충분히 성숙해졌다는 점에서 사잇값 정리는 중요하다. 이 간단한 정리에 대한 여러 아름다운 증명이 있다. 각 증명은 조금씩 다른 방식으로 연속성과 완비성 사이에서 상호 작용을 한다.

연결집합의 보존

사잇값 정리를 연속함수가 연결집합을 연결집합으로 옮긴다는 사실의 따름정리로 이해할 수 있다. 여러 이해 방법 중 이것이 가장 유용하지 않을까 싶다. 정리 4.4.1에서 f가 콤팩트 집합 K에서 연속함수면 치역 $f(K)$ 또한 콤팩트 집합임을 확인했다. 연결집합에 대해서도 비슷한 관찰을 할 수 있다.

정리 4.5.2 연결집합의 보존
함수 $f : G \to \mathbf{R}$가 연속이라고 하자. 집합 $E \subseteq G$가 연결집합이면 $f(E)$도 연결집합이다.

증명 정리 3.4.6에서 다룬 연결집합의 성질을 사용하기 위해 $f(E) = A \cup B$라고 하자. 이때 A와 B는 공집합이 아닌 서로소인 집합이다. 이제 두 집합 중 하나에 포함되는 수열의 극한값이 다른 하나에 포함됨을 증명하면 된다.

이제 집합 C와 D를 다음과 같이 두자.

$$C = \{x \in E : f(x) \in A\}, \quad D = \{x \in E : f(x) \in B\}$$

집합 C와 D를 각각 A와 B의 **원상**(preimage)이라고 한다. A와 B의 성질을 이용하면 C와 D가 공집합이 아니고 서로소이며 $E = C \cup D$를 만족함을 바로 확인할 수 있다. 이제 E가 연결집합이라고 가정하면 정리 3.4.6에 의해 C나 D 중 하나에 포함되는 수열 (x_n)이 있어 그 극한값 $x = \lim x_n$이 다른 하나에 포함된다. 마지막으로 f는 x에서 연속이므로 $f(x) = \lim f(x_n)$이다. 따라서 $f(x_n)$은 수렴하는 수열인데, $f(x_n)$은 A나 B 중 하나에 포함되고 극한값 $f(x)$는 다른 하나에 포함된다. 다시 정리 3.4.6을 생각하면 증명이 끝난다. ◀

$\mathbf{R}$에서 연결집합은 항상 구간으로 주어진다(이러한 구간은 유계가 아닐 수도 있다). 이 사실과 정리 4.5.2를 함께 생각하면 사잇값 정리를 짧게 증명할 수 있다(연습문제 1 참고). 정리 4.5.2에서는 $\mathbf{R}$에서 구간과 연결집합이 동치임을 이용하지 않고 일반적인 정의만을 이용하여 증명했다.

앞서 이 내용이 사잇값 정리를 이해하는 가장 **유용한** 방법이라고 칭한 이유는 연속성과 연결성의 정의를 고차원에도 쉽게 적용할 수 있기 때문이다(여기에서 이를 다루지는 않겠다). 따라서 정리 4.5.2는 더 높은 차원에서도 여전히 성립하는 반면 사잇값 정리는 본질적으로 1차원에서만 성립한다.

완비성

사잇값 정리는 일반적으로 근의 존재성을 증명하는 데 사용한다. 예를 들어 $f(x) = x^2 - 2$에 대하여 $f(1) = -1$이고 $f(2) = 2$이므로 $f(c) = 0$인 점 $c \in (1, 2)$가 존재한다.

이 경우에는 $c = \sqrt{2}$임을 쉽게 계산할 수 있으므로 f가 근을 가짐을 설명하기 위해 사잇값 정리까지 들먹일 필요는 없어보인다.

1장에서 공들여 $\sqrt{2}$가 존재함을 증명했는데, 이 과정에서 실수의 완비성 공리가 반드시 필요했다. 방금 사잇값 정리를 통해 $\sqrt{2}$가 존재함을 보였다는 것은 사잇값 정리를 이해하는 또 다른 방법이 f의 연속성과 $\mathbf{R}$의 완비성 사이의 관계를 살펴보는 것임을 암시한다.

1장에서 완비성 공리를 '공집합이 아니면서 위로 유계인 집합은 상한을 가진다.'고 했다. 나중에 축소구간성질도 수직선에 '틈'이 없음을 이야기한다는 점에서 완비성 공리와 동치임을 확인했다. 이러한 완비성의 특성 중 어느 것을 이용해도 정리 4.5.1을 다르게 증명할 수 있다.

증명 (1) 완비성 공리를 이용한 증명 문제를 약간 단순화하여 연속함수 f에 대해 $f(a) < 0 < f(b)$인 특수한 경우를 생각하고 어떤 $c \in (a, b)$에 대해 $f(c) = 0$임을 보이자. 먼저 K를 다음과 같이 두자.

$$K = \{x \in [a, b] : f(x) \leq 0\}$$

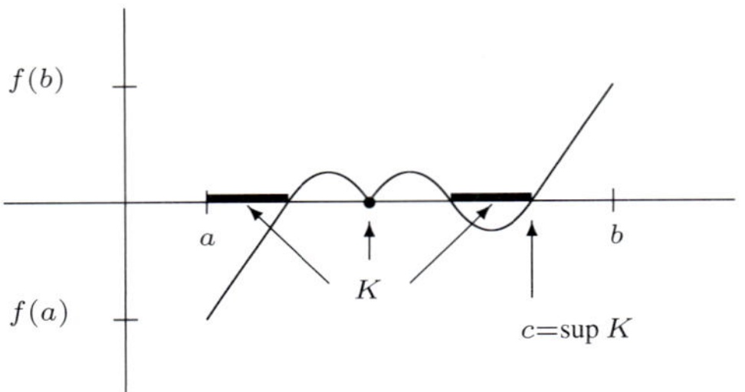

K는 b에 의해 위로 유계이고 $a \in K$이므로 K는 공집합이 아님에 주목하자. 따라서 완비성 공리에 의해 $c = \sup K$가 존재한다.
이제 다음과 같이 3가지 경우가 가능하다.

$$f(c) > 0, \ f(c) < 0, \ f(c) = 0$$

c가 K의 상한이라는 사실로부터 처음 두 경우를 배제할 수 있다. 따라서 원하는 대로 $f(c) = 0$이라는 결론을 내릴 수 있다. 자세한 내용은 연습문제 5(a)에서 다룬다. ◀

증명 (2) 축소구간성질을 이용한 증명 다시 $L = 0$이고 $f(a) < 0 < f(b)$인 특수한 경우를 생각하자. $I_0 = [a, b]$라 하고 다음과 같이 중점을 생각한다.

$$z = (a + b)/2$$

$f(z) \geq 0$이면 $a_1 = a$이고 $b_1 = z$라 두자. $f(z) < 0$이면 $a_1 = z$이고 $b_1 = b$라 두자. 각각의 경우에서 f는 구간 $I_1 = [a_1, b_1]$의 왼쪽 끝점에서 음수이고 오른쪽 끝점에서 음수가 아니다.

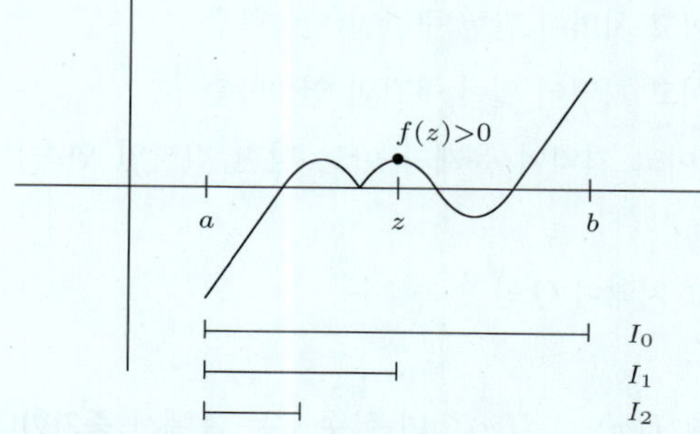

이 과정을 귀납적으로 반복하여 축소구간성질을 적용할 수 있는 무대를 설정할 수 있다. 증명의 나머지는 연습문제 5(b)에서 다룬다. ◀

사잇값 성질

사잇값 정리의 역도 성립할까?

정의 4.5.3 구간 $[a, b]$에 속한 모든 $x < y$와 $f(x)$와 $f(y)$ 사이의 모든 L에 대해 $f(c) = L$인 점 $c \in (x, y)$를 항상 찾을 수 있을 때, 함수 f는 구간 $[a, b]$에서 사잇값 성질을 가진다고 한다.

정의 4.5.3을 이용하여 사잇값 정리를 이렇게 재진술할 수 있다. 구간 $[a, b]$에서 연속인 함수는 항상 사잇값 성질을 가진다. 이제 사잇값 성질을 가지는 함수는 반드시 연속함수라고 그럴듯한 추측을 할 수도 있겠지만, 아쉽게도 이는 성립하지 않는다. 우리는 다음 함수과 같은 함수 $g(x)$가 원점에서 불연속임을 확인했지만(예제 4.2.6 참고) $g(x)$는 $[0, 1]$에서 사잇값 성질을 가진다.

$$g(x) = \begin{cases} \sin(1/x) & (x \neq 0) \\ 0 & (x = 0) \end{cases}$$

그러나 단조함수라는 가정을 덧붙이면 사잇값 성질을 가지는 함수는 **연속함수다**(연습문제 3 참고).

4.5 연습문제

1. 정리 4.5.2의 따름정리로 사잇값 정리를 얻을 수 있음을 보여라.

2. 다음을 만족하는 예를 구하거나 이러한 예가 존재하지 않는 이유를 설명하라.

(a) 정의역이 열린 구간이고 치역이 닫힌 구간인 연속함수

(b) 정의역이 닫힌 구간이고 치역이 열린 구간인 연속함수

(c) 정의역이 열린 구간이고 치역이 유계가 아닌 닫힌 집합인 연속함수(단, 치역이 $\mathbf{R}$ 전체는 아니다).

(d) 정의역이 $\mathbf{R}$ 전체이고 치역이 $\mathbf{Q}$인 연속함수

3. A의 모든 $x < y$에 대해 $f(x) \leq f(y)$이면 함수 f는 A에서 **증가한다(increase)**고 한다. f가 $[a, b]$에서 증가하고 사잇값 성질을 가지면(정의 4.5.3 참고) f는 $[a, b]$에서 연속임을 보여라.

4. 구간 A에서 연속인 함수 f에 대하여 집합 F를 다음과 같이 정의하자.

$$F = \{x \in A : y \in A\text{인 어떤 } y \neq x\text{에 대하여 } f(x) = f(y)\}$$

즉, F는 함수 f가 일대일이 아닌 점들의 집합이다. F는 공집합이거나 셀 수 없는 집합임을 보여라.

5. 사잇값 정리(정리 4.5.1)의 증명에 관한 다음 물음에 답하라.

(a) 완비성 공리를 이용한 증명(증명 (1))을 마무리하라.

(b) 축소구간성질을 이용한 증명(증명 (2))을 마무리하라.

6. $f : [0, 1] \to \mathbf{R}$가 $f(0) = f(1)$인 연속함수라고 하자. 다음 물음에 답하라.

(a) $|x - y| = 1/2$이면서 $f(x) = f(y)$인 $x, y \in [0, 1]$가 반드시 존재함을 보여라.

(b) 각 $n \in \mathbf{N}$마다 $|x_n - y_n| = 1/n$이면서 $f(x_n) = f(y_n)$인 $x_n, y_n \in [0, 1]$이 존재함을 보여라.

(c) $h \in (0, 1/2)$가 $1/n$ 꼴이 아니면 $|x - y| = h$이면서 $f(x) = f(y)$인 x, y가 반드시 존재하는 것은 아니다. $h = 2/5$라 두고 이를 설명하는 예를 구하라.

7. 닫힌 구간 $[0,1]$에서 연속인 함수 f의 치역도 구간 $[0,1]$에 포함된다고 하자. f는 반드시 고정점을 가짐을 증명하라. 다시 말해 적어도 하나의 $x \in [0,1]$에 대해 $f(x) = x$임을 보여라.

8. [역함수] 함수 $f : A \to \mathbf{R}$가 단사함수면 f의 치역에서 역함수 f^{-1}를 자연스럽게 정의할 수 있다. 즉 $y = f(x)$일 때 $f^{-1}(y) = x$로 정의한다. f가 구간 $[a,b]$에서 연속이고 단사함수면 f^{-1}도 연속함수임을 보여라.

4.6 불연속점 집합

함수 $f : \mathbf{R} \to \mathbf{R}$에 대하여 $D_f \subseteq \mathbf{R}$를 f의 불연속점 집합으로 정의하자. 4.1절에서 디리클레 함수 $g(x)$에 대해 $D_g = \mathbf{R}$임을 확인했다. 수정된 디리클레 함수 $h(x)$에 대해서는 $D_h = \mathbf{R} \setminus \{0\}$이다. 즉, 원점에서만 연속인 함수다. 마지막으로 토메 함수 $t(x)$에 대해 $D_t = \mathbf{Q}$임을 확인했다.

문제 1 위의 함수를 수정하여 다음을 만족하는 함수 $f : \mathbf{R} \to \mathbf{R}$를 구성하라.

(a) $D_f = \mathbf{Z}^c$

(b) $D_f = \{x : 0 < x \leq 1\}$

문제 2 셀 수 있는 집합 $A = \{a_1, a_2, a_3, \ldots\}$에 대하여 $f(a_n) = 1/n$이고 모든 $x \notin A$에 대해 $f(x) = 0$인 함수 $f(x) = 0$을 생각하자. D_f를 구하라.

4.1절 마지막에서 D_f가 실수의 **임의의** 부분집합이 될 수 있는지 물었다. 이는 사실이 아니다. $\mathbf{R}$에서 정의된 실변수 함수의 불연속점 집합은 $\mathbf{R}$의 어느 부분 집합도 가질 수 없는 특정한 위상 구조를 지닌다. 보다 자세히 말하자면, 어떤 함수 f를 가져와도 D_f는 항상 닫힌 집합의 셀 수 있는 합집합으로 표현된다. f가 **단조함수**면 D_f는 유한하거나 셀 수 있는 집합이 된다.

단조함수에 대한 집합 D_f

임의의 함수 f에 대해 집합 D_f를 분류하는 작업은 다소 수고롭다. 흥미롭게도 단조함수라면 D_f를 상당히 간단하게 나타낼 수 있다.

정의 4.6.1 함수 $f : A \to \mathbf{R}$가 $x < y$일 때 항상 $f(x) \le f(y)$이면 **A에서 증가한다(increasing on A)**고 하고, $x < y$일 때 항상 $f(x) \ge f(y)$이면 **A에서 감소한다(decreasing on A)**고 한다. 증가함수와 감소함수를 통틀어 **단조함수(monotone function)**라고 한다.

점 c에서 f가 연속이면 $\lim_{x\to c} f(x) = f(c)$이다. 불연속성이 발생하는 대표적인 예는 c에서의 좌극한과 우극한이 다른 경우다. 새로운 용어를 배울 때처럼 좌극한과 우극한의 의미를 명확히 하자.

정의 4.6.2 집합 A의 극한점 c와 함수 $f : A \to \mathbf{R}$를 생각하자. 모든 $\epsilon > 0$에 대해 $0 < x-c < \delta$일 때 $|f(x) - L| < \epsilon$이 되는 δ가 존재하면 다음과 같이 쓴다.

$$\lim_{x\to c^+} f(x) = L$$

이를 c에서 함수 f의 **우극한(right-hand limit)**이라고 한다.
이와 동치인 명제를 수열 관점으로 서술하면 다음과 같다.
$x_n > c$이고 $\lim(x_n) = c$인 모든 수열 (x_n)에 대해 $\lim f(x_n) = L$이면 다음과 같이 나타낸다.

$$\lim_{x\to c^+} f(x) = L$$

문제 3 좌극한(left-hand limit) $\lim_{x\to c^-} f(x) = L$도 비슷하게 정의를 내려라.

정리 4.6.3 함수 $f : A \to \mathbf{R}$와 A의 극한점 c에 대하여 $\lim_{x\to c} f(x) = L$인 필요충분조건은 다음과 같다.

$$\lim_{x\to c^-} f(x) = L\text{이고 } \lim_{x\to c^+} f(x) = L\text{이다.}$$

문제 4 정리 4.6.3을 증명하라.

일반적으로 불연속성은 다음 3가지 경우로 분류할 수 있다.

(1) 극한 $\lim_{x \to c} f(x)$가 존재하지만 $f(c)$와 다를 때, c를 **제거 가능한(removable)** 불연속점이라고 한다.

(2) $\lim_{x \to c^+} f(x) \neq \lim_{x \to c^-} f(x)$이면 c를 **비약(jump)** 불연속점이라고 한다.

(3) (1), (2)가 아닌 다른 이유로 극한 $\lim_{x \to c} f(x)$가 존재하지 않으면 c를 **본질적(essential)** 불연속점이라고 한다.

이제 임의의 단조함수 f에 대해 집합 D_f를 분류할 준비가 되었다.

문제 5 단조함수가 가질 수 있는 불연속점은 비약 불연속점뿐임을 증명하라.

문제 6 단조함수 f의 비약 불연속점 집합과 $\mathbf{Q}$의 부분집합 사이에 전단사함수를 구성하라. 이로부터 f가 단조함수면 D_f는 유한집합이거나 셀 수 있는 집합이지만 셀 수 없는 집합이 아님을 보여라.

임의의 함수에 대한 집합 D_f

닫힌 집합의 교집합은 항상 닫힌 집합이지만 합집합에서는 닫힌 집합의 **유한** 합집합만 닫힌 집합이라 단정할 수 있음을 기억하자. 열린 집합이면 상황이 반전된다. 열린 집합의 합집합은 항상 열린 집합이지만 열린 집합의 유한 교집합만 열린 집합이라 확신할 수 있다.

정의 4.6.4 닫힌 집합의 셀 수 있는 합집합으로 나타낼 수 있는 집합을 F_σ **집합**[2]이라고 한다.

4.1절에서 우리는 불연속점 집합이 $\mathbf{R}$인 함수(디리클레 함수)와 $\mathbf{R} \setminus \{0\}$인 함수(수정된 디리클레 함수) 그리고 $\mathbf{Q}$인 함수(토메 함수)를 구성했다.

문제 7 다음 집합이 F_σ 집합임을 보여라.

(a) 앞의 각 경우에 불연속점 집합

(b) 연습문제 1의 두 불연속점 집합

---

2 이 정의는 3.5절에서도 다루었다.

앞으로의 논의를 위해 α-연속성이라는 개념을 도입하겠다.

정의 4.6.5 함수 f가 $\mathbf{R}$에서 정의되고 $\alpha > 0$이라 하자. $y, z \in (x-\delta, x+\delta)$이면 항상 $|f(y) - f(z)| < \alpha$가 되게 하는 $\delta > 0$가 존재할 때 함수 f가 $x \in \mathbf{R}$에서 α-연속이라고 한다.

이 정의에서 가장 주목해야 할 점은 $\alpha > 0$ 앞에 전칭기호 '모든'이 없다는 것이다. 앞으로 확인하겠지만 지금 정의에 전칭기호를 추가하면 연속성 정의(정의 4.3.1)와 동치다. α-연속성은 특정 지점 근방에서 함수의 변동을 측정한 것이라 이해할 수 있다. c를 중심으로 하는 어떤 구간에서 함수의 변동이 절대 $\alpha > 0$를 넘지 않으면 이 함수는 점 c에서 α-연속이다.

$\mathbf{R}$ 위에 함수 f가 주어질 때 D_f^α를 함수 f가 α-연속이 아닌 점의 집합으로 정의하자. 다시 말해 집합 D_f^α는 다음과 같다.

$$D_f^\alpha = \{x \in \mathbf{R} : f\text{는 } x\text{에서 } \alpha\text{-연속이 아니다.}\}$$

문제 8 고정된 $\alpha > 0$에 대해 집합 D_f^α는 닫힌 집합임을 증명하라.

모든 무대가 준비되었다. 이제 $\mathbf{R}$에서 정의된 임의의 함수 f에 대해 불연속점 집합을 특징지을 차례다.

정리 4.6.6 $f : \mathbf{R} \to \mathbf{R}$가 임의의 함수라고 하자. 이때 D_f는 F_σ 집합이다.

증명 집합 D_f를 다음과 같이 정의했음을 기억하자.

$$D_f = \{x \in \mathbf{R} : f \text{ 는 } x\text{에서 연속이 아니다.}\}$$

문제 9 $\alpha < \alpha'$이면 $D_f^{\alpha'} \subseteq D_f^\alpha$임을 보여라.

문제 10 $\alpha > 0$가 주어졌다고 하자. 함수 f가 x에서 연속이면 x에서 α–연속임을 보여라. 이로부터 $D_f^\alpha \subseteq D_f$임을 설명하라.

문제 11 f가 x에서 연속이 아니면 어떤 $\alpha > 0$에 대해 f가 α–연속이 아님을 보여라. 이제 $\alpha_n = 1/n$일 때 다음이 성립함을 보여라.

$$D_f = \bigcup_{n=1}^{\infty} D_f^{\alpha_n}$$

각 $D_f^{\alpha_n}$은 닫힌 집합이므로 이로써 정리 4.6.6의 증명이 끝났다. ◀

4.7 마치며

실수 집합 $\mathbf{R}$의 모든 부분집합이 F_σ 집합은 아니라는 사실을 증명하고 나면, 정리 4.6.6은 무척 흥미로워진다. 이를 증명하기란 그리 녹록지 않고 3.5절에서 베르 범주 정리에 대한 연습문제로 다루었다. 베르 정리에 따르면 $\mathbf{R}$이 닫힌 집합의 셀 수 있는 합집합으로 표현된다면 이러한 닫힌 집합 중 적어도 하나는 공집합이 아닌 열린 구간을 반드시 포함해야 한다. 유리수 집합 $\mathbf{Q}$는 각 점의 셀 수 있는 합집합이고 각 점은 닫힌 집합으로 볼 수 있으며 이 중 어느 것도 구간을 포함할 수 없다. 무리수 집합 $\mathbf{I}$를 닫힌 집합의 셀 수 있는 합집합으로 나타낼 수 있다면 이 닫힌 집합 중 어느 것도 열린 구간을 포함하지 않아야 한다. 그렇지 않으면 유리수를 포함하고 이는 베르 정리에 모순된다. 따라서 $\mathbf{I}$는 닫힌 집합의 셀 수 있는 합집합으로 나타낼 수 없고 따라서 F_σ 집합이 아니다. 따라서 모든 유리수 점에서 연속이고 모든 무리수 점에서 불연속인 함수 f는 존재하지 않는다. 이 결과를 앞서 다룬 토메 함수와 비교해 보라.

역방향 질문도 흥미롭다. 임의의 F_σ 집합이 주어질 때 윌리엄 헨리 영(William Henry Young)은 1903년에 정확히 이 집합에서만 불연속점을 갖는 함수를 항상 만들 수 있음을 보였다. 4.3절 연습문제 14는 훨씬 더 단순한 임의의 닫힌 집합의 경우에 대해 이를 보이는 방법에 대한 몇 가지 단서를 제공하며, 4.6절 문제 2는 임의의 셀 수 있는 집합인 경우를 다룬다. 영의 방법은 이미 살펴본 디리클레 함수와 같은 유형과 더불어 앞서 이야기한 종류의 함수도 포함한다. 그 방법은 당연히 더 복잡하다. 이와 대조적으로 단조함수에 대해 역방향을 설명하는 함수는 그리 어렵지 않게 찾을 수 있다.

$$D = \{x_1, x_2, x_3, x_4, \ldots\}$$

이때 집합 D를 임의의 셀 수 있는 실수의 부분집합이라고 하자. 정확히 D에서만 불연속점을 갖는 단조함수를 구성하기 위해 먼저 특정 $x_n \in D$을 택하고 다음과 같은 계단 함수를 정의하자.

$$u_n(x) = \begin{cases} 1/2^n & (x > x_n) \\ 0 & (x \le x_n) \end{cases}$$

각각의 $u_n(x)$는 단조함수며 x_n에서만 불연속이고 그 외의 점에서 연속임을 유념하자.

이제 함수 f를 다음과 같이 두자.

$$f(x) = \sum_{n=1}^{\infty} u_n(x)$$

무한급수 $\sum 1/2^n$은 수렴하므로 위의 함수 f는 $\mathbf{R}$ 전체에서 정의되며 f가 단조함수며 정확히 집합 D에서만 비약 불연속점을 가짐을 직관적으로 쉽게 알 수 있다. 이 결론은 6장에서 엄밀하게 증명한다. 무한급수를 다루는 6장에서는 이를 포함하여 여러 가지 흥미로운 사실을 증명할 것이다.

5

도함수
The Derivative

5.1 도함수는 연속인가?

도함수에 담긴 기하학적 의미는 여러분도 잘 알고 있을 것이다. 함수 $g(x)$와 정의역에 속한 각 점 x에 대하여 미분계수 $g'(x)$는 g의 점 x에서 기울기를 의미한다. 그림 5.1은 다음과 같이 미분계수를 정의한 이유를 설명한다.

$$g'(c) = \lim_{x \to c} \frac{g(x) - g(c)}{x - c}$$

우선 평균변화율 $(g(x) - g(c))/(x - c)$는 두 점 $(x, g(x))$와 $(c, g(c))$를 잇는 직선의 기울기다. 이 식에 x를 c로 보내는 극한을 취하면 $x = c$에서 접선의 기울기를 얻는다. 이러한 과정은 수학적으로 잘 정의되어 있다.

도함수는 미분적분학뿐만 아니라 상위 단계의 수학에서도 다양하게 응용된다. 이번 장에서는 이러한 응용을 다루기보다는 미분이 정당한 이유를 수학적으로 확인하는 데 집중할 것이다. 상위 단계의 수학에서 미분을 자유자재로 사용하려면 지금 공부하는 내용이 반드시 필요하다. 즉 도함수를 점점 더 정교하게 다뤄야 할 일이 많아질수록 미분이 어떻게 정의되고 다른 연산과 어떻게 상호 작용하는지 정확히 알아야 한다.

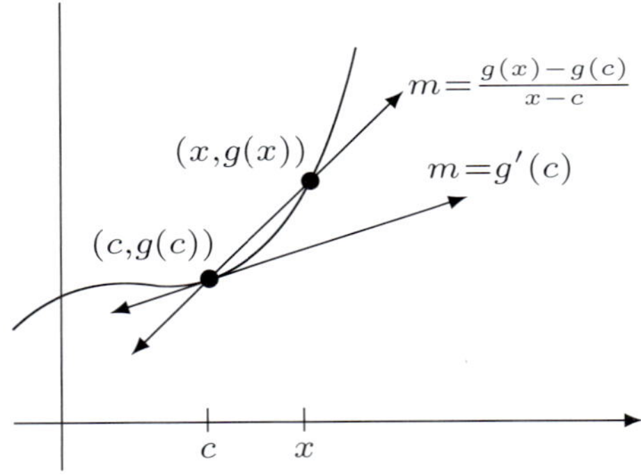

[그림 5.1] $g'(c)$의 정의

이번 장에서는 미분의 물리적 응용에 대한 내용은 다루지 않지만 추상적인 성질에 대해 질문을 몇 가지 다룬다. 질문 중 상당수가 미분과 연속의 관계를 묻는다. 연속함수는 항상 미분가능한가? 그렇지 않다면 어떤 연속함수가 미분불능일까? 모든 미분가능한 함수는 연속인가? 함수 f가 정의역의 모든 점에서 미분가능할 때, 함수 f'은 어떤 성질을 가질까? f'은 연속인가? 도함수가 될 수 있는 함수를 모두 모으면 이 집합은 어떤 성질을 가질까? 이 집합에 어떤 제약조건이 있을까? 다시 말해 임의의 함수 g에 대하여 $f' = g$인 미분가능한 함수 f를 항상 찾을 수 있을까? 아니면 특정한 조건을 만족하는 함수만 g가 될 수 있을까?

앞서 연속을 공부하며 고려할 대상을 단조함수로 제한한 것이 불연속점 집합을 탐구하는 데 효과적임을 알 수 있었다. 혹시 미분불가능한 점의 집합을 파악할 때도 이처럼 고려할 대상을 제한하는 것이 도움이 될까? 이러한 질문 중 일부는 다른 질문보다 해결하기 어렵다. 아직 만족스러운 답을 찾지 못한 질문도 있다.

이러한 질문에 답하는 데 다음 함수가 요긴하다.

$$g_n(x) = \begin{cases} x^n \sin(1/x) & (x \neq 0) \\ 0 & (x = 0) \end{cases}$$

우리는 예제 4.2.6에서 $n = 0$일 때 $\sin(1/x)$이 빠르게 진동해서 $g_0(x)$가 $x = 0$에서 연속이 아님을 이미 확인했다. $n = 1$일 때 이러한 진동이 $|x|$와 $-|x|$에 의해 조여지므로 g_1은 $x = 0$에서 연속이다(예제 4.3.6 참고). 그럼 $g_1'(0)$은 정의되는가? 앞서 소개한 미분계수의 정의에 의해 다음이 성립한다.

$$g_1'(0) = \lim_{x\to 0} \frac{g_1(x)}{x} = \lim_{x\to 0} \sin(1/x)$$

위 극한은 존재하지 않고 g_1은 $x = 0$에서 미분가능하지 않다. 한편 같은 방식으로 계산해 보면 g_2는 원점에서 미분가능하다.

$$g_2'(0) = \lim_{x\to 0} x\sin(1/x) = 0$$

원점이 아닌 점에서는 익숙한 미분법 공식(곧 증명한다)을 이용하여 g_2가 $\mathbf{R}$ 전체에서 미분가능함을 보일 수 있다. 이때 도함수는 다음과 같다.

$$g_2'(x) = \begin{cases} -\cos(1/x) + 2x\sin(1/x) & (x \neq 0) \\ 0 & (x = 0) \end{cases}$$

이번에는 다음 극한값을 생각해 보자.

$$\lim_{x\to 0} g_2'(x)$$

$\cos(1/x)$은 인수 x에 의해 조여지지 않으므로 극한값은 존재하지 않는다. 따라서 도함수는 원점에서 연속이 아니다.

정리하면 함수 $g_2(x)$는 연속이고 $\mathbf{R}$ 전체에서 미분가능하다(그림 5.2 참고). 도함수 g_2'은 $\mathbf{R}$ 전체에서 잘 정의되지만 g_2'은 원점에서 불연속점이다. 일반화하면 연속이 아닌 도함수가 존재한다!

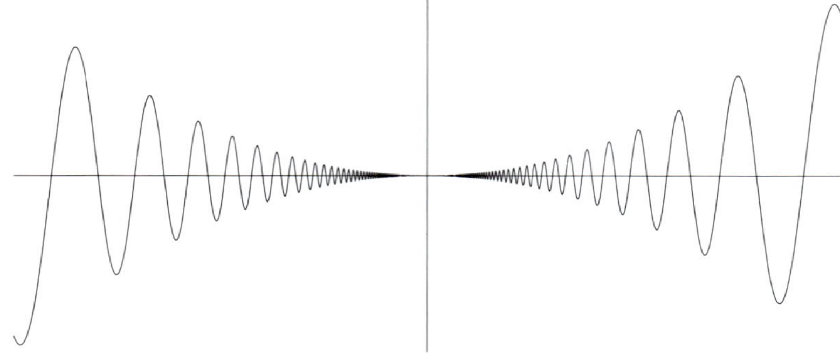

[그림 5.2] 원점 근처에서 함수 $g_2(x) = x^2 \sin(1/x)$의 그래프

g_2'은 $x = 0$에서 **본질적**(essential)으로 불연속이다. 즉 $\lim_{x \to 0} g'(x)$는 좌극한도 우극한도 존재하지 않는다. 그럼 단순히 비약 불연속점을 가지는 함수는 어떨까? 예를 들어 다음을 만족하는 함수 h가 존재할까?

$$h'(x) = \begin{cases} -1 & (x \le 0) \\ 1 & (x > 0) \end{cases}$$

먼저 원점보다 왼쪽에서는 기울기가 -1이고 원점보다 오른쪽에서는 기울기가 1인 절댓값 함수를 떠올릴 수 있다. 하지만 절댓값 함수는 원점에서 미분가능하지 **않다**. 우리는 지금 원점을 포함한 모든 곳에서 미분가능하며 특히 원점에서 기울기가 -1인 함수를 찾고 있다. 이러한 함수를 찾는 일이 호락호락하지 않다는 게 점점 분명해진다. 우리는 모든 곳에서 미분가능하고 기울기가 -1과 1 사이의 어느 값도 가지지 않으면서 -1에서 1로 건너뛰는 함수를 찾고 있다.

사실 이러한 함수는 존재하지 않는다. 도함수가 반드시 연속일 필요는 없지만, 사잇값 성질은 반드시 만족해야 하기 때문이다.

5.2 도함수와 사잇값 성질

물론 미분은 보다 복잡한 집합에서도 정의할 수 있는 개념이지만, 원함수와 도함수의 관계를 따지려면 정의역이 구간인 경우를 주로 다룰 것이다. 도함수를 기하학적인 의미인 변화율로 이해하려면 정의역이 연결집합인 게 아무래도 자연스럽다. 4.2절에서 다룬 함수의 극한을 바탕으로 도함수를 엄밀하게 정의하겠다. 이것만으로도 충분하다.

정의 5.2.1 미분가능성

$g : A \to \mathbf{R}$가 구간 A에서 정의된 함수라고 하자. $c \in A$가 주어질 때, 다음 극한값이 존재하면 이를 **c에서 g의 미분계수**라고 한다.

$$g'(c) = \lim_{x \to c} \frac{g(x) - g(c)}{x - c}$$

이때 g가 c에서 미분가능하다고 한다. 모든 점 $c \in A$에서 g'이 존재할 때 g는 A에서 미분가능하다고 한다.

예제 5.2.2

(a) $f(x) = x^n$(단, $n \in \mathbf{N}$)을 생각하자. 임의의 $c \in \mathbf{R}$에 대하여 다음 항등식을 이용하자.

$$x^n - c^n = (x - c)(x^{n-1} + cx^{n-2} + c^2x^{n-3} + \cdots + c^{n-1})$$

이미 익숙한 다음 공식을 유도할 수 있다.

$$\begin{aligned} f'(c) = \lim_{x \to c} \frac{x^n - c^n}{x - c} &= \lim_{x \to c}(x^{n-1} + cx^{n-2} + c^2x^{n-3} + \cdots + c^{n-1}) \\ &= c^{n-1} + c^{n-1} + \cdots + c^{n-1} = nc^{n-1} \end{aligned}$$

(b) $g(x) = |x|$를 생각하자. $c = 0$에서 미분계수를 알고 싶다면 다음 극한값을 계산해야 한다.

$$g'(0) = \lim_{x \to 0} \frac{|x|}{x}$$

위 식에서 우극한은 $+1$이고 좌극한은 -1이므로 극한값은 존재하지 않는다. 따라서 g는 원점에서 미분불가능이다.

예제 5.2.2(b)에 따르면 함수 g가 연속일 때 g가 반드시 미분가능한 것은 아니다. 반면에 g가 어떤 점에서 미분가능하면 g는 반드시 그 점에서 연속이다.

정리 5.2.3 함수 $g : A \to \mathbf{R}$가 점 $c \in A$에서 미분가능하면 g는 점 c에서 연속이다.

증명 다음 극한값이 존재한다고 가정하자.

$$g'(c) = \lim_{x \to c} \frac{g(x) - g(c)}{x - c}$$

$\lim_{x \to c} g(x) = g(c)$임을 증명하려 한다. 이때 함수의 극한과 사칙연산 사이의 관계를 생각해 보면 다음과 같이 쓸 수 있다.

$$\lim_{x\to c}(g(x)-g(c)) = \lim_{x\to c}\left(\frac{g(x)-g(c)}{x-c}\right)(x-c) = g'(c)\cdot 0 = 0$$

따라서 $\lim_{x\to c} g(x) = g(c)$이다. ◀

미분가능한 함수의 사칙연산과 합성

극한과 사칙연산 정리(정리 2.3.3)에 따르면 연속함수를 더하거나 빼거나 곱하거나 나누어도(algebraic combinations) 여전히 연속함수다. 미분가능한 함수의 합, 곱, 몫도 비슷한 결론을 얻을 수 있다.

정리 5.2.4 미분가능한 함수와 사칙연산

구간 A에서 정의된 두 함수 f와 g를 생각하자. 두 함수 모두 어떤 점 $c \in A$에서 미분가능할 때 다음이 성립한다.

(1) $(f+g)'(c) = f'(c) + g'(c)$

(2) 모든 $k \in \mathbf{R}$에 대해 $(kf)'(c) = kf'(c)$

(3) $(fg)'(c) = f'(c)g(c) + f(c)g'(c)$

(4) $(f/g)'(c) = \dfrac{g(c)f'(c) - f(c)g'(c)}{[g(c)]^2}$ (단, $g(c) \neq 0$)

증명 (1)과 (2)의 증명은 연습문제 1로 남겨둔다.

(3) 평균변화율을 다음과 같이 쓰자.

$$\frac{(fg)(x)-(fg)(c)}{x-c} = \frac{f(x)g(x)-f(x)g(c)+f(x)g(c)-f(c)g(c)}{x-c}$$
$$= f(x)\left[\frac{g(x)-g(c)}{x-c}\right] + g(c)\left[\frac{f(x)-f(c)}{x-c}\right]$$

f는 c에서 미분가능하므로 이 점에서 연속이고 따라서 $\lim_{x\to c} f(x) = f(c)$이다. 이를 함수의 극한과 사칙연산(따름정리 4.2.4)과 연관지어 생각하면 다음과 같이 계산할 수 있다.

$$\lim_{x\to c}\frac{(fg)(x)-(fg)(c)}{x-c} = f(c)g'(c) + f'(c)g(c)$$

(4) 앞선 방법과 비슷하게 증명할 수 있으며 다음 소개하는 결과를 이용해서 보일 수도 있다. 각각의 방법은 연습문제 3에서 다룬다. ◀

미분가능한 두 함수를 합성하면 미분가능할까? 다행히 '그렇다.'라고 답할 수 있다. 이를 **연쇄법칙(chain rule)**이라고 한다. 합성함수 $g \circ f$의 도함수를 구하기 위해 다음과 같이 쓸 수 있다.

$$(g\circ f)'(c)=\lim_{x\to c}\frac{g(f(x))-g(f(c))}{x-c}=\lim_{x\to c}\frac{g(f(x))-g(f(c))}{f(x)-f(c)}\cdot\frac{f(x)-f(c)}{x-c}$$
$$=g'(f(c))\cdot f'(c)$$

c의 임의의 작은 근방에 속한 x에 대해 $f(x)=f(c)$이면 분모의 $f(x)-f(c)$가 0이다(5.1절에서 다룬 함수 $g_2(x)$가 $c=0$ 근처에서 이러하다)는 작은 문제만 해결하면 이 계산은 수학적으로 정당하다. 다음 소개하는 연쇄법칙의 증명은 본질적으로 앞선 극한 계산과 같지만, 분모가 0이 될 수도 있는 문제를 해결하기 위해 잔재주를 약간 피운 것에 불과하다. 또 다른 증명은 연습문제 4에서 다룬다.

정리 5.2.5 연쇄법칙(chain rule)
두 함수 $f:A\to\mathbf{R}$와 $g:B\to\mathbf{R}$에 대하여 $f(A)\subseteq B$가 성립하고, 합성함수 $g\circ f$가 잘 정의된다고 가정하자. f가 $c\in A$에서 미분가능하고 g가 $f(c)\in B$에서 미분가능하면 합성함수 $g\circ f$도 c에서 미분가능하며, $(g\circ f)'(c)=g'(f(c))\cdot f'(c)$가 성립한다.

증명 g가 $f(c)$에서 미분가능하므로 다음 극한값이 존재한다.

$$g'(f(c))=\lim_{y\to f(c)}\frac{g(y)-g(f(c))}{y-f(c)}$$

다시 말해 $d(y)$를 평균변화율이라고 하자.

$$d(y)=\frac{g(y)-g(f(c))}{y-f(c)} \tag{1}$$

그러면 $\lim_{y\to f(c)}d(y)=g'(f(c))$임을 의미한다. 이때 $d(y)$는 $y=f(c)$에서 정의되지 않지만 $d(f(c))=g'(f(c))$라고 하면 자연스럽다. 따라서 d는 $f(c)$에서 연속이다.

이제 기교를 부릴 차례다. 등식 (1)을 다음과 같이 다시 쓸 수 있다.

$$g(y)-g(f(c))=d(y)(y-f(c)) \tag{2}$$

이 등식은 $y=f(c)$**인 경우를 포함하여 모든** $y\in B$**에 대해** 성립한다. 따라서 임의의 $t\in A$에 대해 $y=f(t)$를 마음껏 대입할 수 있다. $t\neq c$이면 등식 (2)를 $t-c$로 나누어 모든 $t\neq c$에 대해 다음 식을 얻는다.

$$\frac{g(f(t))-g(f(c))}{t-c}=d(f(t))\frac{(f(t)-f(c))}{t-c}$$

마지막으로 $t\to c$의 극한을 취하고 극한과 사칙연산 정리(따름정리 4.2.4)와 정리 4.3.9를 적용하면 원하는 결과를 얻는다. ◀

다르부 정리

5.1절에서 우리는 도함수가 존재하려면 원함수가 반드시 연속함수지만 도함수는 연속함수라 단언할 수 없음을 설명했다. 이러한 함수의 예로 $g_2(x) = x^2 \sin(1/x)$(단, $g_2(0) = 0$)을 꼽을 수 있다. 이 함수에서 앞에 오는 x^2 인수의 지수를 조금 손보면 '도함수가 유계가 아닌 미분가능한 함수' 또는 '두 번 미분가능하지만 이계도함수가 불연속인 함수'를 만들 수 있다(연습문제 7 참고). 이러한 함수를 만들 수 있는 근본적인 원리는 원함수의 진동 크기는 제어하되, 도함수는 진동의 변동성이 충분히 커서 상응하는 극한이 존재하지 않게끔 만드는 것이다.

이러한 종류의 예에서 발생하는 불연속점은 단순한 비약 불연속[1]일 수 없다. 앞서 도함수가 연속이 아닐 수 있어도 사잇값 성질을 반드시 만족한다고 했다. 이제 이 성질을 증명할 모든 준비를 마쳤다(정의 4.5.3 참고). 이 놀라운 결과는 미분가능한 함수의 최댓값과 최솟값은 미분계수가 0이 되는 점에서만 발생한다는 자명한 관찰의 따름정리다(그림 5.3 참고).

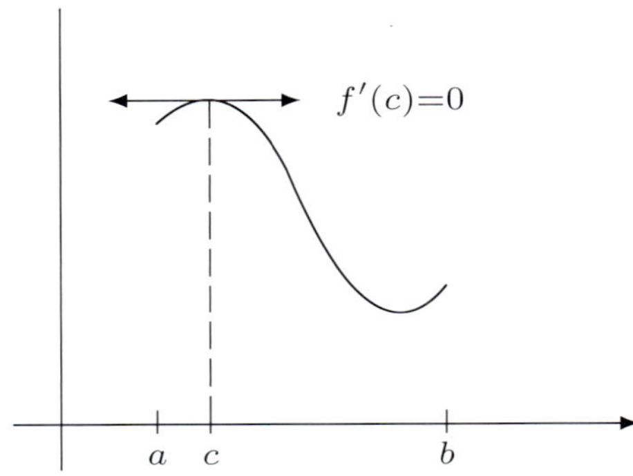

[그림 5.3] 페르마 정리

> **정리 5.2.6 페르마 정리(interior extremum theorem)**
> 열린 구간 (a, b)에서 미분가능한 함수 f를 생각하자. f가 어떤 점 $c \in (a, b)$에서 최댓값을 가지면(즉, 모든 $x \in (a, b)$에 대해 $f(c) \geq f(x)$이면) $f'(c) = 0$이다. $f(c)$에서 최솟값을 가지는 경우도 마찬가지다.

증명 c가 열린 구간 (a, b)에 속한 점이므로 모든 $n \in N$에 대해 $x_n < c < y_n$이면서 c로 수렴하는 두 수열 (x_n)과 (y_n)을 구성할 수 있다. $f(c)$가 최댓값이므로 모든 n에 대해 $f(y_n) - f(c) \leq 0$이고 따라서 극한과 부등식(정리 2.3.4)에 의해 다음이 성립한다.

1 비약 불연속점은 4.6절에서 정확한 정의를 소개했다.

$$f'(c) = \lim_{n\to\infty} \frac{f(y_n) - f(c)}{y_n - c} \le 0$$

비슷한 방법으로 각 x_n에 대해 다음이 성립한다.

$$\frac{f(x_n) - f(c)}{x_n - c} \ge 0$$

이는 분모와 분자 모두 음수이기 때문이다. 이로부터 다음이 성립함을 알 수 있다.

$$f'(c) = \lim_{n\to\infty} \frac{f(x_n) - f(c)}{x_n - c} \ge 0$$

따라서 $f'(c) = 0$이다. ◀

최적화 문제를 푸는 도구로 미분을 이용할 때 페르마 정리는 아주 중요하다. 이 아이디어는 피에르 드 페르마(Pierre de Fermat)가 발견했으며 도함수만큼이나 오래되었다. 어떤 의미에서 페르마는 최댓값과 최솟값을 구하기 위해 접선의 기울기를 구하는 방법을 연구했다고 볼 수도 있다. 200년 뒤, 프랑스 수학자 가스통 다르부(Gaston Darboux, 1842–1917)는 최댓값과 최솟값을 구하는 페르마의 방법을 자세히 들여다 보면 도함수가 서로 다른 값 $f'(a)$와 $f'(b)$를 가지면 그 사이의 모든 값을 함숫값으로 가져야 함을 지적했다.

정리 5.2.7 다르부 정리(Darboux's theorem)
함수 f가 구간 $[a, b]$에서 미분가능하고 α에 대해 $f'(a) < \alpha < f'(b)$(또는 $f'(a) > \alpha > f'(b)$) 이면 $f'(c) = \alpha$인 점 $c \in (a, b)$가 존재한다.

증명 먼저 $[a, b]$에서 새로운 함수 $g(x) = f(x) - \alpha x$를 정의하여 문제를 단순화하자. 이때 g는 $[a, b]$에서 미분가능하며 $g'(x) = f'(x) - \alpha$이다.

함수 g의 관점에서 이 정리를 다시 적어보자. $g'(a) < 0 < g'(b)$임을 이용하여 어떤 $c \in (a, b)$에 대해 $g'(c) = 0$임을 보이고자 한다.

증명의 나머지는 연습문제 11에서 다룬다. ◀

5.2 연습문제

1. 정리 5.2.4(1), (2)를 각각 증명하라.

2. 다음 명제에서 불가능한 경우는 정확히 하나 존재한다. 어떤 명제가 불가능한지 찾고, 그 외 3가지 경우에 대한 예를 들어라. 단, 함수는 $\mathbf{R}$ 전체에서 정의되었다고 가정한다.

(a) 함수 f와 g는 원점에서 미분가능하지 않지만 fg는 원점에서 미분가능하다.

(b) 함수 f는 원점에서 미분가능하지 않고 g는 원점에서 미분가능하며 fg는 원점에서 미분가능하다.

(c) 함수 f는 원점에서 미분가능하지 않고 g는 원점에서 미분가능하며 $f+g$는 원점에서 미분가능하다.

(d) 함수f는 원점에서 미분가능하지만 그밖의 모든 점에서 미분가능하지 않다.

3. 다음 물음에 답하라.

(a) 정의 5.2.1을 이용하여 $h(x) = 1/x$의 도함수를 구하라.

(b) (a)의 결과와 연쇄법칙(정리 5.2.5)을 함께 이용하여 정리 5.2.4(4)를 증명하라.

(c) 정리 5.2.4(3)의 증명과 비슷한 방법으로 (f/g)의 순간변화율의 식을 조작하여 정리 5.2.4(4)를 직접 증명하라.

4. 다음 단계를 따라 연쇄법칙의 다른 증명을 완성하라.

(a) 함수 $h : A \to \mathbf{R}$가 $a \in A$에서 미분가능할 필요충분조건은 a에서 연속이고 다음을 만족하는 함수 $l : A \to \mathbf{R}$이 존재하는 것임을 보여라.

$$\text{모든 } x \in A\text{에 대하여} \quad h(x) - h(a) = l(x)(x-a)$$

(b) 이 판정법을 이용하여 정리 5.2.5를 양방향(both directions)으로 증명하라.

5. 함수 $f_a(x) = \begin{cases} x^a & (x > 0) \\ 0 & (x \leq 0) \end{cases}$ 에 대하여 다음 물음에 답하라.

(a) f가 원점에서 연속이도록 하는 a 값을 구하라.

(b) f가 원점에서 미분가능하도록 하는 a 값을 구하라. 이 경우 도함수는 연속함수인가?

(c) f가 두 번 미분가능하도록 하는 a 값을 구하라.

6. 구간 A에서 정의된 함수 g와 점 $c \in A$에 대한 다음 물음에 답하라.

(a) 정의 5.2.1에서 $g'(c)$를 다음과 같이 구할 수 있는 이유를 설명하라.

$$g'(c) = \lim_{h \to 0} \frac{g(c+h) - g(c)}{h}$$

(b) A가 열린 집합이라고 하자. g가 $c \in A$에서 미분가능할 때 다음이 성립함을 보여라.

$$g'(c) = \lim_{h \to 0} \frac{g(c+h) - g(c-h)}{2h}$$

7. 함수 $g_a(x)$를 다음과 같이 정의하자.

$$g_a(x) = \begin{cases} x^a \sin(1/x) & (x \neq 0) \\ 0 & (x = 0) \end{cases}$$

다음을 만족하는 a 값을 구하라(단, a는 정수가 아닐 수 있다).

(a) g_a는 $\mathbf{R}$에서 미분가능하지만 g_a'은 $[0,1]$에서 유계가 아니다.

(b) g_a는 $\mathbf{R}$에서 미분가능하며 g_a'은 연속이지만 원점에서 미분가능하지 않다.

(c) g_a는 $\mathbf{R}$에서 미분가능하며 g_a'은 $\mathbf{R}$에서 미분가능하지만 g_a''은 원점에서 연속이 아니다.

8. 고른 연속의 정의(정의 4.4.4)를 다시 확인하라. 미분가능한 함수 $f : A \to \mathbf{R}$에 대하여 다음을 만족하는 함수를 A에서 **고르게 미분가능한(uniformly differentiable)** 함수라고 한다. 임의의 $\epsilon > 0$에 대하여 다음을 만족하는 $\delta > 0$가 존재한다.

$$0 < |x - y| < \delta \text{이면} \quad \left| \frac{f(x) - f(y)}{x - y} - f'(y) \right| < \epsilon$$

다음 물음에 답하라.

(a) $f(x) = x^2$은 $\mathbf{R}$에서 고르게 미분가능한가? $g(x) = x^3$은 어떤가?

(b) 함수가 구간 A에서 고르게 미분가능하면 도함수는 반드시 A에서 연속임을 보여라.

(c) 정리 4.4.7을 고르게 미분가능한 함수로 표현할 수 있는가? 닫힌 구간 $[a, b]$에서 미분가능한 함수는 반드시 고르게 미분가능한가?

9. 다음 명제의 참-거짓을 결정하라. 참이면 증명하고 거짓이면 반례를 구하라.

(a) 구간에서 정의된 f'이 상수함수가 아니면 f'은 어느 점에서 그 함숫값이 무리수다.

(b) 열린 구간에서 정의된 f'이 어느 점 c에서 $f'(c) > 0$이라 가정하자. c를 중심으로 하는 δ–근방 $V_\delta(c)$가 존재하여 모든 $x \in V_\delta(c)$에 대해 $f'(x) > 0$이다.

(c) f가 원점을 포함하는 구간에서 미분가능하고 $\lim_{x \to 0} f'(x) = L$이면 반드시 $L = f'(0)$이다.

10. 함수 $f : (a, b) \to \mathbf{R}$가 구간 (a, b)에서 **증가한다(increase)**는 것은 (a, b)의 모든 $x < y$에 대해 $f(x) \leq f(y)$인 것임을 기억하자. 원함수가 미분가능하고 도함수가 양수면, 원함수는 증가함수임을 미분적분학 시간에 수없이 이용했을 것이다. 하지만, 이 명제를 정확하게 정확하게 서술하기 위해서는 분명하게 해둘 부분이 있다.

다음 함수가 $\mathbf{R}$에서 미분가능하고 $g'(0) > 0$임을 보여라.

$$g(x) = \begin{cases} x/2 + x^2 \sin(1/x) & (x \neq 0) \\ 0 & (x = 0) \end{cases}$$

이때 g는 0을 포함하는 어느 열린 구간에서도 증가하지 **않음**을 증명하라.

5.3절에서 f가 실제로 구간 (a, b)에서 증가하기 위한 필요충분조건은 모든 $x \in (a, b)$에 대해 $f'(x) \geq 0$인 것임을 확인한다.

11. 함수 g가 $[a, b]$에서 미분가능하고 $g'(a) < 0 < g'(b)$를 만족한다고 가정하자. 다음 물음에 답하라.

(a) $g(a) > g(x)$인 점 $x \in (a, b)$와 $g(y) < g(b)$인 점 $y \in (a, b)$가 존재함을 보여라.

(b) 이제 다르부 정리(정리 5.2.7)의 증명을 완성하라.

12. [역함수 정리] $f : [a, b] \to \mathbf{R}$가 단사함수면 f의 치역에서 $y = f(x)$일 때 $f^{-1}(y) = x$로 정의된 역함수 f^{-1}가 존재한다. 4.5절 연습문제 8에서 함수 f가 $[a, b]$에서 연속이면 f^{-1}도 역함수의 정의역에서 연속임을 확인했다. 덧붙여 구간 $[a, b]$에서 f가 미분가능하고 모든 $x \in [a, b]$에 대해 $f'(x) \neq 0$이라고 가정하자. 이때 f^{-1}가 미분가능하며 다음이 성립함을 보여라.

$$\left(f^{-1}\right)'(y) = \frac{1}{f'(x)} \quad (\text{단, } y = f(x))$$

5.3 평균값 정리

평균값 정리에 담긴 기하학적 의미는 다음과 같다. 구간 $[a,b]$에서 미분가능한 함수 f에 대해 양 끝점 $(a,f(a))$와 $(b,f(b))$를 잇는 직선과 기울기가 같은 접선이 반드시 존재한다. 더 간단히 얘기해서 적어도 한 점 $c \in (a,b)$에 대해 다음이 성립한다.

$$f'(c) = \frac{f(b)-f(a)}{b-a}$$

얼핏보면 이러한 관찰은 지극히 당연하고 그리 대단치 않아 보인다. 마치 연속함수에 대한 사잇값 정리처럼 당연해 보이고 증명도 짧아 중요성을 간과하기 쉽다. 그러나 이와 같이 짧은 증명은 공들여 쌓은 극한과 연속이라는 탑의 꼭대기에 놓인 돌과도 같다. 즉 평균값 정리는 지금까지 흘린 땀에 대한 보상이다.

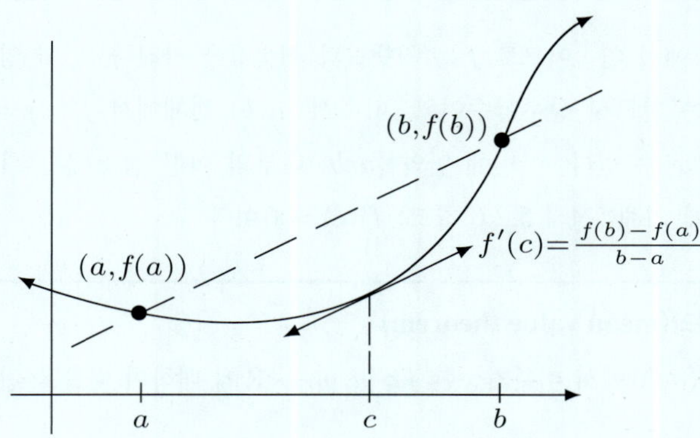

[그림 5.4] 평균값 정리

앞으로 알게 되겠지만 평균값 정리는 매우 값진 결과다. 그림을 그려보면 지극히 당연해 보이는 평균값 정리는 미분과 관련된 거의 모든 주요 정리의 증명과정에서 초석으로 사용된다. 로피탈 정리는 미분가능한 함수의 비의 극한과 관련된 정리다. 이를 증명할 때 평균값 정리를 이용할 것이다. 함수 급수를 미분할 때 이를 엄밀하게 분석하려면 평균값 정리가 필요하다(정리 6.4.3 참고). 미분적분학의 기본정리(정리 7.5.1)를 증명할 때도 평균값 정리가 사용된다. 또한 함수와 테일러 다항식 사이의 오차를 설명하는 라그랑주 나머지항 정리(정리 6.6.3) 역시 평균값 정리를 바탕으로 한다.

평균값 정리는 다양한 형태로 나타낼 수 있다. 각 정리에 특별한 명칭을 붙일만큼 중요하다. 최대–최소 정리(정리 4.4.2)에 따르면 콤팩트 집합에서 연속함수는 항상 최댓값과 최솟값을 가짐을 기억하자. 이 정리와 페르마 정리(정리 5.2.6)를 결합하면 수학자 미셸 롤(Michel Rolle, 1652–1719)이 처음 언급한 평균값 정리의 특수한 경우를 얻는다(그림 5.5 참고).

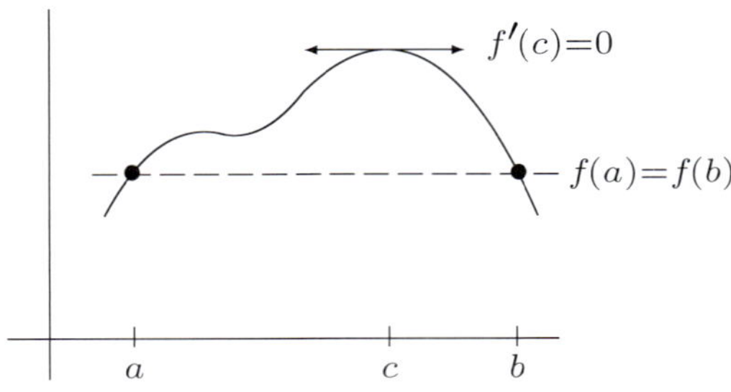

[그림 5.5] 롤의 정리

> **정리 5.3.1 롤의 정리(Rolle's theorem)**
> 구간 $[a,b]$에서 연속이고 구간 (a,b)에서 미분가능한 함수 $f:[a,b]\to\mathbf{R}$에 대하여 $f(a)=f(b)$이면 $f'(c)=0$인 점 $c\in(a,b)$가 존재한다.

증명 f가 콤팩트 집합에서 연속이므로 f는 최댓값과 최솟값을 가진다. 만약 양 끝점에서 최댓값과 최솟값을 가진다면 f는 반드시 상수함수이고, 따라서 (a,b) 전체에서 $f'(x)=0$이다. 이 경우에 어느 점이든 c로 선택할 수 있다. 반면에 만약 (a,b) 내부의 어떤 점 c에서 최댓값 또는 최솟값을 가진다면 페르마 정리에 의해 (정리 5.2.6 참고) $f'(c)=0$이다. ◀

> **정리 5.3.2 평균값 정리(mean value theorem)**
> $[a,b]$에서 연속이고 (a,b)에서 미분가능한 $f:[a,b]\to\mathbf{R}$에 대하여 다음을 만족하는 $c\in(a,b)$가 존재한다.
>
> $$f'(c)=\frac{f(b)-f(a)}{b-a}$$

증명 평균값 정리에서 $f(a)=f(b)$이면 롤의 정리임을 주목하자. 증명 전략은 더 일반적인 명제를 이 특수한 상황으로 이끄는 것이다.

두 점 $(a,f(a))$와 $(b,f(b))$를 지나는 직선의 방정식은 다음과 같다.

$$y=\left(\frac{f(b)-f(a)}{b-a}\right)(x-a)+f(a)$$

이 직선과 함수 $f(x)$의 차이에 주목하자. 이를 위해 다음과 같은 함수를 생각한다.

$$d(x)=f(x)-\left[\left(\frac{f(b)-f(a)}{b-a}\right)(x-a)+f(a)\right]$$

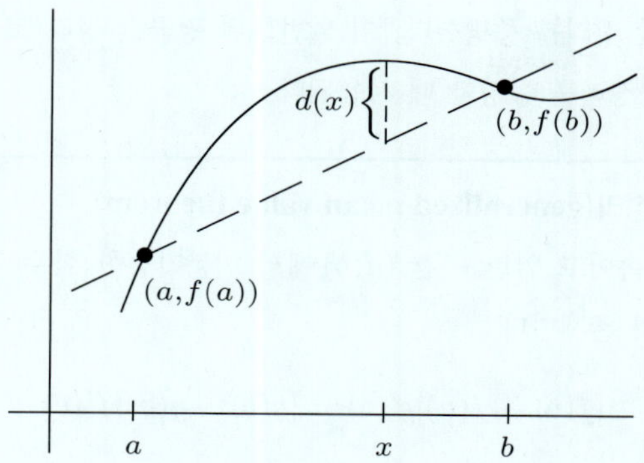

이때 함수 d는 구간 $[a,b]$에서 연속이며 구간 (a,b)에서 미분가능하고 $d(a)=0=d(b)$이다. 따라서 롤의 정리에 의해 $d'(c)=0$을 만족하는 점 $c\in(a,b)$가 존재한다. 이제 $d'(x)$는 다음과 같다.

$$d'(x) = f'(x) - \frac{f(b)-f(a)}{b-a}$$

이제 $0 = f'(c) - \dfrac{f(b)-f(a)}{b-a}$를 얻었으므로 증명이 끝났다. ◀

이제 평균값 정리를 사용하여 도함수의 기하학적 특성과 관련된 명제를 엄밀히 증명할 수 있다. 간단한 예로 f가 어떤 구간 A에서 $f(x)=k$인 상수함수일 때 정의 5.2.1을 이용하여 f'을 직접 계산하면 모든 $x\in A$에서 $f'(x)=0$임을 보일 수 있다. 이 명제의 역은 어떻게 증명해야 하는가? 직관적으로 생각해 보면 미분가능한 함수 g가 A의 모든 점에서 $g'(x)=0$을 만족하면 $g(x)$는 상수함수임이 분명하다. 평균값 정리를 사용하면 기하학적으로 자명해 보이는 것을 엄밀하게 증명할 수 있다.

따름정리 5.3.3 함수 $g: A\to\mathbf{R}$가 구간 A에서 미분가능하고 모든 $x\in A$에 대해 $g'(x)=0$이면 $g(x)=k$이다(단, $k\in\mathbf{R}$는 상수).

증명 $x,y\in A$를 택하고 $x<y$라고 가정하자. 구간 $[x,y]$에서 g에 대해 평균값 정리를 적용하면 어떤 $c\in A$에 대해 다음이 성립한다.

$$g'(c) = \frac{g(y)-g(x)}{y-x}$$

이때 $g'(c)=0$이므로 $g(y)=g(x)$이다. 이 공통값을 k라 하자. x와 y를 임의로 택했으므로 모든 $x\in A$에 대해 $g(x)=k$이다. ◀

따름정리 5.3.4 f와 g가 구간 A에서 미분가능한 함수고 모든 $x\in A$에 대해 $f'(x)=g'(x)$이면 $f(x)=g(x)+k$이다(단, $k\in\mathbf{R}$는 상수).

증명 함수 $h(x)=f(x)-g(x)$라 하고 미분가능한 함수 h에 대해 따름정리 5.3.3을 적용한다. ◀

코시는 더 일반적인 평균값 정리를 증명했다. 이 일반화된 평균값 정리(코시 평균값 정리)는 로피탈 정리와 라그랑주 나머지항 정리를 증명할 때 사용된다.

정리 5.3.5 코시 평균값 정리(generalized mean value theorem)

닫힌 구간 $[a, b]$에서 연속이고 열린 구간 (a, b)에서 미분가능한 함수 f와 g에 대하여 다음을 만족하는 점 $c \in (a, b)$가 존재한다.

$$[f(b) - f(a)]g'(c) = [g(b) - g(a)]f'(c)$$

만약 g'이 구간 (a, b)에서 절대 0이 되지 않으면 이를 다음과 같이 쓸 수 있다.

$$\frac{f'(c)}{g'(c)} = \frac{f(b) - f(a)}{g(b) - g(a)}$$

증명 이 정리는 함수 $h(x) = [f(b) - f(a)]g(x) - [g(b) - g(a)]f(x)$에 평균값 정리(정리 5.3.2)를 적용한 결과다. 자세한 증명은 연습문제 5에서 다룬다. ◀

로피탈 정리

분모와 분자의 극한값이 각각 존재하고 분모가 0으로 수렴하지 않으면 함수의 극한과 사칙연산 정리(따름정리 4.2.4)로부터 함수의 비의 극한을 다음과 같이 계산할 수 있다.

$$\lim_{x \to c} \frac{f(x)}{g(x)} = \frac{\lim_{x \to c} f(x)}{\lim_{x \to c} g(x)}$$

분모가 0으로 수렴하면서 분자가 0으로 수렴하지 않으면 어렵지 않게 x가 c로 다가갈 때 $f(x)/g(x)$의 절댓값이 한없이 커짐을 보일 수 있다. **로피탈 정리**(L'Hospital's rule)는 기욤 드 로피탈(Guillaume de L'Hospital, 1661–1704)의 이름을 따서 명명되었다. 로피탈은 스승인 요한 베르누이(Johann Bernoulli, 1667–1748)에게서 이 결과를 배우고 1696년 최초의 미분적분학 교과서[2]에 소개했다. 여러 경우에 따라 서술된 로피탈 정리는 분자와 분모가 모두 0으로 수렴하거나 모두 무한대로 발산하는 부정형 극한의 값을 구할 때 효과적이다.

2 (옮긴이) 이 책은 『Infiniment Petits pour l' Intelligence des Lignes Courbes』이다.

정리 5.3.6 0/0 꼴 로피탈 정리

점 a를 포함하는 구간에서 연속이고 점 a를 제외한 이 구간에서 미분가능한 두 함수 f와 g를 생각하자. $f(a) = g(a) = 0$이고 모든 $x \neq a$에 대해 $g'(x) \neq 0$이고 $\lim_{x \to a} \frac{f'(x)}{g'(x)} = L$이면 $\lim_{x \to a} \frac{f(x)}{g(x)} = L$이다.

증명 코시 평균값 정리(정리 5.3.5)의 간단한 응용이다. 연습문제 11에서 다룬다. ◀

로피탈 정리는 $f(a) = g(a) = 0$이라는 가정을 $\lim_{x \to a} g(x) = \infty$으로 바꿔도 여전히 성립한다. 아직 우리는 '함수의 극한이 ∞로 발산한다.'를 정확히 정의하지 않았다. 함수의 극한이 수렴하는 경우와 논리적 구조가 정확히 같다. 수렴을 보일 때는 극한값 주변의 작은 ϵ–근방에 함숫값이 있음을 확인해야 했지만, ∞로 발산함을 보일 때는 $g(x)$가 어느 상계보다도 **크다**는 것을 보여야 한다. 임의의 작은 $\epsilon > 0$은 임의의 큰 $M > 0$으로 대체된다.

정의 5.3.7 $g : A \to \mathbf{R}$와 A의 극한점 c를 생각하자. 임의의 $M > 0$에 대해 $0 < |x - c| < \delta$이면 $g(x) \geq M$이도록 하는 $\delta > 0$가 존재할 때, $\lim_{x \to c} g(x) = \infty$라고 한다. $\lim_{x \to c} g(x) = -\infty$도 비슷하게 정의할 수 있다.

다음 소개하는 정리는 분모에 위치한 함수가 무한대로 감을 가정하지만, 흔히 ∞/∞ 꼴 로피탈 정리라고 한다. 증명의 표기법을 단순화하기 위해 한 방향 극한을 이용하여 정리를 서술한다.

정리 5.3.8 ∞/∞ 꼴 로피탈 정리

두 함수 f와 g가 (a, b)에서 미분가능하고 모든 $x \in (a, b)$에 대해 $g'(x) \neq 0$이라고 가정하자. $\lim_{x \to a} g(x) = \infty$(또는 $-\infty$)이고 $\lim_{x \to a} \frac{f'(x)}{g'(x)} = L$이면 $\lim_{x \to a} \frac{f(x)}{g(x)} = L$이다.

증명 $\epsilon > 0$이라 하자. $\lim_{x \to a} \frac{f'(x)}{g'(x)} = L$이므로 모든 $a < x < a + \delta_1$에 대해 다음이 성립하는 $\delta_1 > 0$이 존재한다.

$$\left| \frac{f'(x)}{g'(x)} - L \right| < \frac{\epsilon}{2}$$

표기의 편의를 위해 $t = a + \delta_1$이라 하자. 증명의 다음 과정에서 t는 고정된 수임을 유념하자.

주어진 함수는 a에서 정의되지 않지만 모든 $x \in (a, t)$에 대해 구간 $[x, t]$에서 코시 평균값 정리(정리 5.3.5)를 적용하여 어떤 $c \in (x, t)$에 대해 다음을 얻을 수 있다.

$$\frac{f(x)-f(t)}{g(x)-g(t)} = \frac{f'(c)}{g'(c)}$$

t를 택한 방법에 의해 구간 (a,t)의 모든 x에 대해 다음이 성립한다.

$$L - \frac{\epsilon}{2} < \frac{f(x)-f(t)}{g(x)-g(t)} < L + \frac{\epsilon}{2} \tag{1}$$

$\frac{f(x)}{g(x)}$를 따로 떼어놓기 위해 부등식 (1)에 $(g(x)-g(t))/g(x)$를 곱하자. 하지만 그 전에 이 값이 양수임을 확인해야 한다. 이는 $1 \geq g(t)/g(x)$임을 보이는 것과 같다. t는 고정되어 있고 $\lim_{x\to a} g(x) = \infty$이므로 모든 $a < x < a + \delta_2$에 대해 $g(x) \geq g(t)$가 되게 하는 $\delta_2 > 0$를 고를 수 있다. 이제 부등식에 $(g(x)-g(t))/g(x)$를 곱하면 다음과 같다.

$$\left(L - \frac{\epsilon}{2}\right)\left(1 - \frac{g(t)}{g(x)}\right) < \frac{f(x)-f(t)}{g(x)} < \left(L + \frac{\epsilon}{2}\right)\left(1 - \frac{g(t)}{g(x)}\right)$$

그리고 식을 정리하면 다음을 얻는다.

$$L - \frac{\epsilon}{2} + \frac{-Lg(t) + \frac{\epsilon}{2}g(t) + f(t)}{g(x)} < \frac{f(x)}{g(x)} < L + \frac{\epsilon}{2} + \frac{-Lg(t) - \frac{\epsilon}{2}g(t) + f(t)}{g(x)}$$

다시 t가 고정되어 있고 $\lim_{x\to a} g(x) = \infty$임을 기억하자. 따라서 $a < x < a + \delta_3$이면 $g(x)$가 충분히 커서 다음 두 식의 절댓값이 모두 $\epsilon/2$보다 작아지도록 δ_3를 택할 수 있다.

$$\frac{-Lg(t) + \frac{\epsilon}{2}g(t) + f(t)}{g(x)}, \quad \frac{-Lg(t) - \frac{\epsilon}{2}g(t) + f(t)}{g(x)}$$

이를 모두 종합하여 $\delta = \min\{\delta_1, \delta_2, \delta_3\}$로 택하면 모든 $a < x < a + \delta$에 대해 다음이 성립한다.

$$\left|\frac{f(x)}{g(x)} - L\right| < \epsilon$$

◀

5.3 연습문제

1. 4.4절 연습문제 9에서 A의 모든 $x \neq y$에 대해 다음을 만족하는 $M > 0$이 존재하면 함수 $f : A \to \mathbf{R}$를 A에서 **립쉬츠 함수**라고 부르기로 했다. 아래 물음에 답하라.

$$\left| \frac{f(x) - f(y)}{x - y} \right| \leq M$$

(a) f가 닫힌 구간 $[a, b]$에서 미분가능하고 f'이 $[a, b]$에서 연속이면 f가 $[a, b]$에서 립쉬츠 함수임을 보여라.

(b) 4.3절 연습문제 11에서 축약 함수의 정의를 확인하라. $[a, b]$에서 $|f'(x)| < 1$이라는 가정을 추가하면 이 집합에서 f는 축약 함수인지 답하라.

2. 구간 A에서 미분가능한 함수 f를 생각하자. A에서 $f'(x) \neq 0$이면 f는 A에서 단사함수임을 보여라. 이 명제의 역은 성립하지 않음을 반례를 들어 보여라.

3. h가 구간 $[0, 3]$에서 정의된 미분가능한 함수라 하고 $h(0) = 1$, $h(1) = 2$, $h(3) = 2$라 가정하자. 다음 물음에 답하라.

(a) $h(d) = d$인 점 $d \in [0, 3]$이 존재함을 증명하라.

(b) $h'(c) = 1/3$인 c가 존재함을 증명하라.

(c) 정의역의 어떤 점에서 $h'(x) = 1/4$임을 증명하라.

4. f가 원점을 포함하는 구간 A에서 미분가능하다고 하자. 그리고 (x_n)이 $(x_n) \to 0$이면서 $x_n \neq 0$인 A의 수열이라고 가정하자. 다음 물음에 답하라.

(a) 모든 $n \in \mathbf{N}$에 대해 $f(x_n) = 0$이면 $f(0) = 0$이고 $f'(0) = 0$임을 보여라.

(b) f가 원점에서 두 번 미분가능하다는 가정을 추가하자. $f''(0) = 0$임을 보여라.

5. 다음 물음에 답하라.

(a) 코시 평균값 정리(정리 5.3.5)의 증명을 마무리 하라.

(b) 5.3절 도입부에서 평균값 정리에 담긴 기하학적 의미를 설명했다. 마찬가지 방식으로 코시 평균값 정리에 담긴 기하학적 의미를 설명하라.

힌트 f와 g를 곡선의 매개방정식으로 생각하자.

6. 다음 물음에 답하라.

(a) 함수 $g : [0, a] \to \mathbf{R}$가 미분가능하고 $g(0) = 0$이며 모든 $x \in [0, a]$에 대해 $|g'(x)| \leq M$이라고 하자. 모든 $x \in [0, a]$에 대해 $|g(x)| \leq Mx$임을 보여라.

(b) 함수 $h : [0, a] \to \mathbf{R}$가 두 번 미분가능하고 $h'(0) = h(0) = 0$이며 모든 $x \in [0, a]$에 대해 $|h''(x)| \leq M$이라고 하자. 모든 $x \in [0, a]$에 대해 $|h(x)| \leq Mx^2/2$임을 보여라.

(c) 구간 $[0, a]$에서 세 번 미분가능한 함수에 대해 위와 비슷한 부등식을 추측하고 증명하라.

7. $f(x) = x$인 점 x를 함수 f의 **고정점(fixed point)**이라 한다. f가 구간에서 미분가능하며 $f'(x) \neq 1$이면 f는 고정점이 최대 1개임을 보여라.

8. 함수 f가 원점을 포함하는 구간에서 연속이고 모든 $x \neq 0$에서 미분가능하다고 가정하자. $\lim_{x\to 0} f'(x) = L$이면 $f'(0)$이 존재하고 그 값이 L과 같음을 보여라.

9. 정리 5.3.6에서 가정한 f와 g에 대해 f와 g가 a에서 미분가능하며 f'과 g'이 a에서 연속이고 $g'(a) \neq 0$이란 가정을 추가하자. 이 경우 0/0 꼴 로피탈 정리(정리 5.3.6)를 더 짧게 증명할 수 있다. 그 증명을 찾아라.

10. $f(x) = x \sin(1/x^4)e^{-1/x^2}$이고 $g(x) = e^{1/x^2}$라 하자. 이 함수들의 익숙한 성질을 이용하여 x가 0으로 다가갈 때 $f(x), g(x), f(x)/g(x), f'(x)/g'(x)$의 극한값을 구하라. 이 결과가 놀랍지만 정리 5.3.6의 내용에 모순되지 않음을 설명하라.[3]

11. 다음 물음에 답하라.

(a) 코시 평균값 정리(정리 5.3.5)를 이용하여 0/0 꼴 로피탈 정리(정리 5.3.6)의 증명을 마무리하라.

(b) 정리 5.3.6의 처음 가정은 그대로 두고 $\displaystyle\lim_{x\to a} \frac{f'(x)}{g'(x)} = \infty$임을 추가로 가정하자. 이때 다음이 반드시 성립하는지 답하라.

$$\lim_{x\to a} \frac{f(x)}{g(x)} = \infty$$

12. 함수 f가 a를 포함하는 열린 구간에서 두 번 미분가능하고 f''이 a에서 연속일 때 다음을 보여라.

$$\lim_{h\to 0} \frac{f(a+h) - 2f(a) + f(a-h)}{h^2} = f''(a)$$

이를 5.2절 연습문제 6(b)와 비교해 보자.

---

3 로피탈 정리에 대한 이런 종류의 일반화된 반례는 참고문헌 **4**에서 찾을 수 있다.

5.4 연속이지만 모든 곳에서 미분불가능한 함수

연속과 미분가능의 관계를 탐구하며 우리는 몇 가지 유익한 정리와 병리적인 반례를 얻을 수 있었다. 지금까지 우리는 주로 도함수의 연속성을 다루었지만 수학사에서는 연속함수가 반드시 미분가능한지에 대해 격렬한 논쟁이 있었다. 이 장의 초반부에서 미분가능한 함수는 연속함수임을 알았다. 그러나 절댓값 함수가 보여 주듯이 이 명제의 역은 거짓이다. 함수가 연속이지만 어떤 점에서는 미분가능하지 않을 수 있다. 그렇다면 연속함수는 어느 정도로 미분가능하지 않을 수 있는가? **유한개** 점이 주어질 때, 이러한 각 점에서 뾰족한 모서리가 있는 그래프를 만들기란 그리 어렵지 않다. 따라서 이에 대응하는 함수는 이 유한개 점에서 미분가능하지 않다.

이제 무한개 점을 생각해 보자. 예를 들어 $\mathbf{R}$ 전체에서 연속이지만 모든 유리수 점에서 미분가능하지 않은 함수를 구성할 수 있을까? 이러한 함수는 존재한다. 게다가 더욱 당황스러운 일도 벌어진다. 1872년에 카를 바이어슈트라스(Karl Weierstrass)는 **모든** 점에서 미분가능하지 않은 연속함수의 예를 제시했다(볼차노(Bolzano) 역시 1830년이라는 이른 시기에 이러한 병리적 함수를 알고 있었던 것 같다. 하지만 한참 후에야 이 내용이 알려졌다). 바이어슈트라스는 실제로 모든 곳에서 미분불가능한 함수를 발견했으며, 함수는 다음과 같은 꼴이다.

$$f(x) = \sum_{n=0}^{\infty} a^n \cos(b^n x)$$

이때 상수 a와 b가 만족하는 조건은 다소 복잡하다. 이러한 함수는 8.5절에서 다루는 푸리에 급수의 구체적인 예다. 바이어슈트라스의 증명은 코사인 함수를 코사인처럼 진동하는 조각마다 선형인(piecewise linear) 함수로 대체하여 단순화할 수 있다.

구간 $[-1, 1]$에서 함수 $h(x) = |x|$를 정의하자. $h(x+2) = h(x)$가 되도록 h를 $\mathbf{R}$ 전체로 확장하자. h는 그림 5.6처럼 주기를 갖는 '톱니' 함수다.

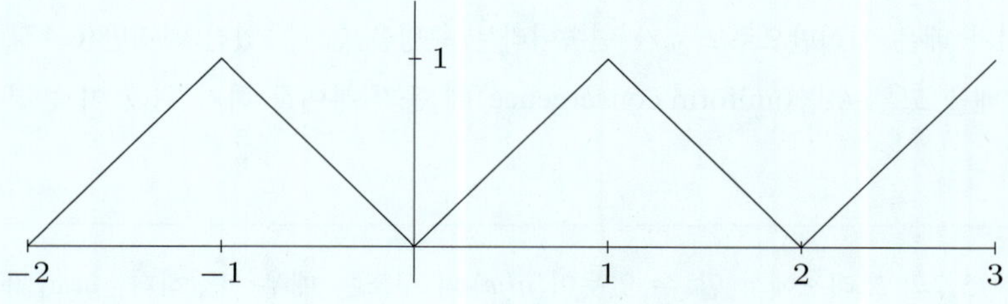

[그림 5.6] 함수 $h(x)$의 그래프

문제 1 구간 $[-2,3]$에서 $(1/2)h(2x)$의 그래프를 그려라. n이 커질 때 함수 $h_n(x) = \dfrac{1}{2^n}h(2^n x)$가 어떻게 변화하는지 설명하라.

이제 g를 다음과 같이 정의하자.

$$g(x) = \sum_{n=0}^{\infty} h_n(x) = \sum_{n=0}^{\infty} \frac{1}{2^n} h(2^n x)$$

함수 $g(x)$는 $\mathbf{R}$ 전체에서 연속이지만 모든 곳에서 미분가능하지 않음을 보이고자 한다.

함수 급수와 연속성

$g(x)$의 정의는 우리가 일반적으로 함수를 정의하는 방법과 크게 다르다. 각 $x \in \mathbf{R}$ 마다 $g(x)$는 무한급수 값으로 정의한다.

문제 2 $x \in \mathbf{R}$를 고정하자. 급수 $\displaystyle\sum_{n=0}^{\infty} \frac{1}{2^n} h(2^n x)$가 절대수렴함을 증명하라.

따라서 $g(x)$는 잘 정의된다.

문제 3 $h(x)$가 연속이란 사실과 4장의 적절한 정리를 이용하여 **유한합** $g_m(x) = \displaystyle\sum_{n=0}^{m} \frac{1}{2^n} h(2^n x)$가 $\mathbf{R}$에서 연속임을 보여라.

이제 해석학에 등장하는 대표적인 질문을 생각하자. 유한한 상황에서 성립하는 것이 무한한 경우에도 여전히 성립하는가? 연속함수의 유한합이 연속이라고 해서 연속함수의 무한합도 반드시 연속인가? 항상 그런 것은 **아니다**. 하지만 지금 다루는 무한급수 $g(x)$는 연속함수임을 증명할 수 있다. 함수의 유한합에 대한 결과를 무한합으로 확장할 수 있는 조건을 알아보는 것은 6장의 기본 주제 중 하나다. 지금까지 우리가 배운 지식만으로도 g가 연속이라는 증명을 할 수 있긴 하지만(6.4절 연습문제 3 참고) 앞으로 배울 고른 수렴(uniform convergence)에 동기 부여를 하기 위해 이 증명을 미루려고 한다.

문제 4 그림 5.7의 그래프에서 알 수 있듯이 $g(x)$의 구조는 매우 복잡하다. $g(x)$가 연속함수라 가정하고 다음 물음에 답하라.

(a) g가 구간 $[0, 2]$에서 최댓값 M을 가짐을 어떻게 설명할 수 있을까? 이때 그 값은 무엇인가?

(b) $[0, 2]$에서 g가 최댓값이도록 하는 점 x의 집합을 D라 하면 다음과 같다.

$$D = \{x \in [0, 2] : g(x) = M\}$$

D에 속하는 점을 하나 구하라.

(c) D는 유한집합, 셀 수 있는 집합, 셀 수 없는 집합 중 어떤 집합인가?

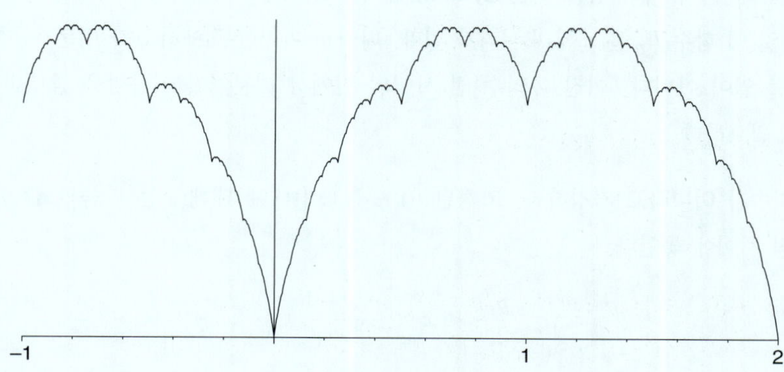

[그림 5.7] $g(x) = \sum_{n=0}^{\infty}(1/2^n)h(2^n x)$의 그래프

미분불가능성

적절한 언어를 익히고 나면 g의 연속성을 매우 간단히 증명할 수 있다. 함수 g가 $\mathbf{R}$의 어느 점에서도 미분가능하지 않음을 보이는 것이 어렵다.

먼저 $x = 0$에서 관찰하자. 함수 g는 이 점에서 미분가능할 것처럼 보이지 않는다. 어렵지 않게 이를 증명할 수 있다. $m = 0, 1, 2, \ldots$에 대해 수열 $x_m = 1/2^m$을 생각하자.

문제 5 식 $\dfrac{g(x_m) - g(0)}{x_m - 0} = m+1$이 성립함을 보여라. 그리고 이 식을 이용하여 $g'(0)$이 존재하지 않음을 증명하라.

$g'(0) = \infty$라고 말하고 싶은 마음이 굴뚝같겠지만 참아야 한다. 앞선 증명에서 $x_m = -(1/2^m)$로 두면 평균변화율은 $-\infty$로 다가간다. 이는 g의 그래프에서 $x = 0$에 뾰족점이 나타나는 현상으로 표현된다.

문제 6 다음 물음에 답하라.

(a) 앞의 증명을 수정하여 $g'(1)$이 존재하지 않음을 보여라. 또한 $g'(1/2)$이 존재하지 않음을 보여라.

(b) $x = p/2^k$ 꼴인 모든 유리수 점에서 $g'(x)$가 존재하지 않음을 보여라.
(단, $p \in \mathbf{Z}$이고 $k \in \mathbf{N} \cup \{0\}$)

문제 6(b)에서와 같은 유리수 점을 **이진(dyadic)** 유리수 점이라고 한다. $x = p/2^k$가 이진 유리수 점이면 $n \geq k$일 때 함수 h_n은 x에 모서리가 있다. 따라서 이러한 점에서 g가 미분가능하지 않다는 것은 그리 놀랄 일이 아니다. 이진 유리수 점 사이의 점에서 미분이 불가능함을 증명하려면 좀 더 섬세한 논증이 필요하다.

x가 이진 유리수가 **아니라고** 가정하자. 고정된 $m \in \mathbf{N} \cup \{0\}$에 대해 x는 다음과 같이 인접한 두 이진 유리수 점 사이에 놓인다.

$$\frac{p_m}{2^m} < x < \frac{p_m + 1}{2^m}$$

$x_m = p_m/2^m$이고 $y_m = (p_m + 1)/2^m$이라고 두자. 이를 각 m에 대해 반복하면 두 수열 (x_m)과 (y_m)은 다음을 만족한다.

$$\lim x_m = \lim y_m = x, \quad x_m < x < y_m$$

문제 7 다음 물음에 답하라.

(a) 먼저 다음 보조정리를 증명하라.

> 함수 f가 열린 구간 J에서 정의되고 f가 $a \in J$에서 미분가능하다고 가정하자. 수열 (a_n)과 (b_n)이 $a_n < a < b_n$과 $\lim a_n = \lim b_n = a$를 만족할 때, 다음이 성립한다.
>
> $$f'(a) = \lim_{n \to \infty} \frac{f(b_n) - f(a_n)}{b_n - a_n}$$

(b) 위의 보조정리를 이용하여 $g'(x)$가 존재하지 않음을 보여라.

바이어슈트라스의 1872년 논문에서는 연속이지만 모든 곳에서 미분불가능한 함수의 예로 다음 무한합을 소개한다.

$$f(x) = \sum_{n=0}^{\infty} a^n \cos(b^n x)$$

이때 $0 < a < 1$이고 b는 $ab > 1 + 3\pi/2$를 만족하는 홀수인 정수다. a의 조건은 이해하기 쉽다. $0 < a < 1$이면 $\sum_{n=0}^{\infty} a^n$은 수렴하는 등비급수이며 앞으로 다룰 바이어슈트라스 M-판정법(정리 6.4.5)을 이용하여 f가 연속임을 보일 수 있다. b에 대한 제한 조건은 좀 난해하다. 1916년 하디는 바이어슈트라스의 결과를 $ab \geq 1$을 만족하는 모든 b까지 확장했다. 바이어슈트라스와 하디의 결과를 자세히 살펴보지 않더라도 도함수가 존재하지 않음이 압축 계수(매개변수 a)와 진동 주파수가 증가하는 속도(매개변수 b)와 복잡하게 연결되어 있음을 알아차릴 수 있다.

문제 8 $g(x)$가 이진 유리수 점이 아닌 점에서 미분가능하지 않는다는 증명을 다시 살펴보자. $g(x)$를 함수 $\sum_{n=0}^{\infty}(1/2^n)h(3^n x)$로 바꾸어도 증명이 여전히 성립하는가? 함수 $\sum_{n=0}^{\infty}(1/3^n)h(2^n x)$에 대해서도 같은 증명 방식이 작동하는가?

5.5 마치며

바이어슈트라스가 찾은 함수나 이와 유사한 예를 어떻게 대해야 할까? 이를 연속함수 중에서 가장 이상하고도 병리적인 함수로 취급하여 연속함수에 대한 이해의 영역 밖으로 내쫓으려고 하면 곤란하다. 오히려 직관을 끌어낼 수 있는 바른 길잡이로 모셔야 한다.

흔히 연속은 부드러운 곡선을 연상시킨다. 이러한 이미지는 연속을 잘못 묘사한 것으로, 연속보다 훨씬 더 작은 범주인 미분가능한 함수에 자주 노출되며 생긴 편향된 결과다. 연속은 미분가능보다 훨씬 더 보편적인 개념임을 유념하자. 3.6절에서 다룬 베르 범주 정리에 의하면 사실 바이어슈트라스의 함수가 연속함수의 전형적인 예다. 연속함수는 대부분 모든 곳에서 미분가능하지 않다. 실은 미분가능한 함수가 예외라고 할 수 있다. 이러한 관찰을 더 엄밀하게 표현하는 방법은 8.2절에서 자세히 다룬다.

5.4절에서 구성한 '모든 곳에서 미분불가능한 함수' g를 정의역의 모든 점에서 '모서리'가 있는 함수라고 말한다면 핵심을 놓친 것이다. 모든 곳에서 미분불가능한 함수에 대한 바이어슈트라스의 원래 모델은 **매끄러운** 삼각함수의 무한합이다. 접선을 존재할 수 없게 만드는 요소는 조밀하게 중첩된 진동 구조다. 그렇다면 단조함수에 대해서만 생각하면 어떻게 될까? 증가함수는 어느 정도로 미분가능하지

않을 수 있을까? 유한개 점이 주어지면 이러한 각 점에서 실제로 모서리가 존재하는(따라서 미분할 수 없는) 조각마다 단조인 함수를 만들기란 그리 어렵지 않다.

이제 이런 질문을 생각해 볼 만하다. 모든 곳에서 미분불가능하면서 연속인 단조함수가 존재할까? 바이어슈트라스는 그러한 함수가 존재한다고 생각했지만 셀 수 있는 조밀한 집합(countable dense set)에서 미분가능하지 않으면서 연속인 증가함수만 만들 수 있었다(7.5절 연습문제 11 참고). 1903년에 프랑스 수학자 앙리 르베그(Henri Lebesgue, 1875–1941)는 바이어슈트라스의 직관이 틀렸음을 증명했다. 르베그는 연속인 단조함수는 정의역의 '거의' 모든 점에서 미분가능함을 증명했다. 구체적으로 르베그는 이런 함수가 미분불가능한 점을 모두 모은 집합은 임의의 $\epsilon > 0$이 주어졌을 때, 총합의 길이가 ϵ을 넘지 않는 구간의 셀 수 있는 합집합으로 덮을 수 있음을 보였다. '길이가 0' 또는 '측도가 0'이라는 이 개념은 칸토어 집합을 다루며 발견했다. 이는 적분론과 르베그의 업적을 설명한 7.6절에서 더 자세히 설명한다.

이제 f의 연속성과 f'의 존재성 사이의 관계를 바탕으로 도함수 집합을 특징 짓는 문제로 다시 돌아가자. 아무 함수나 어떤 함수의 도함수가 될 수 있는 것은 아니다. 다르부 정리(정리 5.2.7)에 따르면 다른 함수의 도함수로 표현되지 않는 함수(구체적으로 비약 불연속점을 가지는 함수)가 존재한다. 다르부 정리를 다르게 표현하면 모든 도함수는 사잇값 성질을 만족해야 한다. 연속함수는 모두 사잇값 성질을 가지므로 '모든 연속함수가 다른 어떤 함수의 도함수인가?'라는 질문에 당연히 '그렇다.'라고 답한다. 7장에서 다루는 미분적분학의 기본정리에 의하면 연속함수 f에 대하여 함수 $F(x) = \int_a^x f$는 $F' = f$를 만족한다. 여기까지는 성공적이다. 도함수의 집합은 적어도 연속함수를 포함한다. 하지만 **모든** 가능한 도함수를 간결하게 특징지으려는 시도는 아직 성공적이지 못한 듯하다.

마지막으로 하나만 더 이야기하겠다. $\int_a^x f$가 정의되는 f를 영리하게 선택하면 $F(x) = \int_a^x f$로 F를 정의하여 흥미로운 집합에서 미분가능하지 않은 연속함수를 만들 수 있다. '적분을 어떻게 정의해야 하는가?'라는 화두는 19세기 후반 해석학의 중심 주제였고, 지금까지 이어지고 있다. 이러한 이야기는 대부분 7장과 8.1절에서 자세하게 다룬다.

함수열과 함수급수
Sequences and Series of Functions

6.1 멱급수의 거듭제곱

야코프 베르누이(Jakob Bernoulli)는 『무한급수에 대한 논고(Tractatus de seriebus infinitis)』(1689년)에서 17세기 말까지 무한급수에 대해 알려진 내용을 요약했다. 이 책은 번뜩이는 계산과 놀라운 정리로 가득 차 있는데, 그 중에서도 답을 찾지 못한 다음 질문이 수학계의 관심을 끌었다. "다음 급수의 정확한 값은 무엇인가?"

$$\sum_{n=1}^{\infty} \frac{1}{n^2} = 1 + \frac{1}{4} + \frac{1}{9} + \frac{1}{16} + \cdots$$

베르누이는 $\sum 1/n^2$ 이 2보다 작은 수로 수렴함을 보였지만(예제 2.4.4 참고) 정확한 극한값을 구하지는 못했다. 일반적으로 급수의 수렴 여부를 판단하는 것보다 급수의 값을 구하는 것이 훨씬 어렵다. 수렴하는 급수의 값을 구할 수 있다는 것은 매우 이례적인 일이지만, $\sum 1/n^2$ 은 매우 간단한 급수처럼 보인다. 베르누이가 $\sum_{n=1}^{\infty} n^2/2^n$ 이나 $\sum_{n=1}^{\infty} 1/n(n+1)$ 값을 구하는 데 성공했다는 사실과 비교하면 더욱 그렇다. 베르누이는 저서에서 "우리가 구하고자 노력했지만 아직 알지 못하는 이 문제의 답을 누군가 찾아서 연락 준다면 매우 고맙겠습니다."라고 밝혔다.[1]

등비급수는 쉽게 값을 구할 수 있는 가장 대표적인 급수다. 예제 2.7.5에서 모든 $|x| < 1$에 대해 다음이 성립함을 증명했다.

$$\frac{1}{1-x} = 1 + x + x^2 + x^3 + \cdots \tag{1}$$

예를 들어 $\sum_{n=0}^{\infty} 1/2^n = 2$이고 $\sum_{n=0}^{\infty}(-1/3)^n = 3/4$이다. 등비급수는 베르누이가 다루기 한참 전부터 등장한 소재였으나, 식 (1)과 같은 무한급수를 막 태동한 미분적분학 도구를 사용하여 다루는 것은 베르누이 시대에 등장한 비교적 새로운 생각이었다.

등식 (1)의 양변을 미분하면 어떻게 될까? 좌변은 자명하게 $1/(1-x)^2$이다. 그렇다면 우변은 어떤가? 17세기에는 아무 거리낌 없이 차수가 무한대인 무한급수를 다항함수처럼 다루곤 했다. 이런 관점에서 등식 (1)의 양변을 미분하면 다음을 얻는다.

$$\frac{1}{(1-x)^2} = 0 + 1 + 2x + 3x^2 + 4x^3 + \cdots \tag{2}$$

적어도 $x \in (-1, 1)$에 대해 등식 (2)가 성립하는가? 경험에 의하면 그렇다. $x = 1/2$로 두면 다음 식을 얻는데 이는 그럴듯하고 실제로 참이다.

1 참고문헌 **12**에서 이에 대한 더 자세한 내용을 확인할 수 있다.

$$4 = \sum_{n=1}^{\infty} \frac{n}{2^{n-1}} = 1 + 1 + \frac{3}{4} + \frac{4}{8} + \frac{5}{16} + \cdots$$

비록 베르누이가 계산하고 싶었던 급수는 아니지만 이 방법은 무한급수를 공략하는 새로운 방법이 되었다.

이러한 조작을 통해 익숙한 함수를 무한급수로 나타낼 수 있다. 식 (1)에서 x 대신 $-x^2$을 대입하면 모든 $x \in (-1, 1)$에 대해 다음을 얻는다.

$$\frac{1}{1+x^2} = 1 - x^2 + x^4 - x^6 + x^8 - \cdots \tag{3}$$

어떤 위험이 있을지 모르지만 한 번 더 눈감고 무한급수를 다항함수처럼 생각하면서 양변을 적분해 보자. 그리고 다음 관계가 성립함을 생각하자.

$$(\arctan(x))' = \frac{1}{1+x^2}, \quad \arctan(0) = 0$$

이제 등식 (3)에서 다음을 얻을 수 있다.

$$\arctan(x) = x - \frac{x^3}{3} + \frac{x^5}{5} - \frac{x^7}{7} + \cdots \tag{4}$$

등식 (4)에 $x = 1$을 대입하면 다음과 같이 놀라운 결과를 얻는다.

$$\frac{\pi}{4} = 1 - \frac{1}{3} + \frac{1}{5} - \frac{1}{7} + \frac{1}{9} - \cdots \tag{5}$$

이 과정은 다소 우격다짐 같아 보이지만 기하학의 원에 등장하는 상수 π를 홀수의 역수로 이루어진 급수로 표현해준다. 이 등식은 정말 성립할까? 식 (3)의 무한급수를 정말 다항함수처럼 다룰 수 있을까? 대답이 '그렇다.'이더라도 이 예에서 풀어야 할 또 다른 문제가 있다.

세 등식 (1), (2), (3)에 $x = 1$을 대입하는 것은 수학적으로 궤변이다. 그렇다면 등식 (4)에 $x = 1$을 대입할 수 있는 이유는 무엇일까? 이중에 $\sum_{n=1}^{\infty} 1/n^2$을 계산하는 데 도움이 되는 아이디어가 있을까?

공개 질문은 예상치 못한 방식으로 오일러가 해결했다. 오일러는 어린 시절 야코프 베르누이의 동생인 요한 베르누이(Johann Bernoulli)에게 수학을 배웠고, 요한 베르누이의 제자 중 단연 낭중지추였다. 곧 오일러는 동시대에 가장 뛰어난 수학자가 되었다. 1735년 오일러는 누구도 생각하지 못한 독창적인 방식으로 다음과 같이 도발적인 결과를 발표했다.

$$1+\frac{1}{4}+\frac{1}{9}+\frac{1}{16}+\cdots=\frac{\pi^2}{6}$$

이 식은 등식 (5)보다 훨씬 더 또렷하게 기하학과 정수론 그리고 해석학 사이의 연관성을 보여준다. 오일러의 증명은 상당히 짧지만 이 증명이 발표된 시대의 맥락도 함께 고려해야 한다. 이 논의에 등장하는 '무한 차수 다항함수'는 **멱급수**(power series)의 예이며, 등식 (2), (3), (4) 등을 유도하는 데 쓰인 수학적 기교는 16세기와 17세기 미분적분학이 확장하는 주요 촉매가 되었다. 다항함수의 사칙연산과 미분, 적분은 비교적 단순하다. 그러므로 멱급수를 다항함수처럼 다룰 수 있다면 e^x, $\sqrt{1+x}$, $\sin(x)$ 등 익숙한 함수도 멱급수 표현을 찾는 작업이 상당히 의미있을 것이다.

등식 (4)에서 $\arctan(x)$가 나왔다는 건 이러한 작업이 항상 가능할지도 모른다는 긍정적인 신호다. 뉴턴의 중요한 업적 중 하나는 일반화된 이항정리(binomial formula)의 발견이다. $n \in \mathbf{N}$일 때 다음 거듭제곱 공식은 오래 전부터 알려져 있었다.

$$(1+x)^n = 1+nx+\frac{n(n-1)}{2!}x^2+\frac{n(n-1)(n-2)}{3!}x^3+\cdots+x^n$$

경험과 직관을 통해 뉴턴은 $r \notin \mathbf{N}$에 대해 적어도 $x \in (-1,1)$일 때는 다음이 성립함을 깨달았다.

$$(1+x)^r = 1+rx+\frac{r(r-1)}{2!}x^2+\frac{r(r-1)(r-2)}{3!}x^3+\cdots$$

예를 들어 $r=-1$로 두면 다음을 얻는데 이는 등식 (1)과 동치다.

$$\frac{1}{1+x}=1-x+x^2-x^3+x^4-\cdots$$

한편 $r=1/2$로 두면 다음 식을 얻는다.

$$\sqrt{1+x}=1+\frac{1}{2}x-\frac{1}{2^2 2!}x^2+\frac{3}{2^3 3!}x^3-\frac{3\cdot 5}{2^4 4!}x^4+\cdots$$

$\sqrt{1+x}$를 전개한 위 등식이 그럴듯함을 확인하는 방법은 처음 몇 개 항에 주목하여 우변의 급수를 제곱해 보는 것이다.

$$\begin{aligned}(\sqrt{1+x})^2 &= \left(1+\frac{1}{2}x-\frac{1}{8}x^2+\cdots\right)\left(1+\frac{1}{2}x-\frac{1}{8}x^2+\cdots\right)\\ &= 1+\left(\frac{1}{2}+\frac{1}{2}\right)x+\left(-\frac{1}{8}+\frac{1}{4}-\frac{1}{8}\right)x^2+\cdots\\ &= 1+x+0x^2+0x^3+\cdots\end{aligned}$$

우리가 유한에서의 경험을 바탕으로 무한의 성질을 성급히 유추했음에도 이렇게 계산이 맞게 떨어지는 걸 보니 멱급수 표현을 찾는 과정이 정당해 보인다.

뉴턴의 이항급수는 8.3절에서 자세히 다룰 오일러의 유명한 합 공식에 대한 현대적 증명의 시발점이다. 그러나 오일러가 1735년에 발표한 원래 증명은 $\sin(x)$에 대한 멱급수 표현에서 시작되었다. 다음 공식은 뉴턴과 베르누이 그리고 오일러 모두 알고 있었다.

$$\sin x = x - \frac{x^3}{3!} + \frac{x^5}{5!} - \frac{x^7}{7!} + \cdots$$

등식 (1)과 달리 위 등식은 모든 $x \in \mathbf{R}$에 대해 성립한다. 양변을 x로 나누면 선행 계수가 1인 다음 멱급수를 얻는다.

$$\frac{\sin x}{x} = 1 - \frac{x^2}{3!} + \frac{x^4}{5!} - \frac{x^6}{7!} + \cdots \tag{6}$$

오일러의 아이디어는 멱급수 (6)을 계속해서 인수분해하는 것이었다. 이는 우리가 지금까지 계속 보아온 것과 같은 맥락이다. 즉 멱급수를 다항함수처럼 보고 그 패턴을 무한대로 확장한다.

예를 들어 삼차다항식은 근을 알고 있다면 쉽게 인수분해할 수 있다. $p(x) = 1 + ax + bx^2 + cx^3$이 r_1, r_2, r_3를 근으로 가지면 다음과 같이 쓸 수 있다.

$$p(x) = \left(1 - \frac{x}{r_1}\right)\left(1 - \frac{x}{r_2}\right)\left(1 - \frac{x}{r_3}\right)$$

직접 대입하면 $p(0) = 1$, $p(r_1) = p(r_2) = p(r_3) = 0$임을 쉽게 확인할 수 있다.

멱급수 (6)에 주어진 멱급수의 근은 $\sin x$의 0이 아닌 근으로 $x = \pm\pi, \pm 2\pi, \pm 3\pi$ 등과 같다. 그리고 오일러는 뛰어난 직관을 바탕으로 다음을 추측했다.

$$\begin{aligned} &1 - \frac{x^2}{3!} + \frac{x^4}{5!} - \frac{x^6}{7!} + \cdots \\ &\quad = \left(1 - \frac{x}{\pi}\right)\left(1 + \frac{x}{\pi}\right)\left(1 - \frac{x}{2\pi}\right)\left(1 + \frac{x}{2\pi}\right)\left(1 - \frac{x}{3\pi}\right)\left(1 + \frac{x}{3\pi}\right)\cdots \\ &\quad = \left(1 - \frac{x^2}{\pi^2}\right)\left(1 - \frac{x^2}{4\pi^2}\right)\left(1 - \frac{x^2}{9\pi^2}\right)\cdots \end{aligned} \tag{7}$$

이때 마지막 줄은 인접한 두 항을 서로 곱하여 얻었다. 우변의 항을 계속해서 곱하면 어떻게 될까? 운 좋게도 상수항은 1로 좌변의 상수항과 같다. 식 (7)의 양변에서 x^2 항을 비교하면 마법이 펼쳐진다. 우변의 무한히 많은 항을 (필요하다면 상상력을 발휘해서) 곱하고 x에 대해 오름차순으로 식을 정리하면 등식 (7)은 다음처럼 전개된다.

$$1 - \frac{x^2}{3!} + \frac{x^4}{5!} - \frac{x^6}{7!} + \cdots$$
$$= 1 + \left(-\frac{1}{\pi^2} - \frac{1}{4\pi^2} - \frac{1}{9\pi^2} - \cdots\right) x^2 + \left(\frac{1}{4\pi^4} + \frac{1}{9\pi^4} + \cdots\right) x^4 + \cdots$$

양변에서 x^2 항의 계수를 비교하면 다음 식을 얻는다.

$$-\frac{1}{3!} = -\frac{1}{\pi^2} - \frac{1}{4\pi^2} - \frac{1}{9\pi^2} - \cdots$$

여기서 양변에 $-\pi^2$ 을 곱하면 다음과 같다.

$$\frac{\pi^2}{6} = 1 + \frac{1}{4} + \frac{1}{9} + \frac{1}{16} + \cdots$$

위 등식에서 양변을 수치적으로 근사해 보면 비록 오일러가 대담하게 비약하여 증명했지만, 결국 결론에 올바르게 도달했음을 확인할 수 있다. 지금 기준에서 보면 오일러의 증명은 수학적으로 엄밀하지 못하다. 다음 장에서 이를 집중적으로 다룰 것이다. 앞으로의 노고에 충분한 보상이 있을 것이라는 점만 여기서 확실히 밝히고 넘어간다. 함수의 무한급수 표현은 유용하고 놀랍도록 우아하며 제대로 다룬다면 놀라운 결론을 이끌어 낼 수 있다.

지금까지의 관찰을 생각해 보자. 멱급수를 유한합처럼 다룰 수 있다면 큰 이점이 있을 듯 하다. 항별로 미분함으로써 등식 (2)를 도출할 수 있었고, 적분하여 등식 (4)를 얻을 수 있었다. 앞으로 일반적인 함수급수에서 이러한 식 조작이 항상 성립하지는 **않음**을 확인할 것이다. 도대체 멱급수의 어떤 특징이 이런 무한의 위험을 비켜가게 하는 걸까? 우리가 답하지 못한 많은 질문 중에서도 마지막 질문이 일반적인 함수급수를 이해하는 데 가장 중심적이다.

6.2 함수열의 고른 수렴

먼저 2장과 같은 전략을 이용하여 수렴하는 **함수열**(sequence of functions)의 행태와 속성에 관심을 둘 것이다. 무한급수의 수렴 여부는 대응하는 부분합의 극한에 의해 결정되므로, 2장에서 배운 수열의 성질을 멱급수와 더 일반적인 함수급수[2]를 다루는 데 사용할 수 있다.

2 (옮긴이) 함수열 f_n 에 대하여 일반항이 $\sum_{k=1}^{n} f_k$ 로 주어진 함수열을 함수급수라 한다.

점별수렴

정의 6.2.1 각 $n \in \mathbf{N}$에 대하여 f_n을 집합 $A \subseteq \mathbf{R}$에서 정의된 함수라고 하자. 모든 $x \in A$에 대해 실수열 $f_n(x)$가 $f(x)$로 수렴할 때, 함수열 (f_n)이 A에서 함수 f로 **점별수렴한다(converge pointwise)**고 한다.
이때 $f_n \to f$, $\lim f_n = f$, 또는 $\lim_{n\to\infty} f_n(x) = f(x)$과 같이 쓴다. 마지막 표현식은 x에 대한 극한인지 n에 대한 극한인지에 혼동이 있을 때 유용하다.

예제 6.2.2

(a) 다음과 같이 $\mathbf{R}$ 전체에서 정의된 함수 $f_n(x)$를 생각하자.

$$f_n(x) = (x^2 + nx)/n$$

그림 6.1과 같이 표현되는 f_1, f_5, f_{10}, f_{20}의 그래프는 n이 커질 때 변화를 보여준다. 대수적으로 다음 결과를 확인할 수 있다.

$$\lim_{n\to\infty} f_n(x) = \lim_{n\to\infty} \frac{x^2 + nx}{n} = \lim_{n\to\infty} \frac{x^2}{n} + x = x$$

따라서 함수 (f_n)은 $\mathbf{R}$에서 $f(x) = x$로 점별수렴한다.

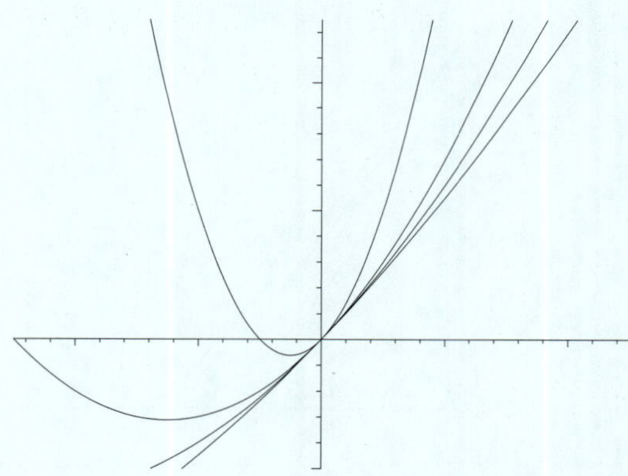

[그림 6.1] $f_n = (x^2 + nx)/n$일 때 f_1, f_5, f_{10}, f_{20}의 그래프

(b) 구간 $[0,1]$에서 정의된 함수 $g_n(x) = x^n$을 생각하자. 그림 6.2와 같이 n이 한없이 커짐에 따라 $0 \leq x < 1$이면 $x^n \to 0$이다. 한편, $x = 1$일 때는 $x^n \to 1$이다. 따라서 $[0,1]$에서 함수 g를 다음과 같이 정의하면 점별로 $g_n \to g$이다.

$$g(x) = \begin{cases} 0 & (0 \le x < 1) \\ 1 & (x = 1) \end{cases}$$

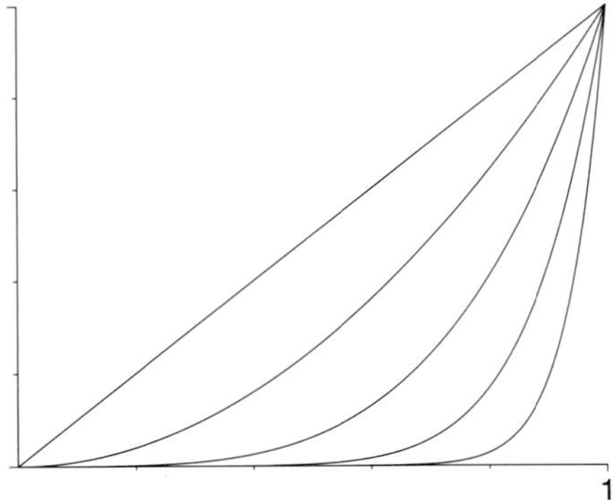

[그림 6.2] $g(x) = \lim_{n\to\infty} x^n$ 은 $[0,1]$ 에서 연속이 아니다.

(c) 그림 6.3과 같이 구간 $[-1,1]$ 에서 함수 $h_n(x) = x^{1+\frac{1}{2n-1}}$ 을 생각하자. $x \in [-1,1]$ 를 고정하면 다음이 성립한다.

$$\lim_{n\to\infty} h_n(x) = x \lim_{n\to\infty} x^{\frac{1}{2n-1}} = |x|$$

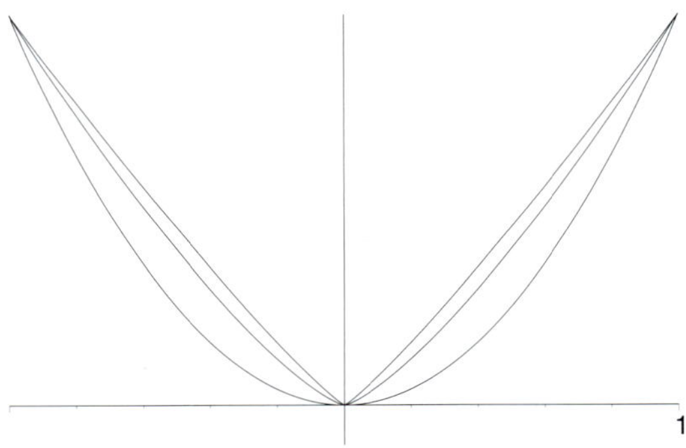

[그림 6.3] $[-1,1]$ 에서 $h_n \to |x|$ 이다. 극한 함수는 미분가능하지 않다.

예제 6.2.2(b)와 (c)는 앞으로 우리가 가야 할 길이 험난함을 암시한다. 6장의 중심 주제는 '함수열을 이루는 함수와 극한 함수가 공유하는 성질이 무엇인가?'이다. 예제 6.2.2(c)에서 미분가능한 함수로 이루어진 함수열의 점별 극한 함수가 원점에서 미분불가능함을 확인할 수 있었다. 예제 6.2.2(b)의 문제는 좀 더 근본적이다. 연속함수로 이루어진 함수열의 점별 극한 함수가 불연속함수일 수도 있다.

극한 함수와 연속

예제 6.2.2(b)를 생각하면 실패가 훤히 예상되지만 '연속함수는 연속함수로 점별수렴한다.'의 증명을 시도해 보자. 증명의 어느 부분에서 문제가 발생하는지 확인하면 보다 강한 수렴 개념이 필요함을 절실히 이해할 것이다.

집합 $A \subseteq \mathbf{R}$에서 연속인 함수 (f_n)으로 이루어진 함수열과 점별 극한 함수 f를 생각하자. f가 연속임을 보이기 위해 점 $c \in A$를 고정하고 $\epsilon > 0$이라 하자. 이제 다음을 만족하는 $\delta > 0$를 찾아야 한다.

$$|x-c| < \delta \text{이면 } |f(x)-f(c)| < \epsilon \text{이다.}$$

삼각형 부등식에서 다음을 얻는다.

$$\begin{aligned} |f(x)-f(c)| &= |f(x)-f_n(x)+f_n(x)-f_n(c)+f_n(c)-f(c)| \\ &\leq |f(x)-f_n(x)|+|f_n(x)-f_n(c)|+|f_n(c)-f(c)| \end{aligned}$$

일견에 보아도 우변의 합에 있는 첫 번째 항과 세 번째 항은 $f_n \to f$이라는 사실을 이용하고, 가운데 항은 f_n의 연속성을 이용하여 작게 만들 수 있을 것 같다. f_n의 연속성을 이용하려면 먼저 다루려는 특정 f_n을 설정해야 한다. $c \in A$가 고정되어 있으므로 다음을 만족하도록 $N \in \mathbf{N}$을 고르자.

$$|f_N(c)-f(c)| < \frac{\epsilon}{3}$$

이제 N이 정해졌으므로 f_N의 연속성에 의해 $|x-c| < \delta$인 모든 x에 대해 다음을 만족하는 $\delta > 0$가 존재한다.

$$|f_N(x)-f_N(c)| < \frac{\epsilon}{3}$$

하지만 여기서 문제가 발생한다. 우리에게 필요한 조건은 다음과 같다.

$$|x-c| < \delta \text{를 만족하는 } \textbf{모든 } x\text{에 대해 } |f_N(x)-f(x)| < \frac{\epsilon}{3}\text{이다.}$$

x 값은 δ에 의해 결정되고 δ는 다시 N에 의해 결정된다. 이런 상황에서는 앞으로 되돌아가 다른 N을 선택할 수 없다. 요컨대 변수 x는 이 논의에서 c와 같은 방식으로 고정되지 않고 단지 구간 $(c-\delta, c+\delta)$에 있는 임의의 점을 나타낸다. 점별수렴의 정의에 따르면 충분히 큰 n에 대해 $|f_n(x)-f(x)| < \epsilon/3$이 되도록 할 수 있지만 n 값은 **점 x에 의존한다**. x가 달라지면 다른 (더 큰) n을 택해야 할 수 있다. 이 현상은 예제 6.2.2(b)에서 나타난다. 다음 부등식은 $n \geq 2$일 때 성립한다.

$$|g_n(1/2) - g(1/2)| < \frac{1}{3}$$

그러나 다음 부등식은 $n \geq 11$일 때만 성립한다.

$$|g_n(9/10) - g(9/10)| < \frac{1}{3}$$

고른 수렴

이 딜레마를 해결하기 위해 새롭고 더 강한, 함수열의 수렴 개념을 정의한다.

정의 6.2.3 고른 수렴(uniform convergence)
집합 $A \subseteq \mathbf{R}$에서 정의된 함수 (f_n)으로 이루어진 함수열을 생각하자. 모든 $\epsilon > 0$에 대해 $N \in \mathbf{N}$이 있어 $n \geq N$이고 $x \in A$이면 항상 $|f_n(x) - f(x)| < \epsilon$이 될 때, (f_n)이 A에서 극한 함수 f로 **고르게 수렴한다(converge uniformly)**고 한다.

고른 수렴과 점별수렴의 차이를 강조하기 위해 ϵ, N과 x 사이의 관계가 더 명확히 드러나도록 정의 6.2.1을 다시 기술하겠다. 이 정의를 보면서 특히 정의역의 점 x의 위치와 N을 택하는 방법이 이 점에 의존하는지 아닌지 유심히 보기 바란다.

정의 6.2.1B 집합 $A \subseteq \mathbf{R}$에서 정의된 함수 (f_n)으로 이루어진 함수열을 생각하자. 모든 $\epsilon > 0$과 $x \in A$에 대하여 $N \in \mathbf{N}$(x에 의존할 수 있다)이 있어 $n \geq N$이면 $|f_n(x) - f(x)| < \epsilon$이 될 때, (f_n)이 A에서 극한 함수 f로 **점별수렴한다(converge pointwise)**고 한다.

여기서 부사 **고르게**(uniformly)는 4장의 '고른 연속'과 같은 뜻으로 쓰였다. 두 경우 모두 '고르게'라는 표현은 주어진 ϵ에 대해 정의역의 모든 x에 대하여 부등식을 성립하게 만드는 δ나 N을 찾을 수 있음을 나타낸다.

예제 6.2.4

(a) 함수 $g_n(x) = \dfrac{1}{n(1+x^2)}$을 생각하자.

임의의 고정된 $x \in \mathbf{R}$에 대하여 $\lim g_n(x) = 0$이므로 함수열 (g_n)은 $\mathbf{R}$에서 $g(x) = 0$으로 점별수렴한다. 그렇다면 이 함수열은 고르게 수렴하는가? 모든 $x \in \mathbf{R}$에 대해 $1/(1+x^2) \leq 1$임을 관찰하면 다음이 성립한다.

$$|g_n(x) - g(x)| = \left|\frac{1}{n(1+x^2)} - 0\right| \leq \frac{1}{n}$$

따라서 주어진 $\epsilon > 0$에 대해 (x에 의존하지 않는) $N > 1/\epsilon$을 택하여 모든 $x \in \mathbf{R}$에 대해 다음이 성립하도록 할 수 있다.

$$n \geq N \text{이면} \quad |g_n(x) - g(x)| < \epsilon$$

정의 6.2.3에 의해 $\mathbf{R}$에서 g_n은 0으로 고르게 수렴한다.

(b) 예제 6.2.2(a)에서 $f_n(x) = (x^2 + nx)/n$이 $\mathbf{R}$에서 $f(x) = x$로 점별수렴함을 확인했다. $\mathbf{R}$에서 이 함수열은 고르게 수렴하지 않는다. 이를 확인하기 위해 다음과 같이 쓰자.

$$|f_n(x) - f(x)| = \left| \frac{x^2 + nx}{n} - x \right| = \frac{x^2}{n}$$

$|f_n(x) - f(x)| < \epsilon$이기 위해서는 N을 다음과 같이 택해야 한다.

$$N > \frac{x^2}{\epsilon}$$

각 $x \in \mathbf{R}$마다 이런 N을 택하는 것은 가능하지만 모든 x에 동시에 작용하는 하나의 N을 고르기란 불가능하다.

반면 집합 $[-b, b]$에서 f_n은 f로 고르게 수렴한다. 유계 구간에서는 다음이 성립한다.

$$\frac{x^2}{n} \leq \frac{b^2}{n}$$

그럼 $\epsilon > 0$에 대하여 $x \in [-b, b]$와 무관하게 다음이 성립하도록 N을 택할 수 있다.

$$N > \frac{b^2}{\epsilon}$$

---

f_n이 집합 A에서 극한 함수 f로 고르게 수렴하는 것을 그림으로 묘사해 보자. 극한 함수 f 주변으로 반경이 ϵ인 밴드를 잡았을 때, f_n이 f로 고르게 수렴하면 어떤 N이 있어서 $n \geq N$일 때 각 f_n이 이 ϵ-밴드 안에 **완전히** 포함된다(그림 6.4 참고).

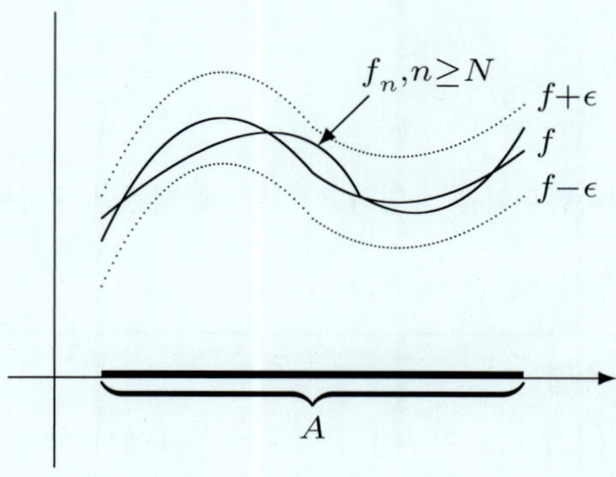

[그림 6.4] A에서 f_n은 f로 고르게 수렴한다.

예제 6.2.2의 그림 6.1, 그림 6.2와 그림 6.5의 그래프를 비교해 보자.

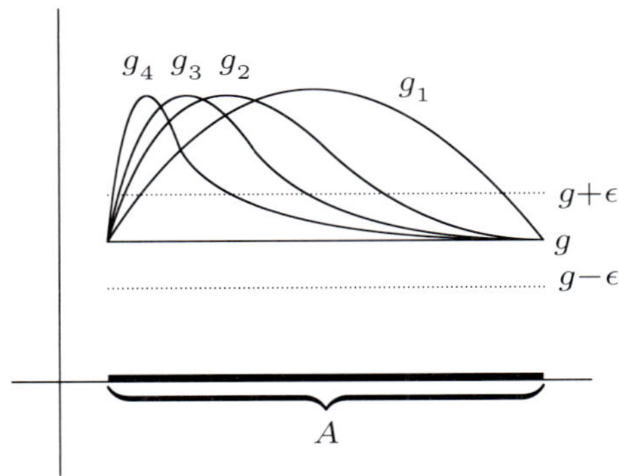

[그림 6.5] g_n은 g로 점별수렴하지만 고르게 수렴하지는 않는다.

코시 판정법

실수열의 수렴에 대한 코시 판정법은 수렴의 정의와 동치이지만 극한에 대한 직접적인 언급이 빠져 있었다. 실수열에 대한 코시 판정법이 매우 유용했으므로 고르게 수렴하는 함수열에 대해서도 유사한 판정법이 있으면 좋을 것 같다. '고른'에 대한 모든 명제와 마찬가지로 기준이 되는 지점($N \in \mathbf{N}$)과 정의역 원소($x \in A$) 사이의 관계에 특히 주의해야 한다.

> **정리 6.2.5 고른 수렴성에 대한 코시 판정법**
> 집합 $A \subseteq \mathbf{R}$에서 정의된 함수 (f_n)으로 이루어진 함수열이 A에서 고르게 수렴하기 위한 필요충분조건은 모든 $\epsilon > 0$에 대해 어떤 $N \in \mathbf{N}$이 있어 $m, n \geq N$이고 $x \in A$이면 $|f_n(x) - f_m(x)| < \epsilon$인 것이다.

증명 연습문제 5를 보라. ◀

연속 다시 보기

연속함수열의 극한 함수가 연속함수임을 증명하고자 할 때 생겼던 오류를 제거할 수 있는 더 강한 조건이 바로 고른 수렴성이다.

> **정리 6.2.6 연속함수와 고른 수렴**
> $A \subseteq \mathbf{R}$에서 정의된 함수 (f_n)으로 이루어진 함수열이 A에서 함수 f로 고르게 수렴한다고 가정하자. 각 f_n이 $c \in A$에서 연속이면 f도 c에서 연속이다.

증명 $c \in A$를 고정하고 $\epsilon > 0$이라 하자. 모든 $x \in A$에 대해 다음을 만족하도록 N을 택할 수 있다.

$$|f_N(x) - f(x)| < \frac{\epsilon}{3}$$

f_N이 연속이므로 어떤 $\delta > 0$가 존재하여 $|x - c| < \delta$이면 다음을 만족한다.

$$|f_N(x) - f_N(c)| < \frac{\epsilon}{3}$$

이때 다음이 성립한다.

$$\begin{aligned} |f(x) - f(c)| &= |f(x) - f_N(x) + f_N(x) - f_N(c) + f_N(c) - f(c)| \\ &\leq |f(x) - f_N(x)| + |f_N(x) - f_N(c)| + |f_N(c) - f(c)| \\ &< \frac{\epsilon}{3} + \frac{\epsilon}{3} + \frac{\epsilon}{3} = \epsilon \end{aligned}$$

따라서 f는 $c \in A$에서 연속이다. ◀

6.2 연습문제

1. f_n을 다음과 같이 정의하자.

$$f_n(x) = \frac{nx}{1 + nx^2}$$

다음 물음에 답하라.

(a) $x \in (0, \infty)$에서 (f_n)의 점별 극한 함수를 찾아라.

(b) $(0, \infty)$에서 고르게 수렴하는가?

(c) $(0, 1)$에서 고르게 수렴하는가?

(d) $(1, \infty)$에서 고르게 수렴하는가?

2. 다음 물음에 답하라.

(a) $\mathbf{R}$에서 함수열을 다음과 같이 정의하자.

$$f_n(x) = \begin{cases} 1 & (x = 1, \frac{1}{2}, \frac{1}{3}, \dots, \frac{1}{n}) \\ 0 & (\text{그 밖의 경우}) \end{cases}$$

그리고 f_n의 점별 극한 함수를 f라 하자. 각 f_n은 원점에서 연속인가? $\mathbf{R}$에서 f_n은 f로 고르게 수렴하는가? f는 원점에서 연속인가?

(b) 다음 함수열을 이용하여 (a)와 같은 질문에 답하라.

$$g_n(x) = \begin{cases} x & (x = 1, \frac{1}{2}, \frac{1}{3}, \dots, \frac{1}{n}) \\ 0 & (\text{그 밖의 경우}) \end{cases}$$

(c) 다음 함수열을 이용하여 (a)와 같은 질문에 답하라.

$$h_n(x) = \begin{cases} 1 & (x = \frac{1}{n}) \\ x & (x = 1, \frac{1}{2}, \frac{1}{3}, \dots, \frac{1}{n-1}) \\ 0 & (\text{그 밖의 경우}) \end{cases}$$

각 경우에 대하여 연속함수와 고른 수렴 정리(정리 6.2.6)의 내용에 어떻게 부합하는지 설명하라.

3. 각 $n \in \mathbf{N}$과 $x \in [0, \infty)$에 대해 다음과 같이 함수열을 두자.

$$g_n(x) = \frac{x}{1 + x^n}, \quad h_n(x) = \begin{cases} 1 & (x \geq 1/n) \\ nx & (0 \leq x < 1/n) \end{cases}$$

함수열 (g_n)과 (h_n)에 대한 다음 질문에 답하라.

(a) $[0, \infty)$에서 점별 극한 함수를 찾아라.

(b) $[0, \infty)$에서 고르게 수렴하지 **않는** 이유를 설명하라.

(c) 고르게 수렴하는 더 좁은 구간을 찾고 실제로 이 구간에서 고르게 수렴함을 보여라.

4. 5.2절 연습문제 8에서 고르게 미분가능한 함수의 정의를 다시 확인하자. 6.2절에서 다룬 결과를 이용하여 f가 고르게 미분가능하면 f'은 연속임을 보여라.

5. 실수열에 대한 코시 수렴 판정법(정리 2.6.4)을 이용하여 정리 6.2.5의 증명을 완성하라(먼저 $f(x)$의 후보를 정하고 f_n이 f로 고르게 수렴함을 보여라).

6. 함수열 (f_n)이 함수 f로 집합 A에서 수렴한다고 가정하자. 정리 6.2.6은 각 f_n이 보이는 특징을 극한 함수도 보이는지 묻는 전형적인 질문이다. A에서 점별수렴만을 가정하면 다음 명제는 **모두** 거짓이다. 각 명제의 반례를 찾아라. 또한, 고른 수렴을 가정할 때 참이 되는 명제를 찾아라.

(a) 각 f_n이 고른 연속이면 f도 고른 연속이다.

(b) 각 f_n이 유계면 f도 유계다.

(c) 각 f_n이 불연속점을 유한개 가지면 f도 불연속점을 유한개 가진다.

(d) 각 f_n이 M보다 불연속점을 적게 가지면 f도 M보다 불연속점을 적게 가진다(이때 $M \in \mathbf{N}$은 상수).

(e) 각 f_n이 불연속점을 셀 수 있을 만큼 가지면 f도 불연속점을 셀 수 있을 만큼 가진다.

7. f가 모든 $\mathbf{R}$에서 고른 연속이라 하고 함수열 (f_n)을 $f_n(x) = f(x + \frac{1}{n})$이라 정의하자. f_n이 f로 고르게 수렴함을 보여라. 만약 f가 $\mathbf{R}$에서 연속이지만 고른 연속은 아니라면 이 명제는 참이 아니다. 반례를 찾아라.

8. (g_n)은 연속함수열이고 콤팩트 집합 K에서 g로 고르게 수렴한다고 가정하자. K에서 $g(x) \neq 0$이면 K에서 $(1/g_n)$이 $1/g$로 고르게 수렴함을 보여라.

9. 고르게 수렴하는 함수열 (f_n)과 (g_n)에 대한 다음 물음에 답하라.

(a) $(f_n + g_n)$이 고르게 수렴하는 함수열임을 보여라.

(b) 반례를 들어 $(f_n g_n)$이 고르게 수렴하지 않을 수 있음을 보여라.

(c) 모든 $n \in \mathbf{N}$에 대해 $|f_n| \leq M$이고 $|g_n| \leq M$인 $M > 0$이 존재하면 $(f_n g_n)$이 고르게 수렴함을 증명하라.

10. 이 연습문제와 다음 연습문제는 연속함수와 고른 수렴 정리(정리 6.2.6)의 부분적인 역 명제를 다룬다. $[a, b]$에서 f_n이 f로 점별수렴하고 극한 함수 f가 $[a, b]$에서 연속이라고 가정하자. 각 f_n이 증가함수이면(연속함수일 필요는 없다) f_n이 f로 고르게 수렴함을 보여라.

11. [디니 정리(Dini's theorem)] 콤팩트 집합 K에서 f_n이 f로 점별수렴한다고 가정하자. 또 각 $x \in K$에 대해 수열 $f_n(x)$가 증가한다고 가정하자. 다음 과정을 따라 f_n과 f가 K에서 연속이면 f_n이 f로 고르게 수렴함을 보여라.

(a) $g_n = f - f_n$이라 두고 문제의 가정을 수열 (g_n)에 대한 표현으로 바꿔라.

(b) $\epsilon > 0$이 임의로 주어졌다고 하고 $K_n = \{x \in K : g_n(x) \geq \epsilon\}$이라 정의하자. $K_1 \supseteq K_2 \supseteq K_3 \supseteq \cdots$ 임을 관찰하고 이를 이용하여 증명을 마무리하라.

12. [칸토어 함수(Cantor function)] 3.1절에서 칸토어 집합 $C \subseteq [0,1]$을 구성했던 것을 확인하자. 이 연습문제에서는 3.1절의 결과와 표기법을 사용한다. 다음 물음에 답하라.

(a) 모든 $x \in [0,1]$에 대해 $f_0(x) = x$라고 정의하자. 이제 f_1을 다음과 같이 정의하자.

$$f_1(x) = \begin{cases} (3/2)x & (0 \leq x \leq 1/3) \\ 1/2 & (1/3 < x < 2/3) \\ (3/2)x - 1/2 & (2/3 \leq x \leq 1) \end{cases}$$

$[0,1]$에서 f_0과 f_1의 그래프를 스케치하라. f_1은 연속함수이고 증가함수이며 가운데 열린 구간 $(1/3, 2/3) = [0,1] \backslash C_1$에서 상수함수임을 관찰하라.

(b) 위 과정을 모방하여 f_1에서 상수함수가 아닌 각 구간의 가운데 열린 구간을 평평하게 만들어 f_2를 구성하라. 구체적으로 f_2를 다음과 같이 정의하자.

$$f_2(x) = \begin{cases} (1/2)f_1(3x) & (0 \leq x \leq 1/3) \\ f_1(x) & (1/3 < x < 2/3) \\ (1/2)f_1(3x-2) + 1/2 & (2/3 \leq x \leq 1) \end{cases}$$

이 과정을 계속하여 얻은 함수열 (f_n)이 $[0,1]$에서 고르게 수렴함을 보여라.

(c) $f = \lim f_n$이라 하자. f는 연속함수이고 $f(0) = 0$이고 $f(1) = 1$인 $[0,1]$에서 증가함수이며, 열린 집합 $[0,1] \backslash C$의 모든 x에 대해 $f'(x) = 0$임을 증명하라. 칸토어 집합 C의 '길이'는 0임을 기억하자. f는 0에서 1로 어찌 증가하면서 '길이가 1인' 집합 $[0,1] \backslash C$에서 구간마다 일정한 값을 가진다.

13. 볼차노–바이어슈트라스 정리(정리 2.5.5)에 따르면 유계인 실수열은 항상 수렴하는 부분수열을 가짐을 기억하자. 유계인 함수열에 대한 유사 명제는 일반적으로 참이 아니지만, 더 강한 가정 아래에서 참인 경우가 몇 있다. 한 가지 방법은 함수열이 셀 수 있는 집합에서 정의되었다고 가정하는 것이다(다음 두 연습문제에서 또 다른 방법을 살펴본다).

집합 $A = \{x_1, x_2, x_3, \ldots\}$이 셀 수 있는 집합이라고 하자. 각 $n \in \mathbf{N}$에 대해 f_n이 A에서 정의되었다고 하자. 그리고 어떤 $M > 0$이 있어 모든 $n \in \mathbf{N}$과 $x \in A$에 대해 $|f_n(x)| \leq M$이라고 가정하자. 다음 단계를 밟아 A에서 점별수렴하는 (f_n)의 부분수열이 존재함을 보여라.

(a) 실수열 $f_n(x_1)$이 반드시 수렴하는 부분수열 (f_{n_k})를 포함하는 이유는 무엇인가? 부분수열 (f_{n_k})가 x_1에서의 함숫값을 생각하여 만들어졌음을 나타내기 위해 $f_{n_k} = f_{1,k}$로 나타내자.

(b) 이제 수열 $f_{1,k}(x_2)$가 수렴하는 부분수열을 가지는 이유를 설명하라.

(c) 이 과정을 잘 반복하여 중첩된 부분수열 $(f_{m,k})$를 만들고 이를 이용하여 A의 모든 점에서 수렴하는 (f_n)의 부분수열을 하나 만들 수 있음을 보여라.

14. 집합 $E \subseteq \mathbf{R}$에서 정의된 함수열 (f_n)이 모든 $\epsilon > 0$에 대하여 어떤 $\delta > 0$가 존재하여 모든 $n \in \mathbf{N}$과 $|x-y| < \delta$를 만족하는 $x, y \in E$에 대하여, $|f_n(x) - f_n(y)| < \epsilon$이 될 때 **동등연속 (equicontinuous)**하다고 한다. 다음 물음에 답하라.

(a) 함수열 (f_n)이 동등연속하다고 하는 것과 각 f_n이 개별적으로 고른 연속이라고 하는 것 사이에는 어떤 차이가 있는가?

(b) 함수열 $g_n(x) = x^n$이 $[0,1]$에서 동등연속하지 않은 이유를 설명하라. 각 g_n은 $[0,1]$에서 고른 연속인가?

15. [아르젤라-아스콜리 정리(Arzela-Ascoli theorem)] 각 $n \in \mathbf{N}$에 대해 f_n이 $[0,1]$에서 정의된 함수라고 하자. (f_n)이 $[0,1]$에서 유계이고(다시 말해 어떤 $M > 0$이 있어 모든 $n \in \mathbf{N}$과 $x \in [0,1]$에 대해 $|f_n(x)| \leq M$이고) 함수열 (f_n)이 동등연속할 때(연습문제 14 참고), 다음 단계를 밟아 (f_n)이 고르게 수렴하는 부분수열을 포함함을 보여라.

(a) 연습문제 13을 이용하여 $[0,1]$의 모든 유리수 점에서 수렴하는 부분수열 (f_{n_k})를 만들어라. 표기법을 간단히 하기 위해 $g_k = f_{n_k}$라 두자. (g_k)가 $[0,1]$ 전체에서 고르게 수렴함을 보여야 한다.

(b) $\epsilon > 0$이라 하자. 동등연속성에 의해 어떤 $\delta > 0$가 존재하여 모든 $|x-y| < \delta$와 $k \in \mathbf{N}$에 대해 다음이 성립한다.

$$|g_k(x) - g_k(y)| < \frac{\epsilon}{3}$$

이 δ에 대하여 근방 $V_\delta(r_i)$의 합집합이 $[0,1]$을 포함하는 **유한개** 유리수 점을 $r_1, r_2, \ldots, r_m$이라 하자. 어떤 자연수 N이 존재하여 $s, t \geq N$이면 다음 부등식이 모든 r_i $(i = 1, 2, \ldots, m)$에 대하여 성립한다. 그 이유를 설명하라.

$$|g_s(r_i) - g_t(r_i)| < \frac{\epsilon}{3}$$

집합 $\{r_1, r_2, \ldots, r_m\}$이 유한집합이라는 사실이 중요한 이유가 무엇일까?

(c) 임의의 $x \in [0,1]$와 모든 $s, t \geq N$에 대하여 다음이 성립함을 보여 증명을 마무리하라.

$$|g_s(x) - g_t(x)| < \epsilon$$

6.3 고른 수렴과 미분

예제 6.2.2(c)는 미분과 고른 수렴에 관해 참이길 바라는 성질이 그리 쉽게 성립하지 않음을 보여준다. h_n이 고르게 h로 수렴하고 각 h_n이 미분가능할 때, 이 예제에서 $h'(x)$는 $x = 0$에서 존재도 하지 않기 때문에 $h'_n \to h'$이라 할 수 없다. 또한 f_n이 f로 고르게 수렴하면서 (f_n)과 f가 모두 미분가능하지만 정의역의 모든 점에서 (f'_n)이 발산하는 예도 존재한다(연습문제 4 참고).

극한 함수의 도함수에 대한 사실을 증명하는 데 있어 **도함수열**(sequence of derivatives)이 고르게 수렴한다는 가정이 가장 필요하다. 이 가정은 마치 우리가 증명하고자 하는 바를 가정하는 것처럼 보일 수 있으며, 어느 정도 타당한 지적이다. 명제에 가정이 많을수록 이를 적용하기 더 어려워진다. 다음 정리는 점별수렴하는 미분가능한 함수열에 대하여 도함수열이 **무언가로** 고르게 수렴할 때 도함수열의 극한 함수가 실제로 극한 함수의 도함수가 됨을 설명한다.

정리 6.3.1 미분가능한 함수와 고른 수렴
닫힌 구간 $[a,b]$에서 f_n이 f로 점별수렴하고, 각 f_n이 미분가능하다고 가정하자. $[a,b]$에서 (f'_n)이 함수 g로 고르게 수렴하면 극한 함수 f는 미분가능하며 $f' = g$이다.

증명 실수 $c \in [a,b]$를 고정하고 $\epsilon > 0$이라고 하자. $f'(c)$가 존재하고 이 값이 $g(c)$와 같음을 보이고 싶다. f'은 다음 극한식으로 정의된다.

$$f'(c) = \lim_{x \to c} \frac{f(x) - f(c)}{x - c}$$

따라서 $0 < |x - c| < \delta$일 때 다음 부등식을 만족하는 $\delta > 0$를 찾아야 한다.

$$\left| \frac{f(x) - f(c)}{x - c} - g(c) \right| < \epsilon$$

이 시도가 타당함을 확인하기 위해 삼각형 부등식에 의해 모든 $x \neq c$와 모든 $n \in \mathbf{N}$에 대해 다음 부등식이 성립함을 관찰하자.

$$\begin{aligned} \left| \frac{f(x) - f(c)}{x - c} - g(c) \right| \leq & \left| \frac{f(x) - f(c)}{x - c} - \frac{f_n(x) - f_n(c)}{x - c} \right| \\ & + \left| \frac{f_n(x) - f_n(c)}{x - c} - f'_n(c) \right| + |f'_n(c) - g(c)| \end{aligned}$$

우리는 먼저 우변의 첫 번째 항과 세 번째 항을 $\epsilon/3$보다 작게 만드는 f_n을 찾고자 한다. 이러한 f_n을 찾고 나면 f_n의 미분가능성을 이용하여 $0 < |x - c| < \delta$를 만족하는 모든 x에 대해 가운데 항이 $\epsilon/3$보다 작게 만드는 δ를 찾을 수 있다.

모든 $m \geq N_1$에 대해 다음을 성립하게 하는 N_1을 택하는 것으로부터 시작하자.

$$|f'_m(c) - g(c)| < \frac{\epsilon}{3} \tag{1}$$

이제 (f'_n)의 고른 수렴성으로부터(정리 6.2.5를 통해) N_2가 존재하여 $m, n \geq N_2$이면 다음이 성립함을 알 수 있다.

$$\text{모든 } x \in [a, b]\text{에 대하여} \quad |f'_m(x) - f'_n(x)| < \frac{\epsilon}{3}$$

$N = \max\{N_1, N_2\}$이라 두자. 함수 f_N은 c에서 미분가능하므로 $\delta > 0$가 존재하여 $0 < |x-c| < \delta$이면 다음이 성립한다.

$$\left| \frac{f_N(x) - f_N(c)}{x - c} - f'_N(c) \right| < \frac{\epsilon}{3} \tag{2}$$

이는 우리가 찾는 δ이지만 실제로 그러한지 조금 더 살펴보자.

$0 < |x - c| < \delta$를 만족하는 x를 고정한 뒤 $m \geq N$이라 하고 구간 $[c, x]$에서 $f_m - f_N$에 대해 평균값 정리를 적용하자($x < c$일 때도 똑같이 할 수 있다). 평균값 정리에 의해 $\alpha \in (c, x)$가 있어 다음을 만족한다.

$$f'_m(\alpha) - f'_N(\alpha) = \frac{(f_m(x) - f_N(x)) - (f_m(c) - f_N(c))}{x - c}$$

우리는 부등식 $|f'_m(\alpha) - f'_N(\alpha)| < \dfrac{\epsilon}{3}$을 만족하도록 N을 택했음을 기억하자.

따라서 $\left| \dfrac{f_m(x) - f_m(c)}{x - c} - \dfrac{f_N(x) - f_N(c)}{x - c} \right| < \dfrac{\epsilon}{3}$이 성립한다.

$f_m \to f$이므로 $m \to \infty$으로 가는 극한을 취할 수 있고, 극한과 부등식 정리(정리 2.3.4)로부터 다음을 얻는다.

$$\left| \frac{f(x) - f(c)}{x - c} - \frac{f_N(x) - f_N(c)}{x - c} \right| \leq \frac{\epsilon}{3} \tag{3}$$

마지막으로 세 부등식 (1), (2), (3)을 모으면 $0 < |x - c| < \delta$인 x에 대해 다음이 성립한다.

$$\begin{aligned} \left| \frac{f(x) - f(c)}{x - c} - g(c) \right| &\leq \left| \frac{f(x) - f(c)}{x - c} - \frac{f_N(x) - f_N(c)}{x - c} \right| \\ &\quad + \left| \frac{f_N(x) - f_N(c)}{x - c} - f'_N(c) \right| + |f'_N(c) - g(c)| \\ &< \frac{\epsilon}{3} + \frac{\epsilon}{3} + \frac{\epsilon}{3} = \epsilon \end{aligned}$$

◀

정리 6.3.1은 불필요하게 강한 가정을 한다. 실제로 정의역의 각 점에서 $f_n(x) \to f(x)$임을 가정할 필요는 없는데, 도함수열 (f_n')이 고르게 수렴한다는 가정이 (f_n)이 고르게 수렴한다는 것을 **증명**할 수 있을 만큼 충분히 강력하기 때문이다. 다만 도함수가 같은 두 함수는 상수만큼 차이날 수 있으므로 $f_n(x_0) \to f(x_0)$인 점 x_0가 적어도 하나 존재함은 가정해야 한다.

정리 6.3.2 닫힌 구간 $[a, b]$에서 정의된 미분가능한 함수 (f_n)으로 이루어진 함수열에 대하여 (f_n')이 $[a, b]$에서 고르게 수렴한다고 가정하자. 점 $x_0 \in [a, b]$에서 $f_n(x_0)$가 수렴하면 (f_n)이 $[a, b]$에서 고르게 수렴한다.

증명 연습문제 7을 보라. ◀

앞서 두 결과를 종합하면 정리 6.3.1보다 강한 다음 정리를 얻을 수 있다.

정리 6.3.3 닫힌 구간 $[a, b]$에서 정의된 미분가능한 함수 (f_n)으로 이루어진 함수열에 대하여 (f_n')이 $[a, b]$에서 함수 g로 고르게 수렴한다고 가정하자. 점 $x_0 \in [a, b]$에서 $f_n(x_0)$가 수렴하면 (f_n)이 고르게 수렴한다. 또한 극한 함수 $f = \lim f_n$은 미분가능하며 $f' = g$이다.

6.3 연습문제

1. 함수열 $g_n(x) = \dfrac{x^n}{n}$에 대한 다음 물음에 답하라.

(a) (g_n)이 $[0, 1]$에서 고르게 수렴함을 보이고 $g = \lim g_n$을 찾아라. g가 미분가능함을 보이고 모든 $x \in [0, 1]$에 대해 $g'(x)$를 구하라.

(b) (g_n')이 $[0, 1]$에서 수렴함을 보여라. 이 함수열은 고르게 수렴하는가? $h = \lim g_n'$이라 두고 h와 g'을 비교해 보자. 두 함수는 같은가?

2. 함수열 $h_n(x) = \sqrt{x^2 + \dfrac{1}{n}}$에 대한 다음 물음에 답하라.

(a) (h_n)이 점별수렴하는 h를 구하고, h_n이 h로 $\mathbf{R}$에서 고르게 수렴함을 보여라.

(b) 각 h_n은 미분가능하다. 모든 x에 대해 $g(x) = \lim h_n'(x)$가 존재함을 보여라. 0을 포함한 어떤 근방에서도 h_n'은 절대로 고르게 수렴할 수 **없다.** 그 이유를 설명하라.

3. 함수열 $f_n(x) = \dfrac{x}{1+nx^2}$ 에 대한 다음 물음에 답하라.

(a) $\mathbf{R}$에서 각 $f_n(x)$가 최댓값과 최솟값을 갖는 점을 찾아라. 이를 이용하여 (f_n)이 $\mathbf{R}$에서 고르게 수렴함을 증명하라. 극한 함수는 무엇인가?

(b) $f = \lim f_n$이라 하자. $f_n'(x)$를 구하고 $f'(x) = \lim f_n'(x)$인 x 값을 모두 구하라.

4. 다음 함수열을 생각하자.

$$h_n(x) = \frac{\sin(nx)}{\sqrt{n}}$$

$\mathbf{R}$에서 h_n이 고르게 0으로 수렴하지만 도함수열 (h_n')은 모든 $x \in \mathbf{R}$에서 발산함을 보여라.

5. 함수열 $g_n(x) = \dfrac{nx+x^2}{2n}$ 에 대하여 $g(x) = \lim g_n(x)$라 하자. g가 미분가능함을 2가지 방법으로 보이자.

(a) 대수적인 방법으로 $n \to \infty$로 가는 극한을 취해 $g(x)$를 계산한 뒤 $g'(x)$를 구하라.

(b) 각 $n \in \mathbf{N}$에 대해 $g_n'(x)$를 구하고 도함수열 (g_n')이 모든 구간 $[-M, M]$에서 고르게 수렴함을 보여라. 정리 6.3.3을 이용하여 $g'(x) = \lim g_n'(x)$임을 증명하라.

(c) 함수열 $f_n(x) = (nx^2+1)/(2n+x)$에 대해 (a)와 (b)를 반복하라.

6. 각 명제를 만족하는 예를 찾거나 예를 찾을 수 없는 이유를 설명하라. 여기서 정의역은 모두 $\mathbf{R}$ 전체다.

(a) 모든 곳에서 미분불가능한 함수 (f_n)으로 이루진 함수열에 대해 f_n은 f로 고르게 수렴하고 f는 모든 곳에서 미분가능하다.

(b) 미분가능한 함수 (f_n)으로 이루어진 함수열에 대해 (f_n')은 고르게 수렴하지만 (f_n)은 어느 $x \in \mathbf{R}$에서도 수렴하지 않는다.

(c) 미분가능한 함수 (f_n)으로 이루어진 함수열에 대해 (f_n)과 (f_n')은 모두 고르게 수렴하지만 $f = \lim f_n$은 미분 불가능한 점이 있다.

7. 평균값 정리를 이용하여 정리 6.3.2를 증명하라. 첫 단계는 삼각형 부등식에 의해 모든 $x \in [a,b]$와 $m, n \in \mathbf{N}$에 대해 다음 부등식이 성립함을 관찰하는 것이다.

$$|f_n(x) - f_m(x)| \le |(f_n(x) - f_m(x)) - (f_n(x_0) - f_m(x_0))| + |f_n(x_0) - f_m(x_0)|$$

6.4 함수급수

정의 6.4.1 각 $n \in \mathbf{N}$에 대해 f_n과 f가 집합 $A \subseteq \mathbf{R}$에서 정의된 함수라 하고 부분합의 수열 $s_k(x)$를 다음과 같이 정의하자.

$$s_k(x) = f_1(x) + f_2(x) + \cdots + f_k(x)$$

(1) $s_k(x)$가 $f(x)$로 점별수렴하면 다음 무한급수가 A에서 $f(x)$로 **점별수렴한다**고 한다.

$$\sum_{n=1}^{\infty} f_n(x) = f_1(x) + f_2(x) + f_3(x) + \cdots$$

(2) 수열 $s_k(x)$가 A에서 $f(x)$로 고르게 수렴하면 함수급수가 A에서 $f(x)$로 **고르게 수렴한다**고 한다.

점별수렴하는 경우나 고르게 수렴하는 경우 모두 $f = \sum_{n=1}^{\infty} f_n$ 또는 $f(x) = \sum_{n=1}^{\infty} f_n(x)$라 쓴다. 혼란이 없으려면 어떤 유형의 수렴인지 분명히 밝혀야 한다.

f_n이 연속함수일 때 연속성과 사칙연산 정리(정리 4.3.4)에 의해 함수급수 $\sum_{n=1}^{\infty} f_n$의 부분합 또한 (유한합이기 때문에) 연속함수임을 알 수 있다. 미분가능한 함수여도 같은 관찰을 할 수 있다.

결과적으로 함수열에 대한 6.3절의 결과를 사용하여 함수급수에 대한 명제를 이끌어낼 수 있다.

정리 6.4.2 연속과 함수급수
f_n이 집합 $A \subseteq \mathbf{R}$에서 정의된 연속함수이고 $\sum_{n=1}^{\infty} f_n$이 A에서 함수 f로 고르게 수렴한다고 가정하자. 이때 f는 A에서 연속이다.

증명 연속함수와 고른 수렴 정리(정리 6.2.6)를 부분합 $s_k = f_1 + f_2 + \cdots + f_k$에 적용한다. ◀

정리 6.4.3 미분가능성과 함수급수

f_n이 집합 A에서 정의된 미분가능한 함수라고 하고, $\sum_{n=1}^{\infty} f'_n(x)$가 A에서 함수 $g(x)$로 고르게 수렴한다고 가정하자. 어떤 점 $x_0 \in [a, b]$에서 $\sum_{n=1}^{\infty} f_n(x_0)$가 수렴하면 함수급수 $\sum_{n=1}^{\infty} f_n(x)$는 미분가능한 함수 $f(x)$로 고르게 수렴하며 A에서 $f'(x) = g(x)$이다. 다시 말해 다음이 성립한다.

$$f(x) = \sum_{n=1}^{\infty} f_n(x), \quad f'(x) = \sum_{n=1}^{\infty} f'_n(x)$$

증명 미분가능한 함수와 고른 수렴을 강하게 표현한 정리(정리 6.3.3)를 부분합 $s_k = f_1 + f_2 + \cdots + f_k$에 적용한다. 정리 5.2.4에 의해 $s'_k = f'_1 + f'_2 + \cdots + f'_k$ 임을 관찰한다. ◀

함수급수의 관점에서 코시 판정법을 서술하면 다음과 같다.

정리 6.4.4 함수급수에 대한 코시 판정법

함수급수 $\sum_{n=1}^{\infty} f_n$이 $A \subseteq \mathbf{R}$에서 고르게 수렴할 필요충분조건은 모든 $\epsilon > 0$에 대해 $N \in \mathbf{N}$이 있어 $n > m \geq N$이고 $x \in A$이면 다음 부등식을 만족하는 것이다.

$$|f_{m+1}(x) + f_{m+2}(x) + f_{m+3}(x) + \cdots + f_n(x)| < \epsilon$$

점별수렴보다 고른 수렴이 좋은 조건이니 함수급수가 고르게 수렴하는지 쉽게 판별할 수 있다면 좋을 것이다. 코시 판정법에 대한 다음 따름정리는 가장 일반적인 고른 수렴 판정법이다. 특히 이 따름정리는 멱급수를 다룰 때 꽤 유용함을 곧 알게 된다.

따름정리 6.4.5 [바이어슈트라스 M-판정법(Weierstrass M-test)] 각 $n \in \mathbf{N}$에 대해 f_n이 집합 $A \subseteq \mathbf{R}$에서 정의된 함수라 하고 모든 $x \in A$에 대해 실수 $M_n > 0$이 다음을 만족한다고 하자.

$$|f_n(x)| \leq M_n$$

무한급수 $\sum_{n=1}^{\infty} M_n$이 수렴하면 함수급수 $\sum_{n=1}^{\infty} f_n$은 A에서 고르게 수렴한다.

증명 연습문제 1을 보라. ◀

6.4 연습문제

1. 바이어슈트라스 M-판정법(따름정리 6.4.5)을 증명하라.

2. 다음 각 명제의 참-거짓을 판정하고, 간단히 증명하거나 또는 적절한 반례를 제시하라.

(a) $\sum_{n=1}^{\infty} g_n$ 이 고르게 수렴하면 (g_n) 은 0으로 고르게 수렴한다.

(b) $0 \leq f_n(x) \leq g_n(x)$ 이고 $\sum_{n=1}^{\infty} g_n$ 이 고르게 수렴하면 $\sum_{n=1}^{\infty} f_n$ 이 고르게 수렴한다.

(c) $\sum_{n=1}^{\infty} f_n$ 이 A 에서 고르게 수렴하면 모든 $x \in A$ 에 대해 $|f_n(x)| \leq M_n$ 이고 $\sum_{n=1}^{\infty} M_n$ 이 수렴하게 하는 상수 M_n 이 존재한다.

3. 다음 물음에 답하라.

(a) 다음 함수가 $\mathbf{R}$ 전체에서 연속임을 보여라.

$$g(x) = \sum_{n=0}^{\infty} \frac{\cos(2^n x)}{2^n}$$

(b) 5.4절에서 함수 g 는 모든 곳에서 미분불가능한 함수의 예로 소개되었다. 정리 6.4.3을 이용하여 g 의 미분가능성을 확인할 때 어떤 문제가 발생하는가?

4. 함수 $g(x)$ 를 $g(x) = \sum_{n=0}^{\infty} \frac{x^{2n}}{(1+x^{2n})}$ 이라 정의할 때, 함수급수가 수렴하는 x 값을 모두 찾고 이러한 x 를 모은 집합 위에서 g 가 연속임을 보여라.

5. 다음 물음에 답하라.

(a) 다음과 같이 정의한 함수 h 가 $[-1, 1]$ 에서 연속임을 증명하라.

$$h(x) = \sum_{n=1}^{\infty} \frac{x^n}{n^2} = x + \frac{x^2}{4} + \frac{x^3}{9} + \frac{x^4}{16} + \cdots$$

(b) 다음과 정의한 함수급수 f 는 반열린 구간 $[-1, 1)$ 의 모든 x 에서 수렴하지만 $x = 1$ 에서 수렴하지 않는다.

$$f(x) = \sum_{n=1}^{\infty} \frac{x^n}{n} = x + \frac{x^2}{2} + \frac{x^3}{3} + \frac{x^4}{4} + \cdots$$

그럼에도 $x_0 \in (-1, 1)$ 를 고정할 때 바이어슈트라스 M-판정법을 사용하여 f 가 x_0 에서 연속임을 증명할 수 있는 이유를 설명하라.

6. 함수를 다음과 같이 정의하자.

$$f(x) = \frac{1}{x} - \frac{1}{x+1} + \frac{1}{x+2} - \frac{1}{x+3} + \frac{1}{x+4} - \cdots$$

f는 모든 $x > 0$에서 정의됨을 보여라. f는 $(0, \infty)$에서 연속인가? 미분가능한가?

7. 함수 $f(x) = \sum_{k=1}^{\infty} \frac{\sin(kx)}{k^3}$에 대한 다음 물음에 답하라.

(a) $f(x)$가 미분가능하며 도함수 $f'(x)$는 연속임을 보여라.

(b) f가 두 번 미분가능한지 여부를 결정할 수 있는가?

8. 함수 $f(x) = \sum_{k=1}^{\infty} \frac{\sin(x/k)}{k}$의 정의역을 구하라. f는 어디에서 연속인가? 어디에서 미분가능한가? 어디에서 두 번 미분가능한가?

9. 함수 $h(x) = \sum_{n=1}^{\infty} \frac{1}{x^2 + n^2}$에 대한 다음 물음에 답하라.

(a) h가 $\mathbf{R}$ 전체에서 정의되는 연속함수임을 보여라.

(b) h는 미분가능한가? 만약 그렇다면 도함수 h'은 연속인가?

10. 유리수를 나열한 집합 $\{r_1, r_2, r_3, \dots\}$를 생각하자. 각 $r_n \in \mathbf{Q}$에 대해 함수를 다음과 같이 정의하자.

$$u_n(x) = \begin{cases} 1/2^n & (x > r_n) \\ 0 & (x \le r_n) \end{cases}$$

이제 $h(x) = \sum_{n=1}^{\infty} u_n(x)$라고 하자. h는 $\mathbf{R}$ 전체에서 정의되는 단조함수이며, 모든 무리수 점에서 연속임을 증명하라.

6.5 멱급수

이제 멱급수로 표현된 함수, 다시 말해 다음과 같은 꼴인 함수를 엄밀하게 공부하자.

$$f(x) = \sum_{n=0}^{\infty} a_n x^n = a_0 + a_1 x + a_2 x^2 + a_3 x^3 + \cdots$$

먼저 우변의 급수가 수렴하는 점 $x \in \mathbf{R}$의 집합을 결정해야 한다. 이 집합은 분명히 $x = 0$을 포함한다. 또한 다음 정리가 말해주듯이 이는 매우 예측 가능한 형태의 집합이다.

> **정리 6.5.1** 멱급수 $\sum_{n=0}^{\infty} a_n x^n$이 어떤 점 $x_0 \in \mathbf{R}$에서 수렴하면 $|x| < |x_0|$를 만족하는 모든 x에서 절대수렴한다.

증명 $\sum_{n=0}^{\infty} a_n x_0^n$이 수렴하면 일반항의 수열 $(a_n x_0^n)$은 유계다(사실 0으로 수렴한다). 모든 $n \in \mathbf{N}$에 대해 $|a_n x_0^n| \le M$이 되도록 $M > 0$을 잡자. $x \in \mathbf{R}$에 대해 $|x| < |x_0|$이면 다음이 성립한다.

$$|a_n x^n| = |a_n x_0^n| \left| \frac{x}{x_0} \right|^n \le M \left| \frac{x}{x_0} \right|^n$$

이때 다음 급수는 공비가 $|x/x_0| < 1$인 등비급수이므로 수렴한다.

$$\sum_{n=0}^{\infty} M \left| \frac{x}{x_0} \right|^n$$

따라서 비교판정법에 의해 급수 $\sum_{n=0}^{\infty} a_n x^n$은 절대수렴한다. ◀

정리 6.5.1에 따르면 주어진 멱급수가 수렴하는 점의 집합은 반드시 $\{0\}$ 또는 $\mathbf{R}$이거나 $x = 0$을 중심으로 하는 유계 구간이어야 한다. 다만 정리 6.5.1의 부등식 조건에 등호가 빠져 있기 때문에 구간의 끝점에서는 수렴 여부가 다소 모호하다. 즉 수렴 구간은 $(-R, R)$, $[-R, R)$, $(-R, R]$, 또는 $[-R, R]$과 같은 꼴일 수 있다.

R 값을 멱급수의 **수렴반지름(radius of convergence)**이라고 하며 수렴 구간이 $\{0\}$ 또는 $\mathbf{R}$인 경우 그에 해당하는 R을 관습적으로 0 또는 ∞라 쓴다. 멱급수의 수렴반지름을 계산하는 일반적인 방법은 연습문제에서 다루겠다. 지금은 멱급수로 표현된 함수의 성질을 생각해 보자. 이러한 함수는 연속일까? 미분가능할까? 만약 그렇다면 급수를 항별로 미분할 수 있을까? 구간의 끝점에서는 어떤 일이 생길까?

멱급수의 고른 수렴성

멱급수가 수렴하는 영역에 포함되는 콤팩트 집합에서 멱급수는 고르게 수렴한다. 이 사실을 이용하면 앞선 질문에 '그렇다.'고 답할 수 있으며 멱급수의 여러 유용한 성질을 유도할 수 있다. 이제 곧 알게 되겠지만, 이 사실을 완벽히 증명하려면 노르웨이 수학자 닐스 헨리크 아벨(Niels Henrik Abel)이 발견한 다소 섬세한 논법을 사용해야 한다. 다행스럽게도 바이어슈트라스 M-판정법(보조정리 6.4.5)을 이용해도 그에 준하는 많은 결과를 유도할 수 있다.

정리 6.5.2 멱급수 $\sum_{n=0}^{\infty} a_n x^n$이 어떤 점 x_0에서 절대수렴하면 이 멱급수는 닫힌 구간 $[-c, c]$에서 고르게 수렴한다. (단, $c = |x_0|$이다.)

증명 바이어슈트라스 M-판정법을 바로 적용하여 증명한다. 연습문제 3을 보라. ◀

정리 6.5.2만으로도 충분히 많은 사실을 유도할 수 있다. 예를 들어 모든 $x \in (-R, R)$는 어떤 닫힌 구간 $[-c, c] \subseteq (-R, R)$의 내부에 포함되므로 열린 구간에서 수렴하는 멱급수는 반드시 이 구간에서 연속임을 알 수 있다.

멱급수가 수렴 구간의 끝점에서 수렴함을 안다면 어떤 일이 생기는가? 구간 $(-R, R)$에서 가지는 멱급수의 좋은 성질이 끝점 $x = R$까지 반드시 확장되는가? $x = R$에서 멱급수가 절대수렴한다면 다시 정리 6.5.2에 의해 이 멱급수가 집합 $[-R, R]$에서 고르게 수렴한다고 할 수 있다. 멱급수가 점 $x = R$에서 **조건수렴**(converge conditionally)할 때는 어떨까? 여전히 정리 6.5.1을 이용하여 구간 $(-R, R]$에서 점별수렴함을 알 수는 있지만 $x = R$을 포함하는 콤팩트 집합에서 고르게 수렴함을 보이려면 더 많은 작업을 해야 한다.

아벨 정리

멱급수 $g(x) = \sum_{n=0}^{\infty} a_n x^n$이 $x = R$에서 조건수렴하면 $x = -R$에서 발산할 수 있다. $R = 1$인 다음 멱급수가 그 예다.

$$\sum_{n=1}^{\infty} \frac{(-1)^n x^n}{n}$$

수렴하는 끝점 $x = R$에 관심을 집중하고, 구간 $[0, R]$에서 고른 수렴성을 증명할 것이다.

증명의 첫 단계는 2장에서 다룬 급수의 수렴성에 대한 아벨 판정법(2.7절 연습문제 13)과 비교하며 다음 관찰을 하는 것이다.

보조정리 6.5.3 [아벨의 보조정리] $b_1 \geq b_2 \geq b_3 \geq \cdots \geq 0$을 만족하는 수열 b_n과 부분합이 유계인 급수 $\sum_{n=1}^{\infty} a_n$을 생각하자. 다시 말해 어떤 $A > 0$가 있어 모든 $n \in \mathbf{N}$에 대해 다음이 성립한다고 하자.

$$|a_1 + a_2 + \cdots + a_n| \leq A$$

이때 모든 $n \in \mathbf{N}$에 대해 다음이 성립한다.

$$|a_1 b_1 + a_2 b_2 + a_3 b_3 + \cdots + a_n b_n| \leq A b_1$$

증명 $s_n = a_1 + a_2 + \cdots + a_n$이라 하자. 2.7절 연습문제 12에서 다룬 부분합 공식을 이용하면 다음과 같이 쓸 수 있다.

$$\begin{aligned} \left|\sum_{k=1}^{n} a_k b_k\right| &= \left|s_n b_{n+1} + \sum_{k=1}^{n} s_k (b_k - b_{k+1})\right| \\ &\leq A b_{n+1} + \sum_{k=1}^{n} A(b_k - b_{k+1}) \\ &= A b_{n+1} + (A b_1 - A b_{n+1}) = A b_1 \end{aligned}$$

◀

A가 부분합 $\sum |a_n|$의 상계라면(절댓값 기호에 주의!) 보조정리 6.5.3의 증명은 삼각형 부등식을 사용한 간단한 연습문제에 불과하다. 하지만 이 경우 조건수렴만 가정하고 있으므로 삼각형 부등식을 사용할 수 없다. 이제 삼각형 부등식 대신 사용할 수 있는 부등식을 얻었다는 것이 중요하다.

정리 6.5.4 아벨 정리(Abel's theorem)
$x = R > 0$에서 수렴하는 멱급수 $g(x) = \sum_{n=0}^{\infty} a_n x^n$은 구간 $[0, R]$에서 고르게 수렴한다. 멱급수가 $x = -R$에서 수렴할 때도 비슷한 결과가 성립한다.

증명 보조정리 6.5.3을 적용하기 위해 먼저 다음과 같이 쓰자.

$$g(x) = \sum_{n=0}^{\infty} a_n x^n = \sum_{n=0}^{\infty} (a_n R^n) \left(\frac{x}{R}\right)^n$$

$\epsilon > 0$이라 하자. $n > m \geq N$일 때 (1)을 만족하는 N을 찾을 수 있으면 함수급수에 대한 코시 판정법(정리 6.4.4)에 의해 증명이 끝난다.

$$\begin{aligned} \Bigg|(a_{m+1} R^{m+1}) \left(\frac{x}{R}\right)^{m+1} + (a_{m+2} R^{m+2}) \left(\frac{x}{R}\right)^{m+2} + \cdots \\ + (a_n R^n) \left(\frac{x}{R}\right)^n\Bigg| < \epsilon \end{aligned} \qquad (1)$$

$\sum_{n=0}^{\infty} a_n R^n$이 수렴한다고 가정했기 때문에 실수열에 대한 코시 판정법에 의해 어떤 N이 있어 $n > m \geq N$이면 다음이 성립한다.

$$|a_{m+1}R^{m+1} + a_{m+2}R^{m+2} + \cdots + a_n R^n| < \frac{\epsilon}{2}$$

이때 임의의 고정된 $m \in \mathbf{N}$에 대해 처음 m개 항을 생략한 수열에 아벨의 보조정리(보조정리 6.5.3)를 적용할 수 있다. $\sum_{j=1}^{\infty} a_{m+j} R^{m+j}$의 부분합은 $\epsilon/2$에 의해 유계이고, $(x/R)^{m+j}$이 단조 감소한다는 관찰을 통해 식 (1)에 아벨의 보조정리를 적용하면 다음을 얻는다.

$$\left|(a_{m+1}R^{m+1})\left(\frac{x}{R}\right)^{m+1} + (a_{m+2}R^{m+2})\left(\frac{x}{R}\right)^{m+2} + \cdots + (a_n R^n)\left(\frac{x}{R}\right)^{n}\right| \leq \frac{\epsilon}{2}\left(\frac{x}{R}\right)^{m+1} < \epsilon$$ ◀

멱급수에서 가능한 연산

정리 6.5.2와 아벨 정리(정리 6.5.4)를 간결하게 요약하면 다음과 같다.

정리 6.5.5 멱급수가 집합 $A \subseteq \mathbf{R}$에서 점별수렴하면 임의의 콤팩트 집합 $K \subseteq A$에서 고르게 수렴한다.

증명 콤팩트 집합은 최댓값 x_1과 최솟값 x_0를 모두 포함하며, 이는 가정에 의해 모두 A에 반드시 포함된다. 아벨 정리에 따르면 주어진 멱급수는 구간 $[x_0, x_1]$에서 고르게 수렴하므로 K에서도 고르게 수렴한다. ◀

이로부터 멱급수가 수렴하는 모든 지점에서 연속임을 알 수 있다. 미분가능함을 증명하기 위해서 정리 6.4.3을 이용하고 싶다. 하지만 이 정리는 약간 더 많은 가정이 필요했다. 멱급수 $\sum_{n=0}^{\infty} a_n x^n$이 미분가능하고, 그 도함수는 급수의 항을 개별적으로 미분하여 구할 수 있음을 증명하려면 먼저 미분한 급수 $\sum_{n=1}^{\infty} n a_n x^{n-1}$이 고르게 수렴함을 확인해야 한다.

정리 6.5.6 모든 $x \in (-R, R)$에 대해 $\displaystyle\sum_{n=0}^{\infty} a_n x^n$이 수렴하면 미분한 급수 $\displaystyle\sum_{n=1}^{\infty} n a_n x^{n-1}$ 또한 각 $x \in (-R, R)$에서 수렴한다. 결과적으로 $(-R, R)$에 포함되는 콤팩트 집합에서 고르게 수렴한다.

증명 연습문제 5를 보라. ◀

함수급수가 끝점 $x = R$에서 수렴하지만 미분하여 얻은 급수는 이 점에서 발산하는 경우가 있음을 짚고 넘어가자. $x = -1$에서의 함수급수 $\sum_{n=1}^{\infty} x^n/n$이 바로 이러하다. 반면에 미분한 급수가 끝점 $x = R$에서 수렴하면 아벨 정리를 적용하여 R을 포함하는 콤팩트 집합에서 고르게 수렴함을 알 수 있다.

지금까지 수집한 조각을 하나로 모으면 다음과 같이 인상적인 결과를 얻을 수 있다.

정리 6.5.7 다음 멱급수 f가 구간 $A \subseteq \mathbf{R}$에서 수렴한다고 가정하자.

$$f(x) = \sum_{n=0}^{\infty} a_n x^n$$

함수 f는 A에서 연속이고 임의의 열린 구간 $(-R, R) \subseteq A$에서 미분가능하다. 도함수는 다음과 같다.

$$f'(x) = \sum_{n=1}^{\infty} n a_n x^{n-1}$$

또한 f는 $(-R, R)$에서 무한번 미분가능하며 각각의 도함수는 해당하는 급수를 항별로 미분하여 얻을 수 있다.

증명 f가 연속인 이유는 앞서 자세히 다뤘다. 정리 6.5.6에 의해 미분가능성과 함수급수 정리(정리 6.4.3)를 적용할 수 있고 이로부터 f'에 대한 식을 얻는다.

미분한 급수는 그 자체로 멱급수다. 정리 6.5.6은 이 급수가 더 이상 특정한 끝점에서 수렴하지 않을 수 있지만 수렴반지름은 변하지 않음을 설명한다. 수학적 귀납법에 의해 멱급수는 무한번 미분가능하다. ◀

6.5 연습문제

1. 다음 멱급수로 정의된 함수 g를 생각하자.

$$g(x) = x - \frac{x^2}{2} + \frac{x^3}{3} - \frac{x^4}{4} + \frac{x^5}{5} - \cdots$$

다음 물음에 답하라.

(a) g는 구간 $(-1,1)$에서 정의되는가? 이 구간에서 연속인가? g는 구간 $(-1,1]$에서 정의되는가? 이 구간에서 연속인가? 구간 $[-1,1]$에서는 어떤가? $g(x)$를 정의하는 멱급수는 $|x|>1$인 점에서 수렴할 수 있는가? 이를 설명하라.

(b) $g'(x)$가 정의되는 x 값은? g'에 대한 식을 구하라.

2. 멱급수 $\sum a_n x^n$이 다음의 성질을 가질 수 있도록 하는 적절한 계수 (a_n)을 찾거나 이러한 계수가 존재하지 않는 이유를 설명하라.

(a) 모든 $x \in \mathbf{R}$에 대해 수렴

(b) 모든 $x \in \mathbf{R}$에 대해 발산

(c) 모든 $x \in [-1,1]$에 대해 절대수렴하고 그 밖의 점에서는 발산

(d) $x=-1$에서 조건수렴하고 $x=1$에서 절대수렴

(e) $x=-1$과 $x=1$ 모두에서 조건수렴

3. 바이어슈트라스 M-판정법을 이용하여 정리 6.5.2를 증명하라.

4. **[항별로 적분하기]** $f(x) = \sum_{n=0}^{\infty} a_n x^n$이 $(-R,R)$에서 수렴한다고 가정하자. 다음 물음에 답하라.

(a) 다음 함수 $F(x)$가 $(-R,R)$에서 정의되고 $F'(x)=f(x)$를 만족함을 보여라.

$$F(x) = \sum_{n=0}^{\infty} \frac{a_n}{n+1} x^{n+1}$$

(b) 역도함수는 유일하지 않다. g가 $(-R,R)$에서 $g'(x)=f(x)$를 만족하는 임의의 함수일 때, g를 멱급수로 나타내라.

5. 다음 물음에 답하라.

(a) s가 $0 < s < 1$을 만족하면 ns^{n-1}은 모든 $n \geq 1$에 대해 유계임을 보여라.

(b) 주어진 임의의 $x \in (-R, R)$에 대해 $|x| < t < R$를 만족하도록 t를 고르자. 이로부터 정리 6.5.6에 대한 증명을 완성하라.

6. 등비급수에 대한 앞선 작업(예제 2.7.5 참고)에 의해 다음 등식이 성립한다.

$$\text{모든 } |x| < 1\text{에 대하여} \quad \frac{1}{1-x} = 1 + x + x^2 + x^3 + x^4 + \cdots$$

이 절에서 증명한 멱급수에 대한 결과를 이용하여 $\sum_{n=1}^{\infty} n/2^n$과 $\sum_{n=1}^{\infty} n^2/2^n$ 값을 각각 구하라. 필요하면 6.1절에서 다룬 내용을 참고하라.

7. $\sum a_n x^n$이 $a_n \neq 0$인 멱급수라 하고, 다음 극한값이 존재한다고 가정하자.

$$L = \lim_{n\to\infty} \left| \frac{a_{n+1}}{a_n} \right|$$

다음 물음에 답하라.

(a) $L \neq 0$이면 멱급수는 모든 $x \in (-1/L, 1/L)$에서 수렴함을 보여라.

힌트 2.7절 연습문제 9가 도움이 될 것이다.

(b) $L = 0$이면 멱급수는 모든 $x \in \mathbf{R}$에서 수렴함을 보여라.

(c) L을 다음 극한값으로 바꾸어도 (a)와 (b)는 여전히 유효함을 보여라.

$$L' = \lim_{n\to\infty} s_n \quad \left(s_n = \sup \left\{ \left| \frac{a_{k+1}}{a_k} \right| : k \geq n \right\} \right)$$

힌트 **상극한**(limit superior)에 대한 일반적인 특징은 2.4절 연습문제 7을 참고하라.

8. 다음 물음에 답하라.

(a) 멱급수 표현이 유일함을 다음과 같이 보여라. 즉 구간 $(-R, R)$의 모든 x에서 다음이 성립한다고 하자.

$$\sum_{n=0}^{\infty} a_n x^n = \sum_{n=0}^{\infty} b_n x^n$$

모든 $n = 0, 1, 2, \ldots$에 대해 $a_n = b_n$임을 증명하라.

(b) $f(x) = \sum_{n=0}^{\infty} a_n x^n$이 $(-R, R)$에서 수렴한다고 하고 모든 $x \in (-R, R)$에서 $f'(x) = f(x)$이고 $f(0) = 1$이라 가정하자. 추론하여 a_n 값을 구하라.

9. 2.8절에서 급수의 곱, 특히 코시 곱의 정의와 관련 결과를 다시 확인하자. 2.9절 말미에서 $\sum a_n$과 $\sum b_n$이 각각 A와 B로 조건수렴하면 다음 코시 곱은 발산할 수 있음을 언급했다.

$$\sum d_n \quad (d_n = a_0 b_n + a_1 b_{n-1} + \cdots + a_n b_0)$$

하지만 만약 $\sum d_n$이 수렴한다면 반드시 AB로 수렴해야 한다. 함수를 다음과 같이 두고, 아벨 정리(정리 6.5.4)와 2.8절 문제 7의 결과를 이용하여 위의 결과를 증명하라.

$$f(x) = \sum a_n x^n, \quad g(x) = \sum b_n x^n, \quad h(x) = \sum d_n x^n$$

10. $g(x) = \sum_{n=0}^{\infty} b_n x^n$이 구간 $(-R, R)$에서 수렴하고 $(x_n) \to 0$이면서 $x_n \neq 0$이라고 가정하자. 모든 $n \in \mathbf{N}$에 대해 $g(x_n) = 0$이면 $g(x)$는 $(-R, R)$ 전체에서 항등적으로 영이어야 함을 보여라.

11. 멱급수 $f(x) = \sum_{n=0}^{\infty} a_n x^n$이 모든 $x \in [0, 1)$에서 수렴하고 $L = \lim_{x \to 1^-} f(x)$일 때, 급수 $\sum_{n=0}^{\infty} a_n$이 L로 **아벨-합 가능(Abel-summable)**하다고 한다. 다음 물음에 답하라.

(a) L로 수렴하는 급수는 항상 L로 아벨-합 가능함을 보여라.

(b) $\sum_{n=0}^{\infty} (-1)^n$이 아벨-합 가능함을 보이고 아벨-합을 구하라.

6.6 테일러 급수

이제 우리는 다음과 같은 표현되는 함수에 대해 몇 가지 중요한 성질을 알게 되었다.

$$f(x) = a_0 + a_1x + a_2x^2 + a_3x^3 + a_4x^4 + \cdots$$

항이 무한히 많음에도 불구하고 멱급수는 마치 다항함수처럼 다룰 수 있다. 수렴하는 구간에서 멱급수는 연속이며 무한번 미분가능하고 각각의 도함수 또는 역도함수는 다항함수에서 그렇듯이 각각의 항을 미분 또는 적분하여 얻을 수 있다.

6.1절에서 $\arctan(x)$ 나 $\sqrt{1+x}$와 같이 익숙한 함수를 멱급수로 나타낼 수 있다는 놀라운 아이디어를 증명 없이 소개했다. 이는 판을 완전히 바꾸는 놀라운 사실이다. 만약 함수를 멱급수로 나타낼 수 있고, 멱급수를 다항함수처럼 다룰 수 있다면 수행할 수 있는 계산의 종류가 순식간에 비약적으로 늘어날 수 있다. 이와 같은 정황을 고려하면, 미분적분학에서 다루는 좋은 성질(예를 들어 무한번 미분가능한)을 가지는 함수는 **모두** 멱급수로 표현할 수 있는지 궁금해진다.

이 절의 예제와 연습문제에서는 삼각함수, 역삼각함수, 지수함수 및 로그함수의 익숙한 성질을 가정한다. 이러한 함수를 엄밀하게 정의하는 것은 해석학에서 다뤄야 할 중요한 연습문제다. 사실 이러한 함수를 정의하는 가장 일반적인 방법은 8.4에서처럼 멱급수를 이용하는 방법이다. 지금은 다른 방향에서 이 문제를 생각하려 한다. $\sin(x)$와 같이 무한번 미분가능한 함수가 있다고 가정하면, 0이 아닌 x에 대해 다음 등식을 만족하는 적절한 계수 a_n을 찾을 수 있겠는가?

$$\sin(x) = a_0 + a_1x + a_2x^2 + a_3x^3 + a_4x^4 + \cdots$$

급수 다루기

6.1절에서 우리는 예제 2.7.5에서 증명한 다음 등식에서 출발하여 여러가지 새로운 멱급수 표현을 만들었다.

$$\text{모든 } |x| < 1\text{에 대해} \quad \frac{1}{1-x} = 1 + x + x^2 + x^3 + x^4 + \cdots \tag{1}$$

그때는 엄밀한 증명을 하는 데 관심이 없었지만, 이제는 6.1절에서 했던 여러 조작이 완벽하게 정당하다고 주장할 만반의 준비를 마쳤다.

예제 6.6.1 등식 (1)에 정리 6.5.7을 적용하면 다음을 얻는다.

$$\text{모든 } |x| < 1\text{에 대해 } \frac{1}{(1-x)^2} = 1 + 2x + 3x^2 + 4x^3 + 5x^4 + \cdots$$

$\arctan(x)$에 대한 급수는 어떤가? 등식 (1)에서 x를 $-x^2$으로 바꾸어도 아무 문제가 없다.

$$\text{모든 } |x| < 1\text{에 대해 } \frac{1}{1+x^2} = 1 - x^2 + x^4 - x^6 + x^8 - \cdots$$

6.5절 연습문제 4에 따라 이 급수를 항별로 부정적분하면 $1/(1+x^2)$의 역도함수를 얻는다. $\arctan(0) = 0$임을 주목하면 모든 $x \in (-1, 1)$에 대해 다음이 성립함을 알 수 있다.

$$\arctan(x) = x - \frac{1}{3}x^3 + \frac{1}{5}x^5 - \frac{1}{7}x^7 + \cdots \tag{2}$$

사실 이 등식은 $x = \pm 1$일 때도 여전히 유효하다(연습문제 1 참고). 비슷한 방법으로 $\log(1+x)$나 $x/(1+x^2)^2$와 같은 함수에 대해서도 멱급수 표현을 찾을 수 있다.

테일러 급수와 계수

급수를 조작하여 새로운 급수를 만드는 기술은 17세기와 18세기에도 잘 알려져 있었지만 18세기에 맨땅에 헤딩해서 멱급수의 계수를 구하는 공식이 등장했다. 이 기법은 주어진 함수와 그 도함수만을 이용해서 멱급수의 계수를 구하며, 1715년에 이 결과를 선보인 수학자 브룩 테일러(Brook Tayler, 1685–1731)의 이름을 따서 명명되었다. 그렇다고 해서 테일러가 처음으로 고안한 건 아니다.

0을 중심으로 하는 어떤 구간에서 정의된 무한번 미분가능한 함수 f가 주어질 때, f가 멱급수 전개를 가진다고 가정하고 계수를 추론해 보자.

정리 6.6.2 테일러 공식(Taylor's formula)

다음 함수 f가 0을 중심으로 하고 0 이외의 다른 점을 포함하는 어떤 구간에서 정의되었다고 하자.

$$f(x) = a_0 + a_1x + a_2x^2 + a_3x^3 + a_4x^4 + a_5x^5 + \cdots \tag{3}$$

이때 다음이 성립한다.

$$a_n = \frac{f^{(n)}(0)}{n!}$$

증명 연습문제 3을 보라. ◀

테일러 공식을 이용하여 $\sin(x)$에 대한 소위 그 **테일러 급수(Taylor series)**를 만들어 보자. 상수항은 $a_0 = \sin(0) = 0$이다. 그럼 $a_1 = \cos(0) = 1$, $a_2 = -\sin(0)/2! = 0$이고 $a_3 = -\cos(0)/3! = -1/3!$이다. 이를 계속하면 다음과 같은 급수를 얻는다.

$$x - \frac{x^3}{3!} + \frac{x^5}{5!} - \frac{x^7}{7!} + \cdots$$

이 급수가 $\sin(x)$와 **같다고** 말할 수 있을까? 자, 지금까지 증명한 것을 매우 명확히 알아야 한다. 테일러 공식을 이끌어내기 위해 **우리는 f가 실제로 멱급수 표현을 가진다고 가정했다.** 따라서 결론은 f를 $f(x) = \sum_{n=0}^{\infty} a_n x^n$과 같은 꼴로 나타낼 수 있다면 다음이 반드시 성립한다.

$$a_n = \frac{f^{(n)}(0)}{n!}$$

하지만 역은 어떤가? f가 원점 근방에서 무한번 미분가능하다고 가정하자. 만약 $a_n = \dfrac{f^{(n)}(0)}{n!}$이라 하면, 대응하는 멱급수 $\sum_{n=0}^{\infty} a_n x^n$은 $f(x)$로 적절한 x에서 $f(x)$로 수렴할 것인가? 이 급수가 아예 수렴을 하기는 할 것인가?

만약 수렴한다면 우리는 극한 함수가 무한번 미분가능한 함수이며 원점에서 그것의 도함수와 f의 도함수가 정확히 같음을 알고 있다. 그럼 이 극한 함수가 f와 다를 수 있을까? 다시 말해 함수의 테일러 급수가 다른 함수로 수렴할 수 있을까?

함수 $S_N(x) = a_0 + a_1 x + a_2 x^2 + \cdots + a_N x^N$을 생각하자. 다항함수 $S_N(x)$는 함수 $f(x)$에 대한 테일러 급수 전개의 부분합이다. 따라서 0이 아닌 어떤 x에 대해 다음이 성립하는지 확인해야 한다.

$$\lim_{N \to \infty} S_N(x) = f(x)$$

라그랑주 나머지항 정리

조제프 루이 라그랑주(Joseph Louis Lagrange, 1736–1813)는 이 질문에 대답할 수 있는 강력한 도구를 찾아냈다. f와 부분합 S_N 사이의 오차를 나타내는 다음의 차를 생각하자.

$$E_N(x) = f(x) - S_N(x)$$

정리 6.6.3 라그랑주 나머지항 정리(Lagrange's remainder theorem)

f가 $(-R, R)$에서 $N+1$번 미분가능하다고 하고, $n = 0, 1, \ldots, N$에 대해 $a_n = f^{(n)}(0)/n!$이라 정의하자. 그리고 다음과 같이 부분합을 생각하자.

$$S_N(x) = a_0 + a_1 x + a_2 x^2 + \cdots + a_N x^N$$

$x \neq 0$가 구간 $(-R, R)$에서 주어지면, $|c| < |x|$인 어떤 점 c가 존재하여 오차함수 $E_N(x) = f(x) - S_N(x)$가 다음을 만족한다.

$$E_N(x) = \frac{f^{(N+1)}(c)}{(N+1)!} x^{N+1}$$

정리를 증명하기 전에 이 결과가 얼마나 중요한지 알아보자. $S_N(x) \to f(x)$를 증명하는 것은 $E_N(x) \to 0$을 보이는 것과 동치다. $E_N(x)$에 대한 표현에는 세 가지 성분이 있다. 분모에는 $(N+1)!$이 있어 N이 무한대로 갈수록 E_N이 작아지는 데 도움을 준다. 분자에는 x^{N+1}이 있는데 x의 크기에 따라 잠재적으로 커질 수 있다. 따라서 x를 원점으로부터 더 멀리 택할수록 수렴할 가능성이 낮아진다고 예상할 수 있다. 마지막으로 약간 수수께끼 같은 $f^{(N+1)}(c)$가 있다. 도함수가 단순한 함수라면 적절한 상계를 이용하여 처리할 수 있다.

예제 6.6.4 앞서 살펴본 $\sin(x)$에 대한 테일러 급수를 생각하자.

$$S_5(x) = x - \frac{1}{3!}x^3 + \frac{1}{5!}x^5$$

$S_5(x)$는 구간 $[-2, 2]$에서 $\sin(x)$를 얼마나 잘 근사하는가? 라그랑주 나머지항 정리에 따르면 이 두 함수의 차는 다음과 같다.

$$E_5(x) = \sin(x) - S_5(x) = \frac{-\sin(c)}{6!}x^6$$

여기서 c는 구간 $(-|x|, |x|)$ 내의 어떤 점이다. c 값을 모르더라도 여전히 $|\sin(c)| \leq 1$임은 분명하다. $x \in [-2, 2]$이므로 다음을 얻는다.

$$|E_5(x)| \leq \frac{2^6}{6!} \approx 0.089$$

$[-2, 2]$에서 $S_N(x)$가 $\sin(x)$로 고르게 수렴함을 증명하기 위해 라그랑주 공식에서 $f^{(N+1)}(c)$ 항의 절댓값이 1을 절대 넘지 않음을 관찰한다. 따라서 $x \in [-2, 2]$에 대해 다음이 성립한다.

$$|E_N(x)| = \left|\frac{f^{(N+1)}(c)}{(N+1)!}x^{N+1}\right| \le \frac{1}{(N+1)!}2^{N+1}$$

계승함수는 지수함수보다 훨씬 빠르게 증가하므로 $[-2, 2]$에서 $E_N(x)$는 0으로 고르게 수렴한다.

상수 2를 임의의 상수 R로 바꾸어도 증명은 여전히 유효하다. 따라서 테일러 급수는 $[-R, R]$ 꼴의 모든 구간에서 $\sin(x)$로 고르게 수렴한다.

라그랑주 나머지항 정리(정리 6.6.3)의 증명

다항함수 S_N의 계수는 0에서의 N계도함수까지는 f의 N계도함수와 일치하고, $N+1$계도함수부터는 모두 영함수가 되도록 고안되었다. 다시 말해 모든 $0 \le n \le N$에 대해 $f^{(n)}(0) = S_N^{(n)}(0)$이며 이는 오차함수 $E_N(x) = f(x) - S_N(x)$가 다음을 만족함을 의미한다.

$$\text{모든 } n = 0, 1, 2, \ldots, N \text{에 대해} \quad E_N^{(n)}(0) = 0$$

이 증명에서 핵심은 5장에서 소개한 코시 평균값 정리(정리 5.3.5)다. 표기법을 단순화하기 위해 $x > 0$이라 가정하고 구간 $[0, x]$에서 함수 $E_N(x)$와 x^{N+1}에 대해 코시 평균값 정리를 적용하자. 그럼 어떤 $x_1 \in (0, x)$가 있어 다음을 만족한다.

$$\frac{E_N(x)}{x^{N+1}} = \frac{E_N'(x_1)}{(N+1)x_1^N}$$

이제 구간 $[0, x_1]$에서 함수 $E_N'(x)$와 $(N+1)x^N$에 대해 코시 평균값 정리를 적용하여 다음을 만족하는 점 $x_2 \in (0, x_1)$를 얻는다.

$$\frac{E_N(x)}{x^{N+1}} = \frac{E_N'(x_1)}{(N+1)x_1^N} = \frac{E_N''(x_2)}{(N+1)Nx_2^{N-1}}$$

이와 같이 계속하면 다음을 얻는다.

$$\frac{E_N(x)}{x^{N+1}} = \frac{E_N^{(N+1)}(x_{N+1})}{(N+1)!}$$

이때 $x_{N+1} \in (0, x_N) \subseteq \cdots \subseteq (0, x)$이다. 이제 $c = x_{N+1}$이라 두자. $S_N^{(N+1)}(x) = 0$이므로 $E_N^{(N+1)}(x) = f^{(N+1)}(x)$이고 원하는 바와 같이 다음을 얻는다.

$$E_N(x) = \frac{f^{(N+1)}(c)}{(N+1)!}x^{N+1}$$ ◀

중심이 0이 아닌 테일러 급수

이번 장 내내 0을 중심으로 하는 급수 전개에 집중했지만 표기가 단순해진다는 것 외에 0이 중심이어야 할 특별한 이유가 없다. f가 $a \in \mathbf{R}$의 어떤 근방에서 정의되고 a에서 무한번 미분가능하면 a를 중심으로 하는 테일러 급수 전개는 다음과 같다.

$$\sum_{n=0}^{\infty} c_n(x-a)^n \quad \left(c_n = \frac{f^{(n)}(a)}{n!}\right)$$

예전처럼 $E_N(x) = f(x) - S_N(x)$라고 두면, 상응하는 라그랑주 나머지항 정리에 따라 a와 x 사이에 어떤 c가 있어 다음을 만족한다.

$$E_N(x) = \frac{f^{(N+1)}(c)}{(N+1)!}(x-a)^{N+1}$$

연습문제 9에서는 다른 형태의 오차함수에 대한 코시 나머지항 정리를 유도할 것인데, 이를 위해서는 좀 더 일반적인 전개식이 필요하다.

반례

라그랑주 나머지항 정리는 테일러 급수의 부분합이 원래 함수에 얼마나 잘 근사하는지를 판별하는 데 매우 유용하다. 하지만 중요한 질문인 '테일러 급수가 반드시 원래 함수로 수렴하는가?'는 아직 답하지 못했다. 오차항 공식에서 $f^{(N+1)}(c)$가 등장하므로 일반적인 명제를 만들 수 없다. 조금 전에 언급한 코시 형태의 나머지항은 부분합 $S_N(x)$와 함수 $f(x)$ 사이의 오차를 나타내는 또 다른 방법을 제시하지만, 여전히 $S_N \to f$에 대한 증명이라 할 수는 없다. 아쉽게도 그런 증명은 존재하지 않는다. 다음과 같이 함수를 정의하자.

$$g(x) = \begin{cases} e^{-1/x^2} & (x \neq 0) \\ 0 & (x = 0) \end{cases}$$

이 함수에 대한 테일러 급수의 계수를 계산해 보면 명백하게 $a_0 = g(0) = 0$이다. a_1을 계산하면 다음과 같다.

$$a_1 = g'(0) = \lim_{x\to 0} \frac{g(x)-g(0)}{x-0} = \lim_{x\to 0} \frac{e^{-1/x^2}}{x} = \lim_{x\to 0} \frac{1/x}{e^{1/x^2}}$$

이때 분자, 분모 모두 x가 0으로 다가갈 때 ∞로 커진다. ∞/∞ 꼴 로피탈 정리(정리 5.3.8)를 적용하면 다음을 얻는다.

$$a_1 = \lim_{x\to 0} \frac{-1/x^2}{e^{1/x^2}(-2/x^3)} = \lim_{x\to 0} \frac{x}{2e^{1/x^2}} = 0$$

이는 g가 원점에서 평평함을 알려준다. 연습문제 6에서 모든 $n \in \mathbf{N}$에 대해 $g^{(n)}(0) = 0$임을 보이는 증명의 개요를 설명한다. 다시 말해 g는 원점에서 **극단적으로** 평평하다.

이 반례의 의미는 매우 중요하다. 함수 g는 무한번 미분하며, 이 함수의 테일러 급수의 계수는 모두 0이다. 자연스럽게 이 함수의 테일러 급수는 $\mathbf{R}$ 전체에서 영함수로 고르게 수렴한다. 하지만 $x = 0$ 이외의 다른 점에서 $g(x)$는 결코 0과 같지 않다. $g(x)$**에 대한 테일러 급수는 수렴하지만 중심점** $x = 0$**을 제외하고** $g(x)$**로 수렴하지 않는다.** 즉, 무한번 미분가능한 함수를 반드시 테일러 급수로 표현할 수 있는 건 아니다.

6.6 연습문제

1. 예제 6.6.1은 $\arctan(x)$에 대한 테일러 급수가 모든 $x \in (-1, 1)$에 대해 유효함을 보여준다. 이때 $x = 1$에서도 급수가 수렴함에 유의하자. $\arctan(x)$가 연속이라고 가정하고, $x = 1$에서 급수의 값이 반드시 $\arctan(1)$이어야 하는 이유를 설명하라. 이때 얻을 수 있는 항등식은 무엇인가?

2. 이번 절에서 앞서 살펴본 급수 중 하나에서 시작하여 예제 1과 유사한 식 조작을 통해 다음 각 함수에 대한 테일러 급수 표현을 찾아라. 각각의 테일러 급수가 수렴하는 x 값은?

(a) $x\cos(x^2)$

(b) $x/(1 + 4x^2)^2$

(c) $\log(1 + x^2)$

3. 정리 6.6.2에서 주어진 테일러 급수의 계수에 대한 공식을 유도하라.

4. (아벨 정리를 참고하지 않고) 라그랑주 나머지 정리만을 이용하여 다음을 증명하라.

$$1 - \frac{1}{2} + \frac{1}{3} - \frac{1}{4} + \frac{1}{5} - \frac{1}{6} + \cdots = \log(2)$$

5. 다음 물음에 답하라.

(a) 지수함수 $f(x) = e^x$에 대한 테일러 급수의 계수를 구하고, 대응하는 테일러 급수가 $[-R, R]$ 꼴인 모든 구간에서 e^x으로 고르게 수렴함을 증명하라.

(b) $f'(x) = e^x$임을 확인하라.

(c) 치환을 이용하여 e^{-x}에 대한 테일러 급수를 구하고, 엄밀성을 생각하지 않고 두 테일러 급수를 곱하고 x에 대한 동류항끼리 묶는 식으로 $e^x \cdot e^{-x}$을 계산하라.

6. 이번 절의 말미에서 소개한 다음 함수 g에 대해 $g'(0) = 0$을 증명한 것을 다시 확인하라.

$$g(x) = \begin{cases} e^{-1/x^2} & (x \neq 0) \\ 0 & (x = 0) \end{cases}$$

(a) $x \neq 0$에 대해 $g'(x)$를 계산하라. 도함수의 정의를 이용하여 $g''(0)$을 구하라.

(b) $x \neq 0$에 대해 $g''(x)$와 $g'''(x)$를 계산하라. 이러한 관찰을 바탕으로 0이 아닌 다른 점에서의 n계도함수 $g^{(n)}(x)$를 일반적으로 나타내라.

(c) 모든 $n \in \mathbf{N}$에 대해 $g^{(n)}(0) = 0$인 이유를 일반적으로 논하라.

7. 다음을 만족하는 함수의 예를 찾거나 그러한 함수가 존재하지 않는 이유를 설명하라.

(a) $g(x)$는 $\mathbf{R}$ 전체에서 무한번 미분가능하며 $x \in (-1, 1)$에서만 $g(x)$로 수렴하는 테일러 급수를 가진다.

(b) $h(x)$는 무한번 미분가능하며 $\sin(x)$와 테일러 급수가 같지만 모든 $x \neq 0$에서 $h(x) \neq \sin(x)$이다.

(c) $f(x)$는 $\mathbf{R}$ 전체에서 무한번 미분가능하며 $x \leq 0$에서만 $f(x)$로 수렴하는 테일러 급수를 가진다.

8. 다음은 약하게 서술한 라그랑주 나머지항 정리이며 그 증명은 원래 라그랑주 나머지항 정리의 증명보다 더 수월하다.

(a) 먼저 다음 보조정리를 증명하라.

> g와 h가 $[0, x]$에서 미분가능하며 $g(0) = h(0)$이고 모든 $t \in [0, x]$에 대해 $g'(t) \leq h'(t)$이면 모든 $t \in [0, x]$에 대해 $g(t) \leq h(t)$이다.

(b) f, S_N, E_N을 정리 6.6.3과 같다고 하고, $0 < x < R$이라 하자. 모든 $t \in [0, x]$에 대해 $|f^{(N+1)}(t)| \leq M$이면 다음이 성립함을 보여라.

$$|E_N(x)| \leq \frac{Mx^{N+1}}{(N+1)!}$$

9. [코시 나머지항 정리(Cauchy's remainder theorem)] f가 구간 $(-R, R)$에서 $N+1$번 미분가능하다고 하자. 각 $a \in (-R, R)$에 대해 $S_N(x, a)$를 a를 중심으로 하는 f에 대한 테일러 급수의 부분합이라 하자. 다시 말해 다음과 같이 정의한다.

$$S_N(x,a) = \sum_{n=0}^{N} c_n(x-a)^n \quad \left(c_n = \frac{f^{(n)}(a)}{n!}\right)$$

$E_N(x,a) = f(x) - S_N(x,a)$이라 하자. 이제 $(-R,R)$에서 $x \neq 0$를 고정하고 $E_N(x,a)$를 a에 대한 함수로 생각하자. 다음 물음에 답하라.

(a) $E_N(x,x)$를 구하라.

(b) $E_N(x,a)$가 a에 대해 미분가능한 이유를 설명하고 다음을 보여라.

$$E_N'(x,a) = \frac{-f^{(N+1)}(a)}{N!}(x-a)^N$$

(c) 0과 x 사이의 어떤 c에 대해 다음이 성립함을 보여라.

$$E_N(x) = E_N(x,0) = \frac{f^{(N+1)}(c)}{N!}(x-c)^N x$$

이를 원점을 중심으로 하는 테일러 급수에 대한 코시 나머지항이라고 한다.

10. 함수 $f(x) = 1/\sqrt{1-x}$을 생각하자. 다음 물음에 답하라.

(a) 0을 중심으로 하는 f에 대한 테일러 급수를 구하고 라그랑주 나머지항 정리를 이용하여 $[0,1/2]$에서 테일러 급수가 f로 수렴함을 보여라($x < 1/2$이면 간단하지만 $x = 1/2$이면 주의해야 할 부분이 있다). $x > 1/2$에서 수렴함을 보이려고 하면 어떤 일이 생기는가?

(b) 연습문제 9에서 증명한 코시 나머지항 정리를 이용하여 f에 대한 테일러 급수 표현이 $[0,1)$에서 성립함을 보여라.

6.7 바이어슈트라스 근사 정리

앞서 여러 중요한 결과들에 바이어슈트라스의 이름이 등장했다. 볼차노–바이어슈트라스 정리(정리 2.5.5)는 수렴성과 완비성 그리고 콤팩트성 사이를 설명한다. 바이어슈트라스 M-판정법(따름정리 6.4.5)은 함수급수의 고른 수렴성을 보이는 주요 도구다. 또한 5.4절에서 논했듯이 바이어슈트라스는 1872년에 연속이면서 모든 곳에서 미분불가능한 함수를 제일 처음 찾았다.

1885년 바이어슈트라스는 모든 곳에서 미분불가능한 함수와 대비되는 흥미로운 결과를 증명했다. 이 정리 역시 바이어슈트라스의 이름을 땄으며 근사이론(approximation theory)이라 불리는 새로운 해석학 분야의 촉매가 되었다.

정리 6.7.1 바이어슈트라스 근사 정리(Weierstrass approximation theorem)

$f : [a, b] \to \mathbf{R}$는 연속함수라고 하자. 상수 $\epsilon > 0$과 모든 $x \in [a, b]$에 대해 다음을 만족하는 다항함수 $p(x)$가 존재한다.

$$|f(x) - p(x)| < \epsilon$$

바이어슈트라스 근사 정리를 수식 없이 재서술하면 닫힌 구간에서 연속함수는 항상 다항함수에 의해 고르게 근사될 수 있다.

문제 1 바이어슈트라스 근사 정리를 가정하자. $[a, b]$에서 연속인 함수 f에 대하여 f로 고르게 수렴하는 다항함수열 (p_n)이 있음을 보여라.

이전 절에서 공부했던 내용은 바이어슈트라스 근사 정리가 성립함을 보여주는 좋은 출발점이다. $\sin(x)$와 같은 함수를 생각할 때, 예제 6.6.4에 대응하는 테일러 급수가 콤팩트 집합에서 고르게 $\sin(x)$로 다시 수렴함을 보았다. 테일러 급수의 부분합은 다항함수이므로, 이 예는 $f(x) = \sin(x)$에 대하여 바이어슈트라스 근사 정리가 성립함을 보여준다. 그러나 테일러 급수를 항상 사용할 수는 없음을 유념해야 한다. 테일러 급수를 구하려면 f가 무한번 미분가능한 함수여야 했지만(심지어 그렇다 하더라도 f를 테일러 급수로 근사하는 데 실패할 수도 있다) 바이어슈트라스 근사 정리에서는 f가 연속함수이기만 하면 된다.

그렇다면 이러한 정리가 참이라는 사실이 왜 놀라운가? 간단히 말하기 쉽지 않은 내용이다. 순수하게 직관적으로 $[-1, 1]$에서 $f(x) = \sqrt{1-x}$와 같은 매끄러운 곡선을 생각한다면 정의역 위에서 x가 움직일 때 $\sqrt{1-x}$에 매우 비슷한 다항함수가 충분히 존재할 것 같다. 하지만 5.4절에서 매끄럽지 않은 연속함수도 얼마든지 존재한다는 교훈을 얻었다. 바이어슈트라스의 원래 예는 아니지만 그림 5.7에 표시된 모든 곳에서 미분불가능한 함수를 자세히 살펴보자. 바이어슈트라스 근사 정리에 따르면, 그래프가 상상할 수 없을만큼 들쭉날쭉한 성질이 있음에도 이 제멋대로인 함수에 원하는 만큼 정확히 고르게 근사하는 다항함수를 여전히 찾을 수 있다.

보간법

바이어슈트라스 근사 정리는 근사 다항함수를 다루지만 감을 잡기 위해 이 정리의 다항함수를 잠시 연속이고 조각적 일차함수로 대체하겠다.

정의 6.7.2 함수 ϕ에 대하여 각 부분구간 $[x_{i-1}, x_i]$ (단, $i = 1, \ldots, n$)에서 일차함수가 되는 $[a, b]$의 분할이 다음과 같이 존재한다고 하자.

$$a = x_0 < x_1 < x_2 < \cdots < x_n = b$$

연속함수 $\phi : [a, b] \to \mathbf{R}$를 **다각형 함수(polygonal)**라고 한다.

보간법(interpolation)은 주어진 점을 지나는 그래프를 가지는 함수를 찾는 과정을 말한다. 예를 들어 다음과 같은 점을 생각하자.

$$(0,1), \left(\frac{1}{4}, \frac{\sqrt{3}}{2}\right), \left(\frac{3}{4}, \frac{1}{2}\right), (1,0)$$

이 점들을 보간하는 자명한 다각형 함수가 존재한다. 이 함수는 단순히 점들을 선분으로 연결함으로써 얻는다. 이제 이 네 점은 모두 $f = \sqrt{1-x}$의 그래프 위에 놓여있으며, 대응하는 다각형 보간법이 f의 그래프를 그럴듯하게 흉내내는 작업을 수행함을 알 수 있다(그림 6.7 참고). 이는 우연이 아니다.

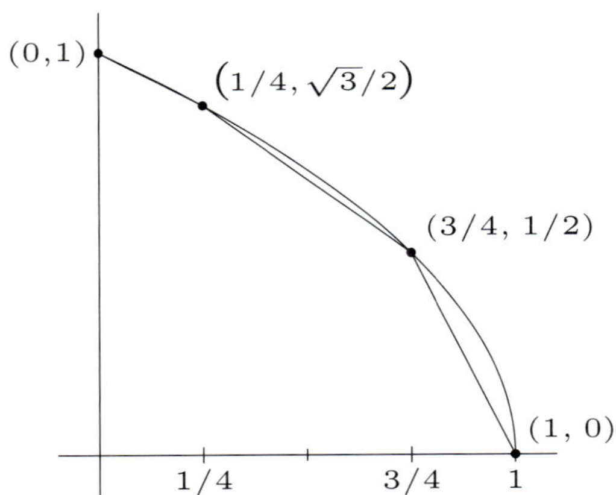

[그림 6.6] $f(x) = \sqrt{1-x}$를 다각형 함수로 근사하기

정리 6.7.3 $f : [a, b] \to \mathbf{R}$가 연속함수라고 하자. 상수 $\epsilon > 0$과 모든 $x \in [a, b]$에 대해 다음을 만족하는 다각형 함수 ϕ가 존재한다.

$$|f(x) - \phi(x)| < \epsilon$$

문제 2 정리 6.7.3을 증명하라.

정리 6.7.3이 바이어슈트라스 근사 정리와 얼마나 유사한지 주목하라. 유일한 차이점은 다항함수를 다각형 함수로 대체했다는 것이다.

정리 6.7.3을 증명하는 전략은 먼저 f의 그래프에서 적절한 수의 점을 택한 다음 이러한 점에 대응하는 다각형 함수로 고르게 수렴함을 보이는 것이다. 바이어슈트라스 근사 정리도 비슷한 전략으로 증명할 수 있을 것 같다.

f의 그래프에서 적절한 수의 점을 택하고 이 점을 지나는 다항함수를 찾아 바이어슈트라스 근사 정리를 증명할 수 있을까? 그러나 이런 방법으로는 증명할 수 없음이 알려져 있다. 이유를 설명하기란 쉽지 않다.

문제 3 다음 물음에 답하라.

(a) $g(x) = |x|$의 그래프 위의 세 점 $(-1, 1), (0, 0), (1, 1)$을 보간하는 2차함수 $p(x) = q_0 + q_1x + q_2x^2$을 구하라. 같은 평면 위에 $[-1, 1]$에서 $g(x)$와 $p(x)$의 그래프를 그려보아라.

(b) $x = -1, -1/2, 0, 1/2, 1$에서 $g(x) = |x|$를 보간하는 4차함수를 구하라. (a)의 그래프에 이 다항함수의 그래프를 추가하여 그려라.

방금 다룬 문제만 놓고 보면 다항함수 보간법을 사용하여 바이어슈트라스 근사 정리를 증명할 수 있을 것 같지만 실은 그렇지 않다. 주어진 구간을 n등분하고 그 사이의 점을 지나는 다항함수를 찾으면 n이 커질수록 매우 빠르게 진동하는 고차 다항함수가 되므로 보간하는 점 **사이**에서 g를 제대로 근사할 수 없다. 사실 대응하는 다항함수열은 $x = -1, 0$ 또는 1일 때만 $g(x)$로 수렴한다.

절댓값 함수의 근사

막다른 골목에 다다랐으니 조금 물러서서 다른 방향을 택해야 한다. 모든 연속함수는 다각형 함수로 고르게 근사할 수 있다는 정리 6.7.3으로 돌아가자. 이 정리를 사용하여 바이어슈트라스 근사 정리를 증명하는 시도는 여전히 그럴듯해 보인다. 만약 임의의 다각형 함수를 다항함수로 근사할 수 있다면, 삼각형 부등식을 이용하여 증명을 마칠 수 있다.

한 가지 주의할 부분이 있다. 문제 3의 절댓값 함수는 다각형 함수의 예이며, 이 다각형 함수로 수렴하는 다항함수를 찾는 방법을 아직 알지 못한다. 이전과 달라진 것은 이러한 함수를 찾고 싶은 이유다. 잠시 생각해 보면 절댓값 함수가 전체 문제를 해결하는 열쇠가 될 수 있음을 알아 차릴 수 있다. 왜 그럴까?

모든 다각형 함수는 각 모서리에서 만나는 선분으로 이루어져 있다. 만약 원점에서 직각을 이루는 모서리를 가지고 $g(x) = |x|$를 고르게 근사하는 다항함수를 찾을 수 있다면, 기지를 발휘하여 더 일반적인 다각형 함수를 처리하고 정리 6.7.3을 이용하여 바이어슈트라스 근사 정리를 증명할 수 있을 것이다.

테일러 급수에 대한 코시 나머지항 정리

$g(x) = |x|$가 다항함수의 고른 극한 함수임을 보이는 한 가지 우아한 방법은 테일러 급수를 사용하는 것이다. $|x|$는 미분가능하지 않음을 생각해 보면 이는 다소 놀랍다. 무한번 미분가능한 함수 $\sqrt{1-x}$의 테일러 급수를 계산하는 것부터 시작하자. 이것이 비결이다.

문제 4 $f(x) = \sqrt{1-x}$의 테일러 급수의 계수 a_n은 $a_0 = 1$이고 $n \geq 1$일 때 다음과 같음을 보여라.

$$a_n = \frac{-1 \cdot 3 \cdot 5 \cdots (2n-3)}{2 \cdot 4 \cdot 6 \cdots 2n}$$

다음과 같은 오차함수 $E_N(x)$를 생각하자.

$$E_N(x) = \sqrt{1-x} - \sum_{n=0}^{N} a_n x^n$$

우리의 목표는 $N \to \infty$일 때 오차함수 $E_N(x)$가 0으로 수렴함을 보여 모든 $x \in [-1, 1]$에 대해 다음이 성립함을 증명하는 것이다.

$$\sqrt{1-x}=\sum_{n=0}^{\infty}a_n x^n \tag{1}$$

여태까지는 오차항을 제어하기 위해 보통 라그랑주 나머지항 정리를 사용했지만, 지금은 라그랑주 나머지항 정리가 잘 통하지 않는다. 정확한 이유를 알기 위해 $x \in (0,1]$를 고정하자. 그럼 정리 6.6.3에 의해 (N에 의존하는) $c \in (0,x)$가 존재하여 다음을 만족한다.

$$\begin{aligned}E_N(x) &= \frac{f^{(N+1)}(c)}{(N+1)!}x^{N+1}\\ &= \frac{1}{(N+1)!}\left(\frac{-1\cdot 3\cdot 5\cdots(2N-1)}{2^{N+1}(1-c)^{N+1/2}}\right)x^{N+1}\\ &= \left(\frac{-1\cdot 3\cdot 5\cdots(2N-1)}{2\cdot 4\cdot 6\cdots(2N+2)}\right)\left(\frac{x}{1-c}\right)^{N+1/2}x^{1/2}\end{aligned}$$

문제는 $x/(1-c)$가 $x=c$일 때 가장 커지고 x가 $1/2$보다 클 때 $(x/(1-x))^{N+1/2}$이 무한히 지수적으로 증가한다는 것이다. 이러한 관찰은 앞서 얻은 테일러 급수가 오직 $[0,1/2]$에서만 유효하다는 뜻이 아니다. 단지 상황에 부합하지 않는 나머지항 공식을 사용하고 있을 뿐이다.

문제 5 다음 물음에 답하라.

(a) 6.6절 연습문제 9를 참고하여 0과 x 사이의 어떤 c에 대해 다음과 같은 코시 나머지항이 성립함을 증명하라.

$$E_N(x)=\frac{f^{(N+1)}(c)}{N!}(x-c)^N x$$

(b) 이 결과를 이용하여 등식 (1)이 모든 $x \in (-1,1)$에 대해 성립함을 증명하라.

코시 나머지항 정리로 보일 수는 없지만, 등식 (1)은 $x=\pm 1$에서도 성립한다.

문제 6 다음 물음에 답하라.

(a) $n \geq 1$에 대해 $c_n = \dfrac{1\cdot 3\cdot 5\cdots(2n-1)}{2\cdot 4\cdot 6\cdots 2n}$이라고 하자. $c_n < \dfrac{2}{\sqrt{2n+1}}$임을 보여라.

(b) (a)를 이용하여 a_n이 문제 4에서 구한 테일러 급수의 계수일 때 $\sum_{n=0}^{\infty}a_n$이 수렴함(사실은 절대수렴)을 보여라.

(c) 직전의 논의를 바탕으로 모든 $x \in [-1,1]$에 대해 등식 (1)이 성립하는지 설명하라. (주의해야 할 부분이 있다!)

우리의 목적은 원점을 포함한 구간에서 절댓값 함수를 고르게 근사하는 다항함수를 찾는 것임을 되새기자. 또한 원점에서는 절댓값 함수가 미분불가능함을 기억하라. $\sqrt{1-x}$에 대한 테일러 급수는 이러한 다항함수를 찾는 교묘한 지름길을 제공한다.

문제 7 다음 물음에 답하라.

(a) $|a| = \sqrt{a^2}$ 임을 이용하여 상수 $\epsilon > 0$과 모든 $x \in [-1, 1]$에 대해 $||x| - q(x)| < \epsilon$을 만족하는 다항함수 $q(x)$가 존재함을 증명하라.

(b) 이 결론을 임의의 구간 $[a, b]$로 일반화하라.

바이어슈트라스 근사 정리의 증명

앞서 특수한 꼴인 절댓값 함수에 대해 바이어슈트라스 근사 정리를 증명하는 것이 전체 증명의 열쇠임을 설명했다. 이제 세부 내용을 채울 시간이다.

문제 8 다음 물음에 답하라.

(a) $a \in [-1, 1]$를 고정하고 $[-1, 1]$에서 다음 함수의 그래프를 그려라.

$$h_a(x) = \frac{1}{2}(|x-a| + (x-a))$$

h_a는 다각형 함수이며 모든 $x \in [-1, a]$에 대해 $h_a(x) = 0$이다.

(b) $h_a(x)$를 $[-1, 1]$에서 다항함수로 고르게 근사할 수 있는 이유를 설명하라.

(c) ϕ가 다음 분할의 각 부분구간에서 선형인 다각형 함수라고 하자.

$$-1 = a_0 < a_1 < a_2 < \cdots < a_n = 1$$

모든 $x \in [-1, 1]$에 대해 다음을 만족하는 상수 $b_0, b_1, \ldots, b_{n-1}$이 존재함을 보여라.

$$\phi(x) = \phi(-1) + b_0 h_{a_0}(x) + b_1 h_{a_1}(x) + \cdots + b_{n-1} h_{a_{n-1}}(x)$$

(d) 구간 $[-1, 1]$에서 바이어슈트라스 근사 정리의 증명을 완성하고 임의의 구간 $[a, b]$로 일반화하라.

문제 9 다음 물음에 답하라.

(a) 바이어슈트라스 근사 정리에서 닫힌 구간 $[a, b]$란 조건을 열린 구간 (a, b)로 바꾸면 이 정리는 더 이상 성립하지 않는다. 반례를 들어 이를 설명하라.

(b) $[a, b]$를 닫힌 집합 $[a, \infty)$으로 바꾸면 정리는 여전히 성립하는가?

문제 10 $[a, b]$에서 연속인 임의의 함수에 대하여 이 함수를 집합 $\mathcal{C}$에 속한 다항함수로 고르게 근사시킬 수 있는 셀 수 있는 집합 $\mathcal{C}$가 존재하는가? (단, $\mathcal{C}$는 다항함수 집합의 부분집합이다.)

문제 11 f가 $[a, b]$에서 연속인 도함수가 존재한다고 가정하자. 모든 $x \in [a, b]$에서 다음을 만족하는 다항함수 $p(x)$가 존재함을 보여라.

$$|f(x) - p(x)| < \epsilon, \quad |f'(x) - p'(x)| < \epsilon$$

6.8 마치며

우리가 공부한 바이어슈트라스 근사 정리의 증명은 1898년 앙리 르베그(Henri Lebesgue)가 발표한 증명이다. 이 증명은 비교적 단순하다는 점이 큰 장점이다. 절댓값 함수라는 하나의 특별한 경우에서 시작하여 임의의 연속함수까지 가는 데 성공했다. 반면 이 접근법의 단점은 일반적인 연속함수의 경우에 도달할 때까지 근사하는 다항함수의 식을 전혀 알 수 없다는 점이다.

이러한 단점을 보강해주는 바이어슈트라스 근사 정리에 대한 다른 여러 증명이 있다. 그중 특히 유명한 증명은 세르게이 번슈타인(Sergei Bernstein)의 증명이다. 번슈타인의 증명은 번슈타인 다항식(Bernstein polynomials)이라 불리는 다항식 집합을 이용한다(번슈타인 다항식은 이 증명 외에도 다양하게 응용되는 중요한 다항식이다). 바이어슈트라스의 원래 접근법 또한 상당히 우아하다. 그의 증명은 8.5절의 푸리에 급수에 대한 페예르 정리(Fejér's theorem)의 증명과 비슷하다. 사실 바이어슈트라스 근사 정리는 페예르 정리의 따름정리로 볼 수도 있다(8.5절 문제 11 참고).

바이어슈트라스 근사 정리는 닫힌 구간 $[a, b]$에서 설정된다. 6.7절 문제 9는 정의역이 닫혀있고 유계라는 특성이 중요함을 강조하기 위해 수록했다. 하지만 $[a, b]$를 임의의 콤팩트 집합으로 대체해도 정리가 여전히 참임은 그리 놀랍지 않다.

다항함수 집합을 대체하면 어떨까? 임의의 연속함수를 근사하는 데 쓸 수 있는 비교적 단순한 연속함수 집합이 또 있는가? 물론 그렇다. 정리 6.7.3에서 다각형 함수가 이러한 성질을 가지고 있음을 보았고, 다른 예들도 얼마든지 있다. 1930년대 후반, 마셜 스톤(Marshall Stone)은 바이어슈트라스 근사 정리를 크게 일반화시켰다. 스톤이 표현한 근사 정리는 임의의 콤팩트 집합 K와, K에서 연속이고 다음과 같이 3가지 속성을 지닌 함수의 집합 $\mathcal{C}$로 시작한다.

(1) 상수함수 $k(x) = 1$은 $\mathcal{C}$의 원소다.

(2) $p, q \in \mathcal{C}$이고 $c \in \mathbf{R}$이면 $p + q, pq, cp$ 모두 $\mathcal{C}$의 원소다.

(3) K에서 $x \neq y$이면 $p(x) \neq p(y)$인 $p \in \mathcal{C}$가 존재한다.

스톤은 K에서 연속인 임의의 함수는 집합 $\mathcal{C}$에 속하는 함수로 고르게 근사할 수 있음을 보였다. 스톤–바이어슈트라스 정리(Stone–Weierstrass theorem)라고 불리는 이 결과의 증명은 앞선 절에서 전체적으로 살펴본 르베그의 증명과 매우 밀접하게 관련있다. 특히 두 증명 모두 기본적으로 다항함수를 이용하여 절댓값 함수를 근사할 수 있다는 사실에 의존한다.

스톤–바이어슈트라스 정리에서 (2)와 같은 성질을 지니는 함수의 집합을 **함수대수(algebra)**라고 한다. 성질 (3)을 만족하는 함수대수를 **점을 분리한다(separate points)**고 한다. 상수함수 $k(x) = 1$이 이 집합에 포함되므로, 함수대수의 모든 원소 p에 대하여 $p(x_0) = 0$이도록 하는 점 $x_0 \in K$가 존재하지 않는다. (만약 그렇다면 무엇이 문제가 될까?) 다항함수 집합과 다각형 함수 집합이 점을 분리하는 함수대수임을 확인하기란 그리 어렵지 않다. 따라서 바이어슈트라스 근사 정리와 정리 6.7.3 모두 스톤의 일반화한 정리의 특별한 경우다.

새로운 예로 구간 $[0, 1]$에서 정의된 짝수 차수 다항함수로만 이루어진 다항함수의 집합을 생각해 보자. 스톤–바이어슈트라스 정리에 따르면 이 짝수 차수 다항함수 집합이 여전히 임의의 연속함수를 고르게 근사할 수 있다. 하지만 정의역을 $[-1, 1]$로 바꾼다면 이 함수대수는 더 이상 점을 분리하지 못할 것이다. 마지막 예로 다음 집합을 생각해 보자.

$$\mathcal{C} = \{a_0 + a_1\cos(x) + \cdots + a_n\cos(nx) : a_0, a_1, \ldots, a_n \in \mathbf{R}\}$$

8.5절에서는 푸리에 급수 이론을 시작할 것이다. 푸리에 급수는 함수를 삼각함수의 무한급수로 표현하는 방식이다. 그 논의에 대한 전조로서 스톤–바이어슈트라스 정리에 의하면 적어도 $[0, \pi]$에서 연속인 함수는 항상 $\mathcal{C}$의 함수로 고르게 근사할 수 있음에 유의하자.

테일러 급수 전개를 둘러싼 6.6절의 이야기를 소개하며 6장을 마치겠다. 오일러를 비롯한 여러 수학자들이 미분적분학에서 다루는 익숙한 함수에 대한 멱급수 표현을 발견하고 개척했다. 수학자들은 모든 함수를 그러한 방식으로 표현할 수 있다는 추측을 이어갔다(그 시절에는 '함수'란 무한번 미분가능한 함수를 뜻했다). 이러한 시도는 6.6절 말미에서 소개한 반례가 1821년 코시에 의해 발견되면서 완전히 끝장이 났다.

그렇다면 테일러 급수는 어떤 조건 아래에서 원래 함수로 반드시 수렴할까? 라그랑주 나머지항 정리에 따르면 테일러 다항식 $S_N(x)$와 함수 $f(x)$ 사이의 차는 다음과 같이 주어진다.

$$E_N(x) = \frac{f^{(N+1)}(c)}{(N+1)!}x^{N+1}$$

분모의 $(N+1)!$ 항은 분자의 x^{N+1} 항보다 훨씬 빠르게 증가한다. 따라서 예를 들어 모든 $c \in (-R, R)$과 $N \in \mathbf{N}$에 대해 다음이 성립함을 안다면 $E_N(x) \to 0$임을 확신할 수 있다.

$$|f^{(N+1)}(c)| \leq M$$

따라서 $S_N(x) \to f(x)$이다. $N \to \infty$임에도 도함수가 전혀 증가하지 않는 $\sin(x)$, $\cos(x)$, e^x 등이 이러한 예다. $f^{(N+1)}$의 증가 속도에 대한 더 약한 조건으로도 수렴성을 보장할 수 있다.

코시의 반례는 왜 놀라운가? 이를 설명하기란 쉽지 않다. 당시에 수행한 테일러 급수에 대한 모든 연구가 성공적이었음을 생각해 보면 멱급수 표현이 무한번 미분가능한 함수의 본질적인 특성이란 인상을 받는다. 하지만 지금부터 말하는 부분에 유의하라.

함수 f에 대한 테일러 급수는 원점에서 f 값과 그 도함수의 값으로 구성된다. 테일러 급수가 어떤 구간 $(-R, R)$에서 f로 수렴한다면 원점 근처에서 f의 행태가 $(-R, R)$의 모든 점에서의 행태를 완전히 결정한다. 이로부터 어떤 작은 근방 $(-\epsilon, \epsilon)$에서 같은 테일러 급수를 가지는 두 함수는 모든 곳에서 같아야 함을 알 수 있다. 이렇게 생각해 보니 테일러 급수가 항상 원래 함수로 다시 수렴하기를 기대한다면 과욕 같다. 우리가 이미 보았듯이, 실함수에서는 테일러 급수가 항상 원함수로 수렴하지 않는다. 그러나 놀랍게도 복소함수에서는 테일리 급수가 원함수로 수렴한다. 도함수 정의에서 실수를 복소수로 바꾸면 수식은 같게 보일지라도 의미가 매우 달라진다. 복소함수의 경우 어떤 열린 원판의 모든 점에서 미분가능한 함수는 반드시 이 집합에서 무한번 미분가능하다. 이를 바탕으로 콤팩트 집합의 모든 점에서 원래 함수로 고르게 수렴하는 테일러 급수를 만들 수 있다.

7

리만 적분
The Riemann Integral

7.1 적분은 어떻게 정의되는가?

미분적분학의 기본정리는 미분과 적분이 서로 역연산 관계임을 말해준다. 이 정리는 부정적분을 미분하는지 또는 도함수를 적분하는지에 따라 두 부분으로 나뉜다. 함수 f와 F에 적절한 가정을 가하면 다음이 성립한다.

(1) $\int_a^b F'(x)\,dx = F(b) - F(a)$

(2) $G(x) = \int_a^x f(t)\,dt$ 이면 $G'(x) = f(x)$

이 명제를 엄밀하게 증명하기에 앞서 $\int_a^b f$를 정의해야 한다. 역사적으로 적분은 미분의 역산으로 정의되었다. 다시 말해 함수 f의 적분은 $F' = f$를 만족하는 함수 F를 뜻했다. 뉴턴, 라이프니츠, 페르마를 비롯하여 미분적분학의 탄생에 지대한 영향을 미친 수학자들은 역도함수와 넓이를 구하는 문제 사이의 관계를 탐구했다. 이 경우 적분가능한 함수를 매우 제한하게 되므로, 해석학적 관점에서 이러한 접근은 그리 만족스럽지 못했다.

모든 도함수는 사잇값 성질을 가져야 한다는 다르부 정리(정리 5.2.7)를 기억하자. 비약 불연속점을 가지는 함수는 어떤 함수의 도함수가 될 수 없다. 만약 역도함수를 구하는 것으로 적분을 정의한다면 구간 $[0, 2]$에서 다음과 같이 정의된 간단한 함수조차 적분할 수 없다.

$$h(x) = \begin{cases} 1 & (0 \le x < 1) \\ 2 & (1 \le x \le 2) \end{cases}$$

1850년경 코시와 그 직후 리만이 적분 이론에 대해 매우 흥미로운 변화를 가져왔다. 이러한 변화의 핵심은 적분을 도함수와 완전히 분리한 대신 '곡선 아래의 넓이'라는 개념을 적분의 엄밀한 정의를 구축하는 출발점으로 삼은 데 있다. 이유는 다소 복잡하다. 일찍이 언급했듯이 1.2절 **함수**의 개념은 변화를 겪고 있었다. 전통적으로 함수를 $f(x) = x^2$과 같이 어떤 전체적인 공식으로 취급했던 방식에서 벗어나 기이하게 구성된 디리클레 함수(4.1절 참고)까지 함수로 받아들이면서 함수를 보다 자유롭게 이해하게 되었다. 당시에 태동한 푸리에 급수에 대한 이론(8.5절 참고)은 이 변화를 촉진시켰다. 푸리에 이론을 깊게 다루려면 더 다루기 어려운 대상을 적분할 수 있어야 했다.

오늘날 리만 적분이라고 부르는 적분은 보통 기초 미분적분학 시간에 다룬다. $[a, b]$에서 정의된 함수 f에서 시작하여 정의역을 작은 부분구간으로 분할한다. 각 부분구간 $[x_{k-1}, x_k]$에 대해 어떤 점 $c_k \in [x_{k-1}, x_k]$를 골라 $[x_{k-1}, x_k]$에서 함숫값 $f(c_k)$로 f를 근사한다. 이 결과를 그림으로 보면, 얇은 직사각형들을 일렬로 모아서 f의 그래프와 x축 사이의 넓이를 근사하게끔 만드는 것이다.

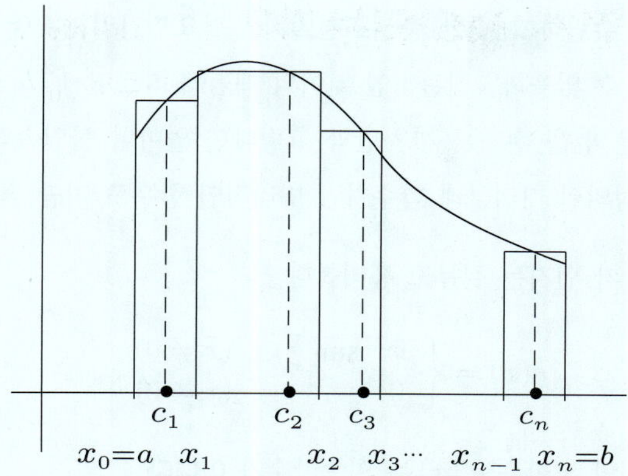

[그림 7.1] 리만 합

각 직사각형의 넓이는 $f(c_k)(x_k - x_{k-1})$이다. 따라서 모든 직사각형의 넓이의 총합은 다음과 같은 **리만 합**(Riemann sum)으로 주어진다(그림 7.1 참고).

$$\sum_{k=1}^{n} f(c_k)(x_k - x_{k-1})$$

여기에서 말하는 '넓이'란 x축 아래 영역의 넓이는 음수 값을 갖는, 부호가 주어진 넓이임에 주의하자.

그래프를 보면 직사각형이 얇아질수록 넓이의 근삿값으로서 리만 합의 정확도가 향상됨을 알 수 있다. 분할의 각 부분구간의 너비가 0에 가까워지도록 리만 합에 **극한**(limit)을 취하자. 이 극한값이 존재한다면, 그 값을 $\int_a^b f$로 한다는 것이 리만 적분의 정의다.

이 정의는 우리에게 몇 가지 질문을 던진다. 방금 언급한 극한은 그리 어렵지 않게 정의할 수 있다. 우리에게 가장 관심있는 질문은 '이런 과정을 거쳐서 적분할 수 있는 함수는 과연 어떤 종류의 함수일까'다. 물론 리만도 가장 관심을 둔 질문이다. 구체적으로 f에 어떤 조건을 주면 이러한 극한값이 존재한다고 보장할 수 있을까?

리만 적분 이론은 부분구간을 더 작게 잡을수록 함수 f에 대한 더 나은 근사를 얻는다는 관찰에 의존한다. 각 부분구간 $[x_{k-1}, x_k]$에서 함수 f를 어떤 점 $c_k \in [x_{k-1}, x_k]$에서의 값으로 근사한다. 얼마나 잘 근사하는지는 다음의 차와 직접적으로 관련이 있다.

$$|f(x) - f(c_k)|$$

이때 x는 부분구간에 속한다. 부분구간은 임의로 너비가 작아지도록 선택할 수 있기 때문에, x가 c_k에 가까이 위치하면 $f(x)$도 $f(c_k)$에 가까운 값이길 원한다. 이제 연속의 성질을 사용해야 할 것 같다! f의 연속성이 리만 적분 $\int_a^b f$의 존재성과 밀접하게 관련 있음을 곧 알게 될 것이다.

연속은 리만 합의 극한이 수렴하기 위한 충분조건일까? 필요조건일까? 앞서 언급한 $h(x)$와 같은 불연속함수도 리만 적분할 수 있을까? 직관적인 넓이의 개념에 따르면 $\int_0^2 h = 3$이라 답하고 싶은데, 리만 적분으로도 같은 값을 얻을 수 있을까? 만약 그렇다면 얼마나 불연속적인 함수까지 적분할 수 있을까? 구간 $[0, 1]$에서 정의된 디리클레 함수처럼 병리적인 함수도 리만 적분할 수 있을까?

5.1절에서 다룬 함수 $g(x)$가 던지는 질문도 흥미롭다.

$$g(x) = \begin{cases} x^2 \ \sin(\frac{1}{x}) & (x \neq 0) \\ 0 & (x = 0) \end{cases}$$

$g(x)$는 미분가능한 함수지만 도함수 $g'(x)$는 연속함수가 **아니다**.

적분가능한 함수를 공부할 때, 부정적분과 도함수를 결합하려는 시도를 꼭 해 봐야 한다. 적분을 미분과 독립적으로 정의했기 때문에 앞에서 언급한 미분적분학의 기본정리 (1)과 (2)가 성립하는 조건을 찾고자 한다. 어떤 함수가 적분가능하면 좋을지 목록을 만들어 본다면, (1)에 비추어 볼 때 최소한 도함수 집합은 이 목록에 이름을 올릴 것 같다. 도함수가 항상 연속적이진 않다는 사실은 불연속점이 일부 존재하더라도 적분할 수 있음을 암시한다.

7.2 리만 적분

7장에서 설명한 적분의 발전에는 다르부에 의해 밝혀진 이점도 있지만 7.1절에서 논한 절차와 밀접하게 관련이 있다. 리만 합을 대신하여 상합(upper sums)과 하합(lower sums)을 구성하고(그림 7.2 참고) 극한을 취하는 대신 상한과 하한을 이용할 것이다.

이번 절에서 함수 f는 항상 닫힌 구간 $[a, b]$에서 **유계**(bounded) 함수라고 가정한다. 즉, 모든 $x \in [a, b]$에 대해 $|f(x)| \leq M$인 $M > 0$이 존재한다.

분할, 상합, 하합

정의 7.2.1 구간 $[a, b]$의 **분할(partition)** P는 다음 부등식을 만족하는 $[a, b]$의 점으로 이루어진 유한집합이다(단, a와 b를 모두 포함).

$$a = x_0 < x_1 < x_2 < \cdots < x_n = b$$

분할 $P = \{x_0, x_1, x_2, \ldots, x_n\}$의 각 부분구간 $[x_{k-1}, x_k]$에 대해 다음과 같이 두자.

$$m_k = \inf\{f(x) : x \in [x_{k-1}, x_k]\}, \quad M_k = \sup\{f(x) : x \in [x_{k-1}, x_k]\}$$

P에 대한 **하합(lower sum)**은 다음과 같다.

$$L(f, P) = \sum_{k=1}^{n} m_k(x_k - x_{k-1})$$

비슷하게 P에 대한 **상합(upper sum)**은 다음과 같다.

$$U(f, P) = \sum_{k=1}^{n} M_k(x_k - x_{k-1})$$

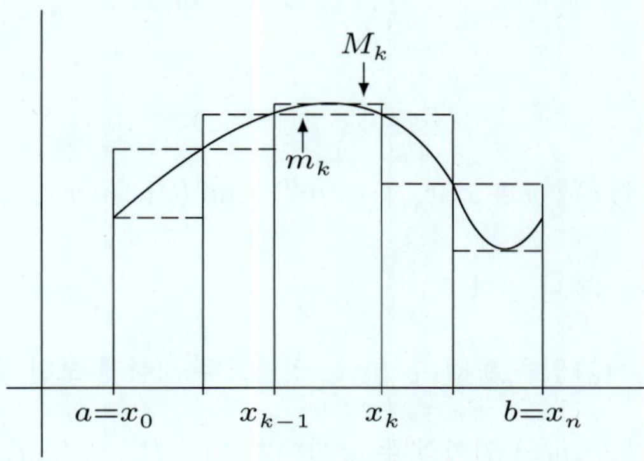

[그림 7.2] 상합과 하합

특정 분할 P에 대하여 $U(f, P) \geq L(f, P)$임은 분명하다. 다음에 소개하는 보조정리 7.2.3과 보조정리 7.2.4에 따르면 서로 다른 분할에 대해 상합과 하합을 계산해도 대소 관계가 여전히 유지된다.

정의 7.2.2 Q가 P의 점을 모두 포함할 때, 즉 $P \subseteq Q$이면 분할 Q를 분할 P의 **세분(refinement)**이라고 한다.

보조정리 7.2.3 $P \subseteq Q$이면 $L(f, P) \leq L(f, Q)$이고 $U(f, P) \geq U(f, Q)$이다.

증명 P의 어떤 부분구간 $[x_{k-1}, x_k]$에 점 z를 하나 추가하여 P를 세분하면 어떤 일이 생기는지 살펴보자.

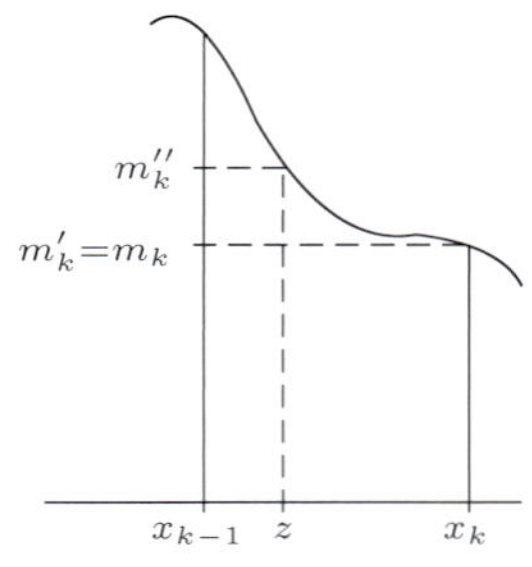

하합에 주목하면 다음 부등식을 얻는다.

$$\begin{aligned} m_k(x_k - x_{k-1}) &= m_k(x_k - z) + m_k(z - x_{k-1}) \\ &\le m_k'(x_k - z) + m_k''(z - x_{k-1}) \end{aligned}$$

이때 m_k'과 m_k''은 다음과 같다.

$$m_k' = \inf\{f(x) : x \in [z, x_k]\}, \quad m_k'' = \inf\{f(x) : x \in [x_{k-1}, z]\}$$

이 두 값은 반드시 m_k보다 크거나 같다.

귀납적으로 $L(f, P) \le L(f, Q)$임을 보일 수 있다. 상합도 유사하게 보일 수 있다. ◀

보조정리 7.2.4 P_1과 P_2가 $[a, b]$의 임의의 두 분할이면 $L(f, P_1) \le U(f, P_2)$이다.

증명 $Q = P_1 \cup P_2$를 P_1과 P_2의 **공통 세분(common refinement)**이라고 하자. $P_1 \subseteq Q$이고 $P_2 \subseteq Q$이므로 다음이 성립한다.

$$L(f, P_1) \le L(f, Q) \le U(f, Q) \le U(f, P_2)$$ ◀

적분가능성

그림을 그려보면 상합은 적분 값보다 큰 값이고 하합은 적분 값보다 작은 값임을 직관적으로 알 수 있다. 분할을 더 정교하게 할수록 상합은 더 작아질 것이며 하합은 더 커질 것이다. 그 사이 어딘가에서 상합과 하합이 **같아질 때** 함수가 **적분가능(integrable)**하다고 한다.

엄밀하게는 상합과 하합에 극한을 취하기보단 완비성 공리를 이용하여 상합의 **하한**(infimum)과 하합의 **상한**(supremum)을 생각한다.

정의 7.2.5 구간 $[a, b]$의 모든 가능한 분할의 집합을 $\mathcal{P}$라고 하자. f의 **상적분(upper integral)**을 다음과 같이 정의한다.

$$U(f) = \inf\{U(f, P) : P \in \mathcal{P}\}$$

비슷하게 f의 **하적분(lower integral)**을 다음과 같이 정의한다.

$$L(f) = \sup\{L(f, P) : P \in \mathcal{P}\}$$

다음 보조정리는 전혀 놀라운 결과가 아니다.

보조정리 7.2.6 $[a, b]$에서 유계인 임의의 함수 f에 대하여 항상 $U(f) \geq L(f)$가 성립한다.

증명 연습문제 1을 보라. ◀

정의 7.2.7 리만 적분가능성

구간 $[a, b]$에서 정의된 유계인 함수 f에 대해 $U(f) = L(f)$이면 **리만 적분가능(Riemann-integrable)**하다고 한다. 이 공통 값을 $\int_a^b f$ 또는 $\int_a^b f(x)\,dx$라 표기한다. 즉, 다음과 같다.

$$\int_a^b f = U(f) = L(f)$$

'적분가능'을 수식하는 '리만'으로 미루어 보면 적분을 정의하는 다른 방법이 있을 것 같다. 7장에서 리만 적분을 공부하다 보면 다른 접근법이 필요함을 알게 된다. 그 중 하나는 8.1절에서 다룬다. 이 장에서는 리만 적분만을 생각하기 때문에 '리만'은 잠시 내려 놓고 단순히 함수를 '적분가능'하다고 편하게 표현하자.

적분 판정법

지금까지의 상황을 요약하면 $[a, b]$에서 유계 함수 f에 대해 다음이 성립한다.

$$\sup\{L(f, P) : P \in \mathcal{P}\} = L(f) \leq U(f) = \inf\{U(f, P) : P \in \mathcal{P}\}$$

부등식에서 등호가 성립하면 함수 f는 적분가능하다. 7장의 최우선 목표는 적분가능한 함수를 모두 찾아내는 것이다. 위의 부등식을 들여다보면 임의의 양수에 대하여 상합과 하합의 차가 그보다 더 작아지는 분할이 항상 존재한다는 것과 '적분가능'은 동치임을 알 수 있다.

정리 7.2.8 적분 판정법(integrability criterion)

유계 함수 f가 $[a, b]$에서 적분가능할 필요충분조건은 임의의 $\epsilon > 0$에 대해 다음 부등식을 만족하는 $[a, b]$의 분할 P_ϵ이 존재하는 것이다.

$$U(f, P_\epsilon) - L(f, P_\epsilon) < \epsilon$$

증명 $\epsilon > 0$이라 하자. 위와 같은 분할 P_ϵ이 존재하면 다음이 성립한다.

$$U(f) - L(f) \leq U(f, P_\epsilon) - L(f, P_\epsilon) < \epsilon$$

ϵ은 임의로 주어지므로 $U(f) = L(f)$여야 하고, 따라서 f는 적분가능하다(조금 더 엄밀하게 말하고 싶다면 정리 1.2.6을 참고하라).

역 명제는 익숙한 삼각형 부등식을 사용하여 증명한다. 이 경우에는 어떤 양이 더 큰지 알기 때문에 절댓값 기호 대신 괄호가 등장한다. $U(f)$는 상합의 최대하계이므로 어떤 $\epsilon > 0$이 주어질 때 다음을 만족하는 분할 P_1이 반드시 존재한다.

$$U(f, P_1) < U(f) + \frac{\epsilon}{2}$$

비슷하게 다음을 만족하는 분할 P_2가 존재한다.

$$L(f, P_2) > L(f) - \frac{\epsilon}{2}$$

이제 $P_\epsilon = P_1 \cup P_2$를 공통 세분이라고 하자. f의 적분가능성은 $U(f) = L(f)$를 의미하므로 다음이 성립한다.

$$\begin{aligned} U(f, P_\epsilon) - L(f, P_\epsilon) &\leq U(f, P_1) - L(f, P_2) \\ &< \left(U(f) + \frac{\epsilon}{2}\right) - \left(L(f) - \frac{\epsilon}{2}\right) \\ &= \frac{\epsilon}{2} + \frac{\epsilon}{2} = \epsilon \end{aligned}$$

◀

7.1절에서 적분가능성은 연속성과 밀접하게 연관되어 있음을 설명했다. 이 관찰을 보다 정확하게 하기 위해 $P = \{x_0, x_1, x_2, \ldots, x_n\}$를 $[a, b]$의 임의의 분할이라 하고 $\Delta x_k = x_k - x_{k-1}$로 두면 다음이 성립한다.

$$U(f, P) - L(f, P) = \sum_{k=1}^{n} (M_k - m_k)\Delta x_k$$

이때 M_k와 m_k는 각각의 구간 $[x_{k-1}, x_k]$에서 함숫값의 상한과 하한이다. $U(f,P) - L(f,P)$의 크기는 $M_k - m_k$의 차이에 따라 제어할 수 있으며, 이는 구간 $[x_{k-1}, x_k]$에서 함숫값의 변동으로 해석할 수 있다. 임의로 작은 $[a,b]$의 부분구간에서 f의 변동을 제한할 수 있다는 것은 **정확히** f가 $[a,b]$에서 고른 연속이라고 말하는 것과 같다.

정리 7.2.9 f가 $[a,b]$에서 연속이면 적분가능하다.

증명 f가 콤팩트 집합에서 연속이므로 반드시 유계다. 또한 같은 이유로 고른 연속이다. 이는 $\epsilon > 0$이 주어지면 $\delta > 0$가 존재하여 $|x - y| < \delta$이면 다음이 성립함을 뜻한다.

$$|f(x) - f(y)| < \frac{\epsilon}{b-a}$$

이제 P를 $[a,b]$의 분할이라 하고 P의 모든 부분구간에 대해 $\Delta x_k = x_k - x_{k-1}$는 δ보다 작다고 하자.

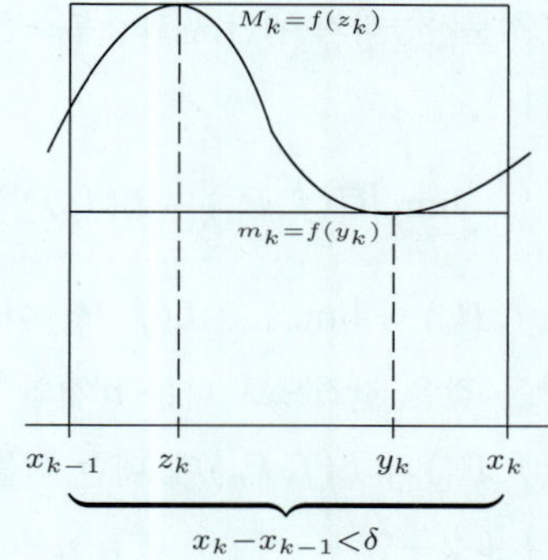

P의 특정 부분구간 $[x_{k-1}, x_k]$가 주어졌을 때, 최대–최소 정리(정리 4.4.2)에 따르면 어떤 $z_k \in [x_{k-1}, x_k]$에 대해 상한은 $M_k = f(z_k)$이다. 덧붙여 하한 m_k는 구간 $[x_{k-1}, x_k]$의 어떤 점 y_k에서 함숫값이다.

그런데 $|z_k - y_k| < \delta$이므로 다음이 성립한다.

$$M_k - m_k = f(z_k) - f(y_k) < \frac{\epsilon}{b-a}$$

마지막으로 다음이 성립한다.

$$U(f,P) - L(f,P) = \sum_{k=1}^{n}(M_k - m_k)\Delta x_k < \frac{\epsilon}{b-a}\sum_{k=1}^{n}\Delta x_k = \epsilon$$

적분 판정법(정리 7.2.8)에 의해 f는 적분가능하다. ◀

7.2 연습문제

1. $[a,b]$에서 유계인 함수 f와 $[a,b]$의 임의의 분할 P에 대하여, $U(f) \geq L(f,P)$인 이유를 설명하라. 그 다음 보조정리 7.2.6을 증명하라.

2. 구간 $[1,4]$에서 함수 $f(x) = 1/x$을 생각하자. P가 $\{1, 3/2, 2, 4\}$인 분할일 때, 다음 물음에 답하라.

(a) $L(f,P)$, $U(f,P)$, $U(f,P) - L(f,P)$를 구하라.

(b) 분할에 점 3을 포함하면 $U(f,P) - L(f,P)$에는 어떤 변화가 있는가?

(c) $U(f,P') - L(f,P') < 2/5$가 되는 $[1,4]$의 분할 P'을 구하라.

3. [적분가능성에 대한 수열 판정법] 다음 물음에 답하라.

(a) 유계 함수 f가 $[a,b]$에서 적분가능하기 위한 필요충분조건은 다음을 만족하는 분할 $(P_n)_{n=1}^{\infty}$이 존재하는 것임을 증명하라.

$$\lim_{n\to\infty} [U(f,P_n) - L(f,P_n)] = 0$$

이때 $\int_a^b f = \lim_{n\to\infty} U(f,P_n) = \lim_{n\to\infty} L(f,P_n)$이다.

(b) 각 n에 대해 P_n을 $[0,1]$을 같은 간격으로 나눈 n개의 부분구간으로 이루어진 분할이라고 하자. $f(x) = x$일 때 $U(f,P_n)$과 $L(f,P_n)$에 대한 식을 구하라.

힌트 필요하다면 항등식 $1 + 2 + 3 + \cdots + n = n(n+1)/2$을 사용해도 좋다.

(c) (a)의 적분가능성에 대한 수열 판정법을 이용하여 $[0,1]$에서 $f(x) = x$가 적분가능함을 직접 보이고 $\int_0^1 f$를 계산하라.

4. 닫힌 구간 $[a,b]$에서 유계인 함수 g에 대하여 $L(g,P) = U(g,P)$인 분할 P가 존재한다고 가정하자. g의 그래프를 생각해 보자. g는 반드시 연속인가? g는 적분가능한가? 만약 그렇다면 $\int_a^b g$ 값을 구하라.

5. 각 n에 대해 f_n이 $[a,b]$에서 적분가능하다고 가정하자. $[a,b]$에서 f_n이 f로 고르게 수렴하면 이 구간에서 f도 적분가능함을 증명하라(고른 수렴이란 조건을 점별수렴로 바꾸면 이 명제는 더 이상 성립하지 않음을 곧 보일 것이다).

6. **태그된 분할(tagged partition)** $(P, \{c_k\})$는 분할 P 외에도 각 부분구간 $[x_{k-1}, x_k]$에서 표본점 c_k를 선택하는 분할이다. 대응하는 **리만 합(Riemann sum)** $R(f, P)$는 다음과 같다.

$$R(f, P) = \sum_{k=1}^{n} f(c_k)\Delta x_k$$

우리는 7.1절에서 리만 합을 논의했는데, 암묵적으로 정의를 다음과 같이 한다.

적분에 대한 리만의 원래 정의 유계 함수 f가 닫힌 구간 $[a, b]$에서 **적분가능(integrable)**하고 적분값이 $\int_a^b f = A$라는 것은 임의의 $\epsilon > 0$에 대해 어떤 $\delta > 0$가 있어 다음이 성립함을 말한다. 모든 k에 대해 $\Delta x_k < \delta$인 임의의 태그된 분할 $(P, \{c_k\})$에 대하여 다음이 성립한다.

$$|R(f, P) - A| < \epsilon$$

f가 리만의 원래 정의를 만족하면 정의 7.2.7도 만족함을 보여라(적분가능성에 대한 두 정의가 서로 동치임을 8.1절에서 증명한다).

7. 함수 $f : [a, b] \to \mathbf{R}$가 구간 $[a, b]$에서 증가($x < y$이면 $f(x) \leq f(y)$)한다고 하자. $[a, b]$에서 f가 적분가능함을 보여라.

7.3 불연속점이 있는 함수의 적분

생각해 보면 연속함수가 적분가능하다는 사실은 그리 놀랍지 않다. 오히려 적분이 잘 설계되어 있음을 방증한다. 리만 적분은 적분에 대한 코시의 정의를 수정한 결과로, 코시는 처음부터 연속함수만의 적분을 생각했다. 리만 적분이 피적분함수의 연속성에 어떻게 의존하는지 살펴보면 흥미로운 발견을 할 수 있다.

예제 7.3.1 구간 $[0, 2]$에서 함수 $f(x) = \begin{cases} 1 & (x \neq 1) \\ 0 & (x = 1) \end{cases}$를 생각하자.

P를 $[0, 2]$의 임의의 분할이라 하면 재빨리 계산하여 $U(f, P) = 2$임을 알 수 있다. $x = 1$을 포함하는 P의 부분구간에서 하합을 구성하는 직사각형의 넓이가 0이므로 하합 $L(f, P)$는 2보다 작을

것이다. $x = 1$을 매우 작은 부분구간에 포함시킴으로써 불연속이 적분에 미치는 영향을 최소화하면 f가 적분가능함을 보일 수 있다.

$\epsilon > 0$이라 하고 분할 $P_\epsilon = \{0, 1 - \epsilon/3, 1 + \epsilon/3, 2\}$를 생각하자. 그럼 다음이 성립한다.

$$L(f, P_\epsilon) = 1\left(1 - \frac{\epsilon}{3}\right) + 0(\epsilon) + 1\left(1 - \frac{\epsilon}{3}\right) = 2 - \frac{2}{3}\epsilon$$

$U(f, P_\epsilon) = 2$이므로 다음이 성립한다.

$$U(f, P_\epsilon) - L(f, P_\epsilon) = \frac{2}{3}\epsilon < \epsilon$$

이제 정리 7.2.8을 이용하여 f가 적분가능하다고 할 수 있다.

예제 7.3.1은 간단한 함수를 다루긴 했으나, 예제 7.3.1의 증명 과정을 응용하면 불연속점이 하나뿐인 유계 함수는 모두 적분가능함을 증명할 수 있다. 정리 7.3.2의 증명은 다소 복잡한 표현으로 이루어져 있지만, 본질은 불연속점에서 발생하는 함수의 좋지 못한 성질을 분할의 매우 작은 부분구간에 격리시키는 것이다.

정리 7.3.2 $f : [a, b] \to \mathbf{R}$가 유계이고 모든 $c \in (a, b)$에 대해 f가 $[c, b]$에서 적분가능하면 f는 $[a, b]$에서 적분가능하다. 마찬가지로 모든 $c \in (a, b)$에 대하여 f가 $[a, c]$에서 적분가능하면 f는 $[a, b]$에서 적분가능하다.

증명 $\epsilon > 0$이라 하자. 지금까지 그랬듯이 $U(f, P) - L(f, P) < \epsilon$이 되게 하는 분할 P를 찾으면 증명이 끝난다. 임의의 분할에 대해 항상 다음이 성립한다.

$$\begin{aligned} U(f, P) - L(f, P) &= \sum_{k=1}^{n} (M_k - m_k)\Delta x_k \\ &= (M_1 - m_1)(x_1 - a) + \sum_{k=2}^{n} (M_k - m_k)\Delta x_k \end{aligned}$$

증명을 시작하는 첫 단추는 다음을 만족하는 a에 충분히 가까운 x_1을 택하는 것이다.

$$(M_1 - m_1)(x_1 - a) < \frac{\epsilon}{2}$$

이는 그리 어렵지 않다. f가 유계이므로 어떤 $M > 0$이 있어 모든 $x \in [a, b]$에 대해 $|f(x)| \le M$이다. $M_1 - m_1 \le 2M$에 주목하여 다음이 되도록 x_1을 택하자.

$$x_1 - a < \frac{\epsilon}{4M}$$

가정에 의해 f는 $[x_1, b]$에서 적분가능하므로 $[x_1, b]$의 분할 P_1이 존재하여 다음이 성립한다.

$$U(f, P_1) - L(f, P_1) < \frac{\epsilon}{2}$$

마지막으로 $P = \{a\} \cup P_1$을 $[a, b]$의 분할이라고 하면 다음이 성립한다.

$$\begin{aligned} U(f,P) - L(f,P) &\leq (2M)(x_1 - a) + (U(f,P_1) - L(f,P_1)) \\ &< \frac{\epsilon}{2} + \frac{\epsilon}{2} = \epsilon \end{aligned}$$

◀

정리 7.3.2에 따르면 끝점에서 불연속점을 가지는 유계 함수는 닫힌 구간에서 여전히 적분가능하다. 7.4절에서는 구간 $[a, b]$와 $[b, d]$에서의 적분가능성과 $[a, d]$에서의 적분가능성이 동치임을 증명할 것이다. 이러한 성질을 귀납법과 결합하면 **유한개** 불연속점을 가지는 함수도 여전히 모두 적분가능하다는 결론에 도달할 수 있다. 불연속점이 무한히 많다면 어떨까?

예제 7.3.3 4.1절에서 다룬 디리클레 함수 $g(x) = \begin{cases} 1 & (x \in \mathbf{Q}) \\ 0 & (x \notin \mathbf{Q}) \end{cases}$를 다시 생각하자.

P가 $[0, 1]$의 분할일 때 $\mathbf{R}$에서 유리수의 조밀성에 의해 P의 모든 부분구간은 $g(x) = 1$인 점을 포함할 것이다. 따라서 $U(g, P) = 1$이다. 무리수도 $\mathbf{R}$에서 조밀하기 때문에 $L(g, P) = 0$이다. 이는 모든 분할 P에 해당하므로 상적분은 $U(f) = 1$이고 하적분은 $L(f) = 0$이다. 두 값이 같지 않으므로 디리클레 함수는 **적분가능하지 않다**.

적분가능한 함수는 어느 정도까지 불연속적일 수 있는가? 무한개 불연속점을 가지는 함수는 리만 적분가능하지 않다는 성급하고도 잘못된 결론에 도달하기 전에 먼저 디리클레 함수는 $[0, 1]$의 **모든** 점에서 불연속임을 상기하자. 이제 무한개 불연속점을 가지지만 $[0, 1]$ 전체에서 불연속은 아닌 함수를 생각해 보자. 이러한 예로 4.1절에서 정의한 토메 함수가 있다. 토메 함수의 불연속점은 정확히 $[0, 1]$의 유리수 점이다. 다음 연습문제에서는 토메 함수가 리만 **적분가능**함을 증명한다. 이 결과에 따르면, 불연속점이 무한히 많더라도 적분가능한 함수가 존재한다.

이 이야기의 결론은 르베그가 1901년에 발표한 박사학위 논문에 수록되어 있다. 리만 적분가능성에 관한 르베그의 우아한 판정법은 7.6절에서 매우 자세하게 다룬다. 잠시 적분가능성에 대한 질문을 차치하고, 그 유명한 미분적분학의 기본정리부터 증명하겠다.

7.3 연습문제

1. 구간 $[0,1]$에서 정의한 함수 $h(x) = \begin{cases} 1 & (0 \le x < 1) \\ 2 & (x = 1) \end{cases}$에 대한 다음 물음에 답하라.

(a) $[0,1]$의 모든 분할 P에 대해 $L(f,P) = 1$임을 보여라.

(b) $U(f,P) < 1 + 1/10$을 만족하는 분할 P를 구성하라.

(c) $\epsilon > 0$이 주어질 때, $U(f,P_\epsilon) < 1 + \epsilon$이게 되는 분할 P_ϵ을 구성하라.

2. 다음과 같이 정의된 토메 함수 $t(x)$는 정확히 모든 유리수 점에서 불연속함을 상기하자. 유리수는 셀 수 있는 집합이므로 토메 함수는 셀 수 있는 불연속점을 갖는다.

$$t(x) = \begin{cases} 1 & (x = 0) \\ 1/n & (x = m/n \in \mathbf{Q} \backslash \{0\}, \text{ 단 } m/n\text{은 기약분수로 } n\text{은 자연수}) \\ 0 & (x \notin \mathbf{Q}) \end{cases}$$

다음 순서대로 $t(x)$가 $[0,1]$에서 적분가능하며 $\int_0^1 t = 0$임을 증명하라.

(a) $[0,1]$의 임의의 분할 P에 대해 $L(t,P) = 0$임을 증명하라.

(b) $\epsilon > 0$이라 하고 집합 $D_{\epsilon/2} = \{x \in [0,1] : t(x) \ge \epsilon/2\}$을 생각하자. $D_{\epsilon/2}$에는 얼마나 많은 원소가 있는가?

(c) $U(t,P_\epsilon) < \epsilon$을 만족하는 $[0,1]$의 분할 P_ϵ을 구성하여 증명을 완성하라.

3. 다음과 같이 정의한 함수 f가 $[0,1]$에서 적분가능함을 보이고 $\int_0^1 f$를 계산하라.

$$f(x) = \begin{cases} 1 & (x = 1/n, \text{ 단 } n \in \mathbf{N}) \\ 0 & (\text{그 밖의 경우}) \end{cases}$$

4. f와 g를 닫힌 구간에서 정의된 함수라 하자(두 함수는 서로 다를 수 있다). 그리고 f의 치역이 g의 정의역에 포함되어 합성함수 $g \circ f$가 잘 정의된다고 가정하자. 다음 물음에 답하라. (b), (c)는 명제가 참이면 증명하고, 거짓이면 반례를 들어라.

(a) f와 g가 적분가능해도 $g \circ f$는 적분가능하지 않을 수 있음을 예를 들어 보여라.

(b) f가 증가함수이고 g가 적분가능하면 $g \circ f$는 적분가능하다.

(c) f가 적분가능하고 g가 증가함수이면 $g \circ f$는 적분가능하다.

5. 다음을 만족하는 예를 찾거나, 불가능하면 그 이유를 설명하라.

(a) f_n 이 f 로 점별수렴하는데, 각 f_n 은 많아야 유한개의 불연속점을 가지지만 f 는 적분가능하지 않다.

(b) g_n 이 g 로 고르게 수렴하는데, 각 g_n 은 많아야 유한개의 불연속점을 가지지만 g 는 적분가능하지 않다.

(c) h_n 이 h 로 고르게 수렴하는데, 각 h_n 은 적분가능하지 않지만 h 는 적분가능하다.

6. $\{r_1, r_2, r_3, \ldots\}$ 을 $[0,1]$ 에서 모든 유리수의 나열이라 하고, 함수 g_n 을 다음과 같이 정의하자.

$$g_n(x) = \begin{cases} 1 & (x = r_n) \\ 0 & (\text{그 밖의 경우}) \end{cases}$$

다음 함수가 $[0,1]$ 에서 적분가능한지 판정하라.

(a) $G(x) = \sum_{n=1}^{\infty} g_n(x)$

(b) $F(x) = \sum_{n=1}^{\infty} g_n(x)/n$

7. $f : [a,b] \to \mathbf{R}$ 가 적분가능하다고 가정하자. 다음 물음에 답하라.

(a) $[a,b]$ 에서 유한개 점을 제외한 모든 점에서 $g(x) = f(x)$ 이면 g 도 적분가능함을 보여라.

(b) g 가 셀 수 있을 만큼 많은 점에서 f 와 다른 값을 가지면 적분이 불가능할 수도 있다. 그런 함수 g 의 예를 찾아라.

8. 연습문제 6과 같이 $\{r_1, r_2, r_3, \ldots\}$ 에서 $[0,1]$ 의 유리수의 나열이라 하고 함수 h_n 을 다음과 같이 정의하자.

$$h_n(x) = \begin{cases} 1 & (r_n < x \le 1) \\ 0 & (0 \le x \le r_n) \end{cases}$$

$H(x) = \sum_{n=1}^{\infty} h_n(x)/2^n$ 은 모든 유리수 점에서 불연속이지만 $[0,1]$ 에서 적분가능함을 보여라.

9. [용량이 0인 집합] 집합 $A \subset [a,b]$ 가 다음을 만족할 때 **용량이 0(content zero)**인 집합이라고 한다. 모든 $\epsilon > 0$ 에 대해 유한개 열린 구간의 모임 $\{O_1, O_2, \ldots, O_N\}$ 이 있어 이들의 합집합이 A 를 포함하고 길이의 합이 ϵ 보다 작다. 각 구간의 길이를 $|O_n|$ 으로 나타내면 다음과 같다.

$$A \subseteq \bigcup_{n=1}^{N} O_n, \quad \sum_{n=1}^{N} |O_n| \le \epsilon$$

다음 물음에 답하라.

(a) f 가 $[a,b]$ 에서 유계라고 하자. f 의 불연속점 집합의 용량이 0이면 f 는 적분가능함을 보여라.

(b) 임의의 유한집합의 용량은 0임을 보여라.

(c) 용량이 0인 집합이 반드시 유한집합인건 아니다. 셀 수 있는 집합일 필요도 없다. 3.1절에서 정의한 칸토어 집합 C의 용량이 0임을 보여라.

(d) 함수 $h(x) = \begin{cases} 1 & (x \in C) \\ 0 & (x \notin C) \end{cases}$ 가 적분가능함을 증명하고 적분값을 구하라.

7.4 적분의 성질

미분적분학의 기본정리를 증명하기에 앞서 적분의 익숙한 성질을 증명해 보자. 지난 절에서 이미 정리 7.4.1을 이용했다.

정리 7.4.1 유계 함수 $f : [a,b] \to \mathbf{R}$와 점 $c \in (a,b)$에 대하여, f가 $[a,b]$에서 적분가능하기 위한 필요충분조건은 f가 $[a,c]$와 $[c,b]$에서 적분가능하다는 것이다. 이때, 다음이 성립한다.

$$\int_a^b f = \int_a^c f + \int_c^b f$$

증명 f가 $[a,b]$에서 적분가능하다면 $\epsilon > 0$에 대해 $U(f,P) - L(f,P) < \epsilon$인 분할 P가 존재한다. 분할을 세분하면 상합과 하합이 더 가까워질뿐이다. 즉, P가 c를 아직 포함하고 있지 않다면 아무 문제 없이 c를 추가할 수 있다. 이제 $P_1 = P \cap [a,c]$를 $[a,c]$의 분할이라 하고, $P_2 = P \cap [c,b]$를 $[c,b]$의 분할이라 하자. 이제 다음 부등식이 성립한다.

$$U(f,P_1) - L(f,P_1) < \epsilon, \quad U(f,P_2) - L(f,P_2) < \epsilon$$

따라서 f는 $[a,c]$와 $[c,b]$에서 적분가능하다.

반대로 f가 두 개의 작은 구간 $[a,c]$와 $[c,b]$에서 적분가능하다면 $\epsilon > 0$이 주어질 때 다음을 만족하는 $[a,c]$와 $[c,b]$ 각각의 분할 P_1과 P_2를 만들 수 있다.

$$U(f,P_1) - L(f,P_1) < \frac{\epsilon}{2}, \quad U(f,P_2) - L(f,P_2) < \frac{\epsilon}{2}$$

$P = P_1 \cup P_2$라 두면 $[a,b]$의 분할이고 다음이 성립한다.

$$U(f,P) - L(f,P) < \epsilon$$

따라서 f는 $[a,b]$에서 적분가능하다. 방금과 같이 $P = P_1 \cup P_2$라 하면 다음이 성립한다.

$$\begin{aligned}\int_a^b f \le U(f,P) &< L(f,P) + \epsilon \\ &= L(f,P_1) + L(f,P_2) + \epsilon \\ &\le \int_a^c f + \int_c^b f + \epsilon\end{aligned}$$

따라서 $\int_a^b f \le \int_a^c f + \int_c^b f$이다. 역방향 부등식을 얻기 위해 다음을 관찰하자.

$$\begin{aligned}\int_a^c f + \int_c^b f &\le U(f,P_1) + U(f,P_2) \\ &< L(f,P_1) + L(f,P_2) + \epsilon \\ &= L(f,P) + \epsilon \\ &\le \int_a^b f + \epsilon\end{aligned}$$

$\epsilon > 0$은 임의의 양수이므로 $\int_a^c f + \int_c^b f \le \int_a^b f$이다. 즉, 다음이 성립한다.

$$\int_a^c f + \int_c^b f = \int_a^b f$$ ◀

정리 7.4.1의 증명은 리만 적분에 대한 사실을 증명할 때 사용하는 방법을 전형적으로 보여 준다. 다음 소개하는 적분의 기본 성질은 이후 논의에서 요긴하게 사용된다.

정리 7.4.2 f와 g가 구간 $[a,b]$에서 적분가능한 함수라고 가정하자.

(1) 함수 $f+g$는 $[a,b]$에서 적분가능하고 $\int_a^b (f+g) = \int_a^b f + \int_a^b g$이다.

(2) $k \in \mathbf{R}$에 대해 함수 kf는 적분가능하고 $\int_a^b kf = k\int_a^b f$이다.

(3) $[a,b]$에서 $m \le f(x) \le M$이면 $m(b-a) \le \int_a^b f \le M(b-a)$이다.

(4) $[a,b]$에서 $f(x) \le g(x)$이면 $\int_a^b f \le \int_a^b g$이다.

(5) 함수 $|f|$는 적분가능하고 $|\int_a^b f| \le \int_a^b |f|$이다.

증명 성질 (1)과 (2)는 극한과 사칙연산 정리(정리 2.3.3)와 다른 많은 파생 정리들(정리 2.7.1, 정리 4.2.4, 정리 5.2.4)을 연상시킨다. 실제로 극한과 사칙연산 정리를 이용하여 증명하는 방법도 있다. 정리 7.2.8에서 바로 얻을 수 있는 따름정리에는 f가 $[a, b]$에서 적분가능하기 위한 필요충분조건이 다음을 만족하는 분할 (P_n)이 존재한다는 것이 있다.

$$\lim_{n\to\infty} [U(f, P_n) - L(f, P_n)] = 0 \tag{1}$$

그리고 이때 $\int_a^b f = \lim U(f, P_n) = \lim L(f, P_n)$이다. 증명은 7.2절 연습문제 3에 있다.

(2) $k \geq 0$일 때 (2)를 증명하기 위해 먼저 모든 분할 P에 대해 다음이 성립함을 확인하자.

$$U(kf, P) = kU(f, P), \quad L(kf, P) = kL(f, P)$$

여기서 1.3절 연습문제 5 내용이 사용되었다. f는 적분가능하므로 식 (1)을 만족하는 분할 (P_n)이 존재한다. 함수 (kf)로 관심을 돌리면 다음이 성립함을 알 수 있다.

$$\begin{aligned}\lim_{n\to\infty} [U(kf, P_n) - L(kf, P_n)] &= \lim_{n\to\infty} k\,[U(f, P_n) - L(f, P_n)] \\ &= 0\end{aligned}$$

따라서 (2)가 성립한다. $k < 0$일 때, 다음 식만 유의하면 증명은 비슷하다.

$$U(kf, P_n) = kL(f, P_n), \quad L(kf, P_n) = kU(f, P_n)$$

(1) 위와 비슷한 방법을 이용하여 증명할 수 있다. 이는 연습문제 5로 남긴다.

(3) 임의의 분할 P에 대해 다음이 성립함을 관찰하자.

$$U(f, P) \geq \int_a^b f \geq L(f, P)$$

끝점 a와 b만 포함하도록 P를 자명한 분할로 선택하면 (3)이 성립한다.

(4) $h = g - f$라 두고 (1), (2), (3)을 이용한다.

(5) $-|f(x)| \leq f(x) \leq |f(x)|$이므로 $|f|$가 실제로 $[a, b]$에서 적분가능함을 보일 수 있다면 (5)는 (4)에 의해 성립한다. $|f|$가 적분가능하다는 증명은 연습문제 1에서 다룬다. ◀

지금까지 $\int_a^b f$는 $a < b$인 경우에만 정의했다.

정의 7.4.3 f가 구간 $[a,b]$에서 적분가능할 때, 다음과 같이 정의한다.

$$\int_b^a f = -\int_a^b f$$

또한 $c \in [a,b]$에 대해 다음과 같이 정의한다.

$$\int_c^c f = 0$$

정의 7.4.3은 적분 계산을 간단히 만들기 위해 관습적으로 사용한다. f가 어떤 구간 I에서 적분가능한 함수면 정리 7.4.1에서 소개한 다음 등식이 I에서 아무렇게나 고른 **임의의** 세 점 a, b, c에 대해 성립하는지 각자 확인해 보자. 어렵지 않다.

$$\int_a^b f = \int_a^c f + \int_c^b f$$

고른 수렴과 적분

이제 아주 자연스럽게 다음 질문을 떠올릴 수 있다. (f_n)이 $[a,b]$에서 적분가능한 함수열이고 $f_n \to f$일 때 다음 극한 (2)가 성립할까?

$$\int_a^b f_n \to \int_a^b f \tag{2}$$

이 식은 해석학의 중요한 주제를 담고 있다. 어떤 상황에서 적분과 같은 수학적 조작이 극한을 취하는 과정에 순응할까?

점별수렴할 때는 엉뚱한 일이 부지기수로 발생할 수 있다. 각 f_n이 적분가능하지만 극한 함수 f는 적분가능하지 않다거나(7.3절 연습문제 5 참고) 극한 함수 f가 적분가능해도 식 (2)는 성립하지 않을 수 있다. 예를 들어 다음 함수를 생각하자.

$$f_n(x) = \begin{cases} n & (0 < x < 1/n) \\ 0 & (x = 0 \text{ 또는 } x \geq 1/n) \end{cases}$$

각 f_n은 $[0,1]$에서 불연속점이 2개이며 적분가능하고 $\int_0^1 f_n = 1$이다. 각 $x \in [0,1]$에 대해 $\lim f_n(x) = 0$이므로 $[0,1]$에서 f_n은 0으로 점별수렴한다. 하지만 극한 함수 $f = 0$을 적분하면 분명히 0이고, 다음이 성립한다.

$$0 \neq \lim_{n\to\infty} \int_0^1 f_n$$

방금 소개한 예를 살짝 수정하면 $\lim \int_0^1 f_n$이 존재하지 않고 식 (2)도 성립하지 않는 경우를 만들 수 있다.

이 모든 문제를 해결하는 방법 중에 하나는 고르게 수렴한다는 가정을 추가하는 방법이 있다.

정리 7.4.4 적분과 고른 수렴

$[a,b]$에서 f_n이 f로 고르게 수렴하고 각 f_n이 적분가능하다고 가정하자. 이때 f는 적분가능하며 다음이 성립한다.

$$\lim_{n\to\infty}\int_a^b f_n = \int_a^b f$$

증명 f가 적분가능함은 7.2절 연습문제 5에서 증명했다. 정리 7.4.2에 소개한 적분의 성질에 따르면 임의의 f_n에 대해 다음이 성립한다.

$$\left|\int_a^b f_n - \int_a^b f\right| = \left|\int_a^b (f_n - f)\right| \leq \int_a^b |f_n - f|$$

$\epsilon > 0$을 임의로 두자. f_n이 f로 고르게 수렴하므로 어떤 N이 있어 다음이 성립한다.

$$\text{모든 } n \geq N \text{과 } x \in [a,b] \text{에 대해} \quad |f_n(x) - f(x)| < \epsilon/(b-a)$$

따라서 $n \geq N$에 대해 다음이 성립한다.

$$\left|\int_a^b f_n - \int_a^b f\right| \leq \int_a^b |f_n - f| \leq \int_a^b \frac{\epsilon}{b-a} = \epsilon$$

◀

7.4 연습문제

1. 집합 A에서 유계 함수 f에 대하여 M, M', m, m'을 각각 다음과 같이 정의한다.

$$M = \sup\{f(x) : x \in A\}, \qquad m = \inf\{f(x) : x \in A\}$$
$$M' = \sup\{|f(x)| : x \in A\}, \quad m' = \inf\{|f(x)| : x \in A\}$$

다음 물음에 답하라.

(a) $M - m \geq M' - m'$임을 보여라.

(b) f가 구간 $[a,b]$에서 적분가능하면 $|f|$도 이 구간에서 적분가능함을 보여라.

(c) $|\int_a^b f| \le \int_a^b |f|$가 성립함을 증명하라.

2. 다음 물음에 답하라.

(a) $g(x) = x^3$이라 할 때, (i), (ii), (iii)이 양수인지 음수인지 또는 0인지 판별하라.

$$\text{(i)} \int_0^{-1} g + \int_0^1 g \qquad \text{(ii)} \int_1^0 g + \int_0^1 g \qquad \text{(iii)} \int_1^{-2} g + \int_0^1 g$$

(b) $b \le a \le c$이고 f가 구간 $[b, c]$에서 적분가능할 때도 $\int_a^b f = \int_a^c f + \int_c^b f$가 성립함을 보여라.

3. 다음 중 참인 가설을 찾고 짧게 증명하라. 참이 아니면 반례를 제시하라.

(a) $|f|$가 $[a, b]$에서 적분가능하면 f도 이 구간에서 적분가능하다.

(b) g가 적분가능하고 $[a, b]$에서 $g(x) \ge 0$이라고 가정하자. 무한히 많은 점 $x \in [a, b]$에 대해 $g(x) > 0$이면 $\int_a^b g > 0$이다.

(c) g가 $[a, b]$에서 연속이고 $g(x) \ge 0$이며 적어도 한 점 $y_0 \in [a, b]$에 대해 $g(y_0) > 0$이면 $\int_a^b g > 0$이다.

4. 모든 $x \in [a, b]$에 대해 $f(x) > 0$이고 f가 적분가능하면 $\int_a^b f > 0$임을 보여라.

5. f와 g가 $[a, b]$에서 적분가능한 함수라고 하자. 다음 물음에 답하라.

(a) P가 $[a, b]$의 임의의 분할이면 다음이 성립함을 보여라.

$$U(f + g, P) \le U(f, P) + U(g, P)$$

위 부등식에서 등호가 성립하지 않는 구체적인 예를 들어라. 대응되는 하합에 대한 부등식은 어떤 꼴인가?

(b) 정리 7.4.2(2)의 증명을 복습하고 이 정리의 (1)을 증명하라.

6. 정리 7.4.2 내용의 일부는 아니지만 적분가능한 함수의 곱은 적분가능하다. 이를 증명하기 위해 다음 순서에 따라 증명의 세부 내역을 완성하라.

(a) f가 $[a, b]$에서 $|f(x)| \le M$일 때, 다음을 보여라.

$$|(f(x))^2 - (f(y))^2| \le 2M|f(x) - f(y)|$$

(b) $[a, b]$에서 f가 적분가능하면 f^2도 적분가능함을 증명하라.

(c) f 와 g 가 적분가능하면 fg 도 적분가능함을 보여라.

힌트 $(f+g)^2$ 을 생각하자.

7. 정리 7.4.4 바로 전의 논의를 다시 확인하고 다음 물음에 답하라.

(a) $[0,1]$ 에서 0으로 점별수렴하지만 $\lim_{n\to\infty}\int_0^1 f_n$ 은 존재하지 않는 함수열 f_n 의 예를 찾아라.

(b) $\int_0^1 g_n \to 0$ 이지만 $g_n(x)$ 는 어느 $x \in [0,1]$ 에서도 0으로 수렴하지 않는 함수열 g_n 의 예를 찾아라. 문제를 좀 더 흥미롭게 하기 위해서 모든 x 와 n 에 대해 $g_n(x) \geq 0$ 이라는 조건을 추가하고, 이 경우의 예도 찾아라.

8. 각 $n \in \mathbf{N}$ 에 대해 $h_n(x) = \begin{cases} 1/2^n & (1/2^n < x \leq 1) \\ 0 & (0 \leq x \leq 1/2^n) \end{cases}$ 이라 정의하자. 그리고 $H(x) = \sum_{n=1}^{\infty} h_n(x)$ 이라 두자. H 가 적분가능함을 보이고 $\int_0^1 H$ 를 계산하라.

9. g_n 과 g 가 $[0,1]$ 에서 고르게 유계라고 하자. **고르게 유계(uniformly bounded)** 는 어떤 $M > 0$ 이 있어 모든 $n \in \mathbf{N}$ 과 $x \in [0,1]$ 에 대해 $|g(x)| \leq M$ 이고 $|g_n(x)| \leq M$ 임을 의미한다. g_n 이 $[0,1]$ 에서 g 로 점별로 수렴하고 임의의 $[0,\alpha]$ 꼴인 집합에서 g 로 고르게 수렴한다고 가정하자(단, $0 < \alpha < 1$). g_n 과 g 가 모두 적분가능하면 $\lim_{n\to\infty}\int_0^1 g_n = \int_0^1 g$ 임을 보여라.

10. g 가 $[0,1]$ 에서 적분가능하고 0에서 연속이라고 가정하자. 이때 다음을 보여라.

$$\lim_{n\to\infty}\int_0^1 g(x^n)dx = g(0)$$

11. 7.2절에서 적분가능성의 원래 정의와 특히 상적분 $U(f)$ 의 정의를 다시 확인하자. 정의 7.2.7에서 도입된 복잡함을 걸러뛰기 위해 단순히 $U(f)$ 값을 적분값으로 정의하면 어떨까? 그럼 **모든** 유계 함수는 적분가능하다! 솔깃한 이야기지만 이런 식으로 진행하면 몇 가지 치명적인 문제가 발생한다. 적분가능성 정의를 모든 유계 함수 f 에 대해 $\int_a^b f = U(f)$ 로 바꿀 경우 정리 7.4.2에서 더 이상 성립하지 않는 성질이 몇 가지 있다. 예를 들어 보여라.

7.5 미분적분학의 기본정리

미분과 적분은 독립적으로 정의되었고, 각각 수학적으로 엄밀한 용어로 기술되었다. 미분의 정의는 접선의 기울기를 찾는 문제에서 비롯되었으며, 함수의 평균변화율의 극한으로 표현된다. 상수가 아닌 함수의 그래프 아래 넓이를 계산하려는 시도는 유한합의 상한과 하한을 이용한 적분의 정의로 이어졌다. 미분적분학의 기본정리는 놀랍게도 이 둘 사이에 역연산 관계가 있음을 설명한다.

정리는 두 부분으로 되어 있다. 첫 번째 부분은 특정 구간에서 적분 값을 얻기 위해 어떻게 역도함수를 사용할 수 있는지 설명하는 계산적 측면의 명제다. 두 번째 부분은 좀 더 이론적인데, 모든 연속함수는 부정적분의 도함수임을 나타낸다.

정리 7.5.1 미분적분학의 기본정리(fundamental theorem of calculus)

(1) $f : [a, b] \to \mathbf{R}$가 적분가능하고 $F : [a, b] \to \mathbf{R}$가 모든 $x \in [a, b]$에 대해 $F'(x) = f(x)$이면 다음이 성립한다.

$$\int_a^b f = F(b) - F(a)$$

(2) $g : [a, b] \to \mathbf{R}$가 적분가능하다고 하고 $x \in [a, b]$에 대해 다음과 같이 정의하자.

$$G(x) = \int_a^x g$$

이때 G는 $[a, b]$에서 연속이다. g가 어떤 점 $c \in [a, b]$에서 연속이면 G는 c에서 미분가능하며 $G'(c) = g(c)$이다.

증명 (1) P를 $[a, b]$의 분할이라 하고 P의 부분구간 $[x_{k-1}, x_k]$에서 F에 대해 평균값 정리를 적용하자. 그러면 다음을 만족하는 점 $t_k \in (x_{k-1}, x_k)$가 존재한다.

$$\begin{aligned} F(x_k) - F(x_{k-1}) &= F'(t_k)(x_k - x_{k-1}) \\ &= f(t_k)(x_k - x_{k-1}) \end{aligned}$$

이제 상합 $U(f, P)$와 하합 $L(f, P)$를 생각하자. $m_k \leq f(t_k) \leq M_k$이므로 다음이 성립한다(단, m_k는 $[x_{k-1}, x_k]$에서의 함숫값의 하한이고 M_k는 상한이다).

$$L(f, P) \leq \sum_{k=1}^{n} [F(x_k) - F(x_{k-1})] \leq U(f, P)$$

그런데 가운데 합은 망원급수(telescoping series)이므로 다음이 성립한다.

$$\sum_{k=1}^{n}[F(x_k) - F(x_{k-1})] = F(b) - F(a)$$

이는 분할 P에 의존하지 않는 **독립적인** 값이다. 따라서 다음이 성립한다.

$$L(f) \le F(b) - F(a) \le U(f)$$

$L(f) = U(f) = \int_a^b f$이므로 $\int_a^b f = F(b) - F(a)$라고 결론 지을 수 있다.

(2) 구간 $[a, b]$에서 $x > y$를 취하고 다음을 관찰하자.

$$|G(x) - G(y)| = \left|\int_a^x g - \int_a^y g\right| = \left|\int_y^x g\right| \le \int_y^x |g| \le M(x-y)$$

이때 $M > 0$은 $|g|$의 상계다. G가 립쉬츠 함수고 따라서 $[a, b]$에서 고른 연속임을 보일 수 있다(4.4절 연습문제 9).

이제 g가 $c \in [a, b]$에서 연속이라고 가정하자. $G'(c) = g(c)$임을 보이기 위해 $G'(c)$를 다음과 같이 변화율의 극한으로 다시 쓰자.

$$\begin{aligned}\lim_{x\to c}\frac{G(x) - G(c)}{x - c} &= \lim_{x\to c}\frac{1}{x-c}\left(\int_a^x g(t)\ dt - \int_a^c g(t)\ dt\right)\\ &= \lim_{x\to c}\frac{1}{x-c}\left(\int_c^x g(t)\ dt\right)\end{aligned}$$

이 극한값이 $g(c)$와 같음을 보이고자 한다. 따라서 $\epsilon > 0$이 주어질 때, $|x - c| < \delta$이면 식 (1)이 성립하도록 하는 $\delta > 0$를 찾아야 한다.

$$\left|\frac{1}{x-c}\left(\int_c^x g(t)\,dt\right) - g(c)\right| < \epsilon \tag{1}$$

g가 연속이므로 $|g(t) - g(c)|$의 크기를 얼마든지 작게 만들 수 있다. 구체적으로 다음을 만족하는 $\delta > 0$가 존재한다.

$$|t - c| < \delta\text{면}\quad |g(t) - g(c)| < \epsilon$$

이를 활용하여 상수 $g(c)$를 다음과 같이 영리하게 쓰자.

$$g(c) = \frac{1}{x-c}\int_c^x g(c)\,dt$$

그리고 식 (1)의 두 항을 하나의 적분으로 묶는다. 적분 변수 t가 c와 x 사이에 있을 때 $|x-c| \geq |t-c|$임을 염두에 두면, 모든 $|x-c| < \delta$에 대해 다음을 얻는다($x > c$일 때와 $x < c$일 때 모두 성립함에 유의하라).

$$\begin{aligned}\left|\frac{1}{x-c}\left(\int_c^x g(t)\,dt\right) - g(c)\right| &= \left|\frac{1}{x-c}\int_c^x (g(t)-g(c))\,dt\right| \\ &\leq \frac{1}{(x-c)}\int_c^x |g(t)-g(c)|\,dt \\ &< \frac{1}{(x-c)}\int_c^x \epsilon\,dt = \epsilon\end{aligned}$$ ◀

7.5 연습문제

1. 다음 물음에 답하라.

(a) $f(x) = |x|$에 대해 $F(x) = \int_{-1}^x f$라고 정의하자. 구간을 나누어서 모든 x에 대하여 $F(x)$에 대한 식을 찾아라. F가 연속인 점, 미분가능한 점, $F'(x) = f(x)$인 점을 각각 찾아라.

(b) 함수 $f(x) = \begin{cases} 1 & (x < 0) \\ 2 & (x \geq 0) \end{cases}$에 대하여 (a)를 반복하라.

2. 다음 명제의 참-거짓을 판단하고 그 이유를 간단히 설명하라.

(a) 어떤 함수 h가 존재하여 $[a,b]$에서 $g = h'$이면 g는 $[a,b]$에서 연속이다.

(b) g가 $[a,b]$에서 연속이면 어떤 h가 있어 $[a,b]$에서 $g = h'$이다.

(c) $H(x) = \int_a^x h$가 $c \in [a,b]$에서 미분가능하면 h는 c에서 연속이다.

3. 정리 7.5.1(1)의 모든 $x \in [a,b]$에 대해 $F'(x) = f(x)$라는 가정은 필요한 것보다 약간 더 강한 조건이다. 증명을 유심히 읽고, 증명이 성립하기 위해 최소한으로 필요한 f와 F의 관계를 구체적으로 서술하라.

4. $f : [a,b] \to \mathbf{R}$가 연속이고 모든 $x \in [a,b]$에 대해 $\int_a^x f = 0$이면 $[a,b]$ 전체에서 $f(x) = 0$임을 보여라. f가 연속이 아니면 결론이 성립하지 않는 예를 찾아라.

5. 도함수열이 연속이라는 가정을 추가하고 미분적분학의 기본정리를 이용하면 정리 6.3.1을 더 짧게 증명할 수 있다.

$[a, b]$에서 f_n이 f로 점별수렴하고 f'_n이 g로 고르게 수렴한다고 가정하자. 각 f'_n이 연속이라고 가정하면 정리 7.5.1(1)을 적용하여 모든 $x \in [a, b]$에 대해 다음을 얻을 수 있다.

$$\int_a^x f'_n = f_n(x) - f_n(a)$$

$g(x) = f'(x)$임을 보여라.

6. [부분적분법(integration-by-parts)] 다음 물음에 답하라.

(a) $h(x)$와 $k(x)$가 $[a, b]$에서 연속인 도함수를 가진다고 가정하고 다음 부분적분법 공식을 유도하라. 여러분은 이 공식이 이미 익숙할 것이다.

$$\int_a^b h(t)k'(t)dt = h(b)k(b) - h(a)k(a) - \int_a^b h'(t)k(t)dt$$

(b) 7.4절 연습문제 6의 결과를 이용하여 (a)의 가정을 어느 정도로 약화시킬 수 있는지 설명하라.

7. 정리 7.5.1(2)를 이용하여 정리 7.5.1(1)에 대한 다른 증명을 f가 연속함수라는 가정하에 구성하라.

힌트 $G(x) = \int_a^x f$라고 두고 시작하라.

8. [자연로그와 오일러 상수] 함수 $L(x)$를 다음과 같이 정의하자(단, $x > 0$). 아래 물음에 답하라.

$$L(x) = \int_1^x \frac{1}{t}\, dt$$

(a) $L(1)$ 값을 구하라. L이 미분가능한 이유를 설명하고 $L'(x)$를 구하라.

(b) $L(xy) = L(x) + L(y)$임을 보여라.

힌트 y를 상수로 생각하고 $g(x) = L(xy)$를 미분하라.

(c) $L(x/y) = L(x) - L(y)$임을 보여라.

(d) 다음과 같이 수열을 정의하자.

$$\gamma_n = \left(1 + \frac{1}{2} + \frac{1}{3} + \cdots + \frac{1}{n}\right) - L(n)$$

(γ_n)이 수렴함을 증명하라. 상수 $\gamma = \lim \gamma_n$을 **오일러 상수(Euler's constant)**라고 부른다.

(e) 수열 $\gamma_{2n} - \gamma_n$을 이용하여 다음 등식을 유도하라.

$$L(2) = 1 - \frac{1}{2} + \frac{1}{3} - \frac{1}{4} + \frac{1}{5} - \frac{1}{6} + \cdots$$

9. 구간 $[a, b]$에서 정의된 함수 f에 대하여 f의 **전변동(total variation)**을 다음과 같이 정의한다.

$$Vf = \sup \left\{ \sum_{k=1}^{n} |f(x_k) - f(x_{k-1})| \right\}$$

이때 상한은 $[a, b]$의 모든 분할 $P = \{x_0, x_1, \ldots, x_n\}$에 대하여 취한다. 다음 물음에 답하라.

(a) 도함수 f'이 존재하고 연속인 함수 f에 대해 미분적분학의 기본정리를 이용하여 $Vf \le \int_a^b |f'|$임을 보여라.

(b) 평균값 정리를 이용하여 역방향 부등식을 보이고 따라서 $Vf = \int_a^b |f'|$이라는 결론을 지어라.

10. [치환적분법] $g : [a, b] \to \mathbf{R}$가 미분가능하고 g'이 연속이라 가정하자. $f : [c, d] \to \mathbf{R}$가 연속이고 g의 치역이 $[c, d]$에 포함되어 합성함수 $f \circ g$가 잘 정의된다고 가정하자. 다음 물음에 답하라.

(a) f의 역도함수가 존재한다고 확신할 수 있는 이유는 무엇인가? $(f \circ g)g'$은 어떤가?

(b) 치환적분법 공식을 증명하라.

$$\int_a^b f(g(x))g'(x)dx = \int_{g(a)}^{g(b)} f(t)dt$$

11. f가 $[a, b]$에서 적분가능하고 $c \in (a, b)$에서 '비약 불연속점'을 가진다고 가정하자. 다시 말해 x가 c로 다가갈 때 좌극한과 우극한이 모두 존재하지만 다음과 같이 극한값이 다르다(이 현상은 4.6절에서 자세히 설명했다).

$$\lim_{x \to c^-} f(x) \ne \lim_{x \to c^+} f(x)$$

다음 물음에 답하라.

(a) 이때 $F(x) = \int_a^x f$는 $x = c$에서 미분가능하지 않음을 보여라.

(b) 5.5절에서 연속이고 단조함수지만 $\mathbf{R}$의 조밀한 부분집합에서 미분가능하지 않은 함수가 존재함을 설명했다. (a)의 결과와 6.4절 연습문제 10을 결합하여 그러한 함수를 구성하라.

7.6 리만 적분가능성에 대한 르베그 판정법

이제 연속성과 리만 적분 사이의 관계를 다시 생각해 보자. 앞서 우리는 연속함수와 유한개의 불연속점만을 가지는 함수가 적분가능함을 증명했다. 이와 반대되는 경우로 $[0, 1]$의 모든 점에서 불연속인 디리클레 함수가 리만 적분가능하지 않음을 보았다. 다음 예에 따르면 무한개 불연속점을 가지는 함수, 심지어 셀 수 없이 많은 불연속점을 가지는 함수라 하더라도 적분가능할 수도 있다. (이러한 예는 7.3절의 연습문제에서도 확인할 수 있다.)

무한개 불연속점을 가지는 리만 적분가능한 함수

4.1절에서 토메 함수 $t(x)$는 무리수 점에서 연속이고 모든 유리수 점에서 불연속임을 확인했다.

$$t(x) = \begin{cases} 1 & (x=0) \\ 1/n & (x = m/n \in \mathbf{Q}\backslash\{0\}, \text{ 단 } m/n \text{은 기약분수로 } n \text{은 자연수}) \\ 0 & (x \notin \mathbf{Q}) \end{cases}$$

이제 토메 함수가 $[0,1]$에서 적분가능하고 $\int_0^1 t = 0$임을 증명하자.

$\epsilon > 0$이라 하자. $U(t, P_\epsilon) - L(t, P_\epsilon) < \epsilon$이도록 하는 $[0,1]$의 분할 P_ϵ을 찾으면 증명이 끝난다.

문제 1 다음 물음에 답하라.

(a) $[0,1]$의 임의의 분할 P에 대해 $L(t,P)=0$임을 증명하라.

(b) 집합 $D_{\epsilon/2} = \{x : t(x) \geq \epsilon/2\}$을 생각하자. $D_{\epsilon/2}$에는 원소가 얼마나 많이 있는가?

(c) 증명을 마무리하기 위해 $U(t,P_\epsilon) < \epsilon$이 되게 하는 $[0,1]$의 분할 P_ϵ을 구성하는 방법을 설명하라.

우리는 3.1절에서 칸토어 집합 C를 처음 만났다. 그 이후에 C는 콤팩트 집합이며 구간 $[0,1]$의 셀 수 없는 부분집합임을 증명했다.

문제 2 함수 $h(x) = \begin{cases} 1 & (x \in C) \\ 0 & (x \notin C) \end{cases}$에 대한 다음 물음에 답하라.

(a) h가 C에서 불연속이고 C의 여집합에서 연속임을 보여라. 따라서 h는 셀 수 없는 집합에서 연속이 아니다.

(b) h가 $[0,1]$에서 적분가능함을 증명하라.

측도가 0인 집합

토메 함수는 $[0,1]$의 모든 유리수 점에서 연속이 아니다. 이 집합은 무한하지만 $\mathbf{Q}$의 임의의 무한 부분집합은 셀 수 있는 집합임을 확인한 바 있다. 셀 수 있는 무한집합은 무한집합 중에서 가장 작은 집합이다. 칸토어 집합은 셀 수 없는 집합이지만 이제부터 엄밀하게 구성할 관점에 따르면 역시 작은 집합이다.

우리는 3.1절에서 칸토어 집합의 길이(length)가 0이라고 주장했다. 칸토어 집합의 길이를 생각한다는 게 다소 어색할 것이다. 지금까지 길이는 구간 또는 구간의 유한합집합에만 사용했기 때문이다. 길이 개념을 더 일반적인 집합으로 일반화한 개념으로 **측도**(measure)가 있다. 이번 절에서는 **측도가** 0인 부분집합을 다룬다.

정의 7.6.1 집합 $A \subset R$이 다음 성질을 만족할 때 **측도가 0(measure zero)**인 집합이라 한다. 임의의 $\epsilon > 0$에 대하여 열린 구간 O_n의 가산 모임(countable collection)이 존재하여 A가 O_n의 합집합에 포함되고, O_n의 길이를 모두 합하면 ϵ 보다 작거나 같다. 즉, 구간 O_n의 길이를 $|O_n|$으로 나타내면 $A \subseteq \bigcup_{n=1}^{\infty} O_n$, $\sum_{n=1}^{\infty} |O_n| \le \epsilon$이다.

예제 7.6.2 유한집합 $A = \{a_1, a_2, \ldots, a_N\}$을 생각하자. A의 측도가 0임을 보이기 위해 $\epsilon > 0$을 임의로 두자. 각 $1 \le n \le N$에 대해 구간을 다음과 같이 구성한다.

$$G_n = \left(a_n - \frac{\epsilon}{2N}, a_n + \frac{\epsilon}{2N}\right)$$

A는 분명히 구간 G_n의 합집합에 포함되며 다음이 성립한다.

$$\sum_{n=1}^{N} |G_n| = \sum_{n=1}^{N} \frac{\epsilon}{N} = \epsilon$$

문제 3 임의의 셀 수 있는 집합은 측도가 0임을 보여라.

문제 4 칸토어 집합은 측도가 0임을 증명하라.

문제 5 두 집합 A와 B의 측도가 각각 0이면 $A \cup B$도 측도가 0임을 보여라. 또한, 측도가 0인 집합의 셀 수 있는 합집합도 측도가 0임을 증명하라.

힌트 두 번째 명제를 엄밀히 증명하려면 2.8절에서 다룬 이중합에 대한 결과를 사용해야 한다.

α-연속성

정의 7.6.3 f가 $[a,b]$에서 정의되고 $\alpha > 0$이라 하자. 어떤 $\delta > 0$가 존재하여 모든 $y, z \in (x-\delta, x+\delta)$에 대해 $|f(y)-f(z)| < \alpha$일 때, 함수 f는 $x \in [a,b]$에서 **α–연속(α–continuous)**이라고 한다.

닫힌 구간 $[a,b]$에서 유계인 함수 f와 $\alpha > 0$에 대해 D^{α}를 $[a,b]$에서 함수 f가 α–연속이지 않은 점들의 집합이라 정의하자. 다시 말해 D^{α}는 다음과 같다.

$$D^{\alpha} = \{x \in [a,b] : f\text{는 } x\text{에서 } \alpha\text{–연속이 아니다.}\} \tag{1}$$

α–연속성의 개념은 4.6절에서 소개한 바 있다. 이때 다루었던 연습문제를 다시 한 번 소개하겠다.

문제 6 $\alpha < \alpha'$이면 $D^{\alpha'} \subseteq D^{\alpha}$임을 보여라(4.6절 문제 9 참고).

이제 다음과 같은 집합을 생각하자.

$$D = \{x \in [a,b] : f \text{ 는 } x\text{에서 연속이 아니다. }\} \tag{2}$$

문제 7 다음 물음에 답하라.

(a) $\alpha > 0$에 대하여 f가 $x \in [a,b]$에서 연속이면 x에서 α–연속임을 보여라. 이로부터 $D^{\alpha} \subseteq D$를 보이는 방법을 설명하라.

(b) f가 x에서 연속이 아니면 f는 어떤 $\alpha > 0$에 대해 α–연속이 아님을 보여라. 이로부터 다음 등식을 유도하라.

$$D = \bigcup_{n=1}^{\infty} D^{\alpha_n} \qquad (\text{단, } \alpha_n = 1/n)$$

문제 8 모든 $\alpha > 0$에 대해 집합 D^{α}는 닫힌 집합임을 증명하라.

연속과 마찬가지로 α–연속성은 점별로 정의되었다. 연속과 마찬가지로 '고른 성질(uniformity)'이 중요한 역할을 할 것이다.

주어진 $\alpha > 0$에 대해 어떤 $\delta > 0$가 있어 x와 y가 $|x-y| < \delta$를 만족하는 A의 점이라 하자. 이때 $|f(x)-f(y)| < \alpha$이면 함수 $f : A \to \mathbf{R}$가 **A에서 고른 α–연속(uniformly α–continuous** on A)이라고 한다. 정리 4.4.7의 증명과 비슷한 방식으로 f가 어떤 콤팩트 집합의 모든 점에서 α-연속이면 K에서 고른 α-연속임을 보일 수 있다.

콤팩트 다시 보기

실수의 부분집합이 콤팩트 집합이라는 것은 다음 3가지 방법으로 기술할 수 있다. 이 3가지 방법은 동치다. 다음 정리는 3.3절 말미에 등장한 바 있다.

> **정리 7.6.4** K가 $\mathbf{R}$의 부분집합이라고 하자. 다음 명제는 모두 동치다. 즉 셋 중 하나를 가정하면 나머지 둘을 유도할 수 있다.
>
> **(1)** K에 있는 모든 수열은 K에서 수렴하는 부분수열을 가진다.
>
> **(2)** K는 닫힌 집합이며 유계다.
>
> **(3)** K를 덮는 열린 덮개 $\{G_\lambda : \lambda \in \Lambda\}$가 주어지면($K \subseteq \bigcup_{\lambda\in\Lambda} G_\lambda$) **유한개** 부분 덮개 $\{G_{\lambda_1}, G_{\lambda_2}, G_{\lambda_3}, \ldots, G_{\lambda_N}\}$가 존재하여 여전히 K를 덮는다.

(1)과 (2)가 동치라는 사실은 이 책 전반에 걸쳐 핵심적으로 언급한 내용이다. (3)은 그리 자주 사용하지 않았지만, 앞으로의 증명에 필수적이다. 열린 덮개 관점에서 설명한 콤팩트성이 익숙하지 않다면 잠시 시간을 내어 3.3절 후반부를 복습하고 3.3절 연습문제 9에 요약된 (1)과 (2)가 (3)을 암시한다는 증명을 완성하라.

르베그 정리

이제 연속성 관점에서 리만 적분가능한 함수의 모임을 완전히 분류할 수 있다.

> **정리 7.6.5 르베그 정리(Lebesgue's theorem)**
>
> 구간 $[a, b]$에서 정의된 유계 함수 f가 리만 적분가능하기 위한 필요충분조건은 f의 불연속점 집합이 측도가 0인 것이다.

증명 모든 $x \in [a, b]$에 대하여 $|f(x)| \leq M$이 되도록 $M > 0$을 정하고 D와 D^α를 위의 식 (1)과 식 (2)처럼 정의하자. 먼저 D의 측도가 0이라고 가정하고 주어진 함수가 적분가능함을 증명하자.

($\Leftarrow$) $\epsilon > 0$이라 하고 α를 다음과 같이 두자.

$$\alpha = \frac{\epsilon}{2(b-a)}$$

문제 9 합집합이 D^α를 포함하고 $\sum_{n=1}^{N} |G_n| < \frac{\epsilon}{4M}$을 만족하는 **유한개**의 서로소인 열린 구간 $\{G_1, G_2, \ldots, G_N\}$이 있음을 보여라.

문제 10 구간 $[a, b]$에서 열린 구간 G_n을 모두 제거하고 남은 집합을 K라고 하자. 즉, 다음과 같다.

$$K = [a, b] \setminus \bigcup_{n=1}^{N} G_n$$

f가 K에서 고른 α–연속임을 증명하라.

문제 11 $U(f, P_\epsilon) - L(f, P_\epsilon) \leq \epsilon$이 되게 하는 $[a, b]$의 분할 P_ϵ을 구성하는 방법을 설명하여 정방향 증명을 완성하라. 다음 합을 두 부분(하나는 D^α의 점을 포함하는 부분구간에서의 합, 다른 하나는 그렇지 않은 부분구간에서의 합)으로 나누면 도움이 될 것이다.

$$U(f, P_\epsilon) - L(f, P_\epsilon) = \sum_{k=1}^{n} (M_k - m_k) \Delta x_k$$

($\Rightarrow$) 역방향을 증명하기 위해 f가 리만 적분가능하다고 가정하자. f의 불연속점 집합 D는 측도가 0임을 증명해야 한다.

$\epsilon > 0$을 임의로 하고 $\alpha > 0$를 고정하자. f는 리만 적분가능하므로 $U(f, P_\epsilon) - L(f, P_\epsilon) < \alpha\epsilon$이 되는 $[a, b]$의 분할 P_ϵ이 존재한다.

문제 12 다음 물음에 답하라.

(a) D^α의 측도가 0임을 증명하라. 유한개의 열린 구간으로 이루어진 D^α의 덮개를 고를 수 있음에 주목하자.

(b) D의 측도가 0임을 설명하라.

이로써 정리 7.6.5의 증명이 끝났다. ◀

이제 7장은 르베그 정리를 이용하여 적분가능하지 않은 도함수를 찾는 일만 남았다. 이 훌륭한 르베그 정리를 응용하면 다른 여러 결과를 이끌어 낼 수도 있다.

문제 13 다음 물음에 답하라.

(a) f와 g가 $[a, b]$에서 적분가능하면 곱 fg도 적분가능함을 보여라. 이는 7.4절 연습문제 6에서도 다루었지만, 지금은 훨씬 쉽게 증명할 수 있다.

(b) g가 $[a, b]$에서 적분가능하고 f가 g의 치역에서 연속이면 합성함수 $f \circ g$는 $[a, b]$에서 적분가능함을 보여라.

반대로 f가 적분가능하고 g가 연속이라고 가정하면 합성함수 $f \circ g$는 적분불가능할 수도 있다. 이러한 반례를 찾기 위해서는 좀 더 준비가 필요하다.

적분불가능한 도함수

지금까지 살펴본 함수 중에 적분불가능한 함수의 예는 디리클레 함수 하나뿐이고 디리클레 함수는 모든 점에서 불연속한 함수다. 이제 특별한 의미를 지닌 함수를 하나 더 소개하며 이번 절을 마치겠다. 미분적분학의 기본정리에 따르면 적분과 미분은 서로 역연산 관계다. 함수 f가 $[a, b]$에서 미분가능할 때, f'이 적분가능하면 미분적분학의 기본정리 (1)에 의해 다음이 성립한다.

$$\int_a^b f' = f(b) - f(a) \tag{3}$$

그런데 f'은 도함수라는 이유만으로도 적분가능해야 하지 않을까? 식 (3)은 의도치 않게 우리를 오도하곤 한다. 적분값에 대한 분명한 후보가 있기 때문에 **모든** 도함수가 적분가능하다고 생각하기 쉽다. 아쉽게도 리만 적분에 관한 한, 현실은 우리의 기대에 미치지 못한다. 이제 $\int_a^b f'$이 존재하지 않기 때문에 식 (3)이 성립하지 않는 미분가능한 함수 f를 구성해 보겠다.

다시 한 번 3.1절에서 정의한 칸토어 집합에 집중하자.

$$C = \bigcap_{n=0}^{\infty} C_n$$

첫 번째 단계로 $[0, 1]$에서 미분가능하고 도함수 $f'(x)$가 C의 모든 점에서 불연속인 함수 $f(x)$를 만들자. 다음과 같은 함수 $g(x)$에서 시작한다.

$$g(x) = \begin{cases} x^2 \sin(1/x) & (x > 0) \\ 0 & (x \leq 0) \end{cases}$$

문제 14 다음 물음에 답하라.

(a) $g'(0)$을 구하라.

(b) 미분법 공식을 이용해서 $x \neq 0$에 대해 $g'(x)$를 계산하라.

(c) 모든 $\delta > 0$에 대해 x가 집합 $(-\delta, \delta)$에서 움직일 때, $g'(x)$가 -1과 1 사이의 모든 값을 가지는 이유를 설명하라. g'은 $x = 0$에서 연속이지 않다는 결론을 내려라.

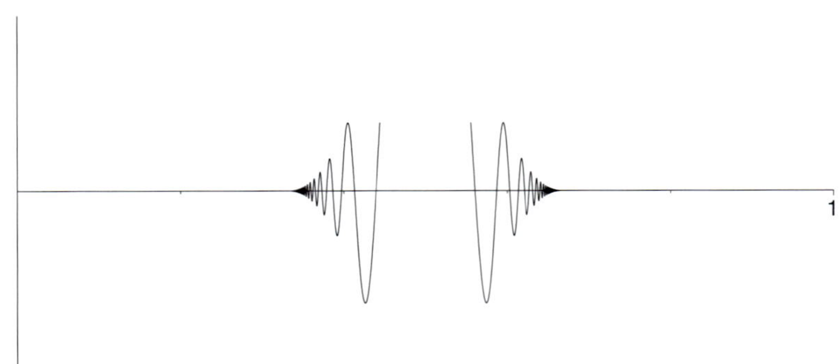

[그림 7.3] $f_1(x)$의 그래프

원점 근처에서 g의 행태를 집합 C_n을 구성하는 닫힌 구간의 각 끝점으로 옮기고 싶다. 여기서 C_n은 칸토어 집합을 정의할 때 등장한 집합이다. 이를 식으로 나타내면 좀 어색해 보이지만 기본 아이디어는 간단하다. 다음과 같이 시작하자.

$$\text{모든 } x \in C_0 = [0, 1] \text{에 대해} \quad f_0(x) = 0$$

f_1을 $[0, 1]$에서 정의하기 위해 먼저 다음과 같이 두자.

$$\text{모든 } x \in C_1 = \left[0, \tfrac{1}{3}\right] \cup \left[\tfrac{2}{3}, 1\right] \text{에 대해} \quad f_1(x) = 0$$

남은 가운데 열린 구간에는 g의 '복사본'들을 옮겨 놓아서 양 끝점에서 진동하게끔 만든다(그림 7.3 참고). 이를 식으로 나타내면 다음과 같다.

$$f_1(x) = \begin{cases} 0 & (x \in [0, 1/3]) \\ g(x - 1/3) & (x\text{가 } 1/3\text{의 약간 오른쪽에 있는 경우}) \\ g(-x + 2/3) & (x\text{가 } 2/3\text{의 약간 왼쪽에 있는 경우}) \\ 0 & (x \in [2/3, 1]) \end{cases}$$

마지막으로 두 진동하는 조각을 적절하게 이어붙여 f_1이 미분가능하고 다음을 만족하도록 한다.

$$|f_1(x)| \leq (x - 1/3)^2, \quad |f_1(x)| \leq (-x + 2/3)^2$$

이렇게 이어붙이는 작업은 그리 대단한 일이 아니다. 자세한 내용은 생략하고 양 끝점 $1/3$과 $2/3$에 주목하겠다. 이 두 점에서 $f_1'(x)$가 연속이 아니다.

$f_2(x)$를 정의하기 위해 $f_1(x)$에서 시작하여 같은 방법을 이번에는 두 열린 구간 $(1/9, 2/9)$와 $(7/9, 8/9)$에 적용한다. 그 결과 C_2에서 함숫값이 0이고 도함수가 다음 집합에서 연속이 아닌 미분 가능한 함수를 얻는다(그림 7.4 참고).

$$\left\{\frac{1}{9}, \frac{2}{9}, \frac{1}{3}, \frac{2}{3}, \frac{7}{9}, \frac{8}{9}\right\}$$

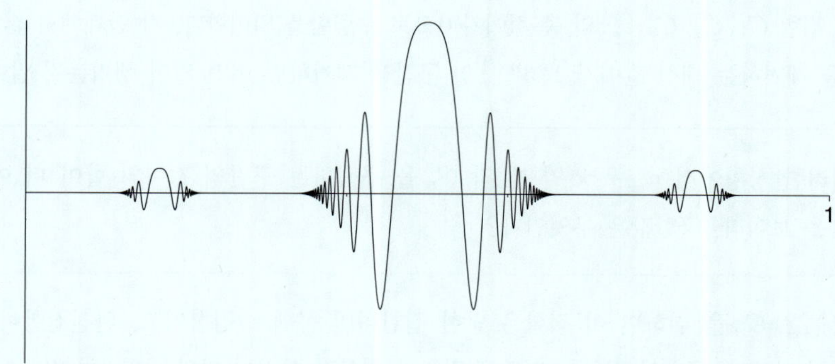

[그림 7.4] $f_2(x)$의 그래프

이런 식으로 계속하면 $[0, 1]$에서 정의된 함수열 $f_0, f_1, f_2, \ldots$를 얻는다.

문제 15 다음 물음에 답하라.

(a) $c \in C$이면 $\lim_{n\to\infty} f_n(c)$ 값은 무엇인가?

(b) $x \notin C$이면 $\lim_{n\to\infty} f_n(x)$ 값이 존재하는 이유를 설명하라.

이제 함수를 $f(x) = \lim_{n\to\infty} f_n(x)$라 두자.

문제 16 다음 물음에 답하라.

(a) 모든 $x \notin C$에 대해 $f'(x)$가 존재하는 이유를 설명하라.

(b) $c \in C$이면 모든 $x \in [0, 1]$에 대해 $|f(x)| \leq (x-c)^2$임을 증명하고, 이를 바탕으로 $f'(c) = 0$임을 설명하라.

(c) $f'(x)$가 C에서 연속이 아님을 증명하라. C에는 $C_1, C_2, C_3, \ldots$를 구성하는 구간의 끝점 외에 많은 점이 포함되어 있음을 주의해야 한다.

지금까지의 내용을 정리해 보자. 최종 목표는 적분불가능한 도함수를 만드는 것이다. 증명된 사실은 함수 $f(x)$는 미분가능하며 C에서 f'이 연속이 아니라는 것이다. 아직 끝나지 않았다.

문제 17 $f'(x)$가 $[0, 1]$에서 리만 적분가능한 이유는 무엇인가?

칸토어 집합이 측도가 0인 이유는 각 단계에서 길이가 $1/3^n$인 열린 구간 2^{n-1}개가 C_{n-1}에서 제거되기 때문이다. 이때 제거되는 길이의 총합은 다음과 같고 1로 수렴한다.

$$\sum_{n=1}^{\infty} 2^{n-1}\left(\frac{1}{3^n}\right)$$

이는 근사하는 집합 $C_1, C_2, C_3, \ldots$의 총 길이가 0으로 수렴함을 의미한다. 각 단계에서 길이가 $1/3^n$인 열린 구간을 제거하는 대신 길이가 $1/3^{n+1}$인 구간을 제거하면 어떤 일이 생기는지 알아보자.

문제 18 이러한 상황에서 $n \to \infty$일 때 각 C_n을 구성하는 구간의 길이의 합이 더 이상 0으로 수렴하지 않음을 보여라. 극한값은 무엇인가?

다시 교집합 $\bigcap_{n=0}^{\infty} C_n$을 취하면 이 집합은 닫힌 집합이며 콤팩트 집합이고, 완전집합이면서 어느 구간도 포함하지 않는다. 즉, 이 집합은 칸토어 집합과 위상적 성질이 거의 같다. 하지만 이전 연습문제에 따르면 이 집합은 더 이상 측도가 0이 아니다. 이는 바로 우리가 원하는 함수를 정의하기 위해 필요한 것이다. 이렇게 측도가 **양수**(strictly positive)인 새로운 칸토어–형태 집합에서 이전 $f(x)$의 구성을 반복하면 도함수가 불연속점한 점이 너무 많은 미분가능한 함수를 얻는다(그림 7.5 참고). 르베그 정리에 의하면 이 도함수는 리만 적분할 수 없다.

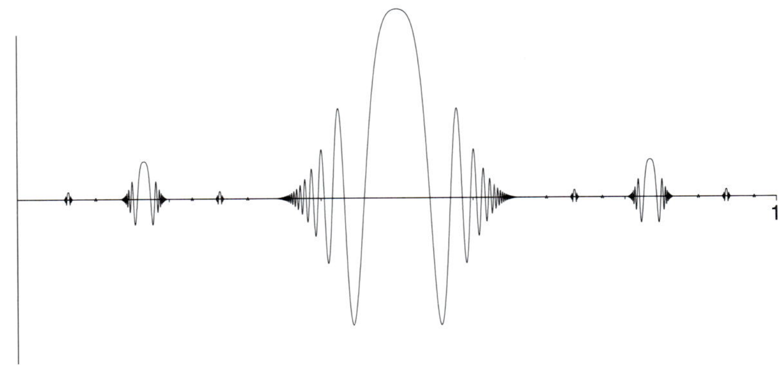

[그림 7.5] 도함수가 적분불가능한 미분가능한 함수

문제 19 적분가능한 함수 f와 연속 함수 g에 대하여 합성함수 $f \circ g$가 잘 정의되지만 적분불가능한 예를 찾아라. 문제 13에서 이러한 함수를 이미 예고했다. 4.3절 연습문제 12가 도움이 될 수 있다.

7.7 마치며

리만 적분의 정의는 연속함수를 적분하기 위해 만들어진 코시 적분을 수정한 것이다. 이러한 관점에서 보면 리만 적분은 완전히 성공적이다. 이제 적분 과정은, 적어도 연속함수에 대해서는, 미분과 독립적이고 자체적이며 엄밀한 기반 위에 세워졌다. 하지만 해석학이 발전함에 따라 연속성에 기반을 둔 적분 개념은 점차 문제가 되었다.

리만 적분에는 치명적인 단점이 있다. 바로 7.6절 마지막 예에서 다루었듯이 모든 도함수가 적분가능한 건 아니다. 리만 적분의 또 다른 단점은 함수열의 극한을 다룰 때 두드러진다. 감을 잡기 위해 4.1절에서 소개한 디리클레 함수 $g(x)$를 다시 생각해 보자. x가 유리수면 $g(x) = 1$이고 모든 무리수 점에서는 $g(x) = 0$이다. 잠시 구간 $[0, 1]$에 초점을 두고 다음 셀 수 있는 집합을 이 구간에 속하는 모든 유리수 점의 나열이라고 하자.

$$\{r_1, r_2, r_3, r_4 \ldots\}$$

$x = r_1$이면 $g_1(x) = 1$이고 그렇지 않으면 $g_1(x) = 0$이라고 정의하자. 이번에는 x가 r_1 또는 r_2이면 $g_2(x) = 1$이고 그렇지 않으면 $g_2(x) = 0$이라고 정의하자. 일반적으로 각 $n \in \mathbf{N}$마다 다음과 같이 정의한다.

$$g_n(x) = \begin{cases} 1 & (x \in \{r_1, r_2, \ldots, r_n\}) \\ 0 & (\text{그 밖의 경우}) \end{cases}$$

각 g_n은 유한개 불연속점만을 가지기 때문에 리만 적분가능하며 $\int_0^1 g_n = 0$이다. 그런데 구간 $[0, 1]$에서 g_n이 g로 점별수렴함도 알고 있다. 모든 점에서 불연속인 디리클레 함수는 리만 적분가능하지 않다는 사실을 생각해 보면, 문제점을 알아차릴 수 있을 것이다.

다음 식 (1)은 양변의 값이 다르기 때문이 아니라 우변의 값이 존재하지 않기 때문에 성립하지 않는다.

$$\lim_{n\to\infty}\int_0^1 g_n = \int_0^1 g \tag{1}$$

정리 7.4.4는 g_n이 g로 **고르게**(uniformly) 수렴하면 이 등식이 성립해야 한다고 말한다. 이처럼 더 강한 수렴조건을 부여함으로써 문제를 해결할 수도 있으나, 이 경우엔 등식이 성립하지 않는 근본적인 이유가 수렴의 유형 때문이라기보다는 리만 적분의 한계에 있는 것 같아 보인다. 즉, 고른 수렴을 요구하는 것은 그리 만족스러운 해결책이 아니다. 만약 다른 방식으로 적분을 정의하여 우변의 식이 의미가 있도록 할 수 있다면 등식 (1)은 아마 참일 것이다.

1901년 르베그가 이러한 정의를 찾아냈다. 일반적으로 르베그 적분은 길이 개념을 일반화한 집합의 **측도**를 사용하여 계산한다. 7.6절에서 **측도가** 0인 집합을 공부했다. 특히, $[0,1]$에 있는 유리수 집합은 (셀 수 있는 집합이기 때문에) 측도가 0인 집합임을 보았다. $[0,1]$에 있는 무리수 집합은 측도가 1이다. 이제 서로소인 두 집합의 측도를 더하면 구간 $[0,1]$의 길이가 되기 때문에 이는 그리 놀랍지 않다.

르베그는 x축을 잘게 쪼개어 곡선 아래의 넓이를 근사하는 대신, y축을 분할하자고 제안했다. 디리클레 함수 g의 경우 치역에는 오직 0과 1 두 개 값만 있다. 르베그에 따르면 이 적분은 다음과 같이 계산할 수 있다.

$$\begin{aligned}\int_0^1 g &= 1\cdot[g=1\text{인 집합의 측도}] + 0\cdot[g=0\text{인 집합의 측도}]\\ &= 1\cdot 0 + 0\cdot 1 = 0\end{aligned}$$

$\int_0^1 g$를 이렇게 해석하면 식 (1)은 이제 말이 된다!

현재 르베그 적분은 고급 수학에서 표준 적분이다. 르베그 적분 이론은 대학원생과 더불어 많은 대학생들이 배우고 있으며, 적분이 필요한 연구 논문에서 대부분 사용하는 필수 요소다. 리만 적분가능한 함수는 르베그 적분가능하고, 리만 적분의 값과 르베그 적분의 값은 같다. 즉, 르베그 적분은 리만 적분을 일반화한 개념이다.

르베그 적분은 적분할 수 있는 함수가 훨씬 많다는 장점이 있다. 특히, 르베그 적분가능한 함수의 집합은 르베그 적분가능한 함수로 이루어진 '코시 함수열' 극한 함수도 포함한다. 이는 정리 7.4.4에서 사용한 고른 수렴보다 더 약한 가정에서 등식 (1)을 성립할 수 있게 해 준다. 이는 수렴정리라 부르는 해석학의 중요한 탐구 주제다.

아쉽게도 르베그 적분에도 몇 가지 단점이 있다. **이상**(improper) 리만 적분가능하지만, 르베그 적분할 수 없는 함수가 존재한다. 적분과 미분 사이의 관계에서도 문제가 발생한다. 르베그 적분에서도 f에 몇 가지 가정을 추가해야만 다음을 증명할 수 있다.

$$\int_a^b f' = f(b) - f(a)$$

1960년경에 이전의 약점을 극복하면서 리만 적분이나 르베그 적분보다 더 많은 함수를 적분할 수 있는 새로운 적분이 제안되었다. 놀랍게도 이 답은 리만 적분으로 되돌아가 기존 리만 적분의 정의에서 분할의 '정밀성(fineness)'을 설명하는 방법만 약간 수정한 것이다. 이 방법(일반화된 리만 적분)은 8.1절에서 다루겠다.

8

한 걸음 더
Additional Topics

8.1 일반화된 리만 적분

8.2 거리공간과 베르 범주 정리

8.3 오일러 합

8.4 팩토리얼 함수 만들기

8.5 푸리에 급수

8.6 유리수를 사용해서 실수 만들기

우리는 1~7장에서 해석학 기초를 공부했다. 이 내용을 잘 숙지했다면 역사적으로 가치가 있거나 더욱 발전된 내용도 잘 따라갈 수 있을 것이다. 이번 장은 각 장의 '마치며' 절과 형식이 유사하다. 각 절은 해석학의 중요한 성과를 이야기하듯이 구성하였으며, 본문 사이사이에 문제를 적절히 배치하여 여러분도 해석학의 묘미를 같이 느낄 수 있도록 했다.

8.1 일반화된 리만 적분

7장은 '유계 함수가 리만적분이 가능하다는 것은 불연속 점 집합의 측도가 0이라는 것과 동치다.'라는 르베그 정리(정리 7.6.5)를 다루며 마쳤다. 르베그는 적분가능성이 함수의 연속성에 의존하지 않게끔 새로운 적분 방법을 제안했으며 이 방법은 이후 적분론의 표준이 되었다. 우리는 7장을 마치며 르베그 적분의 장단점을 간략히 살펴보고 미분적분학의 기본정리(정리 7.5.1)를 다시 생각해 보았다.[1]

함수 F가 $[a,b]$에서 미분가능하다면 다음 식이 성립함을 증명할 수 있기를 바랄 것이다.

$$\int_a^b F' = F(b) - F(a) \tag{1}$$

식 (1)은 정리 7.5.1(1)의 결론이지만 여기에 F'이 리만 적분가능하다는 추가적인 가정이 필요했다. 이 부분을 더 확실히 하기 위해, 리만 적분을 할 수 없는 도함수의 예를 들며 7.6절을 마무리했다. 앞서 언급한 르베그 적분은 놀라운 업적이다. 르베그 적분을 사용하면 7.6절에서 예로 든 함수를 적분할 수는 있으나 궁극적으로 리만 적분과 같은 한계에 직면한다. 어떤 방식으로 적분하든 모든 도함수가 적분가능한 건 아니다.

7.7절에서는 이러한 한계를 언급하고 1960년경 야로슬라프 커츠와일(Jaroslav Kurzweil)과 랄프 헨스톡(Ralph Henstock)이 각각 독자적으로 발견한 '일반화된 리만 적분'을 간단히 소개했다. 일반화된 리만 적분은 비록 덜 알려지긴 했지만 르베그 적분보다 더 많은 함수를 적분할 수 있고, 추가적인 가정 없이 방정식 (1)을 아주 간결하게 증명할 수 있도록 만든다.

극한으로서의 리만 적분

다음을 $[a,b]$의 분할이라고 하자.

1 르베그의 측도 0 판정법을 꼭 알아야 할 필요는 없지만 7.7절 내용을 안다면 8.1절에서 다루는 내용에 어떤 수학적 의의가 있는지 더욱 잘 이해할 수 있다.

$$P = \{x_0, x_1, x_2, \ldots, x_n\}$$

태그된 분할(tagged partition)은 분할 P에서 각 부분구간 $[x_{k-1}, x_k]$마다 점 c_k를 하나씩 선택하는 조건을 추가한 것이다. 이 추가 조건은 기존 리만 합의 한계를 극복하는 발판이 되어 준다. 함수 $f : [a, b] \to \mathbf{R}$와 태그된 분할 $(P, \{c_k\}_{k=1}^n)$에 대하여, 이 분할로 생성된 **리만 합(Riemann sum)**은 $R(f, P) = \sum_{k=1}^{n} f(c_k)(x_k - x_{k-1})$이다.

잠시 상합과 하합의 정의를 다시 떠올려 보자.

- 상합 : $U(f, P) = \sum_{k=1}^{n} M_k(x_k - x_{k-1})$ 단, $M_k = \sup\{f(x) : x \in [x_{k-1}, x_k]\}$
- 하합 : $L(f, P) = \sum_{k=1}^{n} m_k(x_k - x_{k-1})$ 단, $m_k = \inf\{f(x) : x \in [x_{k-1}, x_k]\}$

상합과 하합의 정의에 따르면 임의의 유계 함수 f에 대해 다음 부등식은 자명하다.

$$L(f, P) \leq R(f, P) \leq U(f, P)$$

정의 7.2.7에서는 적분가능성을 상합의 하한과 하합의 상한이 같다고 정의했다. 임의의 리만 합은 상합과 하합 사이의 특정 값이다. 만약 상합과 하합이 공통 값으로 수렴한다면 리만 합도 결국 이 값으로 수렴한다. 다음 정리 8.1.2는 ϵ–δ 논법을 리만 합에 적용하여 리만 적분가능성을 판정할 수 있음을 보여준다. 이 ϵ–δ 논법은 정의 정의 7.2.7과 동치인 조건이다.

정의 8.1.1 $\delta > 0$에 대하여 분할 P의 모든 부분구간 $[x_{k-1}, x_k]$이 $x_k - x_{k-1} < \delta$를 만족하면 P를 **δ–세분(δ–fine)**이라고 한다.

정리 8.1.2 리만 적분가능성에 대한 극한 판정법

유계 함수 $f : [a, b] \to \mathbf{R}$가 리만 적분가능하고 $\int_a^b f = A$이기 위한 필요충분조건은 임의의 $\epsilon > 0$에 대해 다음 조건을 만족하는 $\delta > 0$가 존재하는 것이다.

임의의 δ–세분인 태그된 분할 $(P, \{c_k\})$에 대해 $|R(f, P) - A| < \epsilon$

정리 8.1.2를 증명하기 전에 책에 따라서는 정리 8.1.2의 판정법을 리만 적분가능성의 **정의**로 삼기도 한다는 점을 짚고 넘어가자. 사실 리만은 원래 이렇게 정의했다. 사실 정리 8.1.2가 미분적분학 입문 수업에서 가르치는 내용에 대체로 부합한다.

리만 합은 곡선 아래의 면적을 근사하기 위해 고안되었다. 분할이 세분될수록 대응하는 근삿값이 적분값에 가까워지기를 원한다. 정리 8.1.2에 따르면 적분가능한 함수는 어떤 방식으로 태그하든 근삿값이 실제 적분 값으로 수렴한다. 역으로 분할을 점점 더 세분할수록 근사하는 리만 합이 어떤 값 A에 가까워진다면, 이 함수는 적분가능하고 적분값이 A이다.

증명 ($\Rightarrow$) 순방향이 성립함을 보이기 위해 f가 $[a,b]$에서 적분가능하다고 가정하자. $\epsilon > 0$을 고정하고, 임의의 δ–세분인 태그된 분할 $(P, \{c_k\})$에 대하여 $|R(f,P) - \int_a^b f| < \epsilon$을 만족하는 $\delta > 0$를 택해야 한다.

f가 적분가능하므로 다음을 만족하는 분할 P_ϵ이 존재한다.

$$U(f, P_\epsilon) - L(f, P_\epsilon) < \frac{\epsilon}{3}$$

$|f|$의 상계를 $M > 0$이라 하고 P_ϵ의 부분구간 개수를 n이라 하자(따라서 P_ϵ은 $[a,b]$에 있는 $n+1$개 점으로 이루어진다). 이제 δ를 다음과 같이 두고 위 부등식이 성립함을 보일 것이다.

$$\delta = \frac{\epsilon}{9}nM$$

아이디어는 이렇다. $(P, \{c_k\})$를 $[a,b]$의 태그된 분할로서 δ–세분이라고 하고 $P' = P \cup P_\epsilon$이라 하자. 증명의 핵심은 다음과 같은 일련의 부등식을 만드는 것이다.

$$L(f, P') - \frac{\epsilon}{3} < L(f, P) \le U(f, P) < U(f, P') + \frac{\epsilon}{3}$$

문제 1 다음 물음에 답하라.

(a) 리만 합 $R(f,P)$와 $\int_a^b f$가 모두 $L(f,P)$와 $U(f,P)$ 사이의 값인 이유를 설명하라.

(b) $U(f,P') - L(f,P') < \epsilon/3$이 성립하는 이유를 설명하라.

방금 문제에서 확인했듯이 $U(f,P) < U(f,P') + \epsilon/3$(비슷하게 $L(f,P') - \epsilon/3 < L(f,P)$)임을 보이고 나면 다음 부등식도 성립하므로 증명이 끝난다.

$$\left| R(f,P) - \int_a^b f \right| < \epsilon$$

이제 $U(f,P)$와 $U(f,P')$의 차를 조사하자.

문제 2 $U(f,P) - U(f,P') \geq 0$이 성립하는 이유를 설명하라.

$U(f,P)$나 $U(f,P')$의 일반항은 $M_k(x_k - x_{k-1})$ 꼴이며, 이때 M_k는 $[x_{k-1}, x_k]$에서 f의 상한이다. 이러한 항 중에서 상당수는 두 상합 모두에 나타나므로 서로 상쇄된다.

문제 3 다음 물음에 답하라.

(a) $U(f,P)$와 $U(f,P')$ 중 한 쪽에만 나타나고 다른 쪽에는 나타나지 않는 $M_k(x_k - x_{x-1})$ 꼴의 항은 최대 몇 개인가? 이를 n에 대한 식으로 표현하라.

(b) 다음 부등식이 성립함을 보여 순방향 증명을 마무리하라.

$$U(f,P) - U(f,P') < \epsilon/3$$

($\Leftarrow$) 역방향이 성립함을 보이기 위해 정리 8.1.2의 ϵ–δ 판정법을 가정하고 f가 적분가능함을 보이자. 적분가능성은 앞서 정의했듯이 상합과 하합이 가까워지는 분할을 선택할 수 있는지에 달려 있다. 임의의 분할 P에 대하여 어떤 태그를 선택하여 $R(f,P)$를 계산하는지와 무관하게 항상 다음이 성립한다.

$$L(f,P) \leq R(f,P) \leq U(f,P)$$

문제 4 다음 물음에 답하라.

(a) f가 연속일 때 다음을 만족하는 태그 $\{c_k\}_{k=1}^{n}$이 존재함을 보여라.

$$R(f,P) = U(f,P)$$

비슷하게 $R(f,P) = L(f,P)$를 만족하는 태그도 존재한다.

(b) f가 연속이 아니면 $R(f,P) = U(f,P)$를 만족하는 태그가 존재하지 않을 수도 있다. 하지만 임의의 $\epsilon > 0$에 대하여 다음 부등식을 만족하는 P에 대한 태그가 존재함을 증명하라.

$$U(f,P) - R(f,P) < \epsilon$$

하합에 대해서도 비슷한 결과가 성립한다.

문제 5 문제 1~4의 결과를 이용하여 정리 8.1.2의 증명을 마무리하라.

이로써 정리 8.1.2의 증명이 끝났다. ◀

게이지와 $\delta(x)$-세분

일반화된 리만 적분의 핵심은 정리 8.1.2의 δ를 x**에 대한 함수**로 보는 것이다.

정의 8.1.3 모든 $x \in [a,b]$에 대해 $\delta(x) > 0$이면 함수 $\delta : [a,b] \to \mathbf{R}$를 $[a,b]$에서의 **게이지(gauge)**라고 한다.

정의 8.1.4 주어진 게이지 $\delta(x)$와 모든 부분구간 $[x_{k-1}, x_k]$에 대해 $x_k - x_{k-1} < \delta(c_k)$이면 태그된 분할 $(P, \{c_k\}_{k=1}^n)$을 **$\delta(x)$–세분($\delta(x)$–fine)**이라고 한다. 다시 말해 각 부분구간 $[x_{k-1}, x_k]$의 너비는 $\delta(c_k)$보다 작다.

$\delta(x)$가 상수함수면 정의 8.1.4는 정확히 정의 8.1.1과 같음을 유념하자. $\delta(x)$가 상수함수가 아니면 정의 8.1.4는 다소 다른 방식으로 분할의 정밀성(fineness)을 측정할 수 있게 해 준다.

문제 6 구간 $[0,1]$을 생각하자. 다음 물음에 답하라.

(a) $\delta(x) = 1/9$일 때 $[0,1]$의 $\delta(x)$–세분인 태그된 분할을 구하라. 이 경우 태그를 선택하는 방법이 중요한가?

(b) 다음 함수에 대하여 $[0,1]$의 $\delta(x)$–세분인 태그된 분할을 구성하라.

$$\delta(x) = \begin{cases} 1/4 & (x = 0) \\ x/3 & (0 < x \le 1) \end{cases}$$

문제 6(b)를 풀다 보면 임의의 게이지에 대해 항상 $\delta(x)$–세분인 분할을 구성할 수 있는지 의문을 제기할 수 있다. 이는 그리 어렵지 않게 증명할 수 있다.

정리 8.1.5 구간 $[a,b]$에서 게이지 $\delta(x)$가 주어질 때, $\delta(x)$–세분인 태그된 분할 $(P, \{c_k\}_{k=1}^n)$이 존재한다.

증명 $I_0 = [a,b]$라 하자. 자명한 분할 $P = \{a, b\}$에 대해서는 이러한 태그를 찾을 수 있다. 구체적으로 어떤 $x \in [a,b]$에 대해 $b - a < \delta(x)$인 경우 $c_1 = x$라 잡으면 $(P, \{c_1\})$이 $\delta(x)$-분할이다. 만약 그러한 x가 존재하지 않는다면, $[a,b]$를 2등분한다.

문제 7 정리 8.1.5의 증명을 마무리하라.

이로써 정리 8.1.5의 증명이 끝났다. ◀

일반화된 리만 적분가능성

정리 8.1.2는 기존 리만 적분가능의 정의와 동치임을 유념하자. 이제 적분 값을 정의하는 새로운 방법을 소개하겠다.

정의 8.1.6 다음이 성립할 때 함수 f가 구간 $[a,b]$에서 **일반화된 리만 적분값** A(generalized Riemann integral A)를 가진다고 한다.
임의의 $\epsilon > 0$에 대하여 어떤 게이지 $\delta(x)$가 $[a,b]$에서 존재하여, $\delta(x)$–세분인 모든 태그된 분할 $(P, \{c_k\}_{k=1}^n)$에 대하여 다음이 성립한다.

$$|R(f,P) - A| < \epsilon$$

정리 8.1.7 함수가 일반화된 리만 적분값을 가질 때, 그 적분값은 유일하다.

증명 A_1과 A_2가 모두 함수 f의 일반화된 리만 적분값이라고 가정하자. $A_1 = A_2$임을 증명해야 한다.

문제 8 증명을 마무리하라.

이로써 정리 8.1.7의 증명이 끝났다. ◀

정의 8.1.6이 적분가능한 함수의 범위를 크게 넓혀 준다. 정의 8.1.6과 정리 8.1.2의 적분가능성에 대한 서술이 거의 비슷하다는 점을 생각하면 다소 놀랍다. 다음 관찰은 거의 자명하다.

문제 9 리만 적분가능하며 $\int_a^b f = A$인 함수는 항상 일반화된 리만 적분값 A를 가짐을 설명하라.

문제 9의 역 명제는 참이 아니다. 이 사실은 매우 중요하다. 리만 적분가능하지 않은 함수의 한 가지 예는 디리클레 함수다. 디리클레 함수는 다음과 같이 정의되며, $\mathbf{R}$의 모든 점에서 불연속이다.

$$g(x) = \begin{cases} 1 & (x \in \mathbf{Q}) \\ 0 & (x \notin \mathbf{Q}) \end{cases}$$

정리 8.1.8 디리클레 함수 $g(x)$는 $[0, 1]$에서 일반화된 리만 적분이 가능하며 $\int_0^1 g = 0$이다.

증명 $\epsilon > 0$이라 하자. 정의 8.1.6에 의하면 다음이 성립하게 하는 게이지 $\delta(x)$를 $[0, 1]$에서 찾아야만 한다. 태그된 분할 $(P, \{c_k\}_{k=1}^n)$이 $\delta(x)$–세분이기만 하면 다음을 만족한다.

$$0 \leq \sum_{k=1}^{n} g(c_k)(x_k - x_{k-1}) < \epsilon$$

게이지는 $\Delta x_k < \delta(c_k)$라는 조건을 통하여 $\Delta x_k = x_k - x_{k-1}$의 크기에 제한을 가한다. 리만 합은 $g(c_k)\Delta x_k$ 꼴의 곱으로 이루어져 있다. 따라서 태그 c_k가 무리수라면 $g(c_k) = 0$이므로 걱정할 필요가 없다. 이제 태그 c_k가 유리수일 때, 이 태그를 포함하는 부분구간이 충분히 짧은지 확인해야 한다.

$\{r_1, r_2, r_3, \ldots\}$를 $[0, 1]$에 포함된 유리수의 나열이라고 하자. 각 r_k에 대해 $\delta(r_k) = \epsilon/2^{k+1}$이라 두자. x가 무리수이면 $\delta(x) = 1$이라 놓자.

문제 10 $(P, \{c_k\}_{k=1}^n)$이 $\delta(x)$–세분인 태그된 분할이면 $R(g, P) < \epsilon$임을 보여라.

이로써 정리 8.1.8의 증명이 끝났다. ◀

디리클레 함수는 (태그를 하지 않은) 임의의 분할에 대하여, 각 부분구간에서 태그를 모두 유리수 또는 모두 무리수로 선택함으로써 $R(g, P) = 1$ 또는 $R(g, P) = 0$이도록 할 수 있으므로 리만 적분할 수 없다. 일반화된 리만 적분에서는 만약 태그를 모두 유리수로 선택하면 태그된 분할이 $\delta(x)$–세분이 될 수 없다. 왜냐하면 유리수가 태그된 부분구간의 길이의 합은 $\epsilon/2$을 넘을 수 없기 때문이다. 따라서 태그가 모두 유리수인 상황은 고려할 필요가 없다. 일반적으로 상수가 아닌 게이지를 허용하면, $\delta(x)$–세분이 될 수 있는 태그된 분할에 대한 자격 조건이 좀 더 까다로워진다. 결과적으로, 방금 봤듯이 $\delta(x)$–세분이라는 조건을 만족하는 태그된 분할은 엄선되므로 다음 부등식이 좀 더 쉽게 성립할 수 있게 된다.

$$|R(f, P) - A| < \epsilon$$

미분적분학의 기본정리

미적분학의 기본정리를 증명하면서 일반화된 리만 적분에 대한 짧은 소개를 마무리 하겠다. 앞서 언급했듯이 다음 정리 8.1.9와 정리 7.5.1(1)에서 주목할만한 가장 큰 차이점은, 다음 정리에서는 도함수가 적분가능하다는 가정이 필요하지 않다는 것이다. 일반화된 리만 적분을 이용하면 모든 도함수는 적분가능하며, 적분값은 역도함수를 이용하여 익숙한 방법으로 계산할 수 있다. 또 한 가지 흥미로운 점은 정리 7.5.1을 증명하는 과정에서 평균값 정리가 요긴하게 사용되었지만 여기서는 필요가 없다.

정리 8.1.9 $F : [a,b] \to \mathbf{R}$가 $[a,b]$의 모든 점에서 미분가능하다고 가정하고 $f(x) = F'(x)$로 두자. 이때, f는 다음과 같은 일반화된 리만 적분값을 가진다.

$$\int_a^b f = F(b) - F(a)$$

증명 $P = \{x_0, x_1, x_2, \ldots, x_n\}$를 $[a,b]$의 분할이라고 하자. 이 증명과 정리 7.5.1의 증명은 모두 다음 사실을 이용한다.

문제 11 식 $F(b) - F(a) = \sum_{k=1}^{n} [F(x_k) - F(x_{k-1})]$이 성립함을 보여라.

분할 P의 태그를 모은 집합 $\{c_k\}_{k=1}^n$에 대하여 리만 합 $R(f,P)$와 $F(b) - F(a)$의 차를 다음과 같이 가늠할 수 있다.

$$\begin{aligned} |F(b) - F(a) - R(f,P)| &= \left| \sum_{k=1}^{n} [F(x_k) - F(x_{k-1}) - f(c_k)(x_k - x_{k-1})] \right| \\ &\leq \sum_{k=1}^{n} |F(x_k) - F(x_{k-1}) - f(c_k)(x_k - x_{k-1})| \end{aligned}$$

$\epsilon > 0$이라 하자. 정리를 증명하기 위해 $\delta(c)$–세분인 모든 $(P, \{c_k\})$에 대해 다음이 성립하는 게이지 $\delta(c)$를 구성해야 한다.

$$|F(b) - F(a) - R(f,P)| < \epsilon \tag{2}$$

(이 경우엔 c를 게이지 함수의 변수로 두면 x를 이용하는 것보다 편리하다.)

문제 12 각 $c \in [a,b]$마다 모든 $0 < |x-c| < \delta(c)$에 대해 다음이 성립하도록 하는 $\delta(c) > 0$가 ($\delta > 0$는 c에 의존) 존재함을 설명하라.

$$\left|\frac{F(x)-F(c)}{x-c} - f(c)\right| < \epsilon$$

이 $\delta(c)$가 바라던 $[a,b]$에서의 게이지다. $(P, \{c_k\}_{k=1}^n)$을 $[a,b]$의 $\delta(c)$–세분인 분할이라고 하자. 이제 남은 일은 이 태그된 분할에 대해 등식 (2)가 성립함을 보이는 것이다.

문제 13 다음 물음에 답하라.

(a) P의 특정한 $c_k \in [x_{k-1}, x_k]$에 대해 다음 두 부등식이 각각 성립함을 보여라.

$$|F(x_k) - F(c_k) - f(c_k)(x_k - c_k)| < \epsilon(x_k - c_k)$$
$$|F(c_k) - F(x_{k-1}) - f(c_k)(c_k - x_{k-1})| < \epsilon(c_k - x_{k-1})$$

(b) 이제 다음 부등식이 성립함을 보여라.

$$|F(x_k) - F(x_{k-1}) - f(c_k)(x_k - x_{k-1})| < \epsilon(x_k - x_{k-1})$$

이 부등식을 이용하여 정리의 증명을 완성하라.

이로써 정리 8.1.9의 증명이 끝났다. ◀

다음과 같은 함수를 생각하자.

$$F(x) = \begin{cases} x^{3/2}\sin(1/x) & (x \neq 0) \\ 0 & (x = 0) \end{cases}$$

함수 F가 $x=0$을 포함한 모든 곳에서 미분가능하며 도함수는 다음과 같음을 어렵지 않게 보일 수 있다.

$$F'(x) = \begin{cases} (3/2)\sqrt{x}\sin(1/x) - (1/\sqrt{x})\cos(1/x) & (x \neq 0) \\ 0 & (x = 0) \end{cases}$$

이때, 도함수가 원점 근처에서 유계가 아님에 유념하자. 본래 리만 적분 이론은 닫힌 구간에서 유계인 함수만을 대상으로 하지만, 일반화된 리만 적분에는 그러한 제한이 없다. 정리 8.1.9는 F'이 일반화된 리만 적분값을 가짐을 증명한다. **이상 적분**은 유계가 아닌 몇몇 함수를 리만 적분하기 위해 고안되었다. 또 다른 흥미로운 사실은 이상 적분이 가능한 모든 함수는 일반화된 리만 적분이 가능하다는 점이다.

마지막으로 정리 8.1.9를 사용하여 치환적분법을 간결하게 증명해 보겠다.

정리 8.1.10 치환적분법(change-of-variable)

함수 $g : [a, b] \to \mathbf{R}$가 $[a, b]$의 각 점에서 미분가능하고 F가 집합 $g([a, b])$에서 미분가능하다고 가정하자. 모든 $x \in g([a, b])$에 대해 $f(x) = F'(x)$이면 다음이 성립한다.

$$\int_a^b (f \circ g) \cdot g' = \int_{g(a)}^{g(b)} f$$

증명 정리의 가정으로부터 함수 $(F \circ g)(x)$는 모든 $x \in [a, b]$에서 미분가능하다.

문제 14 다음 물음에 답하라.

(a) f와 $(F \circ g)'$이 일반화된 리만 적분가능하다고 확신할 수 있는 이유는 무엇인가?

(b) 정리 8.1.9를 이용하여 증명을 마무리하라.

이로써 정리 8.1.10의 증명이 끝났다. ◀

일반화된 리만 적분의 장점은 이것만 있는 게 아니다. 8.1절 내용 상당수는 로버트 G. 바틀(Robert G. Bartle)의 논문 『리만 적분으로의 회귀(Return to the Riemann Integral)』[2]를 바탕으로 한다. 이 논문에는 정리 7.4.4의 맥락에서 새로운 적분에 관한 수렴 이론이 전개되어 있고, 르베그 적분 대신 일반화된 리만 적분을 쓰면 적분가능한 함수의 집합이 더 크다는 주장이 수록되어 있다. 바틀은 논문에 이탤릭체로 **"르베그 적분은 더 이상 최우선 적분법이어선 안 된다."**라고 쓰며 과감하게 강조했다.[3]

바틀의 혁명 시도는 왜 성공하지 못했을까? 학문적 관성이 압도적으로 크기 때문이라 볼 수도 있지만, 주로 르베그 이론에 담긴 기하학적 의미가 직관적이고 이해하기 쉽다는 점에서 기인한다. 르베그 적분론은 길이와 면적의 개념을 일반화하려는 갈망으로부터 탄생했다. 물론 적절하게 개발된 적분 개념을 이용하여 일반적인 집합의 길이(또는 측도)를 엄밀하게 정의할 수도 있다. 하지만 이러한 순서로 가르치면 교육학적으로 적절하지 못하다는 의견이 압도적이다. 르베그는 길이와 같은 원초적 개념을 일반화하기 위해 적분을 정교하게 사용하는 방식을 취하지 않고도 매우 광범위한 집합의 길이를 얘기할 수 있는 효과적인 방법을 찾았고 이를 바탕으로 자신의 적분론을 구축했다. 이런 노력의 우아한 결정체인 르베그 적분론은 앞으로도 오랫동안 적분의 표준이 될 것이다.

2 해당 논문은 〈월간 미국 수학(American Mathematical Monthly)〉 1996년 10월호에 실렸다.

3 (옮긴이) 원문은 "The time has come to discard the Lebesgue integral as the primary integral."이며, 영어권에서는 이탤릭체에 강조의 의미를 담는다.

8.2 거리공간과 베르 범주 정리

해석학을 여기까지 공부했다면 한 번쯤 이런 의문을 가질 법하다. $\mathbf{R}$에서 수열, 급수 및 함수에 대해 증명한 성질이 평면 $\mathbf{R}^2$이나 더 높은 차원에서도 유사하게 성립할까? 이전에 했던 증명은 대부분 절댓값 함수의 몇 가지 기본 성질에만 의존함을 알아차릴 수 있다. $|x-y|$가 $\mathbf{R}$ 위의 x에서 y까지의 거리를 의미한다고 해석할 수 있듯이 $\mathbf{R}^2$이나 $C[0,1]$과 같은 집합에서도 거리를 측정하는 방법을 찾는 것이 우리의 목적이다. 여기서 $C[0,1]$은 $[0,1]$에서 연속인 함수의 집합이다.

정의 8.2.1 집합 X의 모든 $x, y \in X$에 대해 다음을 만족하는 함수 $d : X \times X \to \mathbf{R}$를 X에서의 **거리(metric)**라고 한다.

(1) $d(x,y) \geq 0$이며, $d(x,y) = 0$일 필요충분조건은 $x = y$이다.

(2) $d(x,y) = d(y,x)$

(3) 모든 $z \in X$에 대해, $d(x,y) \leq d(x,z) + d(z,y)$이다.

거리공간(metric space)은 거리 d가 주어진 집합 X이다.

정의 8.2.1(3)은 **삼각형 부등식**(triangle inequality)이라고 한다. 다음에 소개하는 문제 1, 문제 2는 하나의 집합 X에 거리 함수가 여러 개 존재할 수 있음을 설명한다. 거리공간을 언급할 때 반드시 집합**과** 거리 함수 d를 정확히 밝혀야 한다.

문제 1 다음 함수 중 $X = \mathbf{R}^2$에서의 거리 함수를 찾아라. 단, $x = (x_1, x_2)$와 $y = (y_1, y_2)$는 평면 위의 점이다.

(a) $d(x,y) = \sqrt{(x_1 - y_1)^2 + (x_2 - y_2)^2}$

(b) $d(x,y) = \max\{|x_1 - y_1|, |x_2 - y_2|\}$

(c) $d(x,y) = |x_1 x_2 + y_1 y_2|$

문제 1(a)에 주어진 거리는 평면 위의 두 점 사이의 유클리드 거리다. 여러분에게 익숙한 이 유클리드 거리를 종종 $\mathbf{R}^2$에서의 **일반 거리** 또는 **표준 거리**라고 한다. $\mathbf{R}$에서의 일반 거리는 아주 익숙한 $d(x,y) = |x - y|$이다.

문제 2 닫힌 구간 $[0,1]$에서 연속함수의 모임을 $C[0,1]$이라 표기하자. 다음 함수 중 $C[0,1]$에서의 거리 함수를 찾아라.

(a) $d(f,g) = \sup\{|f(x)-g(x)| : x \in [0,1]\}$

(b) $d(f,g) = |f(1)-g(1)|$

(c) $d(f,g) = \int_0^1 |f-g|$

집합 X가 주어졌을 때, 임의의 $x, y \in X$에 대해 다음과 같이 정의한 $\rho(x,y)$는 X에서의 거리다.

$$\rho(x,y) = \begin{cases} 1 & (x \neq y) \\ 0 & (x = y) \end{cases}$$

이 거리 함수를 **이산 거리(discrete metric)**라고 한다.

문제 3 이산 거리 함수가 실제로 거리 함수임을 확인하라.

기본 정의

정의 8.2.2 거리공간 (X,d)와 수열 $(x_n) \subseteq X$을 생각하자. 임의의 $\epsilon > 0$에 대해 다음을 만족하는 $N \in \mathbf{N}$이 존재하면 수열 $(x_n) \subseteq X$은 $x \in X$로 **수렴한다(converge)**고 정의한다.

$$n \geq N \Rightarrow d(x_n, x) < \epsilon$$

정의 8.2.3 거리공간 (X,d)와 수열 $(x_n) \subseteq X$을 생각하자. 임의의 $\epsilon > 0$에 대해 다음을 만족하는 $N \in \mathbf{N}$이 존재하면 수열 (x_n)은 거리공간 (X,d)에서 **코시 수열(Cauchy sequence)**이라 정의한다.

$$m, n \geq N \Rightarrow d(x_m, x_n) < \epsilon$$

문제 4 수렴하는 수열은 항상 코시 수열임을 보여라.

$\mathbf{R}$에서의 코시 판정법은 **필요충분조건**으로 서술됐다. 그러나 일반적인 거리공간에서 역 명제가 항상 성립하는 것은 아니다. $\mathbf{R}$에서 '코시 수열이 수렴한다.'는 명제는 완비성 공리와 동치였음을 기억하자.

완비성 공리가 거리공간에서도 성립하려면 상계같은 개념을 논할 수 있도록 그 공간에 순서가 있어야 한다. 모든 집합에 만족스러운 방식으로 순서를 줄 수는 없다.[4] 예를 들어 $\mathbf{R}^2$ 상의 점들에 순서를 주는 방법을 생각해 보라. 순서를 줄 수 없어도 여전히 완비성이 필요하다. 거리공간에서는 코시 수열의 수렴을 완비성의 정의로 삼는다.

정의 8.2.4 집합 X에 속하는 임의의 코시 수열이 항상 X의 어떤 원소로 수렴할 때 거리공간 (X, d)를 **완비거리공간(complete metric space)**이라고 한다.

문제 5 다음 물음에 답하라.

(a) 문제 3에서 다룬 이산 거리 $\rho(x, y)$와 $\mathbf{R}^2$을 생각하자. 이 공간에서 코시 수열은 어떻게 생겼는가? $\mathbf{R}^2$은 이 거리에 대해 완비 공간인가?

(b) $C[0, 1]$이 문제 2(a)에 주어진 거리에 대해 완비거리공간임을 보여라.

(c) $[0, 1]$에서 미분가능하고 도함수도 연속인 함수들의 모임을 $C^1[0, 1]$이라 하자. $C^1[0, 1]$은 문제 2(a)에 주어진 거리에 대해 완비거리공간인가?

해석학에서 뭔가 의미있는 작업을 하려면 완비성이 전제되어야 하기 때문에 문제 2(a)의 거리는 $C[0, 1]$을 다룰 때 가장 자연스러운 거리다. 다음 표기법이 표준이다.

$$\|f - g\|_\infty = d(f, g) = \sup\{|f(x) - g(x)| : x \in [0, 1]\}$$

$g = 0$일 때, 이 거리는 흔히 **최소상계노음**(sup norm)[5]이라 한다.

$$\|f\|_\infty = d(f, 0) = \sup\{|f(x)| : x \in [0, 1]\}$$

앞으로 모든 논의에 별도로 언급하지 않는다면 $C[0, 1]$ 공간에 주어진 거리는 모두 최소상계노음이다.

정의 8.2.5 (X, d_1)과 (Y, d_2)를 거리공간이라고 하자. 모든 $\epsilon > 0$에 대해 어떤 δ가 존재하여 $d_1(x, y) < \delta$이면 $d_2(f(x), f(y)) < \epsilon$이 성립할 때, 함수 $f : X \to Y$를 **$x \in X$에서 연속**이라고 한다.

4 (옮긴이) 덧셈이나 곱셈 등 이미 주어진 규칙에 모순되지 않게 순서를 줄 수 없음을 의미한다.

5 (옮긴이) 한국 수업 현장에서는 흔히 '슈프 놈'이라 부른다.

문제 6 다음 함수 중 $C[0,1]$에서 $\mathbf{R}$로 가는 연속함수를 찾아라. 단, $\mathbf{R}$에서의 거리는 일반 거리를 뜻한다.

(a) $g(f) = \int_0^1 fk$ (단, k는 $C[0,1]$에 속하는 고정된 함수다.)

(b) $g(f) = f(1/2)$

(c) $g(f) = f(1/2)$ (단, $C[0,1]$에는 문제 2(c)의 거리가 주어져 있다.)

거리공간의 위상적 성질

정의 8.2.6 양수 $\epsilon > 0$과 거리공간 (X,d)의 원소 x에 대하여 집합 $V_\epsilon(x) = \{y \in X : d(x,y) < \epsilon\}$를 **$x$의 ϵ–근방(ϵ–neighborhood of x)**이라 한다.

문제 7 문제 1에 주어진 각각의 거리에 대해 $\mathbf{R}^2$에서의 ϵ–근방을 묘사하라. 이산 거리의 경우는 어떤가?

이제 ϵ–근방을 사용하여 **열린 집합(open set)**, **극한점(limit point)**, **닫힌 집합(closed set)**을 이전처럼 정의할 수 있다.

(1) 모든 $x \in O$에 대해 $V_\epsilon(x) \subseteq O$인 근방을 찾을 수 있을 때, 집합 $O \subseteq X$를 **열린** 집합이라고 한다.

(2) 모든 $V_\epsilon(x)$에 대해 $V_\epsilon(x)$와 A가 x 이외의 다른 교집합을 가질 때, 점 x를 A의 **극한점**이라고 한다.

(3) 집합 C가 자기 자신의 극한점을 모두 포함하면 **닫힌** 집합이라고 한다.

문제 8 (X,d)를 거리공간이라고 하자. 다음 물음에 답하라.

(a) ϵ–근방 $V_\epsilon(x)$가 열린 집합임을 확인하라. 다음 집합 $C_\epsilon(x)$는 닫힌 집합인가?

$$C_\epsilon(x) = \{y \in X : d(x,y) \leq \epsilon\}$$

(b) $E \subseteq X$가 열린 집합일 필요충분조건은 여집합이 닫힌 집합인 것임을 보여라.

문제 9 다음 물음에 답하라.

(a) 집합 $Y = \{f \in C[0,1] : \|f\|_\infty \le 1\}$는 $C[0,1]$에서 닫힌 집합임을 보여라.

(b) 집합 $T = \{f \in C[0,1] : f(0) = 0\}$는 $C[0,1]$에서 열린 집합인지, 닫힌 집합인지, 혹은 둘 다 아닌지 판정하라.

이제 거리공간에서 콤팩트 개념을 정의한다. 이 정의는 $\mathbf{R}$에서 콤팩트 정의와 유사하다.

정의 8.2.7 거리공간 (X, d)의 부분집합 K가 다음을 만족할 때 **콤팩트(compact)**하다고 한다. 집합 K의 모든 수열이 수렴하는 부분수열을 가지고 그 극한값이 K에 속한다.

실수 집합 $\mathbf{R}$에서 콤팩트는 닫힌 유계(closed and bounded)와 동치였다. 이는 $\mathbf{R}$에서 컴팩트를 규정짓는 중요한 성질이다. 일반적인 거리공간에서 이 명제는 순방향만 성립한다.

문제 10 다음 물음에 답하라.

(a) 거리공간 (X, d)의 **유계**(bounded)인 부분집합을 정의하라.

(b) 집합 K가 거리공간 (X, d)의 콤팩트 부분집합이면 K는 닫힌 유계집합임을 보여라.

(c) 문제 9(a)에서의 $Y \subseteq C[0,1]$는 닫힌 유계집합이지만 콤팩트 집합은 아님을 보여라.

6.2절 연습문제 14는 문제 10(c)에 좋은 힌트를 제공한다. 6.2절 연습문제 14는 **동등연속**(equicontinuous)인 함수를 정의하는데, 이는 아르젤라–아스콜리 정리(Arzela–Ascoli theorem, 6.2절 연습문제 15 참고)가 성립하기 위한 핵심 조건이다. 아르젤라–아스콜리 정리에 따르면 임의의 $C[0,1]$에서 유계이며 **동등연속**인 함수열은 반드시 고르게 수렴하는 부분수열을 가진다. 6장에서는 이 유명한 결과를 간결하게 표현하기 힘들었지만, 이제 $C[0,1]$의 콤팩트한 부분집합에 관한 명제로 서술할 수 있다. 콤팩트성의 정의와 연속함수의 고른 극한이 연속함수임을 생각하면, 아르젤라–아스콜리 정리는 임의의 유계면서 닫혀 있고 동등연속인 함수의 집합은 $C[0,1]$의 콤팩트한 부분집합임을 의미한다.

정의 8.2.8 거리공간 (X, d)와 그 부분집합 E에 대하여 **폐포(closure)** $\overline{E}$는 E와 E의 극한점들의 합집합이다. E의 **내부(interior)**는 다음과 같이 정의하고, E°라 표기한다.

$$E^\circ = \{x \in E : V_\epsilon(x) \subseteq E\text{인 } x\text{의 } \epsilon\text{–근방이 존재한다.}\}$$

폐포와 내부는 쌍대 개념이다. 두 개념에 대한 결과는 쌍을 이루며 우아하고 유용한 대칭성을 내포한다.

문제 11 다음 물음에 답하라.

(a) E가 닫힌 집합일 필요충분조건은 $\overline{E} = E$임을 보여라. E가 열린 집합일 필요충분조건은 $E^\circ = E$임을 보여라.

(b) $\overline{E}^c = (E^c)^\circ$임을 보여라. 또한 비슷하게 $(E^\circ)^c = \overline{E^c}$임을 보여라.

폐포를 언급하는 3장 증명을 다시 읽어보면 문제 11에 대한 힌트를 얻을 수 있다. 지금까지 설명한 개념을 직관적으로 이해하기 위해 일반 거리가 주어진 $\mathbf{R}$ 또는 $\mathbf{R}^2$에서 예를 들어봐도 나쁘지 않다. 그러나 엄밀한 증명은 관련된 개념의 정의에서 시작하여 순전히 논리적으로 유도해야 함을 유념하자.

문제 12 다음 물음에 답하라.

(a) 임의의 거리공간 (X, d)에 대해 다음을 보여라(이 결과는 지극히 당연해 보일지도 모르겠다).

$$\overline{V_\epsilon(x)} \subseteq \{y \in X : d(x, y) \leq \epsilon\}$$

(b) 다음 식을 만족하는 거리공간의 예를 구체적으로 구하라.

$$\overline{V_\epsilon(x)} \neq \{y \in X : d(x, y) \leq \epsilon\}$$

이번 절의 목표는 베르 범주 정리를 이해하는 데 있다. 다음 정의는 베르 범주 정리를 서술하기 위해 필요한 마지막 용어다.

정의 8.2.9 $\overline{A} = X$일 때, 집합 $A \subseteq X$는 거리공간 (X, d)에서 **조밀하다(dense)**고 한다. $\overline{E}^\circ$이 공집합일 때, 거리공간 (X, d)의 부분집합 E는 X에서 **조밀한 곳이 없다(nowhere-dense)**고 한다.

문제 13 거리공간 (X, d)의 부분집합 E에 대하여 집합 E가 X에서 조밀한 곳이 없기 위한 필요충분조건은 $\overline{E}^c$가 X에서 조밀한 것임을 보여라.

베르 범주 정리

우리는 3.5절에서 베르 정리를 증명했다. 베르 정리에 따르면 실수 $\mathbf{R}$은 '조밀한 곳이 없는 집합'의 셀 수 있는 합집합(countable union)으로 표현할 수 없다. 이 정리를 다루기 이전에도 $\mathbf{R}$은 너무 커서 개별 점의 '셀 수 있는 합집합'으로 표현할 수 없음(즉, $\mathbf{R}$은 셀 수 없는 집합)을 확인했지만, 베르 정리를 이용하면 한 걸음 더 나아갈 수 있다. **R**을 어떤 집합들의 셀 수 있는 합집합으로 표현했다면 그 집합의 폐포 중 적어도 하나가 구간을 포함한다. 베르 정리의 증명 과정에서 **R**의 완비성이 매우 중요하게 사용되었다.

이제 일반적인 상황으로 넘어와서 **R**이 아닌 임의의 완비거리공간에서 베르 정리를 증명하고, 이를 바탕으로 $\mathbf{R}^2$이나 $C[0,1]$과 같은 공간의 크기와 구조를 논할 것이다. 3장 말미에서 $C[0,1]$에 대해 매우 흥미로운 사실, 즉 모든 점에서 미분불가능한 연속함수를 구체적으로 찾아내기는 쉽지 않지만 대부분의 연속함수는 이러함을 언급하였다. 이 사실도 역시 베르 범주 정리에서 연역할 수 있다. 이쯤에서 3.6절과 5.5절을 다시 읽어 봐도 나쁘지 않다. 이제 증명에 필요한 모든 조각을 모았으니 증명을 시작하겠다.

정리 8.2.10 완비거리공간 (X, d)와 X의 조밀한 열린 부분집합으로 이루어진 셀 수 있는 집합 $\{O_n\}$을 생각하자. 이때, $\bigcap_{n=1}^{\infty} O_n$은 공집합이 아니다.

증명 **R**에서 이 정리를 증명할 때, 완비성과 동치인 축소 구간 정리(nested interval property)를 사용했다. 거리공간에서도 축소 구간 정리와 비슷한 성질이 존재하지만 지금은 코시 수열의 수렴성을 이용하여 증명하겠다(이러한 방식으로 거리공간의 완비성을 정의했기 때문이다).

$x_1 \in O_1$을 택하자. O_1이 열린 집합이므로 $\epsilon_1 > 0$이 있어 $V_{\epsilon_1}(x_1) \subseteq O_1$이다.

문제 14 다음 물음에 답하라.

(a) 점 $x_2 \in V_{\epsilon_1}(x_1) \cap O_2$가 존재하는 이유와 $\epsilon_2 < \epsilon_1/2$이면서 $V_{\epsilon_2}(x_2)$가 O_2에 포함되고 다음 관계를 만족하는 $\epsilon_2 > 0$가 존재하는 이유를 구체적으로 서술하라.

$$\overline{V_{\epsilon_2}(x_2)} \subseteq V_{\epsilon_1}(x_1)$$

(b) (a) 방법과 (X, d)의 완비성을 이용하여 모든 $n \in \mathbf{N}$에 대해 $x \in O_n$인 점 x를 찾아라.

이로써 정리 8.2.10의 증명이 끝났다. ◀

정리 8.2.11 베르 범주 정리(Baire category theorem)
완비거리공간은 조밀한 곳이 없는 집합(nowhere dense set)의 셀 수 있는 합집합(the union of a countable collection)으로 나타낼 수 없다.

문제 15 정리 8.2.11의 증명을 완성하라.

이 결과를 베르 범주 정리라고 한다.[6] 이 정리는 거리공간의 부분집합을 크기에 따라 두 범주로 분류한다. 제1범주 집합은 조밀한 곳이 없는 집합의 셀 수 있는 합집합으로 쓸 수 **있는** 집합이다. 이러한 집합은 작고, 직관적으로 얇은 부분집합이다. 완비거리공간은 반드시 제2범주에 속한다. 제2범주에 속하는 집합은 조밀한 곳이 없는 집합의 셀 수 있는 합집합으로 쓸 수 없다.

완비거리공간 X의 부분집합 A가 주어질 때, A가 제1범주에 속함을 증명하는 것은 A가 X의 매우 작은 부분을 차지함을 수학적으로 엄밀하게 보이는 것이다. 제1범주 집합을 종종 **빈약하다**(meager)고 부르기로 한다.

무대가 마련되었으니 이제 $[0,1]$의 한 점에서라도 미분가능한 연속함수는 거리공간 $C[0,1]$의 빈약한 부분집합을 이룸을 개괄적으로 설명하고자 한다.

정리 8.2.12 다음 집합은 $C[0,1]$에서 제1범주 집합이다.

$$D = \{f \in C[0,1] : \text{어떤 } x \in [0,1]\text{에 대해 } f'(x)\text{이 존재한다.}\}$$

증명 자연수 m, n에 대해 다음과 같이 집합 A를 정의하자.

$$A_{m,n} = \left\{ f \in C[0,1] : 0 < |x-t| < \frac{1}{m}\text{이면 } \left| \frac{f(x)-f(t)}{x-t} \right| \le n\text{인 } x \in [0,1]\text{가 존재한다.} \right\}$$

이 정의는 소화하는 데 시간이 좀 걸린다. $1/m$을 x 주변의 δ–근방을 정의한 걸로 생각하고 n을 두 점 $(x, f(x))$와 $(t, f(t))$를 잇는 직선의 기울기 크기에 대한 상계로 보자. 집합 $A_{m,n}$에는 $(x, f(x))$와 그 근처 (정확히는 $1/m$ 이내에 위치하는) 그래프 위의 점 사이의 기울기가 n으로 제한되는 점 x를 적어도 하나 이상 찾을 수 있는 $C[0,1]$의 모든 함수가 포함되어 있다.

문제 16 $f \in C[0,1]$가 $x \in [0,1]$에서 미분가능하면 어떤 $m, n \in \mathbf{N}$에 대해 $f \in A_{m,n}$임을 보여라.

부분집합 $\{A_{m,n} : m, n \in \mathbf{N}\}$의 모임은 셀 수 있는 집합이고, 이러한 집합의 합집합은 집합 D를 포함함을 방금 보았다. 제1범주 집합의 부분집합이 제1범주임은 그리 어렵지 않게 보일 수 있다. 각 $A_{m,n}$이 $C[0,1]$에서 조밀한 곳이 없음을 증명하면 모든 증명이 완성된다.

6 (옮긴이) 대학원 대수학 시간에 공부하는 범주론(category theory)과 지금 배운 베르 범주 정리는 전혀 연관이 없다. 공교롭게 같은 단어를 사용하고 있을 뿐이다.

m과 n을 고정하자. 첫 번째로 $A_{m,n}$이 닫힌 집합임을 증명하려 한다. (f_k)를 $A_{m,n}$의 수열이라고 하고 $C[0,1]$에서 $f_k \to f$라고 가정하자. $f \in A_{m,n}$ 임을 보여야 한다.

$f_k \in A_{m,n}$이므로 각 $k \in \mathbf{N}$에 대해 점 $x_k \in [0,1]$이 있어 다음을 만족한다.

$$\text{모든 } 0 < |x_k - t| < 1/m \text{에 대하여 } \left| \frac{f_k(x_k) - f_k(t)}{x_k - t} \right| \le n$$

문제 17 다음 물음에 답하라.

(a) 수열 (x_k)가 반드시 수렴한다고 말할 수는 없지만, 수렴하는 부분수열 (x_{k_l})이 존재함을 설명하라. $x = \lim(x_{k_l})$라 하자.

(b) $f_{k_l}(x_{k_l}) \to f(x)$를 증명하라.

(c) $A_{m,n}$이 닫힌 집합임을 증명하라.

$A_{m,n}$이 닫힌 집합이므로 $\overline{A_{m,n}} = A_{m,n}$이다. $A_{m,n}$이 조밀한 곳이 없는 집합임을 보이려면 이 집합이 어떤 ϵ–근방도 포함하지 않음을 보여야 한다. 따라서 임의로 $f \in A_{m,n}$를 선택하고 $\epsilon > 0$에 대하여 $C[0,1]$에서 ϵ–근방 $V_\epsilon(f)$를 생각하자. 이 집합이 $A_{m,n}$에 포함되지 않음을 보이려면 $\|f - g\|_\infty < \epsilon$이면서 다음을 만족하는 $x \in [0,1]$가 존재하지 않는 함수 $g \in C[0,1]$를 만들어야 한다.

$$\text{모든 } 0 < |x - t| < 1/m \text{ 에 대하여 } \left| \frac{g(x) - g(t)}{x - t} \right| \le n$$

문제 18 그래프가 유한개 선분으로 이루어진 연속함수를 **다각형 함수(polygonal function)**라고 한다. 다음 물음에 답하라.

(a) $\|f - p\|_\infty < \epsilon/2$을 만족하는 다각형 함수 $p \in C[0,1]$가 존재함을 보여라.

(b) h가 $C[0,1]$의 원소로서 1로 유계가 되는 임의의 함수면(즉, $-1 \le h(x) \le 1$) 다음과 같은 함수 $g(x)$에 대해 $g \in V_\epsilon(f)$임을 보여라.

$$g(x) = p(x) + \frac{\epsilon}{2} h(x)$$

(c) (b)처럼 정의된 g가 $A_{m,n}$의 원소가 되지 않게끔하는 다각형 함수 $h(x)$를 $C[0,1]$에서 찾아라. 단, h는 1로 유계가 되어야 한다. 이를 바탕으로 정리 8.2.12의 증명을 마무리 하라.

이로써 정리 8.2.12의 증명이 끝났다. ◀

8.3 오일러 합

우리는 6.1절에서 오일러가 다음 등식을 어떻게 처음 유도했는지 살펴본 바 있다.

$$1 + \frac{1}{4} + \frac{1}{9} + \frac{1}{16} + \frac{1}{25} + \cdots = \frac{\pi^2}{6}$$

이 증명의 핵심은 $\sin(x)$를 2가지 방식으로 표현하는 데 있다. 첫 번째는 다음과 같이 일반적인 테일러 급수 표현이다.

$$\sin(x) = x - \frac{x^3}{3!} + \frac{x^5}{5!} - \frac{x^7}{7!} + \cdots \tag{1}$$

두 번째는 다음과 같은 무한곱 표현이다.

$$\sin(x) = x\left(1 - \frac{x}{\pi}\right)\left(1 + \frac{x}{\pi}\right)\left(1 - \frac{x}{2\pi}\right)\left(1 + \frac{x}{2\pi}\right)\cdots \tag{2}$$

처음 등식이 성립하는 이유는 이제 엄밀하게 확인했지만(예제 6.6.4 참고), 등식 (2)가 참임을 증명하기엔 아직 버겁다.

하지만 나쁜 소식만 있는 건 아니다. 오일러가 최초로 발견한 이후 현재까지 오일러가 직접 시도한 몇 가지 방법을 비롯하여 이 결과에 대한 수십 개 증명이 출판되었다. 다변수 미분적분학부터 푸리에 급수와 복소 적분까지 다양한 기법이 사용되었는데, 특히 최부림 교수의 증명은 테일러 급수 전개와 고르게 수렴하는 급수의 성질을 사용한다. 1987년에 발표한 최부림 교수의 증명은 오일러의 처음 시도와 일맥상통한다. 이 절에서는 피터 두렌(Peter Duren)[7] 이 일부 간소화한 최부림 교수의 증명[8]을 간략하게 소개한다.

7 참고문헌 **13**, p. 92–95를 참고하라.

8 (옮긴이) 최부림 교수(현 고려대학교 수학과 교수)가 위스콘신 대학교 재학 시절 발표한 논문『An Elementary Proof of $\sum_{n=1}^{\infty} 1/n^2 = \pi^2/6$』에 수록되어 있다. 논문 정보는 다음과 같다. American Mathematical Monthly 94 (1987), no. 7, 662–663.

월리스 곱

등식 (2)에 소개한 $\sin(x)$에 대한 무한곱 표현을 비록 완벽히 증명하는 건 아직 무리지만, 특수한 경우의 증명은 할 수 있다.

문제 1 $x = \pi/2$일 때 등식 (2)는 다음 등식 (3)과 동치임을 보여라.

$$\frac{\pi}{2} = \lim_{n\to\infty} \left(\frac{2\cdot 2}{1\cdot 3}\right)\left(\frac{4\cdot 4}{3\cdot 5}\right)\left(\frac{6\cdot 6}{5\cdot 7}\right)\cdots\left(\frac{2n\cdot 2n}{(2n-1)(2n+1)}\right) \tag{3}$$

이때 (2)의 무한곱은 부분곱의 극한으로 해석한다. (필수는 아니지만) 2.4절 연습문제 10과 2.7절 연습문제 10에서 다룬 무한곱의 성질을 복습하면 이 다음 설명을 더 잘 이해할 수 있을 것이다.

다음 소개하는 몇 가지 연습문제는 등식 (3)의 증명을 목표로 한다. π가 포함된 이 묘한 공식은 존 월리스(John Wallis, 1616–1703)가 처음 발견하였는데, 우리가 오일러 합 공식을 증명하는 과정에서 매우 요긴하게 사용될 것이다. 또한, 팩토리얼 함수를 정의하는 8.4절에서 다시 등장한다.

다음과 같이 두자.

$$b_n = \int_0^{\frac{\pi}{2}} \sin^n(x)dx \quad (n = 0, 1, 2, \dots)$$

처음 몇 개 항은 계산하기 쉽다. 구체적으로는 다음과 같다.

$$b_0 = \int_0^{\frac{\pi}{2}} 1dx = \frac{\pi}{2}, \quad b_1 = \int_0^{\frac{\pi}{2}} \sin(x)dx = 1$$

문제 2 $h(x)$와 $k(x)$가 $[a, b]$에서 연속인 도함수를 가진다고 하고 부분적분법 공식을 유도하라.

$$\int_a^b h(t)k'(t)dt = h(b)k(b) - h(a)k(a) - \int_a^b h'(t)k(t)dt$$

문제 3 다음 물음에 답하라.

(a) 간단한 항등식 $\sin^n(x) = \sin^{n-1}(x)\sin(x)$와 이전 문제를 이용하여 다음 점화식을 유도하라.

$$b_n = \frac{n-1}{n}b_{n-2} \quad (\text{단, } n \geq 2)$$

(b) 이 점화식을 이용하여 수열 (b_n)의 처음 3개의 홀수항과 3개의 짝수항을 구하라.

(c) b_{2n}과 b_{2n+1}에 대한 일반항을 구하라.

$[0, \pi/2]$에서 $0 \le \sin^{n+1}(x) \le \sin^n(x)$이므로 $b_{n+1} \le b_n$이고 (b_n)은 감소한다. 사실 $(b_n) \to 0$이기는 하지만, 현재 우리가 관심을 가지는 극한값은 이것이 아니다.

문제 4 다음 식이 성립함을 보여라. 또한 다음 식을 이용하여 식 (3)의 월리스 곱(Wallis's product) 공식의 증명을 마무리하라.

$$\lim_{n\to\infty} \frac{b_{2n}}{b_{2n+1}} = 1$$

식 (3)의 표기법을 다루기 위한 몇 가지 표준 기법이 있다. 예를 들어 짝수를 연달아 곱한 결과는 다음과 같다.

$$2 \cdot 4 \cdot 6 \cdots (2n) = 2^n n!$$

홀수를 연달아 곱한 결과는 다음과 같다.

$$1 \cdot 3 \cdot 5 \cdots (2n+1) = \frac{(2n+1)!}{2 \cdot 4 \cdot 6 \cdots (2n)} = \frac{(2n+1)!}{2^n n!}$$

문제 5 다음과 같은 월리스 곱 공식의 다른 표현을 유도하라.

$$\sqrt{\pi} = \lim_{n\to\infty} \frac{2^{2n}(n!)^2}{(2n)!\sqrt{n}}$$

테일러 급수

증명의 다음 단계는 $\arcsin(x)$에 대한 테일러 급수를 만드는 것이다. 테일러 공식을 직접 사용하여 계수를 계산하기란 거의 불가능하지만 $1/\sqrt{1-x}$을 먼저 급수 전개하고 다음 관계식을 활용하면 계수를 구할 수 있다.

$$(\arcsin(x))' = \frac{1}{\sqrt{1-x^2}}$$

문제 6 $1/\sqrt{1-x}$의 테일러 전개를 $\sum_{n=0}^{\infty} c_n x^n$이라 하자. $c_0 = 1$이고 $n \geq 1$일 때 c_n은 다음과 같이 주어짐을 보여라.

$$c_n = \frac{(2n)!}{2^{2n}(n!)^2} = \frac{1 \cdot 3 \cdot 5 \cdots (2n-1)}{2 \cdot 4 \cdot 6 \cdots 2n}$$

계수 c_n은 월리스 곱에서 본 것 같지 않은가? 문제 5는 다음과 같이 바꿔 쓸 수 있다.

$$\sqrt{\pi} = \lim_{n \to \infty} \frac{1}{c_n \sqrt{n}}$$

문제 7 $\lim c_n = 0$이지만 $\sum_{n=0}^{\infty} c_n$은 발산함을 보여라.

$1/\sqrt{1-x}$에 대한 테일러 급수라는 관점에서 보면 $\sum_{n=0}^{\infty} c_n$이 발산하는 것은 당연하다. 이제 다음을 만족하는 x 값을 결정하고 싶다.

$$\frac{1}{\sqrt{1-x}} = \sum_{n=0}^{\infty} c_n x^n \tag{4}$$

$x = 1$은 좌변의 정의역에 속하지 않는다. 이제 모든 $x \in (-1, 1)$에 대해 식 (4)가 성립함을 증명하고 싶다. 한 가지 주의할 점이 있다. 계수 c_n을 계산했지만 이를 바탕으로 $|x| < 1$일 때 우변의 급수가 수렴한다고 주장하면 안 된다. 식 (4)를 적절히 확인하기 위해 다음 오차 함수 $E_N(x)$가 $N \to \infty$일 때 0으로 수렴함을 보이고자 한다.

$$E_N(x) = \frac{1}{\sqrt{1-x}} - \sum_{n=0}^{N} c_n x^n$$

6.6절을 생각해 보면 보통 라그랑주 나머지항 정리(정리 6.6.3)를 사용하여 이 작업을 하지만 지금 계산에 써먹기에는 한계가 있다.

문제 8 라그랑주 나머지항 정리에서 $E_N(x)$에 대한 표현을 이용하여 식 (4)가 모든 $|x| < 1/2$에 대해 성립함을 보여라. $x \in (1/2, 1)$에 대해 식 (4)가 성립함을 증명하려고 라그랑주 나머지항 정리를 사용하면 어떤 문제가 발생하는가?

나머지항의 적분 표현

이전 문제를 통해 $E_N(x)$를 추정하기 위한 다른 방법이 필요하다는 교훈을 얻었다. 라그랑주 정리에서 나머지항은 평균값 정리로부터 유도되었으며, 오차 함수를 $N+1$계도함수 $f^{(N+1)}$에 대한 식으로 나타낸다. 이제 적분을 제대로 정의하였으니 $E_N(x)$에 대한 또 다른 유용한 식을 도출할 수 있다.

정리 8.3.1 적분 나머지항 정리(integral remainder theorem)

f가 $(-R, R)$에서 $N+1$번 미분가능하고 $f^{(N+1)}$이 연속이라고 가정하자. $n = 0, 1, \ldots, N$에 대해 $a_n = f^{(n)}(0)/n!$이라 정의하고 다음과 같이 부분합을 정의하자.

$$S_N(x) = a_0 + a_1 x + a_2 x^2 + \cdots + a_N x^N$$

모든 $x \in (-R, R)$에 대해 오차 함수 $E_N(x) = f(x) - S_N(x)$는 다음을 만족한다.

$$E_N(x) = \frac{1}{N!} \int_0^x f^{(N+1)}(t)(x-t)^N \, dt$$

증명 $x = 0$인 경우는 확인하기 쉬우므로 $(-R, R)$에서 $x \neq 0$을 택하자. 다음 내용에서 x는 고정된 상수임을 기억하자. 몇 가지 기술적인 이유로 $x > 0$인 경우만을 고려하도록 하자.

문제 9 다음 물음에 답하라.

(a) 다음 등식이 성립함을 보여라.

$$f(x) = f(0) + \int_0^x f'(t) dt$$

(b) 이번 절에서 다룬 내용(부분적분법)을 이용하여 다음 등식이 성립함을 보여라.

$$f(x) = f(0) + f'(0)x + \int_0^x f''(t)(x-t) dt$$

(c) 이와 같이 계속하여 정리의 증명을 완성하라.

이로써 정리 8.3.1의 증명이 끝났다. ◀

이제 특수한 경우인 $f(x) = 1/\sqrt{1-x}$로 다시 돌아가자. 이 과정을 통해 우리는 $E_N(x)$의 적분 표현에 대한 이해를 더 넓힐 수 있고, 또한 이를 (4)에 적용할 수 있을 것이다.

문제 10 다음 물음에 답하라.

(a) 구간 $(-1, 1)$에서 $1/\sqrt{1-x}$과 $S_2(x)$의 그래프를 대략적으로 그리고 $x = 1/2, 3/4, 8/9$

에서 $E_2(x)$ 값을 계산하라.

(b) $-1 < x < 1$일 때 다음이 성립함을 보여라.

$$E_2(x) = \frac{15}{16}\int_0^x \left(\frac{x-t}{1-t}\right)^2 \frac{1}{(1-t)^{3/2}}\,dt$$

(c) 다음 부등식이 성립하는 이유를 설명하라.

$$\left|\frac{x-t}{1-t}\right| \le |x|$$

이를 이용하여 $|E_2(x)|$에 대한 상계의 추정치를 구하라. 이 추정치는 더 이상 적분식을 포함하지는 않지만 x 값마다 달라진다. 이 추정치가 (a)에서 계산한 $|E_2(x)|$보다 실제로 크다는 것을 확인하여 추정치를 바르게 구했음을 확인하라.

(d) 마지막으로 임의의 $x \in (-1, 1)$에 대해 $N \to \infty$일 때 $E_N(x) \to 0$임을 보여라.

테일러 급수 (4)가 실제로 모든 $|x| < 1$에 대해 수렴함을 확인했으니 이제 $\arcsin(x)$를 테일러 급수로 표현할 수 있다. 첫 단추는 식 (4)에 x 대신 x^2을 대입하여 다음 식을 얻는 것이다.

$$\frac{1}{\sqrt{1-x^2}} = \sum_{n=0}^{\infty} c_n x^{2n} \quad (|x| < 1)$$

그 다음은 이 급수에 각 항별로 역도함수를 취한다. 무한급수를 유한합처럼 다룰 때는 잠시 멈춰 서서 안전한 기반 위에 있는지를 항상 확인해야 한다.

문제 11 $\arcsin(x)$의 도함수가 $1/\sqrt{1-x^2}$임을 받아들이고 다음 식이 성립함을 증명하라(단, $|x| < 1$).

$$\arcsin(x) = \sum_{n=0}^{\infty} \frac{c_n}{2n+1} x^{2n+1} \tag{5}$$

문제 12 지금까지 테일러 급수 (5)가 모든 $|x| < 1$에 대해 유효함을 설명했다. 이제 $\arcsin(x)$는 모든 $|x| \le 1$에 대해 연속이란 사실에 주목하자. 테일러 급수 (5)가 닫힌 구간 $[-1, 1]$에서 $\arcsin(x)$로 고르게 수렴하는 이유를 주의깊게 설명하라.

$\sum_{n=1}^{\infty} 1/n^2$ 값 구하기

오일러 합에 대한 여러 증명이 있는데, 각각의 증명마다 그 안에 담긴 독창성이 확 드러나는 어떤 지점이 있다. 우리가 다루는 증명에서는 바로 지금이 그 순간이다.

$-\pi/2 \leq \theta \leq \pi/2$라 하자. 식 (5)에 $x = \sin(\theta)$를 대입하자. 이때 다음이 성립한다.

$$\theta = \arcsin(\sin(\theta)) = \sum_{n=0}^{\infty} \frac{c_n}{2n+1} \sin^{2n+1}(\theta)$$

그리고 이 식은 $[-\pi/2, \pi/2]$에서 고르게 수렴한다.

문제 13 다음 물음에 답하라.

(a) 증명의 각 단계를 신중하게 확인하며 다음 식이 성립함을 보여라.

$$\int_0^{\pi/2} \theta d\theta = \sum_{n=0}^{\infty} \frac{c_n}{2n+1} b_{2n+1}$$

b_{2n+1} 항은 이전에 다룬 월리스 곱에 대한 논의에서 등장했다.

(b) 다음 식이 성립함을 유도하고, 이를 이용하여 $\pi^2/6 = \sum_{n=1}^{\infty} 1/n^2$임을 증명하라.

$$\frac{\pi^2}{8} = \sum_{n=0}^{\infty} \frac{1}{(2n+1)^2}$$

리만–제타 함수

오일러는 $\sum 1/n^2$ 값을 구하면서 국제적인 명성을 얻었다. 오일러는 일생에 거쳐 $\sum 1/n^s$ 꼴의 급수에 대해 연구했는데, 이 결과는 중요한 이정표를 세웠다. 6.1절에서 다룬 $\sum 1/n^2$을 구하는 오일러의 원래 증명에서는 $\sin(x)/x$에 대한 두 가지 급수 전개에서 x^2의 계수를 비교했다. 오일러는 x에 대한 더 고차항의 계수를 비교함으로써 $s = 4, 6, 8, 10, 12$일 때도 $\sum 1/n^s$ 값을 구할 수 있었다($s = 4$인 경우를 도전해 보라). 결국 오일러는 짝수 자연수에 대한 일반적인 공식을 고안했고, 이 과정에서 오일러는 $\sum 1/n^s$을 변수 s에 대한 **함수**라 생각하는 것으로 초점을 옮겼다.

다음의 상징적인 표기법과 **리만-제타 함수**(Riemann–zeta function)라는 이름은 100년 후에나 등장했지만, 리만–제타 함수의 여러 가지 중요한 성질을 처음 찾아낸 이가 오일러다.

$$\zeta(s) = \sum_{n=1}^{\infty} \frac{1}{n^s} \quad (s > 1)$$

리만–제타 함수의 성질 중 으뜸은 다음 오일러 식에서 명백하게 나타나는 소수와의 연계성이다.

$$\sum_{n=1}^{\infty}\frac{1}{n^s}=\left(\frac{1}{1-2^{-s}}\right)\left(\frac{1}{1-3^{-s}}\right)\left(\frac{1}{1-5^{-s}}\right)\left(\frac{1}{1-7^{-s}}\right)\cdots \tag{6}$$

이때 식 (6)의 우변의 곱은 모든 소수에 대한 곱이다. 리만-제타 함수를 다루는 기반 수학은 조금만 들여다봐도 매우 복잡해지지만, 다행히 이 특별한 등식은 꽤 쉽게 이해할 수 있다. 각 소수 p에 대해 다음이 성립함을 주목하자.

$$\frac{1}{1-p^{-s}}=1+\frac{1}{p^s}+\frac{1}{p^{2s}}+\frac{1}{p^{3s}}+\frac{1}{p^{4s}}+\cdots$$

이러한 방식으로 식 (6)에서 우변의 곱셈을 곱하고, 모든 $n\in\mathbf{N}$에 대하여 n을 소인수분해하는 방법은 유일하다는 사실을 이용하면 자연스럽게 위 식을 유도할 수 있다.

오일러는 평생에 걸쳐 여러 차례 $\zeta(s)$를 다루었지만, 홀수 정수에 대한 $\sum 1/n^s$ 값을 구하지는 못했다. 그 대단한 오일러조차 풀지 못한 이 문제는 지금까지 수학자들을 계속해서 괴롭히고 있다.

8.4 팩토리얼 함수 만들기

이번 절의 목표는 $\mathbf{R}$ 전체에서 정의되며 각 $n\in\mathbf{N}$에 대해 $f(n)=n!$인 함수를 만드는 것이다. f에 대한 추가 조건이 없다면 이러한 함수는 그리 어렵지 않게 찾을 수 있다. 단순히 f가 점 $(1,1)$, $(2,2)$, $(3,6)$, $(4,24)$ 등을 지나도록 조각마다 정의하면 된다. 다음과 같이 함수를 정의하면 성공적이다.

$$f(x)=\begin{cases} n! & (n\le x<n+1,\ n\in\mathbf{N}) \\ 1 & (x<1)\end{cases}$$

이 문제를 보다 의미 있게 만드려면 f가 만족해야 하는 조건을 좀 더 제시해야 한다. f는 연속이어야 하는가? 미분가능한가? 두 번 미분가능한가? 우리는 이러한 조건을 알아볼 것이다. 이 문제는 실제로 1729년 크리스티안 골드바흐(Christian Goldbach)[9]와 오일러가 주고 받은 편지에서 비롯한다. 오일러 시대에 '함수'라는 용어는 암묵적으로 미분적분학에서 등장하는 기초 함수와 연산으로 구성된 해석적 표현을 가리킨다. 로그함수, 지수함수, 다항함수 및 멱급수 등은 18세기에서 얘기하는 함수의 예지만, 앞에서 언급한 조각별로 정의된 함수는 그 시대 함수의 예에 해당하지 않았다.

9 골드바흐의 추측(Goldbach's conjecture)의 그 골드바흐다. 지금 골드바흐의 추측을 다루지는 않겠지만.

여전히 약간은 부정확하지만 이번 절의 목표를 더 잘 서술하면 다음과 같다. $n!$의 정의를 자연수가 아닌 수로 의미 있게 확장하면서도 유기적인 하나의 식으로 표현되는 함수를 찾자.

문제 1 각 $n \in \mathbf{N}$에 대해 다음과 같이 정의하고, 물음에 답하라.

$$n\# = n + (n-1) + (n-2) + \cdots + 2 + 1$$

(a) 다음 내용을 미리 보지 말고 $0\#$을 정의하는 자연스러운 방법이 있는지 생각해 보자. $(-2)\#$은 어떤가? $\frac{7}{2}\#$으로 그럴듯한 값을 추측해 보아라.

(b) 이제 모든 $n \in \mathbf{N}$에 대해 $n\# = \frac{1}{2}n(n+1)$임을 증명하고, (a)를 다시 확인하라.

문제 1(b)의 식은 큰 n 값에 대해 $n\#$ 값을 쉽게 계산할 수 있게 해줄 뿐만 아니라, 이산 변수 n을 연속 변수 x로 바꾸어도 $\mathbf{R}$에서 잘 정의되는 함수다. 실제로 오일러는 $x\# = \frac{1}{2}x(x+1)$과 같은 정의에 매우 만족해 할 것이다.

$n!$에 대해서도 비슷한 식을 찾고 있다. $x \in \mathbf{R}$일 때 $x!$에 대한 옳은 정의는 무엇일까?

지수함수

$\mathbf{N}$에서 정의된 함수를 모든 $\mathbf{R}$에서 정의되는 함수로 확장하자는 아이디어는 다소 엉뚱하게 들릴 수 있지만, 우리가 2^x과 같은 함수를 이해하는 과정이 그러했다. $n!$의 경우처럼 곱셈만 알고 있다면 $n \in \mathbf{N}$에 대해 2^n이란 표현은 그 의미가 분명하다. 하지만 $2^{-\pi}$과 같은 표현은 그렇지 않다. 교육적인 의미도 있고, 또한 현재 t^x 꼴인 함수가 필요하기 때문에 잠시 시간을 내어 지수함수를 엄밀하게 정의해 보겠다.

일반적으로 $\mathbf{R}$에서 2^x과 같은 함수를 정의하는 방법은 정의역을 순차적으로 확장함으로써 이루어진다. 2^n에서 시작하여 역수를 이용해 먼저 정의역을 $\mathbf{Z}$로 확장한 다음, 제곱근을 이용하여 $\mathbf{Q}$로 확장하고 마지막으로 연속성을 이용하여 $\mathbf{R}$로 확장한다. 이러한 전략을 따를 수도 있지만 우리는 다르게 접근할 것이다. 이 접근법은 우리가 필요한 핵심 성질을 보다 효과적으로 이끌어낼 수 있다는 장점이 있다.

첫 단계는 자연 지수함수 e^x을 적절하게 정의하는 것이다. 6장에서는 이미 e^x이 정의되었다고 가정하고 e^x의 테일러 급수가 어떻게 표현될 수 있는지 보였다. 이번에는 이 과정을 뒤집어 보자. 눈 앞에 놓인 문제는 e^x을 엄밀하게 잘 정의하는 것이며, 멱급수 이론에서 기초 토대를 가져올 수 있다.

다음과 같이 정의하자.

$$E(x) = \sum_{n=0}^{\infty} \frac{x^n}{n!} = 1 + x + \frac{x^2}{2!} + \frac{x^3}{3!} + \dots \tag{1}$$

문제 2 급수 (1)이 모든 $x \in \mathbf{R}$에 대해 절대수렴함을 확인하라. 그리고 $E(x)$가 $\mathbf{R}$에서 미분가능하며 $E'(x) = E(x)$ 임을 확인하라.

문제 3 다음 물음에 답하라.

(a) 2.8절 문제 7의 결과와 이항정리를 이용하여 모든 $x, y \in \mathbf{R}$에 대해 $E(x+y) = E(x)E(y)$ 임을 보여라.

(b) $E(0) = 1$, $E(-x) = 1/E(x)$이고 모든 $x \in \mathbf{R}$에 대해 $E(x) > 0$임을 보여라.

여기서 멱급수 $E(x)$가 지수함수와 관련 있는 모든 성질을 만족한다는 점이 중요하다. 따라서 $E(x)$를 이미 익숙한 표현인 e^x으로 바꿀 수 있다. 순간적으로 관성에 따라 e^x을 $E(x)$가 아니라 실수 $e \approx 2.71828\dots$을 x만큼 거듭제곱했다고 해석하면 어떻게 될까? 걱정할 필요가 없다. 후자를 평소처럼 정의하면 2가지 해석은 서로 일치한다.

문제 4 $e = E(1)$이라 정의하자. 모든 $m, n \in \mathbf{Z}$에 대해 $E(n) = e^n$이며 $E(m/n) = (\sqrt[n]{e})^m$ 임을 보여라.

마지막으로 $x \to \pm\infty$일 때 e^x가 어떻게 움직이는지 생각해 보자.

정의 8.4.1 함수 $f : [a, \infty] \to \mathbf{R}$를 생각하자. 모든 $\epsilon > 0$에 대해 다음 조건을 만족하는 $M > a$이 존재하면 $\lim_{x\to\infty} f(x) = L$이라고 한다. $x \geq M$이면 항상 $|f(x) - L| < \epsilon$이다.

문제 5 모든 $n = 0, 1, 2, \dots$ 에 대해 $\lim_{x\to\infty} x^n e^{-x} = 0$임을 보여라. 시작에 앞서 $x \geq 0$이면 식 (1)의 모든 항이 양수임에 주목하자.

밑이 다른 지수함수

이제 확실한 수학적 기반 위에서 e^x을 정의하였으므로 $t > 0$일 때 t^x 또한 잘 정의할 수 있다. 이를 위해 자연로그가 필요하다.

문제 6 다음 물음에 답하라.

(a) e^x가 다음을 만족하는 역함수(이를 $\log x$라고 부르자)를 가지는 이유를 설명하라(단, $\log x$의 정의역은 양수 집합이다).

> (i) 모든 $y \in \mathbf{R}$에 대해 $\log(e^y) = y$이다.
> (ii) 모든 $x > 0$에 대해 $e^{\log x} = x$이다.

(b) $(\log x)' = 1/x$을 증명하라(5.2절 연습문제 12 참고).

(c) $y > 0$를 고정하고 $\log(xy)$를 x에 대해 미분하라. 이로부터 다음이 성립함을 확인하라.

$$\log(xy) = \log x + \log y \quad (x, y > 0)$$

(d) $t > 0$와 $n \in \mathbf{N}$에 대해 t^n을 t를 n번 곱한 것으로 해석할 수 있다. 다음이 성립함을 보여라.

$$t^n = e^{n \log t} \quad (n \in \mathbf{N}) \tag{2}$$

문제 6(d)에서 n을 $x \in \mathbf{R}$로 바꾸어도 우변의 식은 유효하다. 즉 항등식 (2)를 이용하여 $\mathbf{R}$ 전체에서 t^x을 정의할 수 있다.

> **정의 8.4.2** $t > 0$이 주어질 때 지수함수를 $t^x = e^{x \log t}$ $(x \in \mathbf{R})$로 정의한다.

문제 7 다음 물음에 답하라.

(a) 모든 $m, n \in \mathbf{N}$에 대해 $t^{m/n} = (\sqrt[n]{t})^m$임을 보여라.

(b) 모든 $t > 0$와 $x \in \mathbf{R}$에 대해 $\log(t^x) = x \log t$임을 보여라.

(c) t^x이 $\mathbf{R}$에서 미분가능함을 보이고 그 도함수를 구하라.

$x!$에 대한 올바른 정의를 찾기란 t^x을 정의하는 것보다 더 어렵지만 전략은 근본적으로 같다. 우리는 $n! = g(n)$이면서 n을 x로 바꾸어도 의미가 있는 식 g를 찾고 있다. 정의역이 $\mathbf{R}$인 함수 $g(x) = x!$의 그래프는 어떤 모양일까? $x \geq 0$일 때 $n!$을 따라가려면 매우 빠르게 증가해야 할 것 같다. 그렇다면, $x < 0$일 때는 어떤 모양일까? $x!$에 대한 함수방정식을 사용하면 우리가 찾는 함수에 대해 그럴듯한 모양새를 만들 수 있다.

함수방정식

$\mathbf{N}$에서 팩토리얼(factorial, 계승)을 정의하는 핵심적인 성질은 $1! = 1$과 모든 $n \geq 2$에 대해 $n! = n(n-1)!$이다. 따라서 $\mathbf{R}$에서 정의되는 함수 $x!$도 같은 성질을 지녀야 할 것이다. 어떤 방식으로 정의하건 $x!$은 다음을 만족해야 한다.

$$x! = x(x-1)! \quad (x \in \mathbf{R})$$

예를 들어 위 등식에서 $n = 1$을 대입하면 $1 = 0!$이다.

문제 8 $0! = 1$이고 $1! = 1$이란 사실에서 영감을 받아 다음 조건을 만족하는 함수 $h(x)$를 생각할 수 있다.

(i) 모든 $0 \leq x \leq 1$에 대하여 $h(x) = 1$이다.
(ii) 모든 $x \in \mathbf{R}$에 대하여 $h(x) = xh(x-1)$이다.

다음 물음에 답하라.

(a) 구간 $[1, 2]$, $[2, 3]$에서의 $h(x)$의 식을 구하라. 임의의 $n \in \mathbf{N}$에 대해 $[n, n+1]$에서의 식도 구하라.

(b) 이제 $[-1, 0]$, $[-2, -1]$ 및 $[-n, -n+1]$에 대해서도 식을 구하라.

(c) 정의역 $[-4, 4]$에서 h의 그래프를 그려 보라.

$h(x)$는 $h(n) = n!$을 만족하며 적어도 $x \geq 0$에 대해서는 연속이지만 조각별로 정의되었으며 미분불가능한 모서리가 많이 있으므로 우리가 찾는 팩토리얼 함수가 될 수 없다. 문제 8에서 알 수 있는 한 가지 정당한 결론은 $x!$을 찾는다면 그 함수는 $x = -1, -2, -3, \ldots$ 에서 h와 똑같이 수직점근선을 가지므로 음의 정수에서는 정의되지 않는다는 점이다.

이상적분

다음 수식을 엄밀하게 다룰 수 있어야 한다. 그 이유는 차차 알게 될 것이다.

$$\int_0^\infty e^{-t} dt$$

미분적분학에서 한 번쯤 다뤘을텐데, $[0, \infty)$와 같이 유계가 아닌 영역에서의 적분을 **이상적분**(improper Riemann integral)이라고 부르며 **정상**(proper) 적분의 극한값으로써 정의한다.

정의 8.4.3 f가 $[a,\infty)$에서 정의되고 $[a,b]$ 꼴의 모든 구간에서 적분가능하다고 가정하자. 이때 $\int_a^\infty f$를 (극한값이 존재한다면) 다음과 같이 정의한다.

$$\lim_{b\to\infty}\int_a^b f$$

이 경우에 이상적분 $\int_a^\infty f$는 **수렴한다(converge)**고 한다.

문제 9 다음 물음에 답하라.

(a) 이상적분 $\int_a^\infty f$가 수렴하는 필요충분조건은 임의의 $\epsilon > 0$에 대해 다음을 만족하는 $M > a$가 존재하는 것임을 보여라.

$$d > c \geq M \Rightarrow \left|\int_c^d f\right| < \epsilon$$

힌트 어느 한 방향을 증명할 때, 수열 $a_n = \int_a^{a+n} f$을 사용하면 유용하다.

(b) $0 \leq f \leq g$이고 $\int_a^\infty g$가 수렴하면 $\int_a^\infty f$도 수렴함을 보여라.

(c) (a)는 코시 판정법(Cauchy criterion)이고 (b)는 비교판정법(comparison test)이다. 이상적분에 대한 절대수렴 판정법을 서술하고 증명하라.

문제 10 다음 물음에 답하라.

(a) 앞서 언급한 e^t의 성질을 이용하여 다음이 성립함을 보여라.

$$\int_0^\infty e^{-t}dt = 1$$

(b) 다음이 성립함을 보여라.

$$\frac{1}{\alpha} = \int_0^\infty e^{-\alpha t}dt \quad (\alpha > 0) \tag{3}$$

잠시 해석학적으로 엄밀함을 따지지 말고, 등식 (3)을 α에 대해 미분하면 어떤 식이 될지 생각해 보자. 좌변은 분명히 다음과 같을 것이다.

$$\left[\frac{1}{\alpha}\right]' = -\frac{1}{\alpha^2}$$

식 (3)의 우변은 적분기호를 뻔뻔하게 무시하고 (t를 상수로 생각하여) 피적분함수 $e^{-\alpha t}$을 α에 대해 미분하자. 그럼 다음과 같다.

$$[e^{-\alpha t}]' = e^{-\alpha t} \cdot (-t)$$

이러한 식 조작이 정당할까? 다시 말해 다음 식은 참인가?

$$\frac{1}{\alpha^2} = \int_0^\infty te^{-\alpha t} dt \tag{4}$$

식 (4) 우변의 적분을 계산해 보면 알 수 있을 것이다.

문제 11 다음 물음에 답하라.

(a) 7.5절 연습문제 6의 부분적분법을 이용하여 $\int_0^b te^{-\alpha t}dt$ 값을 구하라. α와 b에 대한 식으로 표현될 것이다.

(b) 이제 $\int_0^\infty te^{-\alpha t}dt$를 계산하고 등식 (4)를 확인하라.

분명히 등식 (3)을 과감히 미분하여 등식 (4)를 얻는 일은 잘 됐다. 이제 다시 해석학적인 시각에서 왜 이렇게 되었는지 살펴볼 차례다.

적분 기호 속 미분

$f(x,t)$가 모든 $a \le x \le b$, $c \le t \le d$에 대해 정의되는 이변수 함수라고 하자. f의 정의역은 $\mathbf{R}^2$의 **직사각형** D이다.

f가 D의 점 (x_0, t_0)에서 연속이라는 것은 무엇을 의미하는가? 거리공간을 다룬 8.2절에서 자세히 설명하였지만 일변수 상황과 유일한 차이는 점 (x_0, t_0)와 (x, t) 사이의 **거리**(distance)를 익숙한 유클리드 거리로 바꾸는 것이다.

$$\|(x,t) - (x_0, t_0)\| = \sqrt{(x - x_0)^2 + (t - t_0)^2}$$

정의 8.4.4 모든 $\epsilon > 0$에 대해 다음을 만족하는 $\delta > 0$가 존재할 때, 함수 $f : D \to \mathbf{R}$는 점 (x_0, t_0)에서 연속이라고 한다.

$$\|(x,t) - (x_0, t_0)\| < \delta \Rightarrow |f(x,t) - f(x_0, t_0)| < \epsilon$$

문제 12 함수 $f(x,t)$가 직사각형 $D = \{(x,t) : a \le x \le b, c \le t \le d\}$에서 연속이라고 가정하자. 모든 $x \in [a,b]$에 대해 다음 함수가 잘 정의되는 이유를 설명하라.

$$F(x) = \int_c^d f(x,t)dt$$

$\mathbf{R}^2$에 정리 4.4.7과 유사한 정리가 있다는 것은 그리 놀랍지 않다. 집합 D는 $\mathbf{R}^2$에서 콤팩트이고, D에서 연속인 함수는 고른 연속함수다. 즉 정의 8.4.4의 δ를 점 (x_0, t_0)와 무관하게 택할 수 있다.

정리 8.4.5 $f(x,t)$가 D에서 연속이면 $F(x) = \int_c^d f(x,t)dt$는 $[a,b]$에서 고른 연속이다.

문제 13 정리 8.4.5를 증명하라.

등식 (3)과 등식 (4)에서 영감을 얻어 $[c,d]$의 고정된 각 t에 대해 함수 $f(x,t)$는 x에 대해 미분가능한 함수라는 가정을 추가하자. 다시 말해 모든 $(x,t) \in D$에 대해 다음 극한값이 존재한다.

$$f_x(x,t) = \lim_{z \to x} \frac{f(z,t) - f(x,t)}{z - x}$$

덧붙여 도함수 $f_x(x,t)$가 연속이라고 가정하자.

정리 8.4.6 $f(x,t)$와 $f_x(x,t)$가 D에서 연속이면 함수 $F(x) = \int_c^d f(x,t)dt$는 미분가능하며 그 도함수는 다음과 같다.

$$F'(x) = \int_c^d f_x(x,t)dt$$

증명 $[a,b]$에서 x를 고정하자. 임의의 $\epsilon > 0$에 대하여 $0 < |z-x| < \delta$일 때 다음을 만족하는 $\delta > 0$를 찾아야 한다.

$$\left| \frac{F(z) - F(x)}{z - x} - \int_c^d f_x(x,t)dt \right| < \epsilon \tag{5}$$

문제 14 정리 8.4.6을 증명하라.

이로써 정리 8.4.6의 증명이 끝났다. ◀

이상적분 다시 보기

정리 8.4.6에 의해 적분 기호 속을 미분할 수 있다. 이제 이 결과를 이상적분인 경우로 확장해 보자. 등식 (3)의 예를 다시 보면, 변수 t에 대한 정의역이 유계가 아닌 구간 $c \leq t < \infty$으로 주어진 함수 $f(x,t)$를 다루고 있음을 확인할 수 있다.

어떤 집합 $A \subseteq \mathbf{R}$에서 x를 고정하자. x에 대해 다음 식의 극한이 존재한다면 함수 $F(x)$를 정의할 수 있다.

$$F(x) = \int_c^\infty f(x,t)dt = \lim_{d \to \infty} \int_c^d f(x,t)dt \tag{6}$$

등식 (6)은 **점별로**(pointwise) 서술되어 있음에 주목하자. $x \in A$와 $\epsilon > 0$이 주어지면 $d \geq M$일 때 다음을 만족하는 M(x에 의존할 수 있다)을 찾을 수 있다.

$$\left| F(x) - \int_c^d f(x,t)dt \right| < \epsilon$$

여러분도 여러 번 보았겠지만 유한에서 성립하는 좋은 성질을 무한까지 확장하는 데 필요한 특효약은 균일성(uniformity)이다.

정의 8.4.7 $D = \{(x,t) : x \in A, c \leq t\}$에서 정의된 $f(x,t)$가 주어질 때 모든 $x \in A$에 대해 $F(x) = \int_c^\infty f(x,t)dt$가 존재한다고 가정하자. 모든 $\epsilon > 0$에 대해 $M > c$이 존재하여 모든 $d \geq M$와 $x \in A$에 대해 다음이 성립할 때, 이상적분이 A에서 $F(x)$로 **고르게 수렴한다(converges uniformly)**고 한다.

$$\left| F(x) - \int_c^d f(x,t)dt \right| < \epsilon$$

문제 15 다음 물음에 답하라.

(a) 이상적분 $\int_0^\infty e^{-xt}dt$가 집합 $[1/2, \infty)$에서 $1/x$로 고르게 수렴함을 보여라.

(b) $(0, \infty)$에서도 고르게 수렴하는가?

문제 16 이상적분에 대한 다음 바이어슈트라스 M-판정법을 증명하라.

> 모든 $x \in A$에 대해 $f(x,t)$가 $|f(x,t)| \leq g(t)$를 만족하고 $\int_a^\infty g(t)dt$가 수렴하면 $\int_a^\infty f(x,t)dt$는 A에서 고르게 수렴한다.

정의 8.4.7에서 우리는 이상적분이 고르게 수렴하면 다음과 같이 정의된 함수열은 $[a,b]$에서 $F(x)$로 고르게 수렴한다는 사실을 바로 알 수 있다.

$$F_n(x) = \int_c^{c+n} f(x,t)dt$$

이 관찰을 통해 6장에서 개발한 유용한 결과를 적용할 수 있다.

정리 8.4.8 $f(x,t)$가 $D = \{(x,t) : a \leq x \leq b, c \leq t\}$에서 연속이면 다음 $F(x)$는 적분이 고르게 수렴하는 경우 $[a,b]$에서 고른 연속이다.

$$F(x) = \int_c^\infty f(x,t)dt$$

문제 17 정리 8.4.8을 증명하라.

정리 8.4.9 함수 $f(x,t)$가 $D = \{(x,t) : a \leq x \leq b, c \leq t\}$에서 연속이고 각 $x \in [a,b]$에 대해 $F(x) = \int_c^\infty f(x,t)dt$가 존재한다고 가정하자. 도함수 $f_x(x,t)$가 존재하고 연속이면 적분 (7)이 고르게 수렴할 때 다음이 성립한다.

$$F'(x) = \int_c^\infty f_x(x,t)dt \tag{7}$$

문제 18 정리 8.4.9를 증명하라.

팩토리얼 함수

이제 이 절의 처음에서 다룬 등식 (3)을 생각해 보자. 모든 $\alpha > 0$에 대하여 다음이 성립한다.

$$\frac{1}{\alpha} = \int_0^{\infty} e^{-\alpha t} dt$$

문제 19 다음 물음에 답하라.

(a) 우리는 다음 등식이 성립함을 이미 계산하여 확인했다. 이번 절에서 배운 정리들을 이용하여 다른 방식으로 다음 식이 성립함을 설명하라.

$$\frac{1}{\alpha^2} = \int_0^{\infty} te^{-\alpha t} dt \quad (\alpha > 0)$$

(b) 다음 식을 유도하라.

$$\frac{n!}{\alpha^{n+1}} = \int_0^{\infty} t^n e^{-\alpha t} dt \quad (\alpha > 0) \tag{8}$$

등식 (8)에서 $\alpha = 1$로 두면 다음을 얻는다.

$$n! = \int_0^{\infty} t^n e^{-t} dt$$

이 등식의 좌변에 $n!$이 등장한 것은 흥미로운 전개다. 왜냐하면 특히 우변에 등장하는 n은 실변수 x로 바꾸어도 여전히 의미 있는 식이기 때문이다. 최소한 $x \geq 0$인 경우에는 말이다. 이것이 바로 우리가 찾던 등식이다!

정의 8.4.10 $x \geq 0$에 대해 **팩토리얼 함수(factorial function)** 또는 **계승 함수**를 다음과 같이 정의한다.

$$x! = \int_0^{\infty} t^x e^{-t} dt$$

문제 20 다음 물음에 답하라.

(a) $x!$이 $(0, \infty)$에서 무한번 미분가능함을 보이고 n계도함수를 구하라. 특히 $(x!)'' > 0$임을 보여라.

(b) 부분적분법을 이용하여 $x!$이 다음 함수방정식을 만족함을 보여라.

$$(x+1)! = (x+1)x!$$

문제 20은 $x!$에 대한 올바른 정의를 찾았다는 첫 번째 증거다. 이 함수를 좀 더 살펴보자.

$(x!)'' > 0$이므로 $x!$은 **볼록 함수**(convex function)다. 미분적분학에서 볼록 함수는 주로 '위로 오목하다(concave up)'고 불리며 $x!$ 그래프 위의 두 점을 잇는 선분이 항상 곡선 위에 있음을 의미한다. 달리 말하면 $x!$에는 변곡점이 없으며 $n = 0, 1, 2, \ldots$에 대해 점 $(n, n!)$에서 곡선의 접선 기울기는 꾸준히 증가한다. 그때는 이러한 성질을 언급하지 않았지만, 이전에 찾았던 2^x과 $x!$ 간의 유사성을 돌이켜 보면 볼록성은 팩토리얼 함수가 지녀야 할 자연스러운 조건이다.

사실 $x!$뿐만 아니라 $\log(x!)$도 볼록함수다. 이는 더 강한 명제다(예를 들어 x^2+1 그래프와 $\log(x^2+1)$ 그래프를 비교해 보자). 증명은 다소 기술적이기 때문에 다루지 않지만, $x \geq 0$에서 $\log(x!)$이 볼록함수라는 사실은 상당히 중요하다. 그 이유는 다음과 같다.

정리 8.4.11 보어–몰레럽 정리(Bohr–Mollerup theorem)

$x \geq 0$에서 정의된 양의 함수 f 중 다음을 만족하는 함수는 단 하나뿐이다.

(1) $f(0) = 1$

(2) $f(x+1) = (x+1)f(x)$

(3) $\log(f(x))$는 볼록함수다.

$x!$은 성질 (1), (2), (3)을 모두 만족한다. 따라서 $f(x) = x!$이다.

증명 볼록함수에 대해 기하학적으로 그럴듯한 사실이 하나 더 필요하다. $[a, b]$와 $[a', b']$이 볼록함수 ϕ의 정의역의 두 구간이고 $a \leq a'$이고 $b \leq b'$이면, 이러한 구간에서 현의 기울기는 다음을 만족한다(그림 8.1 참고).

$$\frac{\phi(b) - \phi(a)}{b - a} \leq \frac{\phi(b') - \phi(a')}{b' - a'}$$

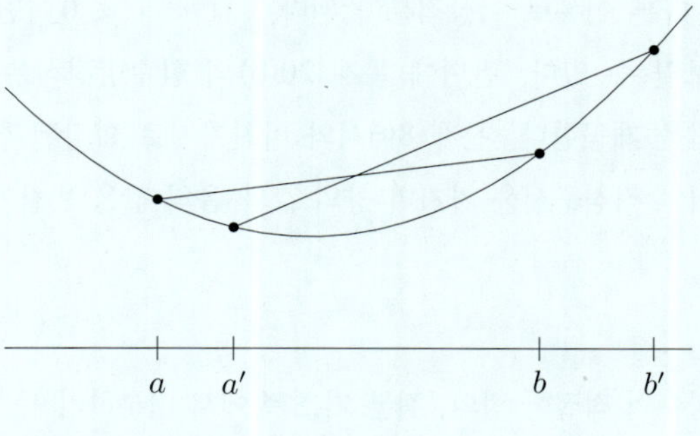

a a' b b'

[그림 8.1] 볼록함수에서 증가하는 현의 기울기

f는 성질 (1)과 (2)를 만족하므로 모든 $n \in \mathbf{N}$에 대해 $f(n) = n!$임을 안다. 이제 $n \in \mathbf{N}$과 $x \in (0, 1]$를 고정하자.

문제 21 다음 물음에 답하라.

(a) $\log(f(x))$가 볼록함수라는 사실과 세 구간 $[n-1, n]$, $[n, n+x]$, $[n, n+1]$을 이용하여 다음을 보여라.

$$x\log(n) \le \log(f(n+x)) - \log(n!) \le x\log(n+1)$$

(b) $\log(f(n+x)) = \log(f(x)) + \log((x+1)(x+2)\cdots(x+n))$이 성립함을 보여라.

(c) $0 \le \log(f(x)) - \log\left(\dfrac{n^x n!}{(x+1)(x+2)\cdots(x+n)}\right) \le x\log\left(1+\dfrac{1}{n}\right)$임을 보여라.

(d) $f(x) = \lim\limits_{n\to\infty} \dfrac{n^x n!}{(x+1)(x+2)\cdots(x+n)} \quad (x \in (0,1])$임을 보여라.

(e) 마지막으로 (d)의 결과가 모든 $x \ge 0$에 대해서도 성립함을 보여라.

$f(x)$에 대한 구체적인 식을 찾았기 때문에 함수 $f(x)$는 유일해야 한다. $x!$이 정리의 조건 (1), (2), (3)을 모두 만족하므로 $x!$이 바로 유일한 함수다. 즉 $f(x) = x!$이다. 따라서 우리는 정리를 증명한데다 **가우스 곱셈 공식**(Gauss product formula)이라 불리는 팩토리얼 함수에 대한 대체 표현도 발견했다.

$$x! = \int_0^\infty t^x e^{-t}dt = \lim_{n\to\infty} \frac{n^x n!}{(x+1)(x+2)\cdots(x+n)} \quad (x \ge 0) \tag{9}$$

이로써 정리 8.4.11의 증명이 끝났다. ◀

$x < 0$이면 어떻게 될까? t^x은 유계가 아니며 $t = 0$일 때 정의되지 않기 때문에 $x < 0$일 때 정의 8.4.10의 적분은 또 다른 이유로 이상적분이 된다. $-1 < x < 0$이면 이 적분이 여전히 수렴함을 그리 어렵지 않게 보일 수 있다. 반면에 문제 20(b)의 함수방정식은 $x!$의 정의를 모든 $\mathbf{R}$로 확장하는 자연스러운 방법을 제공한다. 문제 8에서와 마찬가지로 확장된 함수는 절대 0이 아니며, $x = -1, -2, -3, \ldots$ 에서 수직점근선을 가지며 양의 값과 음의 값을 번갈아 가진다.

감마함수

지금까지 이상적분, 지수함수의 적절한 정의, 적분 기호 속에서 미분하기 등 $x!$을 정의하는 데 필요한 재료에 주목하여 이야기를 전개했는데, 별도의 장을 구성할 수 있을만큼 중요한 함수를 최종 결과물로 얻었다. 팩토리얼 함수는 오일러가 발견한 이후, 해석학의 수많은 분야에서 감초처럼 사용된다.

이제 $x!$을 x축 방향으로 살짝 평행이동한 함수를 생각하자. 함수의 정의역이 달라지고 표기법도 달라진다. 아드리앵 마리 르장드르(Adrien Marie Legendre)는 그리스 문자 Γ(감마)를 사용하여 함수 $\Gamma(x)$를 다음과 같이 두었다.

$$\Gamma(x) = (x-1)! = \int_0^\infty t^{x-1}e^{-t}dt$$

그리고 $\Gamma(n+1) = n!$이면서 $x\Gamma(x) = \Gamma(x+1)$이 되도록 했다. 이러한 관습은 결국 표준이 되었으며 감마 함수는 정수론, 확률론, 기하학 등 여러 분야에서 자주 등장한다.

감마함수(gamma function)의 역사에 대한 필립 데이비스(Philip Davis)의 논문은(참고문헌 **11** 참조) 감마함수가 해석학의 발전에 있어 중요한 역할을 수행했음을 알기에 더할 나위 없이 좋다.[10] 데이비스의 글은 데이비드 파울러(David Fowler)의 멋진 논문 연작에 영감을 준 듯 하다. 파울러는 논문에서 $x!$의 성질을 독창적이고 접근하기 쉬운 방법으로 탐구한다.[11] 파울러가 제시하는 일화 중 하나를 소개한다. 이는 감마·팩토리얼 함수가 더 큰 수학적 경관과 얼마나 밀접하게 연결되어 있는지를 매력적으로 보여 준다.

함수방정식 $x! = x(x-1)!$을 통해 $\mathbf{R}$ 전체로 $x!$을 확장할 때 모든 음의 정수에서 점근선을 가졌음을 기억하자. 이제 $x = -1, -2, -3, \ldots$ 에서 함숫값을 0이라 할 수 있는 역수 함수 $1/x!$을 고려하는 것이 자연스럽다.

문제 22 다음 물음에 답하라.

(a) $g(x) = \frac{x}{x!(-x)!}$가 0이 되는 곳은 어디인가? 같은 근을 가지는 다른 익숙한 함수는 무엇인가?

(b) 함수 e^{-x^2}은 확률론에서 중요하게 사용되는 가우스 종 곡선(Gaussian bell curve)의 원료다. 이때 $\int_{-\infty}^{\infty} e^{-x^2}dx = \sqrt{\pi}$임은 널리 알려져 있다. (몇 가지 표준 적분 기법과) 이 사실을 이용하여 $(1/2)!$ 값을 구하라.

(c) 이제 (a)와 (b)를 사용하여 팩토리얼 함수와 어떤 (잘 알려진) 삼각함수 사이의 놀라운 관계를 추측하라.

문제 23 끝으로 $(1/2)!$ 값과 가우스 곱셈 공식 (9)를 이용하여 1650년대에 존 월리스가 발견한 π에 대한 유명한 곱셈 공식을 유도하라.

$$\frac{\pi}{2} = \lim_{n\to\infty}\left(\frac{2\cdot 2}{1\cdot 3}\right)\left(\frac{4\cdot 4}{3\cdot 5}\right)\left(\frac{6\cdot 6}{5\cdot 7}\right)\cdots\left(\frac{2n\cdot 2n}{(2n-1)(2n+1)}\right)$$

---

10 $x!$을 2^x과 비교하여 설명한 8.4절 문제 1은 이 논문에서 가져왔다.

11 8.4절 문제 8은 파울러의 논문(참고문헌 **15**)에서 가져왔다.

8.5 푸리에 급수

1822년에 푸리에는 유명한 저서인 『열의 해석적 이론(Théorie Analytique de la Chaleur, The Analytical Theory of Heat)』에서 "따라서 임의의 함수는 삼각급수로 나타낼 수 있다."고 대담하게 주장했다.[12]

이 생각의 수학적인 풍부함은 아무리 강조해도 지나침이 없다. 수학 역사가들은 푸리에의 주장이 촉매제가 되어 이 주장이 타당함을 증명하는 과정에서 19세기 수학의 특징이라 할 수 있는 엄밀함이 확립되었다고 말한다. 이 주장은 상당히 설득력 있다. 멱급수는 푸리에의 연구로 이어질 때까지 150년 동안 널리 사용되어 왔는데, 미분적분학의 연산이 잘 먹혔기 때문이다. 멱급수로 표현된 함수는 연속이고 무한번 미분가능하며 마치 다항함수처럼 미분하고 적분할 수 있다. 모든 것이 좋고 해결해야 할 문제가 없으니 수학자들이 굳이 '극한'이나 '수렴'을 더 정확히 이해하려 노력할 필요가 없었다.

푸리에가 삼각급수를 열의 전도에 대한 연구에 성공적으로 도입하자 모든 것이 바뀌었다. 그 야단법석이 실제로 무엇 때문이었는지를 이해하려면 푸리에가 주장한 바를 좀 더 면밀하게 살펴볼 필요가 있다. '함수', '표현', '삼각급수'라는 용어를 각각 세심하게 살펴보자.

삼각급수

모든 급수 표현의 기본 원칙은 주어진 함수 $f(x)$를 더 간단한 함수의 합으로 표현하는 것이다. 멱급수에서 구성 요소가 되는 함수들은 $\{1, x, x^2, x^3, \ldots\}$이며, 멱급수는 다음과 같은 꼴이다.

$$f(x) = \sum_{n=0}^{\infty} a_n x^n = a_0 + a_1 x + a_2 x^2 + a_3 x^3 + \cdots$$

삼각급수(trigonometric series)는 매우 다른 유형의 무한급수로 다음 함수들을 구성 요소로 삼는다.

$$\{1, \cos(x), \sin(x), \cos(2x), \sin(2x), \cos(3x), \sin(3x), \ldots\}$$

따라서 삼각급수는 다음과 같은 꼴이다.

$$\begin{aligned} f(x) &= a_0 + a_1 \cos(x) + b_1 \sin(x) + a_2 \cos(2x) + b_2 \sin(2x) + a_3 \cos(3x) + \cdots \\ &= a_0 + \sum_{n=1}^{\infty} a_n \cos(nx) + b_n \sin(nx) \end{aligned}$$

12 이 인용구는 참고문헌 9에서 가져왔다.

1807년에 푸리에가 공개적으로 제안했을 당시에도 이러한 방식으로 함수를 표현한다는 아이디어는 완전히 새로운 것은 아니었다. 약 50년 전에 장 르 롱 달랑베르(Jean Le Rond d'Alembert, 1717-1783)는 진동하는 줄(string)의 움직임을 설명하기 위해 다음과 같은 편미분 방정식을 발표했다.

$$\frac{\partial^2 u}{\partial x^2} = \frac{\partial^2 u}{\partial t^2} \tag{1}$$

이 모델에서 함수 $u(x, t)$는 시간 $t \geq 0$와 위치 x에 대응하는 줄의 변위(displacement)를 나타내며, 이때 x는 구간 $[0, \pi]$에 속하는 값이라고 가정하자. 이 구간의 각 끝점에 줄이 고정되어 있다고 생각하기 때문에 모든 $t \geq 0$에 대해 다음을 가정한다.

$$u(0, t) = 0, \quad u(\pi, t) = 0 \tag{2}$$

이제 $t = 0$일 때 줄은 어떤 초기 변위를 가지며, 줄을 놓는 순간에는 다음이 성립한다고 가정한다.

$$\frac{\partial u}{\partial t}(x, 0) = 0 \tag{3}$$

이는 관측을 시작하는 순간부터 줄이 움직이기는 하지만 어느 지점에서도 초기 속도가 없음을 의미한다. 세 등식 (1), (2), (3)을 만족하는 함수 $u(x, t)$를 찾기란 그리 어렵지 않다.

문제 1 다음 물음에 답하라.

(a) 모든 $n \in \mathbf{N}$과 $b_n \in \mathbf{R}$에 대해 다음 함수가 세 등식 (1), (2), (3)을 만족함을 확인하라.

$$u(x, t) = b_n \sin(nx)\cos(nt)$$

$n \notin \mathbf{N}$일 때 어떤 문제가 발생하는가?

(b) (a) 꼴로 주어진 함수의 유한합도 세 등식 (1), (2), (3)을 만족함을 설명하라. (덧붙여 말하면, 잘 조율된 현악기의 고조파(harmonics)를 분리하면 (a)에서 n이 4 또는 5까지의 값에 해당하는 소리를 들을 수 있다.)

이제 정말로 흥미로운 문제에 도달했다. 방금 우리는 다음 식 (4) 같은 꼴의 모든 함수는 달랑베르의 **파동 방정식(wave equation)**의 해가 됨을 확인하였지만, 우리가 원하는 특정 해는 줄이 원래 '당겨진' 방식에 따라 달라진다.

$$u(x, t) = \sum_{n=1}^{N} b_n \sin(nx)\cos(nt) \tag{4}$$

시간 $t = 0$에서 줄이 어떤 초기 변위 $f(x) = u(x, 0)$에 놓여있다고 가정할 것이다. 식 (4)에서 $t = 0$

으로 둘 때, 초기 변위 함수 $f(x)$를 다음과 같이 나타낼 수 있기를 바란다.

$$f(x) = \sum_{n=1}^{N} b_n \sin(nx) \tag{5}$$

이것이 의미하는 바는 **만약** 적절한 계수 $b_1, b_2, \ldots, b_N$이 존재하여 $f(x)$를 식 (5)와 같이 사인 함수의 합으로 쓸 수 있다면, 진동하는 줄 문제는 식 (4)에 주어진 함수 $u(x,t)$에 의해 완전히 풀린다는 것이다. 그렇다면 어떤 유형의 함수가 $\{\sin(x), \sin(2x), \sin(3x), \ldots\}$의 일차결합으로 구성될 수 있는지 자연히 궁금해진다. $f(x)$는 어느 정도로 일반적일 수 있는가? 다니엘 베르누이(Daniel Bernoulli, 1700–1782)는 등식 (5)에서 **무한**합을 취함으로써 구간 $[0, \pi]$에서 **임의의** 초기 위치 함수 $f(x)$를 나타낼 수 있다는 아이디어를 제안했다고 한다.

열의 전달을 연구하던 푸리에는 이와 유사한 이유로 삼각급수가 필요함을 깨달았다. 푸리에의 경우, $f(x)$는 어떤 열전도 물질 경계에서의 초기 온도를 나타낸다. 열의 전달을 설명하는 미분방정식은 달랑베르의 파동 방정식과 약간 다르지만, 여전히 두 번 미분한 값을 포함한다. 따라서 $f(x)$를 삼각급수로 표현하는 것이 해를 찾는 중요한 단계다.

주기함수

푸리에는 연구의 초기 단계에서 짝함수(even function)[13]에 집중했고, 이를 $\sum a_n \cos(nx)$ 꼴인 급수로 나타내는 방법을 모색했다. 결국 푸리에는 이 문제를 다음과 같이 좀 더 일반화하여 제시하였다. 적절한 계수 (a_n)과 (b_n)을 찾아 함수 $f(x)$를 다음과 같이 나타내자.

$$f(x) = a_0 + \sum_{n=1}^{\infty} a_n \cos(nx) + b_n \sin(nx) \tag{6}$$

식 (6)에서 함수 $f(x)$는 얼마나 임의적일 수 있을까? 등식 (6)의 급수의 모든 항은 주기가 2π인 주기함수임에 주목하자. '함수'라는 용어로 주의를 돌리면 이제 삼각급수로 나타내고자 하는 모든 함수는 반드시 주기함수여야 한다. 먼저 구간 $(-\pi, \pi]$에 우선 집중할 것이다. 이는 $f(x) = x^2$과 같은 함수가 주어지면 먼저 f의 정의역을 $(-\pi, \pi]$로 국한하고 f를 주기함수로 만들어 $\mathbf{R}$ 전체로 확장하는 것을 의미한다. f를 주기함수로 만드는 방법은 모든 $k \in \mathbf{Z}$에 대하여 $f(x) = f(x + 2k\pi)$로 정하면 된다(그림 8.2 참고).

구간 $(-\pi, \pi]$에서 $f(x)$의 일부분에만 집중하는 관습은 논쟁의 여지가 딱히 없어 보이지만, 푸리에 시대에는 약간의 혼란을 야기했다. 1.2절과 4.1절에서 '함수'라는 용어는 1800년대 초에 '수식'에 더 가까운 뜻으로 사용되었다고 설명했다. 당시에는 구간 $(-\pi, \pi]$에서 함수의 행태가 다른 모든 곳에서의

13 짝함수는 $f(x) = f(-x)$를 만족하는 함수다.

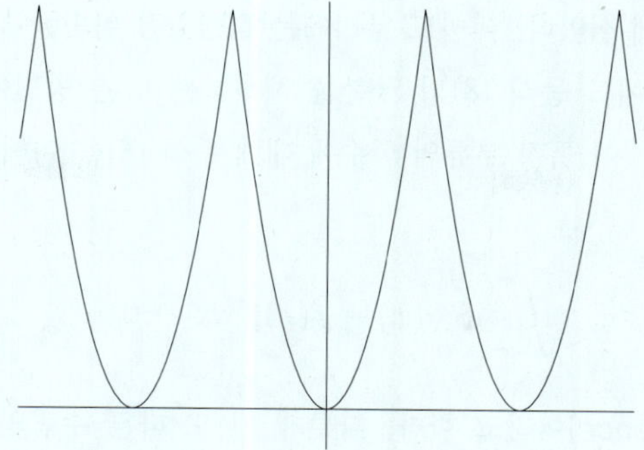

[그림 8.2] $(-\pi, \pi]$에서 $f(x) = x^2$을 생각하고 주기가 2π가 되도록 확장한다.

모습을 결정한다고 생각했는데, 이는 당대 사람들이 테일러 급수를 지나치게 신봉하다보니 자연스럽게 생겨난 관점이었다. 정의 1.2.3에 주어진 함수의 현대적 정의는 1830년대에 디리클레에 기인하나, 그 아이디어는 일찍이 여러 수학자에 의해 제시되었다. 푸리에는 『열의 해석적 이론』에서 다음과 같이 서술하여 용어에 대한 자신의 의도를 명확히 했다.

"함수 $f(x)$는 값 또는 종좌표를 연달아 나타내는 것이다. 이때 각 값은 임의적이다$\cdots$. 이 종좌표가 하나의 공통 규칙에 종속된다고 간주하지 않는다. 그들은 어떤 방식으로든 나열되고, 각각은 단일값인 것처럼 주어진다."

결국에는 우리의 함수가 만족해야 하는 성질이 몇 가지 더 필요하기는 하지만 테일러 급수가 존재하기 위한 필요조건인(하지만 충분조건은 아닌)'무한번 미분가능하다.'와 비교하면 푸리에 급수가 존재하기 위한 조건은 상당히 느슨하다.

수렴의 유형

이제 '표현된(expressed)'이라는 단어의 뜻을 토의해 볼 시간이다. 어떤 종류의 수렴을 보이고자 하는지에 따라 함수가 어떤 조건을 만족해야 하는지도 달라진다. 등식 (6)의 등호는 어떻게 이해해야 하는가? 무한급수를 다룰 때 우리는 보통 다음과 같이 부분합부터 정의한다.

$$S_N(x) = a_0 + \sum_{n=1}^{N} a_n \cos(nx) + b_n \sin(nx) \tag{7}$$

그렇다면 '$f(x)$를 삼각급수로 표현한다.'는 것은 다음 등식을 만족하는 계수 $(a_n)_{n=0}^{\infty}$와 $(b_n)_{n=1}^{\infty}$을 찾는 것을 의미한다.

$$f(x) = \lim_{N\to\infty} S_N(x) \tag{8}$$

이 극한이 어떤 종류의 극한을 뜻하는지에 대한 질문이 남아있다. 푸리에는 고른 수렴의 개념이 아직 확립되지 않았던 시기에 살았다. 아마도 푸리에는 **점별**수렴 비슷한 무엇인가를 상상했을 게다. 점별수렴이나 고른 수렴 외에도 등식 (8)의 극한을 해석하는 다른 방법이 있다. 여기서 다루지는 않겠지만, 다음을 증명하는 것이 특정 부류의 함수에 대해 등식 (8)을 이해하는 자연스러운 방법임이 밝혀졌다.

$$\int_{-\pi}^{\pi} |S_N(x) - f(x)|^2\, dx \to 0$$

이를 L^2 **수렴(L^2 convergence)**이라고 한다. 다루게 될 또 다른 수렴의 유형은 **체사로 평균 수렴(Cesaro mean convergence)**이다. 체사로 평균 수렴은 부분합의 **평균**(average)이 $f(x)$로 고르게 수렴함을 보일 때 사용한다.

푸리에 계수

앞으로 다룰 내용에서 몇 가지 미적분 계산이 필요할 것이다.

문제 2 필요하다면 삼각함수에 대한 항등식을 이용하여 다음 적분식이 성립함을 확인하라.

(a) 모든 $n \in \mathbf{N}$에 대하여 다음이 성립한다.

$$\int_{-\pi}^{\pi} \cos(nx)dx = 0, \quad \int_{-\pi}^{\pi} \sin(nx)dx = 0$$

(b) 모든 $n \in \mathbf{N}$에 대하여 다음이 성립한다.

$$\int_{-\pi}^{\pi} \cos^2(nx)dx = \pi, \quad \int_{-\pi}^{\pi} \sin^2(nx)dx = \pi$$

(c) 모든 $m, n \in \mathbf{N}$에 대하여 다음이 성립한다.

$$\int_{-\pi}^{\pi} \cos(mx)\sin(nx)dx = 0$$

또한 $m \neq n$에 대하여 다음이 성립한다.

$$\int_{-\pi}^{\pi} \cos(mx)\cos(nx)dx = 0, \quad \int_{-\pi}^{\pi} \sin(mx)\sin(nx)dx = 0$$

내적 공간에 대한 직관을 바탕으로 위 식에 담긴 의미를 생각해 보자. 증명보다 그 의미가 훨씬 더 흥미롭다. 적분을 일종의 내적으로 해석할 때, 문제 2는 다음 함수들이 모두 서로 **직교**(orthogonal)한다는 뜻이다.

$$\{1, \cos(x), \sin(x), \cos(2x), \sin(2x), \cos(3x), \dots\}$$

그 다음에 올 내용은 이 함수들이 어느 큰 함수공간의 **기저**(basis)를 형성한다는 점이다.

먼저 등식 (6)에서 계수 (a_n)과 (b_n)에 대한 그럴듯한 후보를 추론해야 한다. 어떻게 찾을 수 있을까? 약간 트릭을 사용하자. 함수 $f(x)$가 주어질 때, 식 (6)과 같이 표현할 수 있다고 **가정하고** 이 등식을 조작하여 (a_n)과 (b_n)에 대한 식을 이끌어 내자. 6.6절에서 테일러 급수 전개를 얻을 때도 이러한 트릭을 사용했다. 테일러 급수에서는 얻고 싶은 등식의 양변을 반복적으로 미분하여 계수를 얻었다. 여기서는 적분한다.

a_0를 구하기 위해 등식 (6)의 양변을 $-\pi$부터 π까지 적분하는데, 뻔뻔하게 무한합 안으로 적분을 밀어넣고 문제 2를 이용하면 다음을 얻는다.

$$\begin{aligned}\int_{-\pi}^{\pi} f(x)dx &= \int_{-\pi}^{\pi}\left[a_0 + \sum_{n=1}^{\infty} a_n\cos(nx) + b_n\sin(nx)\right]dx \\ &= \int_{-\pi}^{\pi} a_0 dx + \sum_{n=1}^{\infty}\int_{-\pi}^{\pi}\left[a_n\cos(nx) + b_n\sin(nx)\right]dx \\ &= a_0(2\pi) + \sum_{n=1}^{\infty} a_n 0 + b_n 0 = a_0(2\pi)\end{aligned}$$

따라서 a_0는 다음과 같다.

$$a_0 = \frac{1}{2\pi}\int_{-\pi}^{\pi} f(x)dx \tag{9}$$

방금 계산의 두 번째 등호에서 합과 적분 부호의 순서를 바꾼 것은 약간 눈살 찌푸릴 일이지만, 지금 우리는 $f(x)$에 대한 표현을 가정한 다음 역방향으로 a_0에 대한 **후보**를 찾고 있음을 명심해야 한다. 지금 목표는 공식을 유도하는 과정을 엄밀하게 검증하는 것이 아니다. 이 값을 a_0 값으로 하면 궁극적으로 우리가 원하는 급수 표현을 얻을 수 있다고 설명하는 중이다. 그 고된 일은 곧 직면하게 될 것이다.

이제 고정된 $m \geq 1$을 생각하자. a_m을 구하기 위해 먼저 등식 (6)의 양변에 $\cos(mx)$를 곱하고 다시 양변을 구간 $[-\pi, \pi]$에서 적분한다.

문제 3 모든 $m \geq 1$에 대해 다음 식을 유도하라.

$$a_m = \frac{1}{\pi}\int_{-\pi}^{\pi} f(x)\cos(mx)dx \text{이고 } b_m = \frac{1}{\pi}\int_{-\pi}^{\pi} f(x)\sin(mx)dx \tag{10}$$

머리도 식힐 겸 몇 가지 간단한 함수에 대해 (a_m)과 (b_m)에 대한 공식을 실증적으로 시험해 보자.

예제 8.5.1 다음과 같은 함수를 생각하자.

$$f(x) = \begin{cases} 1 & (0 < x < \pi) \\ 0 & (x = 0 \text{ 또는 } x = \pi) \\ -1 & (-\pi < x < 0) \end{cases}$$

f가 홀함수(odd function)[14]이므로 굳이 적분할 필요 없이 대칭성을 이용하여 다음 결과를 얻을 수 있다.

$$a_0 = \frac{1}{2\pi}\int_{-\pi}^{\pi} f(x)dx = 0, \quad a_n = \frac{1}{\pi}\int_{-\pi}^{\pi} f(x)\cos(nx)dx = 0 \quad (n \geq 1)$$

또한 b_n에 대한 적분도 다음과 같이 단순화할 수 있다.

$$\begin{aligned} b_n = \frac{1}{\pi}\int_{-\pi}^{\pi} f(x)\sin(nx)dx &= \frac{2}{\pi}\int_0^{\pi} \sin(nx)dx \\ &= \frac{2}{\pi}\left(\frac{-1}{n}\cos(nx)\Big|_0^{\pi}\right) \\ &= \begin{cases} 4/n\pi & (n\text{이 홀수}) \\ 0 & (n\text{이 짝수}) \end{cases} \end{aligned}$$

계속 그냥 믿자. 방금의 결과를 등식 (6)에 대입하면 다음과 같은 표현을 얻는다.

$$f(x) = \frac{4}{\pi}\sum_{n=0}^{\infty} \frac{1}{2n+1}\sin((2n+1)x)$$

이 급수의 몇 가지 부분합의 그래프를 확인하면(그림 8.3 참고) 우리의 믿음이 터무니없어 보이지 않는다.

문제 4 다음 물음에 답하라.

(a) 예제 8.5.1을 참고하여 0을 포함하는 구간에서는 부분합은 $f(x)$로의 수렴이 고른 수렴이 **아닐** 수도 있음을 설명하라.

(b) 함수 $g(x) = |x|$에 대해 예제 8.5.1의 계산을 반복하고 몇몇 부분합의 그래프를 그려보라. g가 짝함수($g(x) = g(-x)$)라는 사실을 이용하면 계산량을 줄일 수 있다. 계수만 살펴봐서 이 급수가 어떤 함수로 고르게 수렴할지 어떻게 알 수 있는가?

14 홀함수는 $f(-x) = -f(x)$를 만족하는 함수다.

(c) 푸리에 급수를 항별로 미분하는 것이 정당할까? 두 가지 예제와 그래프를 바탕으로 추측해 보자. 계수를 보고 미분한 급수의 수렴 또는 발산을 판정할 수 있는가? 정리 6.4.3은 항별로 미분하는 할 수 있는 경우를 다룬다. 정리 6.4.3을 두 예제 중 어디에도 사용할 수 있는가?

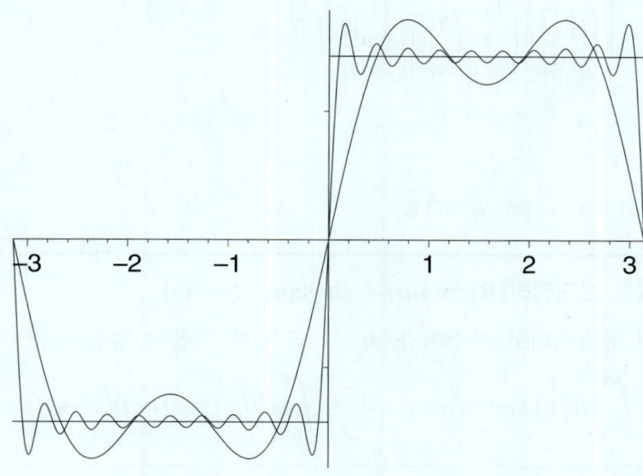

[그림 8.3] $[-\pi, \pi]$에서의 f, S_4 및 S_{20}의 그래프

리만-르베그 보조정리

지금까지 살펴본 예에서 푸리에 계수의 수열 (a_n)과 (b_n)은 모두 $n \to \infty$일 때 0으로 수렴한다. 항상 그렇다. 왜 그럴까? 그 이유를 알아야 곧 다룰 수렴성 증명도 제대로 이해할 수 있다. 간단하게 $\displaystyle\int_{-\pi}^{\pi} \sin(x)dx = 0$부터 관찰해 보자. 이 식이 성립하는 이유는 사인 곡선에서 양수인 부분과 음수인 부분이 서로 상쇄되기 때문이다. 다음도 마찬가지다.

$$\int_{-\pi}^{\pi} \sin(nx)dx = 0$$

n이 클 때 $\sin(nx)$의 진동 주기는 매우 짧아진다(정확히는 $2\pi/n$이다). $h(x)$가 연속함수면 $\sin(nx)$가 짧은 주기를 한 번씩 도는 동안 h의 함숫값은 크게 변하지 않는다. 결과적으로 두 함수의 곱 $h(x)\sin(nx)$의 연속적인 양의 진동과 음의 진동은(그림 8.4 참고) 크기가 거의 같으므로 상쇄되어 다음 적분은 작은 값을 가진다.

$$\int_{-\pi}^{\pi} h(x)\sin(nx)dx$$

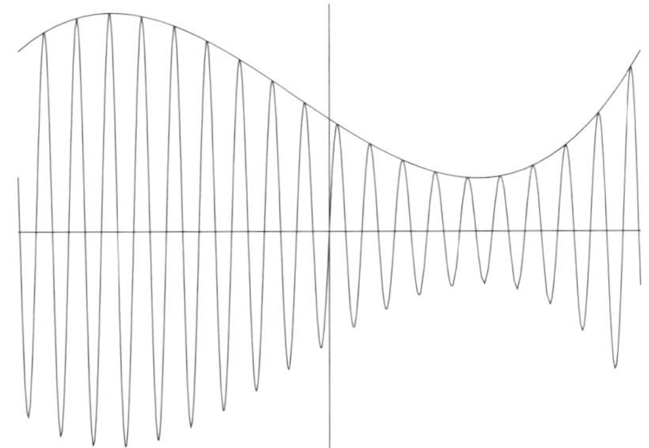

[그림 8.4] n이 클 때 $h(x)$와 $h(x)\sin(nx)$의 그래프

정리 8.5.2 리만–르베그 보조정리(Riemann–Lebesgue lemma)

$h(x)$가 $(-\pi, \pi]$에서 연속이라고 가정하자. $n \to \infty$일 때 다음이 성립한다.

$$\int_{-\pi}^{\pi} h(x)\sin(nx)dx \to 0, \qquad \int_{-\pi}^{\pi} h(x)\cos(nx)dx \to 0$$

증명 h를 2π–주기 함수로 확장하여 생각한다는 것을 기억하자. 지금부터 등장하는 다른 모든 함수도 마찬가지다. 지금 우리는 구간 $(-\pi, \pi]$에 대해서만 생각하지만 연속이라는 가정은 주기함수로 확장한 h가 $\mathbf{R}$에서 연속이라는 의도로 기술했다. 즉, $(-\pi, \pi]$에서 연속일 뿐 아니라 $\lim_{x\to-\pi^+} h(x) = h(\pi)$임을 함축하고 있다.

문제 5 h가 $\mathbf{R}$에서 고른 연속인 이유를 설명하라.

$\epsilon > 0$이 주어질 때 $|x-y| < \delta$이면 $|h(x) - h(y)| < \epsilon/2$이 되도록 $\delta > 0$를 택하자. $\sin(nx)$의 주기는 $2\pi/n$이므로 N을 충분히 크게 하여 $n \geq N$이면 $\pi/n < \delta$가 되도록 할 수 있다. 이제 $2\pi/n$ 길이의 특정 구간 $[a, b]$를 생각하는데, $\sin(nx)$는 이 구간에서 온전히 한 번 진동하며 지나간다.

문제 6 $\left|\int_a^b h(x)\sin(nx)dx\right| < \epsilon/n$을 보이고, 이를 이용하여 증명을 완성하라.

이로써 정리 8.5.2의 증명이 끝났다. ◀

연속함수가 아닐 때에도 푸리에 급수를 사용할 수 있다(예제 8.5.1 참고). 우리의 특정한 증명에서는 연속성을 사용했지만 리만–르베그 보조정리는 훨씬 더 약한 가정에서도 성립한다. 궁극적으로 양과 음의 성분이 서로 상쇄되는 점을 이용하는 것이 이 증명의 핵심이다. 2장에서 이러한 유형의 상쇄가 조건 수렴을 절대 수렴으로부터 구분 짓는 메커니즘이었음을 기억하자. 즉 멱급수와 달리 푸리에 급수는 조건 수렴할 수도 있다. 바로 이 점 때문에 푸리에 급수는 테일러 급수보다 덜 견고하지만, 더 쓰임새가 많고 더 흥미롭다.

점별수렴 증명

다시 한 번 모든 '함수'를 삼각급수로 '표현'할 수 있다는 푸리에의 주장으로 돌아가자. 식 (9)와 식 (10)에서 얻은 푸리에 계수는 암묵적으로 함수가 적분가능함을 가정한다. 바로 이 점 때문에 리만은 적분에 대한 코시의 정의를 수정했다. 적분가능은 푸리에 급수를 만들기 위한 전제 조건이므로, 가능한 많은 함수를 적분할 수 있기를 바란다. 리만 적분으로 충분할까? 혹은 푸리에 급수가 다시 f로 수렴함을 보장하기 위해서 f에 대한 몇 가지 가정을 추가해야 할까? 어떤 유형의 수렴을 원하는지에 따라 답이 달라진다.

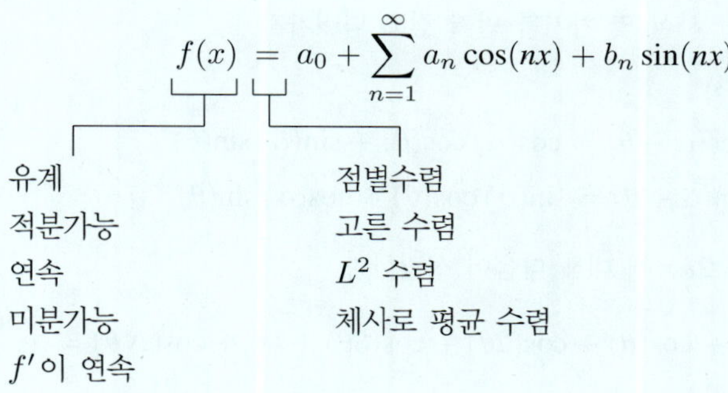

아쉽게도 이 상황을 깔끔하게 정리하는 방법은 없는 듯하다. 점별수렴은 적분가능성만으로는 충분하지 않다. 지금 말하는 '적분가능'은 리만 적분가능하다는 의미이며, 이는 유계 함수에 대해서만 엄밀하게 정의되었다. 1966년 렌나르트 칼레손(Lennart Carleson)은 (매우 복잡한 증명을 통해) 그런 함수의 푸리에 급수가 **측도가 0인** 집합을 제외한 정의역의 모든 곳에서 점별수렴함을 증명했다. '측도가 0'이라는 용어는 칸토어 집합을 다룰 때 나왔고(3.1절 참고) 7.6절에서 엄밀하게 정의했다. 측도가 0인 집합은 어떤 의미에서는 작지만 셀 수 없는 집합일 수도 있고, 푸리에 급수가 셀 수 없이 많은 점에서 발산하는 연속함수인 예도 있다.

1901년 발표된 르베그 적분은 푸리에 해석학을 하기에 더 좋은 설정이다. 칼레손의 증명은 실제로 르베그 적분가능한 함수에 대한 것인데, 이 함수가 유계일 필요는 없지만 $\int_{-\pi}^{\pi} |f|^2$은 유한한 함수다. 이 분야에서 가장 깔끔한 정리 중 하나는, 제곱했을 때 르베그 적분가능한 함수는 앞서 언급한 L^2 수렴 관점에서 푸리에 급수가 항상 원래 함수로 수렴한다는 것이다. 우리가 지금 다루는 상황이

얼마나 미묘한지 보여주는 예를 마지막으로 소개하겠다. 안드레이 콜모고로프(Andrey Kolmogorov, 1903–1987)는 르베그 적분가능하지만 푸리에 급수는 모든 점에서 발산하는 예를 제시했다.

지금 언급한 결과를 엄밀하게 이해하려면 훨씬 더 많은 내용을 공부해야 한다. 다행히도 우리는 주어진 함수에 일부 필요한 가정을 추가하는 것만으로도 몇 가지 중요한 정리를 증명할 수 있다. 이 분야의 흥미로운 결과 2가지를 소개하니 이것으로 만족하자.

정리 8.5.3 $f(x)$가 $(-\pi, \pi]$에서 연속이라 하고, $S_N(x)$를 등식 (7)에서와 같이 푸리에 급수의 N번째 부분합이라고 하자. 이때 계수 (a_n)과 (b_n)은 등식 (9)와 등식 (10)에서 주어진 바와 같다. 그렇다면 $f'(x)$가 존재하는 모든 $x \in (-\pi, \pi]$에서 다음과 같이 점별수렴한다.

$$\lim_{N \to \infty} S_N(x) = f(x)$$

증명 증명에 필요한 사실 몇 가지를 먼저 짚고 넘어가자.

사실 1 삼각항등식

(a) $\cos(\alpha - \theta) = \cos(\alpha)\cos(\theta) + \sin(\alpha)\sin(\theta)$

(b) $\sin(\alpha + \theta) = \sin(\alpha)\cos(\theta) + \cos(\alpha)\sin(\theta)$

사실 2 모든 $\theta \neq 2n\pi$에 대해 다음이 성립한다.

$$\frac{1}{2} + \cos(\theta) + \cos(2\theta) + \cos(3\theta) + \cdots + \cos(N\theta) = \frac{\sin((N+1/2)\theta)}{2\sin(\theta/2)}$$

여러분에게 사실 1은 익숙하겠지만 사실 2는 그리 익숙하지 않을 것이다. 사실 2는 (여기서는 생략하지만) 복소 지수함수의 등비급수에서 실수부를 취하면 가장 쉽게 증명할 수 있다. 사실 2에 나오는 함수는 이러한 종류의 수렴성 증명을 최초로 엄밀하게 한 수학자를 기리기 위해 **디리클레 핵(Dirichlet kernel)**이라 부른다. 이 항등식의 양변을 적분하면 다음의 중요한 사실을 얻는다.

사실 3 사실 2에서 다음과 같이 두자.

$$D_N(\theta) = \begin{cases} \frac{\sin((N+1/2)\theta)}{2\sin(\theta/2)} & (\theta \neq 2n\pi) \\ 1/2 + N & (\theta = 2n\pi) \end{cases}$$

다음이 성립한다.

$$\int_{-\pi}^{\pi} D_N(\theta)d\theta = \pi$$

우리가 마지막으로 사용할 사실은 리만–르베그 보조정리(정리 8.5.2)다.

점 $x \in (-\pi, \pi]$를 고정하자. 첫 단계에서는 $S_N(x)$에 대한 식을 간단히 한다. 이제 x는 잠시 고정된 상수이므로, 등식 (9)와 등식 (10)에서의 적분을 적분변수 t를 사용하여 쓸 것이다. 사실 1(a)와 (2)

를 주시하면 다음과 같은 사실을 알 수 있다.

$$\begin{aligned}
S_N(x) &= a_0 + \sum_{n=1}^{N} a_n \cos(nx) + b_n \sin(nx) \\
&= \left[\frac{1}{2\pi}\int_{-\pi}^{\pi} f(t)dt\right] + \sum_{n=1}^{N}\left[\frac{1}{\pi}\int_{-\pi}^{\pi} f(t)\cos(nt)dt\right]\cos(nx) \\
&\qquad\qquad + \sum_{n=1}^{N}\left[\frac{1}{\pi}\int_{-\pi}^{\pi} f(t)\sin(nt)dt\right]\sin(nx) \\
&= \frac{1}{\pi}\int_{-\pi}^{\pi} f(t)\left[\frac{1}{2} + \sum_{n=1}^{N}\cos(nt)\cos(nx) + \sin(nt)\sin(nx)\right]dt \\
&= \frac{1}{\pi}\int_{-\pi}^{\pi} f(t)\left[\frac{1}{2} + \sum_{n=1}^{N}\cos(nt - nx)\right]dt \\
&= \frac{1}{\pi}\int_{-\pi}^{\pi} f(t)D_N(t-x)dt
\end{aligned}$$

마지막으로 $u = t - x$ 라고 두어 단순화하자. 그럼 다음이 성립한다.

$$S_N(x) = \frac{1}{\pi}\int_{-\pi-x}^{\pi-x} f(u+x)D_N(u)du = \frac{1}{\pi}\int_{-\pi}^{\pi} f(u+x)D_N(u)du$$

마지막 등호는 f를 2π–주기로 확장하기로 했기에 성립한다. D_N도 주기함수(코사인 함수의 합)이므로 적분하는 구간의 길이가 정확히 한 주기면 어디서부터 어디까지 적분하는지는 중요하지 않다.

$S_N(x) \to f(x)$를 증명하기 위해 N이 커질 때 $|S_N(x) - f(x)|$이 임의로 작아짐을 보여야 한다. $S_N(x)$는 $D_N(u)$를 포함하는 적분으로 나타냈으므로 $f(x)$에 대해서도 비슷한 조작을 해야 할 것 같다. 사실 3에 의해 다음이 성립한다.

$$f(x) = f(x)\frac{1}{\pi}\int_{-\pi}^{\pi} D_N(u)du = \frac{1}{\pi}\int_{-\pi}^{\pi} f(x)D_N(u)du$$

따라서 다음이 성립한다.

$$S_N(x) - f(x) = \frac{1}{\pi}\int_{-\pi}^{\pi}(f(u+x) - f(x))D_N(u)du \tag{11}$$

우리의 목표는 $N \to \infty$일 때 이 값이 0으로 다가감을 보이는 것이다. 몇몇 N 값에 대해 $D_N(u)$의 그래프를 그려보면 왜 이런 현상이 발생하는지 알 수 있다.

N이 클 때 디리클레 핵 $D_N(u)$는 $u = 0$ 주위에서 길고 얇게 뾰족한 모양을 그리지만 정확히 여기서 (f는 연속이기 때문에) $f(u+x) - f(x)$ 값은 작다. 원점에서 벗어나면 $D_N(u)$는 빠르게 진동하는데 이 사실은 리만–르베그 보조정리(정리 8.5.2)에 부합한다. 리만–르베그 보조정리를 이용하여 증명을

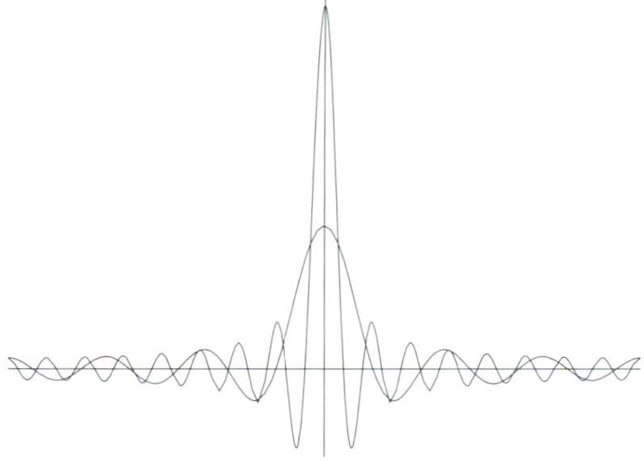

[그림 8.5] $D_6(u)$와 $D_{16}(u)$의 그래프

마무리하자.

사실 1(b)를 이용하여, 디리클레 핵을 다음과 같이 재서술할 수 있다.

$$D_N(u) = \frac{\sin((N+1/2)u)}{2\sin(u/2)} = \frac{1}{2}\left[\frac{\sin(Nu)\cos(u/2)}{\sin(u/2)} + \cos(Nu)\right]$$

그렇다면 등식 (11)은 다음과 같다.

$$\begin{aligned} S_N(x) - f(x) &= \frac{1}{2\pi}\int_{-\pi}^{\pi} (f(u+x) - f(x))\left[\frac{\sin(Nu)\cos(u/2)}{\sin(u/2)} + \cos(Nu)\right] du \\ &= \frac{1}{2\pi}\int_{-\pi}^{\pi} (f(u+x) - f(x))\left(\frac{\sin(Nu)\cos(u/2)}{\sin(u/2)}\right) \\ &\qquad\qquad + (f(u+x) - f(x))\cos(Nu)du \\ &= \frac{1}{2\pi}\int_{-\pi}^{\pi} p_x(u)\sin(Nu)du + \frac{1}{2\pi}\int_{-\pi}^{\pi} q_x(u)\cos(Nu)du \end{aligned}$$

이때 마지막 등호에서 다음과 같이 두었다.

$$p_x(u) = \frac{(f(u+x) - f(x))\cos(u/2)}{\sin(u/2)}, \quad q_x(u) = f(u+x) - f(x)$$

문제 7 다음 물음에 답하라.

(a) 먼저 $N \to \infty$일 때 $q_x(u)$를 포함하는 적분이 0으로 수렴하는 이유를 논하라.

(b) 첫 번째 적분은 함수 $p_x(u)$의 분모에 $\sin(u/2)$가 있기 때문에 조금 더 미묘하다. f가 x에서 미분가능하다는 사실(과 미분적분학에서의 익숙한 극한값)을 이용하여 첫 번째 적분도 0으로 수렴함을 증명해라. 리만–르베그 보조정리에서 연속이라는 가정을 유계로 바꾸어도 결론은 바뀌지 않는다.

이로써 f가 미분가능한 모든 점 x에서는 $S_N(x) \to f(x)$임이 증명되었다. ◀

만약 모든 곳에서 도함수가 존재하면 S_N이 f로 점별수렴함을 알 수 있다. f'이 연속이라는 가정을 추가하면 고르게 수렴함도 그리 어렵지 않게 보일 수 있다. 사실 푸리에 급수의 수렴 속도와 f의 미분가능성(smoothness) 사이에는 매우 강한 관계가 있다. f를 여러 번 미분가능할수록 부분합 S_N이 f로 더 빠르게 수렴한다.

체사로 평균 수렴

흥미로운 증명을 몇 개 더 소개하기보다 체사로 평균 수렴이라는 다른 유형의 수렴을 살피며 푸리에 급수에 대한 매우 짧은 소개를 마치려 한다.

문제 8 실수열 (x_n)이 수렴하면 다음 산술평균도 같은 극한값으로 수렴함을 증명하라.

$$y_n = \frac{x_1 + x_2 + x_3 + \cdots + x_n}{n}$$

원래 수열 (x_n)이 수렴하지 않더라도 평균값 수열 (y_n)은 수렴할 수 있음을 예를 들어 보여라.

정리 8.5.3 직전에 논의한 내용은 푸리에 급수의 행태를 판독하는 것이, 특히 주어진 함수가 미분가능하지 않다면, 얼마나 어려운지에 대해 일종의 경외감을 가지게 하려는 의도로 기술되었다. 1904년에 리포트 페예르(Lipót Fejér)가 발표한 다음 우아한 결과를 제대로 음미하려면 그런 겸손한 자세가 필요하다.

정리 8.5.4 페예르 정리(Fejér's theorem)

$S_n(x)$를 $(-\pi, \pi]$에서 함수 f에 대한 푸리에 급수의 n번째 부분합이라고 하자. 다음과 같이 함수를 정의한다.

$$\sigma_N(x) = \frac{1}{N+1} \sum_{n=0}^{N} S_n(x)$$

f가 $(-\pi, \pi]$에서 연속이면 $\sigma_N(x)$는 $f(x)$로 고르게 수렴한다.

증명 이 증명은 정리 8.5.3의 증명을 본떠서 만들어졌지만 실제로는 훨씬 더 간단하다. 사실 1과 사실 2에 나열된 삼각항등식 외에도 사실 2에 대한 사인 함수 버전이 필요한데, 이는 다음과 같다.

$$\sin(\theta) + \sin(2\theta) + \sin(3\theta) + \cdots + \sin(N\theta) = \frac{\sin\left(\frac{N\theta}{2}\right)\sin\left((N+1)\frac{\theta}{2}\right)}{\sin\left(\frac{\theta}{2}\right)}$$

문제 9 위의 항등식을 이용하여 다음을 보여라.

$$\frac{1/2 + D_1(\theta) + D_2(\theta) + \cdots + D_N(\theta)}{N+1} = \frac{1}{2(N+1)}\left[\frac{\sin\left((N+1)\frac{\theta}{2}\right)}{\sin\left(\frac{\theta}{2}\right)}\right]^2$$

문제 9에 등장하는 식을 **페예르 핵(Fejér kernel)**이라고 하며 $F_N(\theta)$로 나타낸다. 정리 8.5.3에서의 디리클레 핵 $D_N(\theta)$와 유사하게 F_N을 사용하면 $\sigma_N(x)$에 대한 식을 매우 간단하게 만들 수 있다.

문제 10 다음 물음에 답하라.

(a) 다음이 성립함을 보여라.

$$\sigma_N(x) = \frac{1}{\pi}\int_{-\pi}^{\pi} f(u+x)F_N(u)\,du$$

(b) 여러 N 값에 대해 함수 $F_N(u)$의 그래프를 그려라. F_N은 어디에서 커지며 어디에서 0에 가까워지는가? 이 함수를 디리클레 핵 $D_N(u)$와 비교해 보라. 이제 $\delta > 0$가 고정되었을 때 (그리고 u를 구간 $(-\pi, \pi]$로 제한할 때), $\{u : |u| \geq \delta\}$ 꼴 집합에서는 항상 F_N이 0으로 고르게 수렴함을 증명하라.

(c) $\int_{-\pi}^{\pi} F_N(u)\,du = \pi$를 증명하라.

(d) 페예르 정리의 증명을 마무리하기 위해, 먼저 다음을 만족하는 $\delta > 0$를 택한다.

$$|u| < \delta \text{ 이면 } |f(x+u) - f(x)| < \epsilon \text{ 이다.}$$

$\sigma_N(x) - f(x)$의 차를 하나의 적분식으로 나타내고 이 적분을 집합 $|u| \leq \delta$와 $|u| \geq \delta$에서의 적분으로 나누어라. x의 선택과 무관하게 각 적분값을 충분히 작게 만들 수 있는 이유를 설명하라.

이로써 정리 8.5.4의 정리가 끝났다. ◀

바이어슈트라스 근사 정리

페예르 정리를 증명하는 과정은 만만치 않았다. 하지만 고생한만큼 얻는 것도 많다. 여러 수확물 중 하나를 꼽아 보면 바이어이슈트라스 근사 정리(WAT : Weierstrass Approximation Theorem)를 간결하게 증명할 수 있다는 점이다. 바이어슈트라스 근사 정리는 6.7절에서 자세히 다루었다. 설명의 편의를 위해 다시 한 번 서술하겠다.

정리 6.7.1 바이어슈트라스 근사 정리

$f:[a,b]\to\mathbf{R}$는 연속함수라고 하자. 상수 $\epsilon>0$과 모든 $x\in[a,b]$에 대해 다음을 만족하는 다항함수 $p(x)$가 존재한다.

$$|f(x)-p(x)|<\epsilon$$

증명 테일러 급수를 다룬 6.6절에서 이 결과의 몇 가지 특별한 예를 설명했다. 예를 들어 다음을 보였다.

$$\sin(x)=x-\frac{x^3}{3!}+\frac{x^5}{5!}-\frac{x^7}{7!}+\frac{x^9}{9!}-\cdots$$

이 급수는 $\mathbf{R}$의 모든 유계집합에서 고르게 수렴한다. 급수의 고른 수렴은 부분합이 고르게 수렴함을 의미하고, 이 경우 부분합은 다항함수다. $\sin(x)$ 대신 임의의 연속함수에 대해 같은 결과를 증명하고자 하는 것이 바이어슈트라스 근사 정리다.

아쉽게도 더 이상 테일러 급수를 사용할 수 없다. 테일러 급수가 존재하려면 주어진 함수는 단지 연속이기만 해서는 안되고 무한번 미분가능해야 한다. 심지어 무한번 미분가능한 함수라 하더라도 테일러 급수가 수렴하지 않거나 엉뚱한 함수에 수렴할 수 있다. 그럼에도 테일러 급수는 소중한 도구다. 6.7절에서는 바이어슈트라스 근사 정리를 제대로 증명하기 위한 출발점으로 $\sqrt{1-x}$에 대한 테일러 급수를 이용했다. 페예르 정리를 이용하면 바이어슈트라스 근사 정리를 간결하게 증명할 수 있는데, 이는 $\sin(x)$와 $\cos(x)$에 대한 테일러 급수와 관련 있다.

문제 11 다음 물음에 답하라.

(a) $\sin(x)$와 $\cos(x)$의 테일러 급수가 임의의 콤팩트 집합에서 고르게 수렴한다. 이를 이용하여 $[a,b]=[0,\pi]$일 때, 바이어슈트라스 근사 정리를 증명하라.

(b) 직전 결과를 이용하여 임의의 구간 $[a,b]$에 대한 바이어슈트라스 근사 정리를 증명하라.

이로써 정리 6.7.1의 증명이 끝났다. ◀

6.7절에서 했던 말을 반복하지 않을 수 없다. 바이어슈트라스 근사 정리와 연속이지만 모든 곳에서 미분불가능한 함수(이 역시 바이어슈트라스가 찾아냈다!)는 너무도 대조적이다. 너무 심하게 진동하여 모든 점에서 미분불가능한 연속함수가 분명히 존재하지만, 이렇게 제멋대로인 함수라 하더라도 무한히 미분가능한 다항함수를 중심으로 하는 ϵ 띠 안에 고르게 들어간다.

해석학을 관통하는 하나의 주제, 근사

8.6절은 (1장 실수 정의에서 좀 미진했던 부분을 마무리짓기 위한) 일종의 부록이라 볼 수 있다. 그렇다면 바이어슈트라스 근사 정리를 마지막으로 해석학 개론에 담긴 보물을 모두 살펴보았다 해도 무리가 없다.

근사(approximation)는 이 책 전체에 스며들어 있는 핵심적인 아이디어다. 모든 실수는 유리수로 근사할 수 있다. 무한합의 값은 부분합으로 근사할 수 있으며, 연속함수의 값은 근방의 값으로 근사할 수 있다. 함수의 그래프를 직선으로 근사할 수 있을 때 이 함수는 미분가능하며, 함수의 그래프 아래의 넓이를 유한개의 직사각형의 넓이 합으로 근사할 수 있을 때 이 함수는 적분가능하다.

조금 전 우리는 모든 연속함수는 다항함수로 근사할 수 있음을 배웠다. 모든 경우에서 근사를 위해 사용하는 대상은 구체적이고, 우리가 잘 이해하고 있다. 극한을 취한 이후에도 이러한 대상이 가진 좋은 성질이 얼마나 유지되느냐가 문제다. 바이어슈트라스를 비롯한 해석학의 창시자들은 유한한 대상을 이용하여 '수학이 가진 다양한 무한성'에 도달하는 경로를 찾아냈다. 이는 이전의 수학이 도달하지 못했던 영역을 탐구하는 새 패러다임이다. 비록 우리의 여정은 여기서 끝나지만, 가야할 길은 멀고 이야기는 계속 될 것이다.

8.6 유리수를 사용해서 실수 만들기

이번 절의 목표는 다음 정리를 증명하는 것이다.

> **정리 8.6.1 실수의 존재성**
> 공집합이 아니고, 위로 유계인 집합은 반드시 상한을 가지는 순서체가 존재한다. 또한 이 체는 $\mathbf{Q}$를 부분체로 포함한다.

이 명제를 제대로 이해하고 증명하려면 몇 가지 용어를 정의해야 하지만, 본질적으로 위 정리는 '실수가 존재한다.'를 의미한다. 앞서 1.1절에서 우리는 유리수체 위에서 해석학을 시도했지만 실패했다. 2의 제곱근(그 외 셀 수 없이 많은 다른 무리수)이 없다면, 코시 수열이 반드시 수렴한다고 말할 수 없는데 그 이유는 $\mathbf{Q}$에서는 이러한 수가 존재한다고 보장할 수 없었기 때문이다(이쯤에서 1.1절과 1.3절을 복습해도 나쁘지 않다). 1장에서 제안한 해결책은 다음 완비성 공리였다.

완비성 공리 공집합이 아니고 위로 유계인 (실수의) 부분집합은 항상 상한을 가진다.

1장에서 어떤 관점을 취했는지 다시 한 번 확인해 보자. 1장에서 완비성 공리는 $\mathbf{Q}$와 $\mathbf{R}$을 구별하는 성질이지만, **공리**(axiom)로 취급하며 증명해야 할 대상이 아님을 명확히 했다. 실수를 단순히 위로 유계인 집합이 반드시 상한을 가지는 유리수의 확장(extension of the rational numbers)으로 정의하였을 뿐, 이러한 확장이 실제로 가능함을 증명하지는 않았다. 이제 때가 왔다. 유리수를 바탕으로 구체적으로 실수를 구성함으로써, 완비성 공리는 사실 공리가 아니라 정리임을 보일 것이다.

이 책의 마지막 절이 지금까지 공부한 모든 내용의 밑바탕이 되는 실수 체계를 구성해가는 내용이란 사실이 다소 아이러니하게 느껴질지도 모르겠다. 하지만 이렇게 구성한 데에는 분명한 이유가 있다. 칸토어 정리에서 베르 범주 정리까지 이어지는 8개 장에 걸쳐 우리는 완비성을 받아들일 때 해석학의 풍경이 어떻게 완전히 달라지는지 목격했다. 우리는 모두 실수가 당연히 존재한다고 믿으며 자라왔지만 기초 해석학(classical analysis)을 공부해야 비로소 실수의 본질이 얼마나 오묘하고 수수께끼 같은지 깨달을 수 있다. 이렇게 당혹스러운 실수의 성질은 완비성으로부터 유래하므로, 한 번 쯤은 처음으로 돌아가서 그러한 수 체계가 실제로 존재하는지 확인해야 할 필요를 느낀다.

1장에서 언급했듯이 이 순서는 수학의 역사적인 발전 과정과도 일치한다. 코시, 볼차노, 아벨, 디리클레, 바이어슈트라스, 리만에 의해 이루어진 선구적인 연구 덕에 비로소 19세기 후반에 매우 실제적인 의미에서 $\mathbf{R}$을 엄밀하게 정의할 수 있었다. 게오르그 칸토어(Georg Cantor)의 방식이 널리 알려지긴 했지만, 샤를 메레(Charles Meray, 1835–1911), 하인리히 하이네(Heinrich Heine, 1821–1881) 및 리하르트 데데킨트(Richard Dedekind, 1831–1916)도 칸토어와 다른 방식으로 실수를 구성했다. 지금 소개하는 내용은 데데킨트 방법으로, 어떤 측면에서는 가장 추상적인 접근법이지만 상한 관점에서 완비성을 증명하기 때문에 이 책에서 배운 내용에 가장 부합한다.

데데킨트 절단

유리수와 덧셈, 곱셈 및 순서에 대한 익숙한 모든 성질을 이용할 수 있다고 가정하겠다. 지금 이 시점에는 실수 같은 것은 없다.

정의 8.6.2 다음의 세 가지 성질을 가지는 유리수의 부분집합 A를 **절단(cut)**이라고 부른다.

(c1) $A \neq \emptyset$이며 $A \neq \mathbf{Q}$이다.

(c2) $r \in A$이면 A는 $q < r$인 모든 유리수 q도 포함한다.

(c3) 집합 A는 최댓값을 가지지 않는다. 다시 말해 $r \in A$이면 $r < s$인 $s \in A$가 존재한다.

문제 1 다음 물음에 답하라.

(a) $r \in \mathbf{Q}$을 고정하자. 집합 $C_r = \{t \in \mathbf{Q} : t < r\}$이 절단임을 보여라.

모든 절단을 위와 같은 꼴이라 생각해선 곤란하다. (b)~(c)에 주어진 $\mathbf{Q}$의 부분집합 중 절단은 무엇인가?

(b) $S = \{t \in \mathbf{Q} : t \leq 2\}$

(c) $T = \{t \in \mathbf{Q} : t^2 < 2 \text{ 또는 } t < 0\}$

(d) $U = \{t \in \mathbf{Q} : t^2 \leq 2 \text{ 또는 } t < 0\}$

문제 2 A를 절단이라고 하자. $r \in A$이고 $s \notin A$이면 $r < s$임을 보여라.

긴장할 것 없다. 바로 본론으로 들어가자.

정의 8.6.3 유리수 집합 $\mathbf{Q}$의 모든 절단을 모은 집합을 **실수(real numbers)** $\mathbf{R}$이라 정의한다.

처음에는 이 정의가 어색하게 느껴질지도 모른다. 실수는 (유리수의) 부분집합이 아니라 수여야 한다고 항변하고 싶을 것이다. 이 항변에 이렇게 반론하겠다. 수학기초론(foundation of mathematics)에서는 집합이 가장 기본적인 구성 요소다. 우리는 '$\mathbf{Q}$의 부분집합'을 원소로 가지는 집합으로 집합 $\mathbf{R}$을 정의했다. 이제 우리가 기존에 익숙하게 사용하던 연산이 $\mathbf{R}$에서도 여전히 성립함을 확인해야 한다. 이를 위해서는 무엇을 해야 할까? 정리 8.6.1을 증명하기 위한 중간 과정으로 '순서체'가 정확히 무엇인지부터 짚고 넘어가야 한다.

체와 순서에 대한 성질

집합 F와 두 원소 $x, y \in F$에 대하여 F에서의 **연산**(operation)은 순서쌍 (x, y)를 제3의 원소 $z \in F$로 대응시키는 함수다. $x + y$ 또는 xy라 표기하는 두 연산을 소개하겠다. 이 두 연산은 우리가 이미 알고 있는 유리수의 덧셈, 곱셈과 같은 연산이라 보장할 수는 없다. 다만, 우리에게 익숙한 두 연산을 최대한 모방하려 한다.

정의 8.6.4 두 연산 덧셈$(x + y)$과 곱셈(xy)이 존재하는 집합 F를 **체(field)**라고 한다. 이때, 두 연산은 다음 조건을 만족한다.

(f1) **(교환법칙)** 모든 $x, y \in F$에 대해 $x + y = y + x$이고 $xy = yx$이다.

(f2) **(결합법칙)** 모든 $x, y, z \in F$에 대해 $(x + y) + z = x + (y + z)$이고 $(xy)z = x(yz)$이다.

(f3) **(항등원의 존재)** 모든 $x \in F$에 대해 $x + 0 = x$이고 $x1 = x$이며 $0 \neq 1$인 특별한 두 원소 0과 1이 존재한다.

(f4) **(역원의 존재)** 원소 $x \in F$에 대해 $x + (-x) = 0$인 원소 $-x \in F$가 존재한다. 원소 $x \neq 0$에 대해 $xx^{-1} = 1$인 원소 x^{-1}이 존재한다.

(f5) **(분배법칙)** 모든 $x, y, z \in F$에 대해 $x(y + z) = xy + xz$이다.

문제 3 덧셈과 곱셈에 대한 일반적인 정의를 바탕으로 $\mathbf{N}$, $\mathbf{Z}$ 및 $\mathbf{Q}$가 각각 정의 8.6.4를 만족하는지 판단하라.

여기서 자세히 다루지는 않겠지만, $\mathbf{Q}$에서 익숙한 대수적 조작(예를 들어 $x + y = x + z$이면 $y = z$이다)은 모두 정의 8.6.4에 나열된 성질에서부터 유도할 수 있다.

정의 8.6.5 집합 F에서 **순서(ordering)**는 $\leq$로 나타내며, 다음 3가지 성질을 만족한다.

(o1) 임의의 $x, y \in F$에 대해 $x \leq y$ 또는 $y \leq x$ 중 적어도 하나는 참이다.

(o2) $x \leq y$이고 $y \leq x$이면 $x = y$이다.

(o3) $x \leq y$이고 $y \leq z$이면 $x \leq z$이다.

종종 $x \leq y$ 대신 $y \geq x$를 쓴다. 등호 없는 부등식 $x < y$는 $x \leq y$이지만 $x \neq y$임을 나타낸다. 다음을 만족하는 순서 $\leq$가 주어진 체 F를 **순서체(ordered field)**라고 부른다.

(o4) $y \leq z$이면 $x + y \leq x + z$이다.

(o5) $x \geq 0$이고 $y \geq 0$이면 $xy \geq 0$이다.

어디쯤 왔는지 살펴보자. 정리 8.6.1을 증명하기 위해 유리수가 순서체라는 사실은 그대로 인정하자. 실수 $\mathbf{R}$을 $\mathbf{Q}$에서 절단의 모임으로 정의했다. 이제 정의 8.6.4와 정의 8.6.5에 부합하도록 $\mathbf{R}$에서 덧셈, 곱셈 및 순서를 구성해야 한다. 가장 쉬운 것은 순서다. $\mathbf{R}$의 임의의 두 원소 A와 B에 대하여 다음과 같이 정의한다.

$$A \leq B\text{는 } A \subseteq B\text{를 의미한다.}$$

문제 4 직전의 정의가 정의 8.6.5의 성질 (o1), (o2), (o3)을 만족함을 확인하라. 즉, 직전의 정의는 $\mathbf{R}$에서의 순서다.

$\mathbf{R}$에서의 대수

$\mathbf{R}$의 원소 A와 B가 주어지면 다음과 같이 정의한다.

$$A + B = \{a + b : a \in A \text{이고 } b \in B\}$$

덧셈에 대한 성질 (f1)~(f4)를 확인하기 전에, 먼저 이 정의가 잘 정의된 연산임을 확인해야 한다. $A+B$는 실제로 절단인가? 감을 잡기 위해 집합 $A+B$가 정의 8.6.2의 성질 (c2)를 만족함을 확인해 보자.

$a + b \in A + B$를 임의로 두고 $s \in \mathbf{Q}$가 $s < a + b$를 만족한다고 하자. 이때 A는 절단이므로 $s - b < a$에서 $s - b \in A$이다. 하지만 이때 다음이 성립한다.

$$s = (s - b) + b \in A + B$$

즉 (c2)임이 증명되었다.

문제 5 다음 물음에 답하라.

(a) $A + B$에 대해 (c1)과 (c3)도 성립함을 보여라. 결론적으로 $A + B$는 절단이다.

(b) $\mathbf{R}$에서의 덧셈이 교환법칙 (f1)과 결합법칙 (f2)를 만족함을 확인하라.

(c) 성질 (o4)가 성립함을 보여라.

(d) 다음 절단이 덧셈에 대한 항등원 (f3) 역할을 성공적으로 수행함을 보여라.

$$O = \{p \in \mathbf{Q} : p < 0\}$$

($A + O = A$를 보이는 것은 두 집합이 같음을 보이는 것과 같다. 두 집합이 같음을 보이는 표준 방법은 $A + O \subseteq A$와 $A \subseteq A + O$의 두 포함 관계에 있음을 보이는 것이다.)

덧셈의 역원은 어떤가? $A \in \mathbf{R}$이 주어지면 $A + (-A) = O$를 만족하는 절단 $-A$를 반드시 찾아야 한다. 이는 생각보다 조금 더 어렵다. 개념적으로는 절단 $-A$는 $-\sup A$보다 작은 모든 유리수로 이루어진다. 문제는 아직 상한이란 개념을 사용할 수 없다는 점이다(우리는 상한이 존재하는 체를 만드는 중이다). 그렇다면 이 집합을 어떻게 정의할 수 있을까?

집합 $A \in \mathbf{R}$에 대하여 다음과 같이 정의한다.

$$-A = \{r \in \mathbf{Q} : t < -r \text{인 } t \notin A\text{가 존재한다.}\}$$

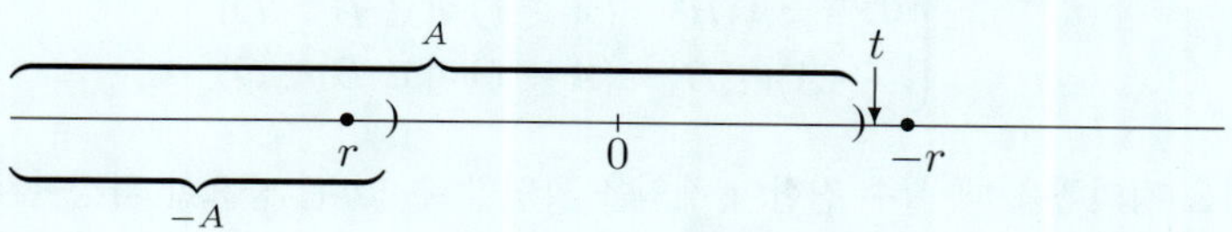

문제 6 다음 물음에 답하라.

(a) $-A$는 절단임을 증명하라.

(b) $-A = \{r \in \mathbf{Q} : -r \notin A\}$라 하면 무엇이 문제인가?

(c) $a \in A$이고 $r \in -A$이면 $a + r \in O$임을 보여라. 이는 $A + (-A) \subseteq O$임을 보인다. 이제 정의 8.6.4에서 덧셈에 대한 성질 (f4)의 증명을 마무리하라.

$\mathbf{R}$에서 곱셈을 정의할 차례다. 아이디어는 덧셈과 비슷하나 조금 더 기교가 필요하다. 두 음수의 곱은 양수이기 때문이다. 표준 공략 방법은 먼저 음이 아닌 절단에 대해 곱셈을 정의하는 것이다.

$\mathbf{R}$에 $A \geq O$와 $B \geq O$가 주어질 때, 곱을 다음과 같이 정의한다.

$$AB = \{ab : a \in A, b \in B\text{이면서 } a,\ b \geq 0\} \cup \{q \in \mathbf{Q} : q < 0\}$$

문제 7 다음 물음에 답하라.

(a) AB가 절단임을 보이고 성질 (o5)가 성립함을 보여라.

(b) $\mathbf{R}$에서 곱셈에 대한 항등원 (1)은 무엇일까? 이 집합을 찾고, 모든 절단 $A \geq O$에 대해 이 집합이 항등원임을 보여라.

(c) 음이 아닌 절단에 대해 분배법칙 (f5)가 성립함을 보여라.

두 인수 중 적어도 하나가 음(negative)인 경우 곱셈은 $A \leq O$이면 $-A \geq O$임에 주목하여 두 양(positive)의 절단의 곱을 사용하여 정의할 수 있다($A \leq O$가 주어질 때, 성질 (o4)에 의해 $A + (-A) \leq O + (-A)$이고, 따라서 $O \leq -A$이다).

$\mathbf{R}$에서 임의의 A와 B에 대해 AB를 다음과 같이 정의한다.

$$AB = \begin{cases} \text{정의한대로} & (A \geq O \text{이고 } B \geq O) \\ -[A(-B)] & (A \geq O \text{이고 } B < O) \\ -[(-A)B] & (A < O \text{이고 } B \geq O) \\ (-A)(-B) & (A < O \text{이고 } B < O) \end{cases}$$

이 방식으로 곱셈을 정의했을 때 실수 집합이 체임을 확인할 수 있다. 중요한 과정이지만 그리 놀랍지 않다. 이 증명은 일반적으로 항이 양수이거나 음수일 때로 분류해서 4가지 경우를 각각 확인하는 것이며, 덧셈에 대한 증명 방식과 유사하다. 이 과정은 비공식적인 연습문제로 남겨 두고, 이제 급소를 찌르는 부분으로 넘어가자.

상한

이번 절의 목표는 $\mathbf{R}$이 순서체임을 증명한 후, 이 체가 완비성을 가짐을 보이는 것이다. 1장에서는 상한 관점에서 완비성을 정의했다. 설명의 편의를 위해 상한의 정의를 다시 한 번 소개한다.

정의 8.6.6 집합 $\mathcal{A} \subseteq \mathbf{R}$의 임의의 원소 A에 대해 $A \leq B$인 $B \in \mathbf{R}$가 존재하면 $\mathcal{A}$는 **위로 유계(bounded above)**라 정의한다. 이때, 실수 B는 $\mathcal{A}$의 **상계(upper bound)**라고 한다.
다음 두 조건을 만족하는 실수 $S \in \mathbf{R}$를 집합 $\mathcal{A} \subseteq \mathbf{R}$의 **상한**이라 한다.

(1) 실수 S는 $\mathcal{A}$의 상계다.

(2) 집합 $\mathcal{A}$의 임의의 상계 B에 대하여 $S \leq B$이다.

문제 8 공집합이 아니고 위로 유계인 집합 $\mathcal{A} \subseteq \mathbf{R}$에 대하여 모든 $A \in \mathcal{A}$의 **합집합**(union)을 S라고 하자. 다음 물음에 답하라.

(a) 집합 S가 절단임을 보여라. 즉, $S \in \mathbf{R}$이다.

(b) 집합 S가 $\mathcal{A}$의 상한임을 보여라.

이로써 $\mathbf{R}$이 완비성을 가진다는 증명을 마무리했다. 사실 $\mathbf{R}$에서 순서를 정의한 다음 곧바로 상한이 존재함을 증명할 수 있었지만, 그 중요성을 고려하여 제일 마지막으로 남겨두었다. 아직 마무리해야 할 부분이 하나 남아있다. 정리 8.6.1에는 $\mathbf{R}$이 $\mathbf{Q}$를 부분체로 포함한다는 구절이 있다. 엄밀하게 말하면 이는 약간의 언어 남용(abuse)이다. 정확히 말하면 $\mathbf{R}$은 $\mathbf{Q}$와 똑같이 생기고 똑같은 방식으로 작동하는 부분체를 포함한다.

문제 9 다음과 같은 꼴의 절단의 모임을 생각하자. 이 절단을 보통 **유리수**라 한다.

$$C_r = \{t \in \mathbf{Q} : t < r\}$$

이때 $r \in \mathbf{Q}$이다(문제 1 참고). 다음 물음에 답하라.

(a) 모든 $r, s \in \mathbf{Q}$에 대해 $C_r + C_s = C_{r+s}$임을 보여라. $r, s \geq 0$인 경우에 대해 $C_rC_s = C_{rs}$를 확인하라.

(b) $C_r \leq C_s$일 필요충분조건은 $\mathbf{Q}$에서 $r \leq s$인 것임을 증명하라.

칸토어 접근법

칸토어에 대한 마지막 작별 인사 차원에서 $\mathbf{Q}$로부터 $\mathbf{R}$을 구성하는 칸토어의 접근 방식을 간략하게 살펴보자. 이 방법은 데데킨트의 방법과는 사뭇 다르다. 완비성을 정의하는 핵심 성질 중 하나는 '코시 수열이 수렴한다.'는 것이다. 유리수로 이루어진 코시 수열의 수렴값이 $\mathbf{Q}$의 원소가 아닐 수도 있음을 잘 알고 있다. 데데킨트와 마찬가지로 칸토어의 목표 역시 이 수열의 극한값이 될 수 있는 **실수**를 만드는 것이다. 칸토어는 모든 코시 수열의 집합으로 실수를 정의했다. 이렇게 정의할 때 곧바로 직면하는 문제는 두 개의 서로 다른 코시 수열이 동일한 실수로 수렴할 수 있다는 점이다. 이러한 이유로 $\mathbf{R}$의 원소는 코시 수열의 **동치류(equivalence classes)**라 정의해야 한다. 이때 두 수열 (x_n)과 (y_n)이 같은 동치류에 속할 필요충분조건은 $(x_n - y_n) \to 0$이다.

데데킨트의 접근법을 공부할 때처럼 칸토어의 방법 역시 처음에는 혼란스럽게 느껴질 수 있다. 소수 표현(decimal expansion)을 가지는 비교적 단순한 실수란 개념을 왜 굳이 코시 수열의 동치류란 혼란스러운 개념으로 대체해야 할까? 그런데 소수 표현이란 정확히 무엇일까? 왜 $1/2$은 $0.5000\ldots$ 또는 $0.4999\ldots$와 같은 수일까? 이에 대한 탐구는 여러분에게 과제로 남긴다.

참고문헌

1 Robert G. Bartle, *The Elements of Real Analysis.* Second Edition. John Wiley and Sons, New York, 1964.

2 Robert G. Bartle, "Return to the Riemann Integral." American Mathematical Monthly, October, 1996.

3 Robert G. Bartle, *A Modern Theory of Integration.* Graduate Studies in Mathematics, Vol. 2, American Mathematical Society, Providence, Rhode Island, 2001.

4 R.P. Boas, "Counterexamples to L'Hôpital's Rule." American Mathematical Monthly, October, 1986.

5 Carl B. Boyer, *A History of Mathematics.* Princeton University Press, Princeton, New Jersey, 1969.

6 David Bressoud, *A Radical Approach to Lebesgue's Theory of Integration.* The Mathematical Association of America, Washington D.C., 2008.

7 David Bressoud, *A Radical Approach to Real Analysis.* The Mathematical Association of America, Washington D.C., 1994.

8 Soo Bong Chae, *Lebesgue Integration.* Monographs and Textbooks in Pure and Applied Mathematics, Marcel Dekker, New York, 1980.

9 W.A. Coppel, "J.B. Fourier—On the Occasion of his Two Hundredth Birthday." American Mathematical Monthly, 76, 1969.

10 Roger Cooke, "Uniqueness of Trigonometric Series and Descriptive Set Theory." Offprint from *Archive for History of Exact Sciences*, Volume 45, number 4, Springer–Verlag, New York, 1993.

11 Philip Davis, "Leonard Euler's Integral: A Historical Profile of the Gamma Function." American Mathematical Monthly, December, 1959.

12 William Dunham, *The Master of Us All.* Dociani Mathematical Expositions no. 22. Mathematical Association of America, Washington D.C., 1999.

13 Peter Duren, *Invitation to Classical Analysis.* John Wiley and Sons, New York, 2012.

14 H. Dym and H.P. McKean, *Fourier Series and Integrals.* Academic Press, Inc., New York, 1972.

15 David Fowler, "A Simple Approach to the Factorial Function." The Mathematical Gazette, vol. 80, July 1996.

16 David Fowler, "A Simple Approach to the Factorial Function: The Next Step." The Mathematical Gazette, vol. 83, March 1999.

17 David Fowler, "The Factorial Function: Convex Functions, the Bohr–Mollerup–Artin Theorem, and Some Formulae." The Mathematical Gazette, vol. 84, November 2000.

18 E. Hairer and G. Wanner, *Analysis by Its History.* Undergraduate Texts in Mathematics, Springer–Verlag, New York, 1996.

19 Paul R. Halmos, *Naive Set Theory.* Undergraduate Texts in Mathematics, Springer–Verlag, New York, 1974.

20 G.H. Hardy, *A Mathematician's Apology.* Cambridge University Press (Canto Edition), Cambridge, 1992.

21 E.W. Hobson, *The Theory of Functions of a Real Variable and the Theory of Fourier's Series.* Volume 1, Third Edition. Harren Press, Washington D.C., 1950.

22 T.W. Körner, *A Companion to Analysis. A Second First and First Second Course in Analysis.* Graduate Studies in Mathematics, Vol. 62. American Mathematical Society, Providence, Rhode Island, 2004.

23 James Propp, "Real Analysis in Reverse," American Mathematical Monthly, Volume 120, May 2013, pp. 392–408.

24 Walter Rudin, *Principles of Mathematical Analysis.* International Series in Pure and Applied Mathematics, McGraw–Hill, New York, 1964.

25 George Simmons, *Calculus Gems: Brief Lives and Memorable Mathematics.* McGraw–Hill, New York, 1992.

찾아보기

1

A

B

C

D

W

Z